高等职业教育"十四五"规划教材

动物营养与饲料加工

董　滢　周庆安　主编

U0219474

中国农业大学出版社

·北京·

内 容 简 介

　　本教材以饲料产品"晓营养、明供给、识原料、做配方、优加工、评质量"为主线,以"优质饲料、安全生产"为课程主体目标,结合高职学生学习基础与学情,依据饲料生产的实际过程,从动物营养基础认知、饲料养分供给、饲料原料识别与选用、饲料配方设计、配合饲料生产到配合饲料出厂指标检测六大项目,对接畜牧兽医专业群岗位能力培养知识储备要求,组织编写内容。

　　本教材的编写收录了饲料及饲料原料质量控制、检测最新标准,注重实用性和可操作性。教材中每个项目根据知识、能力、素质三维教学目标,设计知识技能、视频讲解、知识拓展、技能提升、项目小结和项目考核等模块,逻辑合理,层次清晰,符合高职学生的认知规律,有效提升学习效果。

图书在版编目(CIP)数据

动物营养与饲料加工 / 董滢,周庆安主编 . --北京:中国农业大学出版社,2024.3
(2025.1 重印)
　　ISBN 978-7-5655-3175-0

Ⅰ.①动…　Ⅱ.①董…②周…　Ⅲ.①动物营养-营养学②动物-饲料加工　Ⅳ.①S816

中国国家版本馆 CIP 数据核字(2024)第 020239 号

书　　名 动物营养与饲料加工	
作　　者 董　滢　周庆安　主编	

策划编辑 康昊婷	**责任编辑**　田树君
封面设计 李尘工作室	
出版发行 中国农业大学出版社	
社　　址 北京市海淀区圆明园西路2号	**邮政编码**　100193
电　　话 发行部 010-62733489,1190	**读者服务部** 010-62732336
编辑部 010-62732617,2618	**出　版　部** 010-62733440
网　　址 http://www.caupress.cn	**E-mail** cbsszs@cau.edu.cn
经　　销 新华书店	
印　　刷 北京溢漾印刷有限公司	
版　　次 2024 年 3 月第 1 版　　2025 年 1 月第 2 次印刷	
规　　格 185 mm×260 mm　16 开本　　20 印张　　492 千字	
定　　价 59.00 元	

编 委 会

主　编：董　滢　杨凌职业技术学院
　　　　周庆安　杨凌职业技术学院

副主编：马红艳　山西运城农业职业技术学院
　　　　李　龙　杨凌职业技术学院
　　　　廖云琼　徐州生物工程职业技术学院

参　编：景若曦　杨凌职业技术学院
　　　　乔　雨　杨凌职业技术学院
　　　　李文凤　杨凌职业技术学院
　　　　王小梅　长春职业技术学院
　　　　党仁杰　陕西石羊农业科技股份有限公司
　　　　李　晶　杨凌职业技术学院
　　　　邓留坤　杨凌职业技术学院
　　　　熊忙利　咸阳职业技术学院
　　　　张　鹏　杨凌职业技术学院

主　审：姚军虎　西北农林科技大学

前　言

　　党的二十大报告提出,教育是国之大计,党之大计。教材作为教育的载体,在教育发展中发挥至关重要的作用。本教材依据教育部《职业教育提质培优行动计划(2020—2023年)》和中共中央办公厅、国务院办公厅《关于推动现代职业教育高质量发展的意见》等文件精神,在我校"双高建设"背景下,以职业为导向、能力为本位,依据饲料行业及畜牧生产岗位要求,跨校合作、校企联合共同开发新形态一体化教材,岗课融合服务生产一线需求。

　　本教材以饲料产品"晓营养、明供给、识原料、做配方、优加工、评质量"为主线,以"优质饲料、安全生产"为课程主体目标,结合高职学生学习基础与学情,依据饲料生产的实际过程,从动物营养基础认知、饲料养分供给、饲料原料识别与选用、饲料配方设计、配合饲料生产到配合饲料出厂指标检测六大项目,对接畜牧兽医专业群岗位能力培养知识储备要求,组织编写内容。

　　本教材的编写收录了饲料及饲料原料质量控制、检测最新标准,注重实用性和可操作性。教材中每个项目根据知识、能力、素质三维教学目标,设计知识技能、视频讲解、知识拓展、技能提升、项目小结和项目考核等模块,逻辑合理,层次清晰,符合高职学生的认知规律,有效提升学习效果。

　　本教材由杨凌职业技术学院、山西运城农业职业技术学院、长春职业技术学院、咸阳职业技术学院、徐州生物工程职业技术学院和陕西石羊农业科技股份有限公司等单位的专业教师和企业生产一线技术人员共同研讨编写。分工如下:绪论、项目二中任务一至三、项目三中任务七至八由董滢编写;项目四及附录部分由周庆安编写;项目一由王小梅编写;项目二中任务四至六由马红艳编写;项目三中任务一至四由乔雨编写;项目三中任务五由李晶编写;项目三中任务六由廖云琼编写;项目五由李文凤编写;项目六由景若曦编写。本教材中教学视频与项目考核试题由杨凌职业技术学院动物营养与饲料加工教学团队董滢、周庆安、李龙、乔雨、邓留坤、景若曦、李晶、张鹏、李文凤等教师共同开发,熊忙利、党仁杰参与编写研讨和数字资源建设。本教材由西北农林科技大学姚军虎教授主审。

　　本教材涉及动物营养学、饲料学、饲料加工工艺设备、饲料检测等诸多方面,由于编者水平有限,时间仓促,书中的疏漏和不妥之处在所难免,敬请同行专家和使用者批评指正。

编　者

2023年5月

数字资源
目录

课程导读 ……………………… 4

视频 1-1　认识饲料养分 …………… 9

任务考核 1-1 …………………… 12

参考答案 1-1 …………………… 12

视频 1-2　动物对饲料的消化和吸收 … 18

任务考核 1-2 …………………… 19

参考答案 1-2 …………………… 19

视频 1-3　能量在动物体内的
　　　　　转化规律 …………… 23

任务考核 1-3 …………………… 25

参考答案 1-3 …………………… 25

项目二导读 ……………………… 27

视频 2-1　蛋白质、氨基酸的营养 …… 28

视频 2-2　单胃动物蛋白质营养 …… 31

视频 2-3　反刍动物蛋白质营养 …… 34

任务考核 2-1 …………………… 37

参考答案 2-1 …………………… 37

视频 2-4　碳水化合物应用 ………… 38

视频 2-5　动物对碳水化合物的利用 … 41

任务考核 2-2 …………………… 42

参考答案 2-2 …………………… 42

视频 2-6　脂类的营养生理功能 …… 43

视频 2-7　必需脂肪酸 …………… 44

视频 2-8　动物对脂肪的消化吸收 … 45

视频 2-9　饲料脂肪对畜产品品质的
　　　　　影响 ……………… 46

任务考核 2-3 …………………… 48

参考答案 2-3 …………………… 48

视频 2-10　矿物质营养概述 ………… 48

视频 2-11　常量矿物元素(上) ……… 50

视频 2-12　常量矿物元素(下) ……… 52

视频 2-13　微量矿物元素(上) ……… 54

视频 2-14　微量矿物元素(下) ……… 58

任务考核 2-4 …………………… 61

参考答案 2-4 …………………… 61

视频 2-15　维生素概述 …………… 61

视频 2-16　脂溶性维生素 ………… 63

视频 2-17　水溶性维生素 ………… 66

任务考核 2-5 …………………… 71

参考答案 2-5 …………………… 71

视频 2-18　水的营养作用 ………… 72

视频 2-19　水的代谢 …………… 72

视频 2-20　各种营养物质的相互关系 … 75

任务考核 2-6 …………………… 77

参考答案 2-6 …………………… 77

任务考核 2-7 …………………… 77

参考答案 2-7 …………………… 77

项目三导读 ……………………… 79

任务考核 3-1 …………………… 82

参考答案 3-1 …………………… 82

视频 3-1　青绿饲料识别与选用 …… 83

任务考核 3-2 …………………… 87

* 正文中视频资源题目展示在本目录中.

参考答案 3-2 ……………………… 87
视频 3-2 青干草的调制与品质鉴定 …… 90
任务考核 3-3 …………………………… 96
参考答案 3-3 …………………………… 96
视频 3-3 青贮饲料调制及品质鉴定 …… 97
任务考核 3-4 ………………………… 105
参考答案 3-4 ………………………… 105
视频 3-4 谷实类饲料 ……………… 107
视频 3-5 糠麸类饲料 ……………… 111
任务考核 3-5 ………………………… 114
参考答案 3-5 ………………………… 114
视频 3-6 豆粕 ……………………… 118
视频 3-7 鱼粉 ……………………… 123
任务考核 3-6 ………………………… 134
参考答案 3-6 ………………………… 134
视频 3-8 矿物质饲料识别与使用 …… 138
任务考核 3-7 ………………………… 141
参考答案 3-7 ………………………… 141
视频 3-9 饲料添加剂概述 ………… 141
视频 3-10 营养性饲料添加剂 ……… 143
视频 3-11 非营养性饲料添加剂 …… 147
视频 3-12 饲料添加剂的使用技术 … 150
任务考核 3-8 ………………………… 157
参考答案 3-8 ………………………… 157
项目四导读 …………………………… 159
视频 4-1 配合饲料的分类 ………… 161
任务考核 4-1 ………………………… 163
参考答案 4-1 ………………………… 163
视频 4-2 饲料配方设计的原则与
          方法 ……………………… 165
视频 4-3 单胃动物全价配合饲料配方
          设计示例（上） ………… 169
视频 4-4 单胃动物全价配合饲料配方
          设计示例（下） ………… 169
任务考核 4-2 ………………………… 179
参考答案 4-2 ………………………… 179
项目五导读 …………………………… 180
视频 5-1 配合饲料加工设备 ……… 181

任务考核 5-1 ………………………… 192
参考答案 5-1 ………………………… 192
视频 5-2 配合饲料生产工艺 ……… 193
任务考核 5-2 ………………………… 211
参考答案 5-2 ………………………… 211
项目六导读 …………………………… 212
视频 6-1 饲料样本的采集与制备 …… 212
任务考核 6-1 ………………………… 219
参考答案 6-1 ………………………… 219
任务考核 6-2 ………………………… 223
参考答案 6-2 ………………………… 223
视频 6-2 饲料中水分的测定 ……… 223
任务考核 6-3 ………………………… 226
参考答案 6-3 ………………………… 226
视频 6-3 饲料中粗灰分的含量
          测定 ……………………… 227
任务考核 6-4 ………………………… 229
参考答案 6-4 ………………………… 229
视频 6-4 饲料中粗蛋白含量测定 …… 232
任务考核 6-5 ………………………… 233
参考答案 6-5 ………………………… 233
视频 6-5 企业常用测定脂肪操作
          视频 ……………………… 237
任务考核 6-6 ………………………… 237
参考答案 6-6 ………………………… 237
视频 6-6 饲料粗纤维的测定 ……… 238
任务考核 6-7 ………………………… 242
参考答案 6-7 ………………………… 242
视频 6-7 饲料中钙的测定 ………… 246
任务考核 6-8 ………………………… 248
参考答案 6-8 ………………………… 248
视频 6-8 饲料中总磷的测定 ……… 248
视频 6-9 分光光度计的使用 ……… 249
任务考核 6-9 ………………………… 251
参考答案 6-9 ………………………… 251
视频 6-10 饲料水溶性氯化物测定 …… 256
任务考核 6-10 ……………………… 256
参考答案 6-10 ……………………… 256

目　录

绪论 ………………………………………………………………………… 1

项目一　动物营养基础认知 ……………………………………………… 5

　任务一　认识饲料养分 ………………………………………………… 5

　任务二　动物对饲料的消化吸收 ……………………………………… 12

　任务三　饲料能量在动物体内的转化规律 …………………………… 19

　项目小结 ………………………………………………………………… 26

项目二　饲料养分供给 …………………………………………………… 27

　任务一　蛋白质供给 …………………………………………………… 27

　任务二　碳水化合物供给 ……………………………………………… 37

　任务三　脂肪供给 ……………………………………………………… 42

　任务四　矿物质供给 …………………………………………………… 48

　任务五　维生素供给 …………………………………………………… 61

　任务六　水的供给 ……………………………………………………… 72

　　技能一　动物营养缺乏症识别与分析 ……………………………… 76

　项目小结 ………………………………………………………………… 78

项目三　饲料原料识别与选用 …………………………………………… 79

　任务一　饲料分类 ……………………………………………………… 79

　任务二　青绿饲料识别与选用 ………………………………………… 82

　任务三　粗饲料识别与选用 …………………………………………… 88

　　技能一　青干草品质评定 …………………………………………… 94

　任务四　青贮饲料识别与选用 ………………………………………… 96

　　技能二　青贮饲料窖(壕)容设计 …………………………………… 103

　　技能三　青贮饲料的品质鉴定 ……………………………………… 104

　任务五　能量饲料识别与选用 ………………………………………… 105

　任务六　蛋白质饲料识别与选用 ……………………………………… 115

　　技能四　饲料用大豆制品中尿素酶活性的测定 …………………… 129

技能五　鱼粉中脲醛聚合物快速检测方法 ·················· 131

技能六　饲料级鱼粉掺有植物质、尿素、胺盐的鉴别 ·················· 132

　任务七　矿物质饲料识别与选用 ·················· 134

　任务八　饲料添加剂识别与选用 ·················· 141

技能七　常用饲草、饲料原料的识别 ·················· 156

　项目小结 ·················· 158

项目四　饲料配方设计 ·················· 159

　任务一　配合饲料分类 ·················· 159

　任务二　配合饲料配方设计 ·················· 163

　项目小结 ·················· 179

项目五　配合饲料生产 ·················· 180

　任务一　配合饲料加工设备 ·················· 180

　任务二　配合饲料加工工艺 ·················· 193

技能一　配合饲料厂加工工艺分析 ·················· 205

技能二　配合饲料混合均匀度测定 ·················· 206

技能三　颗粒饲料粉化率测定 ·················· 207

技能四　动物饲养效果检查 ·················· 208

　项目小结 ·················· 211

项目六　配合饲料出厂指标检测 ·················· 212

技能一　饲料样本的采集与制备 ·················· 212

技能二　饲料原料显微镜检查方法 ·················· 219

技能三　饲料中水分的测定 ·················· 223

技能四　饲料中粗灰分的测定 ·················· 227

技能五　饲料中粗蛋白的测定 ·················· 229

技能六　饲料中粗脂肪的测定 ·················· 234

技能七　饲料中粗纤维的测定 ·················· 238

技能八　饲料中钙的测定 ·················· 242

技能九　饲料中总磷的测定 ·················· 248

技能十　饲料中水溶性氯化物的测定 ·················· 251

　项目小结 ·················· 257

附录 ·················· 258

　附录一　饲料、饲料添加剂卫生标准 ·················· 258

　附录二　瘦肉型猪饲养标准 ·················· 262

　附录三　鸡的饲养标准 ·················· 271

　附录四　奶牛的饲养标准(节选) ·················· 280

　附录五　中国饲料营养成分及价值表(2023年第34版,节选) ·················· 293

参考文献 ·················· 307

绪　论

动物为了生存、生长、繁衍后代,必须从外界摄取食物,动物的食物称为饲料。饲料中凡能被动物用以维持生命、生产产品的物质称为营养物质。营养物质又称饲料养分,是动物生存和生产的物质基础。

一、动物营养与饲料加工在畜牧业生产中的作用

畜牧业生产可为人类提供生存及生活所必需的畜产品,如肉、蛋、乳、毛皮等。饲料加工是畜产品生产的源头调控产业。一方面通过动物营养调控,改善饲料产品品质,从而提高动物健康度,保证人类畜产品食用健康;另一方面通过饲料原料的合理开发利用,缓解人畜争粮、饲料资源紧缺等问题,同时保护生态环境。

动物营养与饲料加工在畜牧业生产中的具体作用表现在以下几方面:

(1)改善动物健康状况。现代化养殖模式下,合理有效的营养供给有利于提高机体免疫机能,增强对应激和疾病的抵抗力。

(2)激发动物生产潜能。动物生产的实质是养分的沉积(产肉)或分泌(产奶、产蛋),营养是生产产品的物质基础。与50年前相比,现代动物的生产水平提高了$80\% \sim 200\%$。其中,营养与饲料的贡献率占$50\% \sim 70\%$。

(3)改善畜产品品质,开发功能性畜产品。通过营养调控、饲料原料合理使用可改善畜产品的色泽、风味、储藏期等,甚至可以利用养分代谢特点开发对人类保健具有特殊作用的功能性畜产品。

(4)节约生产成本。动物生产的总成本中,饲料成本占$50\% \sim 80\%$。只有重视和改善营养管理,合理开发利用饲料资源,才能降低生产成本,更大程度提高动物生产效益。

(5)保护生态环境。动物生产中环境污染是不可忽视的问题。利用动物营养调控技术,合理选用饲料原料进行配制,提高动物对养分吸收利用,降低氮、磷等元素的排泄量,减少环境污染。

二、动物营养与饲料工业发展趋势

(一)动物营养调控发展趋势

动物营养是指动物摄取、消化、吸收、利用饲料中营养物质的全过程,是一系列化学、物理

和生理变化过程的总称。

1. 脂类营养成为动物营养调控热点

维生素、蛋白质、碳水化合物、微量元素、脂肪是动物营养中的五大营养素,其中业界对前四种的研究和应用十分充分,市场竞争也十分激烈。目前对于脂肪在行业中的关注度随其在动物体重中的比例热度明显上升。脂肪营养成为营养行业进一步发展的契机,也是新的市场机会。预计现在的蛋白质与氨基酸发展状态就是未来的脂肪与脂肪酸的状态。

2. 脂质营养赋能养殖业

在养殖业对脂类营养的传统认识中,脂类通常仅被看作是能量,再进一步会关注吸收效率、油脂质量安全等,但脂类还有抑菌、抗病毒、调节免疫、改善繁殖性能、缓解炎症、抗氧化、激素调节等诸多功效。对脂类营养功效的深度开发与应用研究,可拓宽营养学及营养市场的边界,上游供应企业可通过脂类营养的开发为饲料和养殖企业赋能,进一步提高营养配方和养殖水平,提供更多的差异化竞争可能性。

(二)饲料工业发展趋势

动物生产中可通过饲料工业满足动物需求生产配合饲料。按照饲料产品营养价值可将其分为全价配合饲料、浓缩饲料、添加剂预混料等。全价配合饲料是按一定配方混合均匀制备的饲料,可以直接饲喂畜禽,能满足畜禽所需要的全部营养物质,包括能量原料、蛋白质原料、添加剂原料等;浓缩饲料是全价配合饲料中去除能量原料后的商品饲料;添加剂预混料是将一种或多种微量的添加剂原料与载体、稀释剂按要求配比的混合型饲料产品,不可直接用于饲喂畜禽。目前我国饲料工业发展特点表现在以下几方面:

1. 行业规模稳居世界第一位,未来仍有增长潜力

我国饲料工业起始于 20 世纪 70 年代,1991 年起成为仅次于美国的世界第二大饲料生产国。2011 年,我国饲料产量超越美国跃居世界第一位。近十年来,我国饲料产量总体保持增长。2011—2021 年,我国饲料总产量由 1.81 亿 t 增长至 2.93 亿 t,复合年均增长率(CAGR)约为 5%;2022 年全国饲料工业总产值 13 168.5 亿元,比上年增长 7.6%。与发达国家相比,我国人均乳及乳制品的消费量仍然较低。未来随着收入持续提升,我国居民消费仍将保持稳定增长,拉动养殖业发展。规模化养殖趋势推动饲料普及率的提升。

2. 饲料产业优势保持稳定

目前我国规模饲料企业集团年产百万吨以上的有 36 家,年产量超过 1 000 万 t 的有 6 家,年产 10 万 t 以上的有 947 家。

从地域分布看,2022 年全国工业饲料总产量 30 223.4 万 t,饲料产量超千万吨的省份 13 个,与 2021 年持平,分别为山东、广东、广西、辽宁、河南、江苏、河北、四川、湖北、湖南、福建、安徽、江西。其中,山东产量达 4 484.8 万 t,比 2021 年增长 0.2%;广东产量 3 527.2 万 t,下降 1.3%。山东、广东两省饲料产品总产值继续保持在千亿元以上,分别为 1 712 亿元和 1 517 亿元。全国有 22 个省份的饲料产量比 2021 年增长,其中宁夏、福建、内蒙古、安徽、河南等 5 个省份增幅超过 10%。

从饲料应用领域看,2022 年数据统计显示:猪饲料年产量最大,为 13 597.5 万 t,同比增长 4.0%;其次是肉禽饲料年产量 8 925.4 万 t,同比增长 0.2%;水产饲料增幅最大,年产量 2 525.7 万 t,同比增长 10.2%;反刍动物饲料年产量 1 616.8 万 t,同比增长 9.2%,宠物饲料年产量 123.7 万 t,同比增长 9.5%,均持续保持增长;仅蛋禽饲料产量年产量 3 210.9 万 t,同比下降 0.6%。

3. 饲料配方结构趋向多元化

2022 年全国饲料生产企业的玉米用量比 2021 年增加 30.1%,在配合饲料中的比例比 2021 年提高 7.0 个百分点。菜粕、棉粕等杂粕用量增长 11.5%,在配合饲料和浓缩饲料中的比例比 2021 年提高 0.3 个百分点。小麦、大麦用量大幅减少,高粱用量大幅增加,麦麸、米糠、干酒精糟(DDGS)等加工副产品用量增加较快。

4. 饲料及饲料添加剂产品创新加快

农业部 2013 年颁发《饲料原料目录》《饲料添加剂品种目录》,后逐年进行修订,增补新的产品,调整产品使用范围。2022 年通过评审核发饲料添加剂新产品证书 5 个;枯草三十七肽和腺苷七肽为首次批准的生物肽类饲料添加剂;批准扩大 4 个饲料添加剂品种的适用范围;增补 1 种原料进入《饲料原料目录》,产品创新加快。

三、动物营养与饲料加工课程学习内容

1. 课程性质

"动物营养与饲料加工"是高等职业院校畜牧兽医专业类的一门专业必修课。本课程是在学习动物生物化学、解剖生理、微生物等课程的基础上开展的,同时为后续动物生产养殖、动物疫病防控等多门课程积累知识模块,成为畜牧兽医专业岗位群必备技能之一。

2. 学习任务

本课程通过动物营养水平评估,调控动物生长速度及健康水平;采用饲料品质管理,生产绿色、安全、健康、营养的畜产品。

课程内容主要包括:

(1)饲料养分、动物对饲料消化吸收及能量在动物体内转化规律等动物营养基础认知;

(2)饲料蛋白质、碳水化合物、脂肪、矿物质、维生素及水等养分吸收利用、合理供给及营养缺乏症的预防;

(3)能量饲料、蛋白质饲料、粗饲料等原料的识别与合理选用;

(4)不同动物配合饲料配方设计方法;

(5)不同形式配合饲料生产工艺流程;

(6)商品配合饲料出厂指标检测技术。

课程服务于畜牧专业群,通过课程内容学习,将获得动物营养水平评估与调控、饲料原料合理利用、饲料配方设计基础、饲料加工工艺与设备正确使用及饲料产品化验分析等能力,对接饲料生产、畜牧养殖岗位群。

3. 学习目标

本课程紧扣"高素质技能型人才"培养,结合畜牧兽医专业人才培养方案,以职业为导向,以能力为本位,确保教学内容与生产实际相结合。通过学习,推进职普融通、产教融合、科教融汇,培养学习者具备独立开展岗位工作、解决实际问题和继续学习能力,达到知识、技能和素质三维教学目标。

（1）知识目标

理解蛋白质、碳水化合物、脂肪、矿物质、维生素的主要营养作用及相互关系；

理解反刍家畜、单胃家畜与家禽体内三大有机物质消化代谢特点，合理确定蛋白质、氨基酸、无氮浸出物、粗纤维、脂肪等主要营养物质的供给；

掌握粗饲料、青绿饲料、青贮饲料、禾本科籽实及其加工副产品饲料、饼粕类饲料、动物性蛋白质饲料、矿物质饲料、饲料添加剂的营养特点，并能合理利用，能进行饲喂前加工调制及饲料资源的开发利用；

理解饲料因素对动物产品品质的影响；

理解饲养效果检查的方法与内容。

（2）能力目标

能综合分析动物营养缺乏症的发生，解决动物饲养中常见的营养问题；

能结合当地饲料资源，正确选择饲料原料，熟练加工和应用各种常用饲料原料；

能熟练使用饲料常规养分测定相关试验仪器，准确分析试验结果，并能分析试验误差的影响因素；

会根据各种动物不同生理特点判断饲料配方设计的合理性；

认识饲料加工设备，能判断配合饲料生产工艺关键控制点；

能根据要求设计科学合理的试验方案，有效地进行饲养效果检查。

（3）素质目标

培养学习者收集资料、获取信息、制订计划、撰写报告等方面全面发展的规划能力；

具有使用现代仪器设备及信息工具的学习、工作能力；

具备发现问题、分析问题及解决问题的社会能力；

培养实践技能规范操作、精益求精、一丝不苟的敬业意识；

具有服从领导安排，团队互助协作、吃苦耐劳、艰苦奋斗、诚实守信的工作态度；

培养尊重科学、态度严谨、敢于拼搏的创新精神；

坚定知法守法、健康养殖的生态环境保护理念。

课程导读

项目一
动物营养基础认知

知识目标：

掌握动植物体的化学组成及饲料概略养分指标；

掌握动物对饲料的消化吸收方式；

掌握能量在动物体内的转化过程。

能力目标：

理解饲料概略养分的测定原理；

通过分析影响消化率的因素，制定提高饲料消化率的措施；

指出动物生产中提高饲料转化为畜产品效率的基本措施。

素质目标：

认识饲料化验员岗位职责；

培养健康、高效的养殖理念；

培养学生分析问题、解决问题的能力。

▶▶ 任务一　认识饲料养分 ◀◀

饲料是动物的食物，是动物生产的物质基础，一切能被动物采食、消化、利用并对动物无毒无害的物质，皆可作为动物的饲料。

一、动植物体化合物组成

（一）动物与植物相互关系

动物与植物是自然界生态系统中两个重要组成部分，植物与大多数微生物能利用土壤和大气中的无机物合成自身所需要的有机物，属自养生物。动物则直接从外界环境中获得所需要的有机物，属异养生物。异养生物与自养生物是生物界生态系统内物质循环的两大生物群落，它们之间相互制约、相互依存，共同保持生态系统内物质平衡。

在生产领域，动物生产与植物生产是农业生产的两大支柱。植物生产除了为人类提供食物外,也为动物生产提供饲料,特别是人类不能直接利用的农作物副产品,可以通过动物转化成优质的动物产品——肉、奶、蛋,供人类食用。而动物生产又为植物生产提供有机肥料,有利于农作物增产。因此,动物生产和植物生产,不仅是人类生存的条件,它们之间也是相互依存、相互促进的。

(二)动植物体化学元素组成

目前已知的 100 多种化学元素中,动植物体内已发现 60 多种。这些元素中,以 C、H、O、N 含量最多,占总量 95% 以上。矿物质元素含量较少,约占 5%。按照化学元素在动植物体内的含量,可将其分为常量元素(在动植物体内含量高于或等于 0.01% 的元素)和微量元素(在动植物体内含量低于 0.01% 的元素)。目前认为,有 26 种元素是动物体所必需的,其中有 11 种是常量元素,15 种是微量元素(图 1-1)。

动物必需元素(26 种)
　　常量元素(11 种)
　　　　有机元素:碳、氢、氧、氮
　　　　常量矿物质元素:钙、磷、钾、钠、镁、氯、硫
　　微量元素(15 种):铁、铜、锰、锌、钴、碘、硒、镍、钒、氟、钼、锡、砷、硅、铬

图 1-1　动物必需元素

(三)动植物体化合物组成

动植物体内的这些元素形成化合物,参与机体的组成。动植物体化合物组成有水、无机物质、蛋白质、脂肪、碳水化合物和维生素等物质。

二、饲料的营养物质组成

饲料中凡能被动物用以维持生命、生产产品的物质,称为营养物质,简称养分。饲料中养分可以是简单的化学元素,也可以是复杂的化合物。国际上通常采用德国 Hanneberg(1864)提出的常规饲料分析方案,即概略养分分析方案(图 1-2),将饲料中的养分分为六大类(图 1-3)。

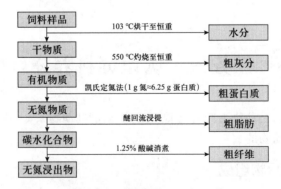

图 1-2　饲料概略养分分析方案

1. 水分

各种饲料均含有水分,其含量差异很大(5%~95%)。水分含量影响饲料营养浓度和饲料的贮存运输,一般保存饲料的水分以不高于 14% 为宜。

饲料中的水分常以两种状态存在。一种是含于动植物体细胞间、与细胞结合不紧密容易挥发的水,称为游离水或自由水;另一种是与细胞内胶体物质紧密结合在一起、形成胶体水膜、

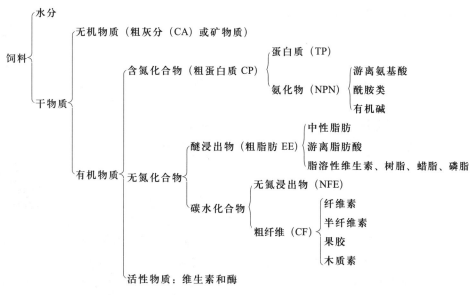

图 1-3 饲料概略养分与化合物组成之间的关系

难以挥发的水,称结合水或束缚水。构成动植物体的这两种水分之和,称为总水分。

(1)初水(primary moisture)即自由水、游离水或原始水分。将 $200\sim300$ g 新鲜饲料样品切短,放置于饲料盘中,在 $60\sim70$ ℃烘箱中烘 $8\sim12$ h,取出在空气中冷却 24 h,再同样烘干 2 h,取出,回潮,待两次称重相差小于 0.5 g 时,所失重量即为初水。各种新鲜的青绿多汁饲料,含有较多的初水。

$$初水=\frac{鲜饲料重(g)-风干饲料重(g)}{鲜饲料重(g)}\times100\%$$

(2)吸附水(absorption water)即结合水或束缚水。测定初水后的饲料、经自然风干的饲料或谷物饲料(一般含 14% 左右的吸附水),放入称量皿中,在 103 ℃烘箱内烘干 $2\sim3$ h 后取出,放入干燥器中冷却 30 min,再重复烘干 1 h,冷却称重,待两次称重小于样品重 0.1% 时,即为恒重,失去的重量为吸附水。

$$吸附水=\frac{风干饲料重(g)-烘干后饲料重(g)}{风干饲料重(g)}\times100\%$$

除去初水和吸附水的饲料为绝干饲料(dry matter,DM)。绝干物质是比较各种饲料所含养分多少的基础。

2. 粗灰分(crude ash,CA)

粗灰分是饲料、动物组织和动物排泄物在 550 ℃高温炉中将有机物质完全燃烧后剩余的残渣,主要是矿物质氧化物及无机盐类等物质。有时还含有燃烧不充分的碳粒、泥沙,所以称为粗灰分。

$$粗灰分=\frac{灰分重(g)}{饲料样品重(g)}\times100\%$$

饲料中主要有 K、Na、Ca、P、Mn 等元素,随着植物生长,粗灰分含量逐渐减少,但 Na、Se

含量逐渐上升。植物部位不同,粗灰分含量不同,茎叶粗灰分含量较多。

3. 粗蛋白质(crude protein,CP)

粗蛋白质是饲料常规分析中用以估计测量饲料中一切含氮化合物的总称。它包括真蛋白质和非蛋白质含氮化合物(也可称氨化物)两部分。氨化物(NPN)如氨、酰胺、硫酸铵、硝酸盐、尿素等。

常规饲料分析测定粗蛋白,是用凯氏定氮法测出饲料样品中的氮含量后,用 N×6.25 计算粗蛋白质含量。6.25 称为蛋白质的换算系数,代表饲料样品中粗蛋白质的平均含氮量为 16%(100/16=6.25)。计算公式如下:

$$粗蛋白质 = \frac{饲料样品含 N(g) \times 6.25}{饲料样品重(g)} \times 100\%$$

几乎所有饲料均含有蛋白质,但其含量和品质各不同,如豆科植物及油饼粕类饲料蛋白质含量较多,品质也较好;而禾本科植物蛋白质含量较少;秸秆类饲料最少,品质也最差。同一种饲料植物处于不同的生长阶段,蛋白质含量也不同,幼嫩时含量多,开花后含量迅速下降。植物的部位不同,蛋白质含量也有差异,一般植物籽实>叶片>茎秆。

4. 粗脂肪(ether extract,EE)

粗脂肪是饲料中脂溶性物质的总称,是饲料常规分析中用醚浸提饲料样品所得的醚浸出物,故称粗脂肪为醚浸出物。粗脂肪包括真脂肪(中性脂肪)和类脂肪两大类,真脂肪主要为甘油三酯,类脂肪有色素、脂溶性维生素、树脂、固醇等。

$$粗脂肪 = \frac{醚浸出物重(g)}{饲料样品重(g)} \times 100\%$$

饲料中脂肪含量差异较大,高者达到 10% 以上,低者不到 1%,部位不同含脂量也不同,一般植物籽实>茎叶>根部。

5. 碳水化合物

主要是由碳、氢、氧三种元素以 1∶2∶1 的结构规律构成的基本糖单位,其分子式是 $C_n(H_2O)_n$,其中氢和氧的比例与水的组成比例相同,故称碳水化合物。包括粗纤维和无氮浸出物两类。

(1)粗纤维(crude fiber,CF) 粗纤维是植物细胞壁的主要组成成分,包括纤维素、半纤维素、果胶和木质素等成分,是饲料中最难消化的营养物质。粗纤维含量随植物生长期不同而有所差异,幼嫩期含量低,成熟时含量高。植物部位不同,粗纤维的含量也不同,一般植物茎部>叶部>果实、块根。粗饲料中粗纤维含量较高,粗纤维中的木质素对动物没有营养价值。反刍动物能较好地利用粗纤维中的纤维素和半纤维素,盲肠和结肠发达的非反刍动物可借助盲肠和结肠微生物的发酵作用,也可利用部分纤维素和半纤维素。

常规饲料分析方法测定的粗纤维,是将饲料样品经 1.25% 稀酸、稀碱各煮沸 30 min 后,所剩余的不溶解碳水化合物。其中纤维素是由 β-1,4-葡萄糖聚合而成的同质多糖;半纤维素是葡萄糖、果糖、木糖、甘露糖和阿拉伯糖等聚合而成的异质多糖;木质素则是一种苯丙基衍生物的聚合物,它是动物利用各种养分的主要限制因子。该方法在分析过程中,有部分半纤维素、纤维素和木质素溶解于酸、碱中,使测定的粗纤维含量偏低。

为了改进粗纤维分析方案，Van Soest(1976)提出了用中性洗涤纤维（neutral detergent fiber，NDF）、酸性洗涤纤维（acid detergent fiber，ADF）、酸性洗涤木质素（acid detergent lignin，ADL）作为评定饲草中纤维类物质的指标。同时将饲料粗纤维中的半纤维素、纤维素和木质素全部分离出来，能更好地评定饲料粗纤维的营养价值。测定方案如图1-4所示。

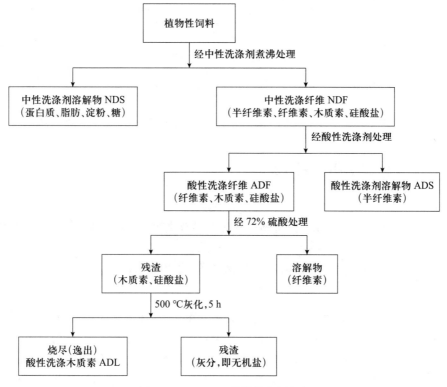

图1-4　Van Soest 粗纤维分析方案

（2）无氮浸出物（nitrogen free extract，NFE）　饲料有机物质中无氮化合物除去脂肪及粗纤维外，总称为无氮浸出物。无氮浸出物主要由易被动物利用的淀粉、多糖、双糖、单糖等可溶性碳水化合物组成。

常规饲料分析不能直接分析饲料中无氮浸出物含量，而是通过计算求得：

$$无氮浸出物＝100\%－（水分＋粗灰分＋粗蛋白质＋粗脂肪＋粗纤维）\%$$

常用饲料中无氮浸出物含量一般在50%以上，植物性饲料中均含有较多的无氮浸出物，特别是植物籽实和块根、块茎饲料中含量高达70%～85%。因植物性饲料中无氮浸出物含量高，适口性好，消化率高，是动物能量的主要来源。动物性饲料中无氮浸出物含量很少。

饲料中养分按不同分析方案获得的指标也不同（图1-5）。

随着饲料养分分析方法的不断改进，分析手段越来越先进，如氨基酸自动分析仪、原子吸收光谱仪、气相色谱分析仪等的使用，各种纯养分皆可进行分析，促使动物营养研究更加深入细致，饲料营养价值评定也更加精确可靠。

视频 1-1＊

＊　正文中视频资源题目展示在文前"教学资源目录"中，后同．

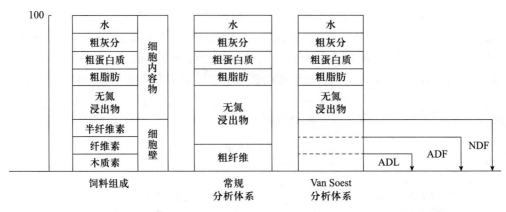

图 1-5　不同分析方案指标比较

三、动植物体化合物组成比较

(一)共同点

动植物体都以水分含量最高,但植物体水分变异范围大,含水量在 $5\% \sim 95\%$ 变化。动物体水分含量较恒定,占体重的 $60\% \sim 70\%$。

干物质中都含有蛋白质、脂肪、碳水化合物、矿物质和维生素。

(二)不同点

动物从饲料中摄取由各种化学元素组成的化合物后,在体内代谢过程中,经一系列化学变化合成特定的无机和有机化合物。这些化合物大致可分为三类:第一类是构成机体组织的成分,如蛋白质、脂肪、碳水化合物、水和矿物质;第二类是合成或分解的中间产物,如氨基酸、脂肪酸、甘油、氨、尿素等;第三类是生物活性物质,如酶、激素、维生素和抗体等。动植物体虽都含有水分、粗灰分、粗蛋白质、粗脂肪、碳水化合物和维生素等六种同名营养物质,但是,这些同名营养物质在组成成分上又有以下几方面的差异,见表 1-1。

表 1-1　植物体与动物体营养成分的不同点

成分	植物体	动物体
干物质	主要是碳水化合物	主要是蛋白质,其次为脂肪
蛋白质	含量低,变异大,NPN 多	含量高且近似,为 $13\% \sim 19\%$,多为真蛋白质(结构物质)
脂肪	变异大,主要为简单的甘油三酯	含量相似,主要为结构性复合脂肪(贮备物质)
碳水化合物	含量高,含粗纤维(贮备物质、结构物质)	含量低,只有 1% 以下的糖原,不含粗纤维
维生素	主要含水溶性维生素	主要含脂溶性维生素

1. 碳水化合物

碳水化合物是植物体的结构物质和贮备物质。植物体中可溶性碳水化合物分布比较集中,如甘蔗、甜菜等植物中蔗糖含量特别高;豆科籽实中棉籽糖含量高;块根块茎和禾谷类籽实干物质中淀粉等营养性多糖含量高达 80% 以上;一些木质化程度很高的茎叶、秕壳中,可溶性碳水化合物含量较低。动物体内的碳水化合物少于 1%，主要为糖原和葡萄糖。

结构性多糖主要分布于根茎叶和种皮中，主要包括纤维素、半纤维素、木质素、果胶等，是植物细胞壁的主要组成物质。不同种类、不同生长阶段的植物，细胞壁组成物质的种类也不同，纤维素含量占 20%～40%，也可高达 60%；半纤维素含量 10%～20%；果胶含量在 1%～10%；木质素是植物生长成熟后才出现在细胞壁中的物质，占 5%～10%，动物体内完全不含这一类物质，只含有少量葡萄糖、低级羧酸和糖原。

2. 蛋白质

蛋白质是动物体的结构物质。构成动植物体蛋白质的氨基酸种类相同，但植物体能利用自身合成全部的氨基酸，动物体则不能全部合成，一部分氨基酸必须从饲料中获得。植物除含真蛋白外，还含有较多的氨化物；动物主要是真蛋白和少量游离氨基酸、激素和酶，无其他氨化物；动物蛋白质含量高、变异小，品质也优于植物。

3. 脂类

脂类是动物体的贮备物质。植物除含真脂肪外，还含有其他脂溶性物质，如脂肪酸、色素、树脂、蜡质；油料植物中脂类含量较多，一般植物脂类含量较少。动物主要是真脂肪、脂肪酸及脂溶性维生素，不含树脂和蜡质。动物因种类、品种、肥育程度等不同，脂肪含量差异大，动物脂肪含量高于除油料作物外的其他植物。

此外，植物体内水分含量变异范围很大，成年动物体内水分相对稳定。动物体内粗灰分含量比植物体内多（干物质基础），特别是钙、磷、镁、钾、钠、氯、硫等常量矿物质元素的含量远高于植物体。植物干物质中主要为碳水化合物，而动物则主要为蛋白质。

综上所述，动植物体组成成分既有相同的地方，也有很多差别，这就揭示了二者之间相互关系：动物从饲料中摄取六种营养物质后，必须经过动物的消化代谢过程才能将饲料中营养物质转变为机体成分、动物产品或提供能量。二者关系可概括为动物体水分来源于饲料水、代谢水和饮水；动物体蛋白质来源于饲料中的蛋白质和氨化物；动物体脂肪来源于饲料中的粗脂肪、无氮浸出物和粗纤维；动物体中的糖分来源于饲料中的糖类；动物体中的矿物质来源于饲料、饮水和土壤中的矿物质；动物体中的维生素来源于饲料中的维生素和动物体内合成的维生素。但这并不是绝对的，因为饲料中各种营养物质在动物体内的代谢过程中存在着相互协调、相互代替或拮抗等复杂关系。

拓展内容 ▶

影响饲料营养成分的因素

饲料营养成分价值表中所列的各种营养物质的数量和质量是多次分析结果的平均数，与具体使用的饲料养分含量有一定的差异，这是因为植物的营养物质组成和利用受很多因素影响。

1. 饲料的种类与品种

从分类的角度分析，青绿饲料水分高，富含维生素；蛋白质补充料蛋白质含量多；能量饲料中淀粉含量较多。从品种的角度分析，同一种饲料品种不同，则营养物质组成不同，如黄玉米中富含胡萝卜素，而白玉米中则缺乏胡萝卜素。

2. 收获期

随着植物生长期延长，含水量逐渐下降，到籽实形成期粗蛋白含量下降，粗脂肪含量下降，粗纤维含量上升。由于青草所含养分会因生长的时期发生显著变化,所以确定收获期是非常重要的,必须选择能够获得营养物质含量最高的时期。一般来说,青草的最佳收获期是在开花初期,最迟不超过开花盛期。豆科牧草在初花期,禾本科牧草在抽穗期刈割较好。

3. 饲料作物部位

叶子中营养丰富,远远超过秸秆。收获、加工、贮存、饲喂过程中,应尽量避免叶片损失。

4. 贮存时间

新收割的青草和掘出不久的块根仍保持原有植物的化学成分和营养价值。但收割后的饲料经长期贮存,会发生很大变化,如青草经过干燥成为青干草后,首先失去大量水分,其次损失一部分有机物。

5. 土壤

生长在不同土壤中的同一种植物,不仅产量不同而且化学成分也有差异。肥沃的黑土可生产出优质饲料,贫瘠和结构不良的土壤生产的饲料产量和营养价值均较低。

6. 施肥

施用肥料,既可提高饲料作物产量,又可影响饲料中营养物质含量。施用氮肥,可提高产量和粗蛋白含量;施用磷肥,提高饲料含磷量和粗蛋白含量;施用钾肥,可增加饲料中粗蛋白、粗灰分和钾含量,减少钙含量。

7. 气候条件

气温、光照及雨量分布等气候条件对饲用植物的收获量及化学成分有很大影响,在寒冷气候下生长的植物比在温热气候下生长的植物粗纤维较多,而蛋白质和粗脂肪较少。

了解影响饲料中营养物质组成的因素,一方面能正确认识饲料营养价值,学会查用饲料营养价值成分表,做到合理利用饲料;另一方面可采取适当措施,改善饲料物理状态及化学结构,提高饲料的营养价值。

任务考核 1-1　　　　　参考答案 1-1

任务二　动物对饲料的消化吸收

一、消化系统

消化系统由消化管和消化腺两部分组成。

消化管是一条起自口腔,延续为咽、食管、胃、小肠、大肠,终于肛门的很长的肌性管道,包括口腔、咽、食管、胃、小肠(十二指肠、空肠、回肠)和大肠(盲肠、结肠、直肠)等部位。

消化腺有小消化腺和大消化腺两种。小消化腺散在于消化管各部的管壁内,大消化腺有

3 对唾液腺(腮腺、下颌下腺、舌下腺)、肝和胰,它们均借导管将分泌物排入消化管内。

消化系统的基本功能是食物的消化和吸收,供机体所需的物质和能量,食物中的营养物质除维生素、水和无机盐可以被直接吸收利用外,蛋白质、脂肪和糖类等物质均不能被机体直接吸收利用,需在消化管内被分解为结构简单的小分子物质,才能被吸收利用。食物在消化管内被分解成结构简单、可被吸收的小分子物质的过程就称为消化。这种小分子物质透过消化管黏膜上皮细胞进入血液和淋巴液的过程就是吸收。对于未被消化的残渣部分,消化道则通过大肠以粪便形式排出体外。

不同动物消化系统组成如图 1-6 至图 1-8 所示。

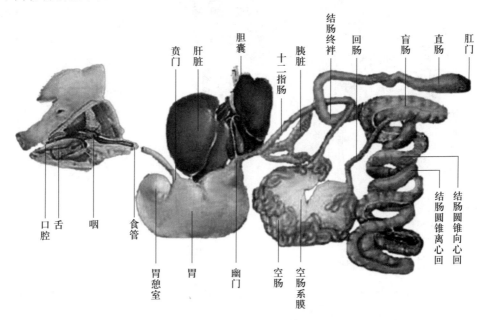

图 1-6 猪的消化系统

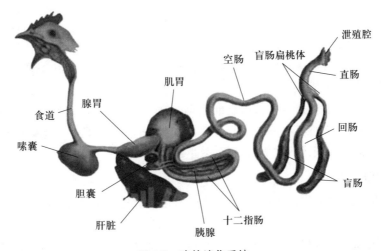

图 1-7 鸡的消化系统

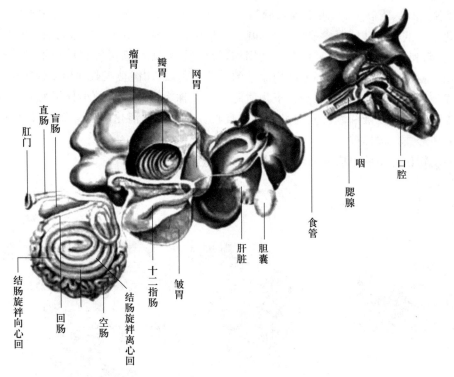

瘤胃 瓣胃 网胃

直肠 盲肠

肛门

咽 口腔

腮腺

食管

胆囊

肝脏

皱胃

十二指肠

空肠

结肠旋襻离心回

回肠

结肠旋襻向心回

图 1-8　牛的消化系统

二、动物对饲料的消化

饲料中的水、矿物质、维生素等小分子物质可以不经过消化,在消化道内直接被动物吸收,但饲料中的大分子营养物质一般不能直接进入体内,必须经过物理、化学和微生物等复杂作用。通常把饲料中碳水化合物、蛋白质、脂肪等大分子有机化合物在消化道内经酶、微生物作用转变成可溶于水的小分子物质的过程称为消化。大分子物质只有经过消化转变为生理条件下可溶解的小分子物质,才能被动物吸收。不同动物对不同饲料的消化利用程度不同,饲料中各种营养物质消化吸收的程度直接影响其利用效率,了解动物对饲料的消化规律和特点,有利于合理向动物供给饲料,科学认识动物的营养过程,提高饲料利用效率,降低动物生产成本,节约利用饲料,提高饲养价值。

动物的种类不同,消化道结构和功能也不同,但是,从生理学的角度看,不同种类的动物之间消化原理是非常相似的,具有许多共同的规律,消化方式许多是相同的,人也不例外。主要有 3 种消化方式:物理性消化、化学性消化、微生物消化。

(一)物理性消化

物理性消化主要靠动物的咀嚼器官牙齿和消化道管壁的肌肉运动把饲料撕碎、磨烂、压扁,以增加食物的表面积,易于消化液充分混合,并把食糜从消化道的一个部位运送到另一个部位。所有物理性消化过程,都有利于在消化道内形成多水的食糜,为胃肠的化学性消化(主要是酶的消化)和微生物消化做好准备。动物胃肠内的物理性消化,主要靠消化道管壁肌肉的收缩,对食糜进行研磨和搅拌。

猪、马、牛、羊等哺乳动物的口腔是主要的物理消化器官,对改变饲料粒度起着十分重要的作用。鸡、鸭、鹅等禽类对饲料的物理消化,主要是通过肌胃收缩的压力和饲料中硬质物料的磨碎,达到改变饲料粒度的目的,这也是禽类在笼养条件下,配合饲料中适量添加沙砾的依据。

(二)化学性消化

动物对饲料的化学性消化,主要是酶的消化。酶的消化是高等动物消化的主要方式,是饲料变成动物能吸收的营养物质的一个过程。反刍与非反刍动物都存在着酶的消化,但是酶的消化对非反刍动物的营养具有特别重要的作用。不同种类动物酶的消化特点明显不同。

各种动物口腔能分泌唾液,通常用来润湿食物,便于吞咽。猪和家禽唾液中含有少量淀粉酶;牛、羊、马唾液中不含淀粉酶或含量较少,但存在其他酶类,如麦芽糖酶、过氧化物酶、脂肪酶和磷酸酶等。唾液淀粉酶在动物口腔内消化程度很弱,在胃内强酸性环境下此酶失活。反刍动物唾液中所含 $NaHCO_3$ 和磷酸盐对维持瘤胃适宜酸度具有较强的缓冲作用。唾液分泌量对维持瘤胃稳定的流质容积也起重要作用。

单胃动物的胃和反刍动物的真胃分泌的胃液中含有盐酸、胃蛋白酶、胃脂肪酶和凝乳酶,主要将饲料中的蛋白质分解为多肽。

小肠和胰腺所分泌的消化液含有各种蛋白酶、脂肪酶和淀粉酶,最终将养分分解为能被动物吸收的小分子物质。

动物对食物中不同养分进行化学性消化所需消化酶的种类、来源及消化后的产物,详见表1-2。

表 1-2　消化道中的主要酶类

来源	酶	前体物	致活物	分解底物	终产物
唾液	唾液淀粉酶			淀粉	糊精、麦芽糖
胃液	胃蛋白质酶	胃蛋白质酶	盐酸	蛋白质	胨、胲
	凝乳酶	凝乳酶原	盐酸	酪蛋白	酪蛋白钙、胨
胰液	胰蛋白酶	胰蛋白酶原	肠激酶	蛋白质	胨、肽
	糜蛋白酶	糜蛋白酶原	胰蛋白酶	蛋白质	胨、肽
	羧肽酶	羧肽酶原	胰蛋白酶	肽	氨基酸
	氨基肽酶	氨基肽酶原	胰蛋白酶	肽	氨基酸
	胰脂酶			脂肪	甘油、脂肪酸
	胰麦芽糖酶			麦芽糖	葡萄糖
	蔗糖酶			蔗糖	葡萄糖、果糖
	胰淀粉酶			淀粉	糊精、麦芽糖
	胰核酸酶			羧酸	核苷酸
肠液	氨基肽酶			胨、肽、胲	氨基酸
	双肽酶			胨、肽、胲	氨基酸
	麦芽糖酶			麦芽糖	葡萄糖
	乳糖酶			乳糖	葡萄糖、半乳糖
	蔗糖酶			蔗糖	葡萄糖、果糖
	核酸酶			核酸	嘌呤和嘧啶碱
	核苷酸酶			核苷酸	磷酸、戊糖

(三)微生物消化

消化道微生物在动物消化过程中起着积极的、不可忽视的作用。这种作用对反刍动物和单胃草食动物的消化十分重要,是其能大量利用粗饲料的主要原因。反刍动物的微生物消化场所主要在瘤胃,其次在盲肠和结肠;单胃草食动物的微生物消化场所主要在盲肠和结肠。

1. 瘤胃内环境

反刍动物的瘤胃可看作是一个厌氧性微生物接种和繁殖的活体发酵罐,其具有几大特点:

(1)食物和水分相对稳定 瘤胃内容物含干物质 $10\%\sim15\%$,含水分 $85\%\sim90\%$。虽然经常有食糜流入和排出,但食物和水分相对稳定,能保证微生物繁殖所需的各种营养物质。

(2)瘤胃 pH 瘤胃内 pH 变动范围是 $5.0\sim7.5$,呈中性而略偏酸,很适合微生物的繁殖。

(3)渗透压 一般情况下瘤胃内渗透压比较稳定,接近血浆水平。

(4)瘤胃温度 由于瘤胃发酵产生热量,所以瘤胃内温度通常超过体温 $1\sim2\ ℃$,一般为 $38.5\sim40\ ℃$,正适合各种微生物的生长。

2. 瘤胃内消化

瘤胃内环境很适合厌氧微生物的繁殖。瘤胃微生物种类繁多,主要分为两大类群:一类是原生动物,如纤毛虫和鞭毛虫;另一类是细菌。通常,瘤胃内容物每毫升含原虫 10^6 个,含细菌 10^{10} 个。如一头体重 300 kg 的肉牛,瘤胃内容物约 40 L,约含有 4×10^{10} 个原虫和 4×10^{14} 个细菌(Hangate,1981)。因此,微生物在瘤胃内充分繁殖时,微生物原浆约占瘤胃液的 10%。按鲜重计算,绝对量达 $3\sim7$ kg,瘤胃微生物除原虫和细菌外,还有酵母类的微生物和噬菌体等。

瘤胃微生物能分泌 α-淀粉酶、蔗糖酶、呋喃果聚糖酶、蛋白酶、胱氨酸酶、半纤维素酶和纤维素酶等。饲料在瘤胃微生物作用下,将糖类和蛋白质分解成挥发性脂肪酸(VFA)、NH_3 等物质,同时微生物发酵产生乳酸、氮、二氧化碳、甲烷等代谢产物,气体可通过嗳气排出体外。瘤胃微生物可合成菌体蛋白(MCP)、糖原、B 族维生素、维生素 K 和维生素 C,供机体利用。

单胃草食动物盲肠和结肠内的微生物消化与反刍动物瘤胃的微生物消化类似。

微生物消化的优点是可将大量不能直接被宿主动物利用的物质转化成为高质量的营养素。在微生物消化过程中,也有一定量能被宿主动物直接利用的营养物质而首先被微生物利用的情况。营养物质二次利用明显降低利用效率,特别是能量利用效率。

动物对饲料的消化过程中,三种消化方式并存,见表1-3。

表 1-3 动物对饲料的三种消化方式

消化方式	消化道部位	消化工具	作用程度	消化产物
物理性消化	口腔 整个消化道	牙齿 吞咽、蠕动	切碎、磨碎 推动、挤压	增大食物表面积、有利于食糜与消化液的混合
化学性消化	口腔、胃 小肠	酶 酶	初步降解 彻底降解为小分子	糊精、多肽等 单糖、氨基酸、游离脂肪酸
微生物消化	瘤胃、大肠	微生物	物质降解 合成新物质	产生 NH_3、VFA 合成 MCP

三、动物对饲料的吸收

饲料被消化后,其分解产物经消化道黏膜上皮细胞进入血液或淋巴液的过程称为吸收。

（一）吸收的部位

消化道的部位不同，吸收程度不同。非反刍动物胃的吸收有限，只能吸收少量水分和无机盐。成年反刍动物的前胃（瘤胃、网胃和瓣胃）能吸收大量的挥发性脂肪酸。小肠是各种动物吸收营养物质的主要场所，其吸收面积最大，吸收的营养物质也最多。草食动物和猪的盲肠及结肠，对其微生物发酵产物的吸收能力较强。

（二）吸收方式

高等动物对营养物质的吸收机制有三种方式，见表1-4。

表 1-4　动物对饲料的三种吸收方式

吸收方式	主要消化道部位	物质浓度流向	吸收养分形式
主动吸收	小肠	低浓度→高浓度	单糖、氨基酸、游离脂肪酸、脂溶性维生素
被动吸收	消化道 瘤胃	高浓度→低浓度	水溶性维生素、矿物质离子、NH_3、VFA
胞饮吸收	初生哺乳仔畜		乳蛋白

1. 主动吸收

主动吸收是一种逆电化学梯度的物质转运形式，必须通过机体消耗能量，依靠细胞载体蛋白来完成，是高等动物吸收营养物质的主要方式。

2. 被动吸收

被动吸收是经动物消化道上皮的滤过、渗透和扩散等作用将消化后的小分子营养物质吸收进入血液和淋巴系统，不需要消耗能量。如一些小分子物质，简单的多肽、各种离子、电解质、水及水溶性维生素和某些糖类的吸收即为被动吸收。

3. 胞饮吸收

胞饮吸收是细胞通过伸出伪足或与物质接触处的膜内陷，从而将这些物质包入细胞内；以这种方式吸收的物质，可以是分子形式，也可以是团块或聚集物形式；主要发生在初生哺乳动物。胞饮吸收对初生哺乳动物获取初乳中免疫球蛋白具有十分重要的意义。

四、消化率

（一）消化率的概念

饲料被动物消化的性质或程度称为饲料的可消化性；动物消化饲料中营养物质的能力称为动物的消化力。饲料的可消化性和动物的消化力是营养物质消化过程不可分割的两个方面。消化率是衡量饲料可消化性和动物消化力这两个方面的统一指标。

（二）消化率计算

消化率是饲料中可消化营养物质（养分）占食入饲料养分的百分率，计算公式如下：

$$饲料中某养分消化率 = \frac{食入饲料中某养分 - 粪中某养分}{食入饲料中某养分} \times 100\%$$

(三)真消化率

因粪中所含养分并非全部来自饲料,有少量来自消化管分泌的消化液、肠道脱落细胞、肠道微生物等内源性产物,故上述公式计算的消化率为表观消化率。

$$饲料中某养分真消化率=\frac{食入饲料中某养分-(粪中某养分-消化道来源某养分)}{食入饲料中某养分}\times100\%$$

饲料中某养分的真消化率恒大于表观消化率,但真消化率测定比较困难,一般测定和应用表观消化率。

(四)内源氮测定

内源氮排泄是动物生长过程中不可避免的,即使在采食无氮日粮时,其粪便和尿液中仍含有一定氮素,此类氮即为内源氮。粪中内源氮主要来源于动物体内酶、肠脱落细胞、血浆清蛋白、氨基酸等;而尿中内源氮主要来源于动物机体内氮代谢产物如尿素和尿酸等。

视频1-2

目前,关于动物消化道内源氮排泄量的测定方法,主要采用无氮日粮法、完全可消化蛋白源或静脉灌注平衡氨基酸法、肽营养超滤技术、回归分析法、高精氨酸法、氨基酸库法和同位素标记内(外)源氮等方法。家禽研究中,最常用的方法是无氮日粮法和绝食法,是测定内源氮最简单的经典方法,即用无氮日粮饲喂动物或禁食,收集尿氮、粪氮进行测定。但动物处在非正常的生理状态,缺乏日粮蛋白质或肽对消化酶的刺激,因此该法会低估内源氮排泄量。

▌拓展内容 ▶--

影响消化率的因素

凡影响动物消化生理、消化道结构及机能和饲料性质的因素,都会影响消化率,主要是动物因素、饲料因素、饲料加工调制因素、饲养水平等几个方面。

1. 动物因素

一般来说,不同种类动物对粗饲料的消化率差异较大。牛对粗饲料的消化率最高,羊稍次,猪较低,家禽几乎不能消化粗饲料中的粗纤维。

动物从幼年到成年,消化器官和机能发育的完善程度不同,对饲料养分的消化率也不同,蛋白质、脂肪、粗纤维的消化率随动物年龄的增加而呈上升趋势。老年动物因牙齿衰残,不能很好磨碎食物,消化腺和肠道吸收功能下降,饲料消化利用率逐渐降低。

同年龄、同品种的不同个体,因培育条件、体况、神经类型等的不同,对同一种饲料养分的消化率仍有差异。

2. 饲料因素

不同种类和来源的饲料因养分含量及性质的不同,可消化性也不同。一般幼嫩青绿饲料的可消化性较高,干粗饲料的可消化性较低;作物籽实的可消化性较高,而茎秆的可消化性较低。

饲料的化学成分以粗蛋白质和粗纤维对消化率影响最大。饲料中粗蛋白质越多,消化率越高;粗纤维越多,则消化率越低。某些饲料存在抗营养因子,即饲料本身含有或从外界进入饲料中的阻碍养分消化的微量成分,各种抗营养因子都不同程度地影响饲料消化率。

3. 饲料加工调制因素

饲料加工调制的方法很多,各种方法对饲料养分消化率均产生影响。适度的磨碎有利于单胃动物对饲料干物质、能量和氮的消化;适宜的加热、膨化可提高饲料中蛋白质等有机物质的消化率。粗饲料用酸碱处理有利于反刍动物对纤维性物质的消化。

4. 饲养水平

随饲喂量的增加,饲料消化率降低。以维持水平或低于维持水平饲养,养分消化率最高,而超过维持水平后,随饲养水平的增加,消化率逐渐降低。饲养水平对猪的影响较小,对草食动物的影响较明显。

任务考核 1-2　　　　　参考答案 1-2

任务三　饲料能量在动物体内的转化规律

能量可定义为做功的能力。动物的所有活动,如呼吸、心跳、血液循环、肌肉活动、神经活动、生长、生产产品和使役等都需要能量。

一、能量的来源和单位

(一)能量的来源

饲料能量主要来源于碳水化合物、脂肪和蛋白质。动物采食饲料后,三大养分经消化吸收进入体内,在糖酵解、三羧酸循环或氧化磷酸化过程可释放出能量,最终以 ATP 的形式满足机体需要。

哺乳动物和禽饲料能量的最主要来源是碳水化合物。因为,碳水化合物在常用植物性饲料中含量最高,来源丰富。脂肪的有效能值约为碳水化合物的 2.25 倍,但在饲料中含量较少,不是主要的能量来源;蛋白质用作能源的利用效率比较低,并且蛋白质在动物体内不能完全氧化,氨基酸脱氨产生的氨过多,对动物机体有害,因而,蛋白质不宜作能源物质使用。鱼类对碳水化合物的利用率较低,其有效供能物质尚属蛋白质,其次是脂肪。此外,当动物处于绝食、饥饿、产奶、产蛋等状态时,饲料来源的能量难以满足需要时,也可依次动用体内贮存的糖原、脂肪和蛋白质来供能,以应一时之需。但是,这种由体组织先合成后降解的供能方式,其效率低于直接用饲料供能的效率。

(二)能量的单位

在营养学上,饲料能量基于养分在氧化过程中释放的热量来测定,并以热量单位来表示。传统的热量单位为"卡",为使用方便,实践中常用单位为千卡(kcal)和兆卡(Mcal)。三者关系为:

$$1\ kcal = 1\ 000\ cal; \qquad 1\ Mcal = 1\ 000\ kcal$$

国际营养科学协会及国际生理科学协会确认以焦耳作为统一使用的能量单位。动物营养中常采用千焦耳(kJ)和兆焦耳(MJ)。卡和焦耳在美国均可使用。我国传统热量单位为卡,现在国家规定用焦耳。卡与焦耳可以相互换算,换算关系如下:

$$1\ cal = 4.184\ J; \qquad 1\ kcal = 4.184\ kJ; \qquad 1\ Mcal = 4.184\ MJ$$

二、能量在动物体内的转化规律

动物摄入的饲料能量伴随着养分的消化代谢过程,会发生一系列转化。饲料能量可相应划分成若干部分,如图 1-9 所示。每部分的能值可根据能量守恒和转化定律进行测定和计算。

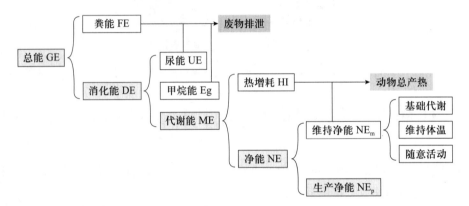

图 1-9 能量在动物体内的转化规律

(一)总能(gross energy,GE)

总能是指饲料中有机物质完全氧化燃烧生成二氧化碳、水和其他氧化物时释放的全部能量,主要是碳水化合物、粗蛋白质和粗脂肪能量的总和,可以通过氧弹式测热计测定。

三大养分能量的平均含量为:碳水化合物 17.5 kJ/g,蛋白质 23.64 kJ/g,脂肪 39.54 kJ/g,因此,能值以碳水化合物最低,脂肪最高,约为碳水化合物的 2.25 倍,蛋白质居中。

(二)消化能(digestible energy,DE)

消化能是指饲料可消化养分所含的能量,即动物摄入饲料的总能与粪能之差。即:

$$DE = GE - FE$$

式中 FE 为粪中养分所含的总能,称为粪能,按照此公式计算的消化能实际上是表观消化能(ADE)。因为正常情况下,动物粪便主要包括以下能够产生能量的物质:

(1)未消化吸收的饲料养分。

(2)消化道微生物及其代谢产物。

(3)消化道分泌物和经消化道排泄的代谢产物。

(4)消化道黏膜脱落细胞。

后三者称为粪代谢物,所含能量为代谢粪能(F_mE)。FE 中扣除 F_mE 后计算的消化能称为真消化能（TDE），即：

$$TDE=GE-(FE-F_mE)$$

用 TDE 反映饲料的能值比 ADE 准确，但测定较难，故现行动物营养需要和饲料营养价值表一般都用 ADE。

正常情况下，粪能是饲料能量中损失最大的部分，粪能占总能的比例因动物种类和饲料类型不同而异，马约 40%，猪约 20%，反刍动物采食精料型日粮时为 20%～30%，采食粗料型日粮时为 40%～50%，采食低质粗饲料时可达 60%。

（三）代谢能（metabolizable energy，ME）

代谢能是指饲料消化能减去尿能（UE）及可燃气体甲烷能（Eg）的能量后剩余能量。即：

表观代谢能（ME）＝消化能（DE）－尿能（UE）－甲烷能（Eg）

＝总能（GE）－粪能（FE）－尿能（UE）－甲烷能（Eg）

尿能是尿中有机物所含的总能，主要来自蛋白质的代谢产物，如尿素、尿酸、肌酐等。尿氮在哺乳动物中主要来源于尿素，禽类主要来源于尿酸。每克尿氮的能值为：反刍动物 31 kJ，猪 28 kJ，禽类 34 kJ。

消化道气体能来自动物消化道微生物发酵产生的气体，几乎全部是甲烷。这些气体经肛门、口腔和鼻孔排出。反刍动物消化道微生物发酵产生的气体量大，甲烷产量与饲料摄入密切相关，当营养在维持水平时，以甲烷形式损失掉的能量占饲料总能的 7%～9%（占消化能的 11%～13%）。饲养水平较高时，甲烷损失降到了 6%～7%。对于发酵饲料，如发酵谷物，甲烷产量低，占总能的 3%～10%。非反刍动物的大肠中虽然也有发酵，但产生的气体少，通常可以忽略不计。

因为尿中能量除来自饲料养分吸收后在体内代谢分解的产物外，还有部分来自体内蛋白质动员分解的产物，后者称为内源氮，所含能量称为内源尿能，表观代谢能（AME）加上内源尿能为真代谢能（TME）。用 TME 反映饲料营养价值比用 AME 准确，但其测定更麻烦，故实践中常用 AME。

正常情况下，尿能的损失量比较稳定。猪的尿能损失占总能的 2%～3%，反刍动物占 4%～5%。

（四）净能（net energy，NE）

净能是指饲料总能中完全用来维持动物生命和生产产品的能量，即代谢能减去热增耗（heat increment，HI）。

净能（NE）＝代谢能（ME）－热增耗（HI）

＝消化能（DE）－尿能（UE）－甲烷能（Eg）－热增耗（HI）

＝总能（GE）－粪能（FE）－尿能（UE）－甲烷能（Eg）－热增耗（HI）

1. 饲料的热增耗

热增耗（HI）又称为体增热，是指绝食动物在采食饲料后短时间内，体内产热高于绝食代谢产热的那部分热能。热增耗以热的形式散失。事实上，在冷应激环境中，热增耗是有益的，可用于维持体温。但在炎热条件下，热增耗将成为动物的额外负担，必须将其散失，以防止体温升高；而散失热增耗，又需消耗能量。

热增耗的来源有：

①消化过程产热。例如：咀嚼饲料，营养物质的主动吸收和将饲料残余部分排出体外时的产热。

②营养物质代谢做功产热。体组织中氧化反应释放的能量不能全部转移到 ATP 上被动物利用，一部分以热的形式散失掉。例如：葡萄糖（1 mol）在体内充分氧化时，31％的能量以热的形式散失掉。

③与营养物质代谢相关的器官肌肉活动所产生的热量。

④肾脏排泄做功产热。

⑤饲料在胃肠道发酵产热（HF）。

2. 净能的组成

净能（NE）包括维持净能（NE_m）和生产净能（NE_p）。动物处于维持状态下（在此状态下，动物体重保持不变，体内分解代谢与合成代谢处于动态平衡，处于为了保证身体健康所必需的运动中）所需的净能值即为维持净能，维持净能是用于基础代谢、维持体温恒定和随意活动所消耗的能量。其中基础代谢是指健康正常动物在适温环境条件下空腹、绝对安静及放松状态时，维持自身生存所必需的最低限度的能量代谢。从生产角度考虑，维持净能不产生产品，因而是一种无效损耗，但维持净能是动物从事生产的基础。生产净能是用于生长、肥育、繁殖、产乳、产蛋、产毛等生产活动所消耗的能量，包括增重净能、产奶净能、产毛净能等。

三、能量评定体系

动物的能量需要和饲料的能量营养价值常用有效能来表示。从消化代谢来看，不同层次的有效能包括消化能、代谢能、净能、维持净能、生产净能。在不同的国家、不同的年代，对不同的动物采用的有效能体系不同。理论上要求动物的能量需要和饲料能量值的表述要用相同的术语来表示。另外由于评定饲料能值比较复杂，因而大多数饲料的能量值是通过使用一些更易测定的饲料特征指标来预测。

净能体系不但考虑了粪能、尿能与气体能损失，还考虑了体增热的损失，比消化能和代谢能准确。特别重要的是净能与产品能紧密联系，可根据动物生产需要直接估计饲料用量，或根据饲料用量直接估计产品量，因而，净能体系是动物营养学界评定动物能量需要和饲料能量价值的趋势。目前，反刍动物的能量需要主要用净能体系来表示。但净能的测定难度大，费工费时。生产上常采用消化能和代谢能来推算净能。

1. 反刍动物的能量

我国反刍动物饲养标准中能量需要量和饲料原料营养价值表中饲料所含能量，牛用净能表示，羊用消化能和代谢能表示。为了应用方便，除了净能表示外，对奶牛还采用奶牛能量单位来表示，1 个奶牛能量单位相当于 1 kg 含脂率为 4％的标准乳所含的能量，即 3 138 kJ 产乳净能（NND）。对肉牛还采用肉牛能量单位来表示，1 个肉牛能量单位相当于 1 kg 中等玉米（二等饲料用玉米，干物质 88.5％，以干物质计粗蛋白 8.6％、粗纤维 2.0％、粗灰分 1.4％、消化能 16.40 MJ/kg）所含的能量，即 8.08 MJ 产肉净能（RND）。

2. 猪的能量

目前,世界各国的营养需要多采用消化能体系表示。饲料原料营养价值表中饲料能量含量,猪以消化能表示。一般情况下,消化能只考虑粪能损失,未考虑尿能、气体甲烷能、热增耗损失,因而,不如代谢能和净能准确。

3. 家禽的能量

在消化能的基础上,代谢能考虑了尿能和气体甲烷能的损失,比消化能体系更准确,但测定较难。目前,代谢能体系主要用于家禽。我国家禽饲养标准中能量需要和饲料原料营养价值表中所含能量均以代谢能表示。

四、饲料能量利用效率

(一)饲料的能量利用效率

饲料能量在动物体内经过一系列转化后,最终用于维持动物生命和生产。动物利用饲料能量转化为产品净能,投入能量与产出能量的比率关系称为饲料能量效率。下面介绍两个常用的能量效率的计算方法。

1. 能量总效率

指产品中所含的能量与摄入饲料的有效能(指消化能或代谢能)之比。计算公式如下:

$$总效率 = \frac{产品能量}{摄入的有效能量(包括用于维持需要的能量)} \times 100\%$$

2. 能量净效率

指产品能量与摄入饲料中扣除用于维持需要后的有效能(指消化能或代谢能)的比值。计算公式为:

$$净效率 = \frac{产品能量}{摄入的有效能量 - 维持需要的能量} \times 100\%$$

(二)提高饲料能量利用率的营养学措施

1. 减少能量转化损失

通过正确合理的饲料配制、加工及饲喂技术,可减少能量在转化过程中,粪能、尿能、胃肠气体甲烷能、体增热等各种能量的损失,减少动物的维持消耗,增加生产净能,以提高动物的能量利用效率,多出产品,出好产品。

2. 确切满足动物需要

给动物配制全价日粮,即根据动物的具体情况,参照各自的饲养标准,满足其对能量、蛋白质、矿物质和维生素等各种营养物质量的需要及相应间的比例,尤其应供给氨基酸平衡的蛋白质营养及适宜的粗纤维水平。

视频 1-3

拓展内容 ▶ -

一、饲料报酬

(一)饲料报酬

又称饲料利用率,是畜牧业生产中表示饲料效率的指标,它表示每生产单位重量的产品所耗用饲料的数量。

(二)饲料报酬的计算

一般用耗料增重比(料重比、料肉比、饲料消耗比)来表示。即每增加 1 kg 活重所消耗的标准饲料千克数。计算公式为:

$$耗料增重比 = \frac{标准饲料重量(kg)}{增重的重量(kg)}$$

在计算饲料报酬中,用"耗料增重比"较"料肉比"的概念更准确,因增加的不是"肉",而是体重。标准饲料量是指按饲养标准配制的饲粮量。否则,将缺乏可比性。也可从相反角度,用饲料转化率(饲料消耗率)来表示。所谓饲料转化率,指同一时间内所增加的活重量占所消耗的饲料量的比率。其计算公式为:

$$饲料转化率 = \frac{增加的活重量(kg)}{消耗的饲料量(kg)} \times 100\%$$

二、影响饲料能量利用的因素

(一)动物种类、性别及年龄

动物种类、品种、性别及年龄影响同种饲料或饲料的能量效率。ME 用于生长育肥的效率,对猪禽等非反刍动物高于反刍动物。有资料表明,用同种饲料 ME 对于肉鸡的生长效率,母鸡高于公鸡。产生这些差异的原因在于各种动物有其不同的消化生理特点、生化代谢机制及内分泌特点。

(二)生产目的

大量研究结果表明:能量用于不同的生产目的,能量效率不同。能量利用率的高低顺序为维持＞产奶＞生长、肥育＞妊娠和产毛。例如:ME 用于反刍动物生长肥育效率为 40%～60%,用于妊娠的效率为 10%～30%;而 ME 用于猪生长的效率为 71%,用于妊娠的效率为 10%～22%。能量用于动物维持的效率较高,主要是由于动物能有效地利用体增热来维持体温。当动物将饲料能量用于生产时,除随着采食量增加,饲料消化率下降外,能量用于产品形成时还需消耗大部分能量。因此,能量用于生产的效率较低。以反刍动物为例,嫩黑麦干草、成熟黑麦干草、草地早熟禾、苜蓿草、青贮牧草等同一饲料的 ME 用于维持的效率明显高于用于肥育的效率。同时,不同饲料 ME 用于维持的利用效率变异较小,而用于肥育时变异较大。

(三)饲养水平

大量试验表明,在适宜的饲养水平范围内,随着饲喂水平的提高,饲料有效能量用于维持部分相对减少,用于生产的净效率增加。但在适宜的饲养水平以上,随采食量的增加,由于消化率下降,饲料 DE 和 ME 值均减少。

（四）饲料成分

饲料成分对有效能利用率有很大影响。

1. 对消化能的影响

饲料的化学成分以粗蛋白质和粗纤维对消化率影响最大，从而影响饲料消化能。饲料中粗蛋白质越多，消化率越高；粗纤维越多，则消化率越低。某些饲料存在抗营养因子，即饲料本身含有或从外界进入饲料中的阻碍养分消化的微量成分、各种抗营养因子都不同程度地影响饲料消化率。

2. 对代谢能的影响

饲料中蛋白质水平、氨基酸平衡状况及饲料中有害成分的含量。饲料蛋白质水平增高，氨基酸不平衡，氨基酸过量或能量不足导致氨基酸脱氨供能等，均可提高尿氮排泄量，增加尿能损失，降低代谢能值。

3. 对净能的影响

饲料成分对热增耗影响大。不同营养素热增耗不同，蛋白质热增耗最大，脂肪的热增耗最低，碳水化合物居中。饲料中蛋白质含量过高或者氨基酸不平衡，会导致大量氨基酸在动物体内脱氨分解，将氨转化成尿素及尿素的排泄都需要能量，并以热的形式散失；同时，氨基酸碳架氧化时也释放大量的热量。饲料中纤维素水平及饲料形状会影响消化过程产热及挥发性脂肪酸中乙酸的比例，因此也影响热增耗的产生。饲料缺乏某些矿物质（如磷、钠）或维生素（如核黄素）时，热增耗也会增加。

饲料中的营养促进剂，如抗生素、激素等也影响动物对饲料有效能的利用。

任务考核 1-3　　　　　**参考答案 1-3**

≫ 项目小结 ≪

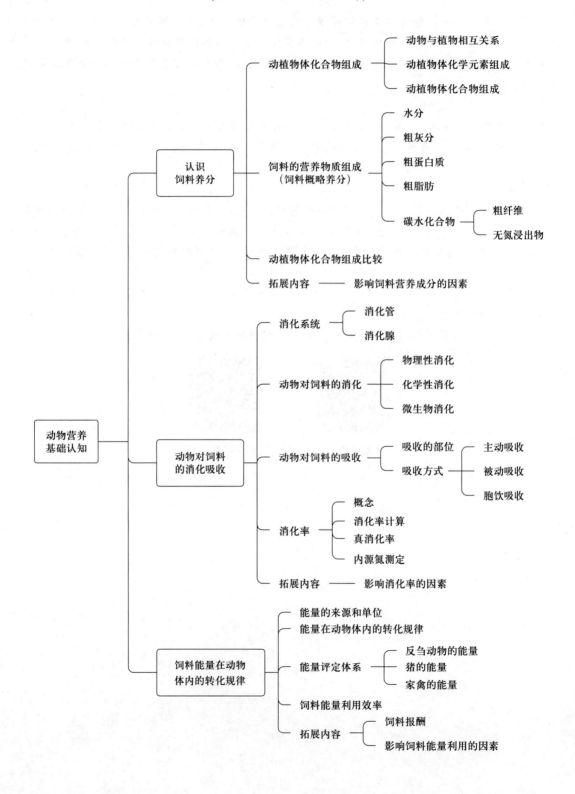

动物营养
基础认知

认识
饲料养分

- 动植物体化合物组成
  - 动物与植物相互关系
  - 动植物体化学元素组成
  - 动植物体化合物组成
- 饲料的营养物质组成
  （饲料概略养分）
  - 水分
  - 粗灰分
  - 粗蛋白质
  - 粗脂肪
  - 碳水化合物
    - 粗纤维
    - 无氮浸出物
- 动植物体化合物组成比较
- 拓展内容 —— 影响饲料营养成分的因素

动物对饲料
的消化吸收

- 消化系统
  - 消化管
  - 消化腺
- 动物对饲料的消化
  - 物理性消化
  - 化学性消化
  - 微生物消化
- 动物对饲料的吸收
  - 吸收的部位
  - 吸收方式
    - 主动吸收
    - 被动吸收
    - 胞饮吸收
- 消化率
  - 概念
  - 消化率计算
  - 真消化率
  - 内源氮测定
- 拓展内容 —— 影响消化率的因素

饲料能量在动物
体内的转化规律

- 能量的来源和单位
- 能量在动物体内的转化规律
- 能量评定体系
  - 反刍动物的能量
  - 猪的能量
  - 家禽的能量
- 饲料能量利用效率
- 拓展内容
  - 饲料报酬
  - 影响饲料能量利用的因素

项目二
饲料养分供给

知识目标：

掌握各种饲料养分的营养生理功能；

掌握不同动物对饲料养分的消化代谢特点；

理解饲料养分对动物生产的影响。

能力目标：

能说出单胃动物与反刍动物三大有机物的消化代谢异同；

能够识别幻灯片、录像片或现场提供的动物典型营养缺乏症；

能够分析动物营养缺乏症产生的主要原因，提出合理的解决办法。

素质目标：

晓原理，明应用；

知法守法，遵守国家和行业的法律、法规和制度；

树立"以养防病"基本认知，培养健康高效的绿色养殖理念。

▶▶ 任务一 蛋白质供给 ◀◀

蛋白质是一切生命活动的物质基础，其作用是其他营养物质所不能代替的。饲料概略养分中的粗蛋白质包括真蛋白质和非蛋白质含氮化合物。

蛋白质的主要组成元素是碳、氢、氧、氮，大多数蛋白质还含有硫，少数含有磷、铁、铜和碘等元素。各种蛋白质的含氮量虽不完全相等，但差异不大，一般蛋白质的含氮量按 16% 计。动植物体的粗蛋白含量采用凯氏定氮法，通过测定其中的总含氮量，然后乘以蛋白质系数 6.25（或除以 16%）推算得出。

项目二导读

一、蛋白质、氨基酸及小肽的营养生理功能

(一)蛋白质的营养生理功能

视频 2-1

1. 蛋白质的营养生理功能

(1)蛋白质是构成机体组织细胞的主要原料　动物体各种组织器官如肌肉、神经、结缔组织、腺体、精液、皮肤、血液、毛发、角、喙等都以蛋白质为主要成分,蛋白质起着传导、运输、支持、保护、连接、运动等多种功能。肌肉、肝、脾等组织器官的干物质含蛋白质 80% 以上。

(2)蛋白质是机体内功能物质的主要成分　在动物的生命和代谢活动中起催化作用的酶、某些起调节作用的激素、具有免疫和防御机能的抗体都是以蛋白质为主要成分。另外,蛋白质对维持体内的渗透压和水分的正常分布,也起着重要的作用。

(3)蛋白质是组织更新、修补的主要原料　在动物新陈代谢过程中,各种组织器官的细胞更新、增殖及损伤后的修补都需要蛋白质。据同位素测定,全身蛋白质 6~7 个月可更新 1/2。

(4)蛋白质可氧化供能和转化为糖、脂肪　在机体能量供应不足时,蛋白质也可分解供能,维持机体的代谢活动。当摄入蛋白质过多或氨基酸不平衡时,多余的部分也可能转化成糖、脂肪或分解产热。正常条件下,水产动物体内也有相当数量的蛋白质参与供能作用。

(5)蛋白质参与遗传信息传递　动物的遗传物质 DNA 与组蛋白结合成为一种复合体——核蛋白,存在于染色体上,将本身蕴藏的遗传信息,通过自身复制过程传递给下一代 DNA。在复制过程中,涉及 30 多种酶和蛋白质的参与协同作用。

(6)蛋白质是动物产品的重要成分　蛋白质是形成奶、肉、蛋、皮毛及羽绒等畜产品的重要原料。

2. 蛋白质不足的危害

日粮缺乏蛋白质对动物的健康、生产性能和产品品质均会产生不良影响。其后果主要表现为以下几方面。

(1)消化机能紊乱　日粮蛋白质缺乏会影响消化道黏膜及腺体组织蛋白的更新,从而影响消化液的正常分泌,引起消化功能紊乱。动物将会出现食欲下降,采食量减少,消化吸收不良及慢性腹泻等异常现象。

(2)幼龄动物生长发育受阻　幼龄动物正处于皮肤、骨骼、肌肉等组织迅速生长和各种器官发育的旺盛时期,蛋白质需要较多。若供应不足,幼龄动物增重缓慢,生长停滞,甚至死亡。

(3)影响繁殖功能　日粮中若缺乏蛋白质会影响控制和调节生殖机能的重要内分泌腺——脑垂体的作用,抑制其促性腺激素的分泌。公畜表现为睾丸的精子生成作用异常,精子数量和品质降低;母畜则表现为影响正常的发情、排卵、受精和妊娠过程,导致难孕、流产,产生弱胎、死胎或畸形胎儿等。

(4)生产性能下降　各种畜产品如乳、肉、蛋和毛等的基本组分均为蛋白质,故当日粮缺乏蛋白质时,可使肉用动物增重缓慢,泌乳动物泌乳量下降,绵羊的产毛量及家禽的产蛋量减少,动物产品的质量降低。

(5)易患贫血及其他疾病　动物日粮中缺少蛋白质,体内就不能形成足够的血红蛋白,易患贫血。同时血液中免疫抗体数量的减少,使动物抗病力减弱,容易感染各种疾病。

3. 蛋白质过量的危害

饲粮中蛋白质超过动物的需要,不仅造成浪费,而且多余的氨基酸在肝脏中脱氨,形成尿素或尿酸由肾随尿排出体外,加重肝肾负担,严重时引起肝肾的病患,并诱发奶牛酮病、家禽痛风等营养代谢疾病。

(二)氨基酸的营养生理功能

组成蛋白质的基本单位是氨基酸,单胃动物的蛋白质营养实质上就是氨基酸营养,饲料蛋白质品质的好坏,取决于它所含各种氨基酸的平衡状况。

1. 必需氨基酸

组成蛋白质的氨基酸有 20 种,对动物来说都是必不可少的,但并非都需由饲料直接提供。某些种类氨基酸在动物体内不能合成,或者合成速度慢、数量少,不能满足机体需要,必须由饲料供给,这类氨基酸称为必需氨基酸(EAA)。成年动物必需氨基酸有 8 种:赖氨酸、蛋氨酸、色氨酸、缬氨酸、亮氨酸、苯丙氨酸、苏氨酸、异亮氨酸;生长动物有 10 种,除以上 8 种外,还有精氨酸、组氨酸;对雏鸡有 13 种,除以上 10 种外,还有甘氨酸、半胱氨酸、酪氨酸。

2. 非必需氨基酸

某些种类氨基酸在动物体内可以合成,或者可由其他种类氨基酸转变而成,不必由饲料提供即可满足需要,这类氨基酸称非必需氨基酸(NEAA)。

某些必需氨基酸是合成某些特定非必需氨基酸的前体,如果饲粮中某些非必需氨基酸不足时则会动用必需氨基酸来转化代替。研究表明蛋氨酸脱甲基后可转变为胱氨酸和半胱氨酸。若给猪和鸡提供充足的胱氨酸即可节省蛋氨酸;提供充足的酪氨酸可节省苯丙氨酸;丝氨酸可由甘氨酸转化而来。

3. 限制性氨基酸

限制性氨基酸(LAA)是指由于这些氨基酸的不足,限制了动物对其他必需和非必需氨基酸的利用,即饲料或饲粮所含必需氨基酸的量与动物合成蛋白质所需必需氨基酸的量相比,比值偏低的氨基酸。其中比值最低的称为第一限制性氨基酸,以后依次为第二、第三、第四……限制性氨基酸。

不同的饲料对不同的动物,限制性氨基酸的顺序不完全相同。以饲粮所含可消化(可利用)氨基酸的量与动物可消化(可利用)的氨基酸的需要量相比,确定的限制性氨基酸的顺序更准确,与生长试验的结果也更接近。常用的禾谷类及其他植物性饲料,赖氨酸常为猪的第一限制性氨基酸;蛋氨酸一般为家禽的第一限制性氨基酸。

4. 常用氨基酸添加剂

(1)赖氨酸 赖氨酸是动物体内合成细胞蛋白质和血红蛋白所必需的氨基酸,也是幼龄动物生长发育所必需的营养物质。日粮中缺乏赖氨酸,动物食欲降低,体况消瘦,瘦肉率下降,生长停滞。红细胞中血红蛋白量减少,贫血,甚至引起肝脏病变。皮下脂肪减少,骨的钙化失常。

植物性饲料除大豆、大豆饼粕富含赖氨酸外,其余含量均低。赖氨酸常为玉米-豆粕基础日粮中的第一限制性氨基酸。一般以 L-赖氨酸盐酸盐形式补充。

(2)蛋氨酸 蛋氨酸又名甲硫氨酸,是动物体代谢中一种极为重要的甲基供体。通过甲基转移,参与肾上腺素、胆碱和肌酸的合成;肝脏脂肪代谢中,参与脂蛋白的合成,将脂肪输出肝外,防止产生脂肪肝,降低胆固醇;此外,还具有促进动物被毛生长的作用。蛋氨酸脱甲基后可转变为胱氨酸和半胱氨酸。动物缺乏蛋氨酸时,发育不良,体重减轻,肌肉萎缩,禽蛋变轻,被毛变质,肝脏、肾脏机能损伤,易产生脂肪肝。

动物性饲料中含蛋氨酸较多,植物性饲料中均欠缺,蛋氨酸常为玉米-豆粕基础日粮中的第二限制性氨基酸。一般采用 DL-蛋氨酸添加剂补饲。

(3)色氨酸 色氨酸参与血浆蛋白的更新,并与血红素、烟酸的合成有关;它能促进 B 族维生素作用的发挥,并具有神经冲动的传递功能;是幼龄动物生长发育和成年动物繁殖、泌乳所必需的氨基酸。动物缺少色氨酸时,食欲降低,体重减轻,生长停滞。产生贫血、下痢、视力破坏并患皮炎等。种公畜缺乏时睾丸萎缩。产蛋母鸡缺乏时无精卵多,胚胎发育不正常或中途死亡。

色氨酸在动物蛋白中含量多,玉米中缺少。一般是生长猪的第三限制性氨基酸,需以 L-色氨酸形式补充。

(4)甘氨酸 在动物体内,甘氨酸参与许多重要化合物的合成。它与氨、甲酸及二氧化碳等共同合成核酸的重要成分嘌呤类;与琥珀酸共同合成血红素的重要成分卟啉类;它也是合成甘氨胆酸、谷胱甘肽、肌酸及血红素的原料。此外,甘氨酸还是芳香化合物的解毒物质。甘氨酸也可以转变为丝氨酸。甘氨酸是雏鸡的必需氨基酸,缺乏时,雏鸡的腿呈现一种麻痹症状,羽毛发育严重损坏。

(三)小肽的营养生理功能

小肽一般是指由 2～3 个氨基酸组成的寡肽,可直接被消化道吸收进入循环系统被组织代谢利用。

1. 促进氨基酸的吸收、提高蛋白质沉积率

由于小肽与游离氨基酸具有相互独立的吸收机制,减轻了游离氨基酸相互竞争共同吸收位点而产生的拮抗作用,从而促进氨基酸的吸收,能快速提高动、静脉的氨基酸差值,从而提高整体蛋白的合成。有研究表明,以小肽形式作为动物的氮源时,机体蛋白质的沉积率高于相应游离氨基酸的纯合日粮。另外,小肽可直接被胃肠道吸收进入血液循环,刺激胰岛素的分泌,将血液中的葡萄糖迅速转移到肝脏,参与肽链的延长,提高蛋白质的合成。

2. 促进矿物质元素的吸收利用

小肽在肠道中通过与矿物质元素结合成可溶性的螯合物,避免肠腔中拮抗因子及其他影响因子对矿物质元素的沉淀或吸附作用,直接到达小肠刷状缘,并在吸收位点处发生水解,从而促进矿物质元素的吸收。小肽对矿物质吸收利用的促进作用主要来源于酪蛋白肽的水解产物,由酶解酪蛋白获得的肽可结合和运输二价矿物质离子。给 1～21 日龄乳猪分别添加小肽铁和右旋糖酐铁,可发现添加小肽组 14 日龄血清铁蛋白含量明显高于添加右旋糖酐铁组和对照组,说明小肽螯合物形式的矿物质离子更易被机体吸收。母猪饲喂小肽铁后,与有机铁组对比,母猪乳汁和仔猪血液中铁含量较高。

3. 促进肠道发育、维持肠道结构功能

小肽可优先作为肠黏膜上皮细胞结构和功能发育的能源底物,有效促进肠黏膜组织的发育;一些生理活性小肽可直接作为神经递质或间接刺激肠道激素受体和促进酶的分泌而发挥生理调节作用,从而促进小肠发育;小肽可被完整有效地吸收,从而减少了未消化蛋白在大肠

后段产生氨气和有毒胺类,对消化道起积极的保护作用;小肽能有效激发小肠绒毛刷状缘酶的活性,促进机体营养性康复;小肽可降低损伤后肠黏膜细胞凋亡蛋白酶的表达和脂质过氧化水平,在一定程度上抑制细胞凋亡。有研究表明,在断奶仔猪日粮中添加小肽营养素,十二指肠、空肠、回肠的绒毛长度增加,隐窝深度减少,有利于维护肠道结构和功能,缓解断奶应激。

4. 提高机体免疫能力和抗氧化功能

蛋白质尤其是乳源蛋白降解产生的肽具有免疫活性,能促进猪消化道内有益菌群繁殖,在机体的免疫调节中发挥着重要作用。

人乳和牛乳受酪蛋白酶作用后可释放免疫调节肽,在体外试验中有明显促进人、绵羊体内的吞噬作用,增加淋巴细胞转移与淋巴因子释放。有研究表明,小肽营养素可提高仔猪免疫器官指数和血液中免疫球蛋白 IgG 含量。在哺乳仔猪日粮中添加 4% 的植物蛋白小肽发现,肠道大肠杆菌和沙门菌的数量降低,而盲肠中乳酸杆菌的数量显著提高。

某些活性肽具有较强的清除自由基能力,保护动物组织免受氧化损伤。典型的抗氧化活性小肽就是肌肽,可在体外抑制被铁、血红蛋白、脂质氧化酶和单态氧催化的脂质氧化作用。目前在猪营养中应用广泛的谷氨酰胺二肽也具有抗氧化功能。

5. 改善饲料风味,提高饲料适口性

有些小肽可刺激神经、诱发食欲、改善饲料风味,提高饲料适口性。具有不同氨基酸序列的小肽可以产生酸、甜、苦、鲜、咸多种风味。因此,可以有选择地向饲料中添加小肽以生产所需的风味。

动物体所需的小肽主要由日粮蛋白质在消化道内分解产生,影响日粮提供小肽数量的因素主要有蛋白质品质、氨基酸比例、加工及贮藏条件、饲养方式和日粮营养水平等。总之,肽是蛋白质营养生理作用的一种重要形式。小肽产品的开发应用将在动物生产中具有广阔的前景。

二、单胃动物蛋白质营养

(一)单胃动物对饲料蛋白质消化代谢

1. 消化

动物进食的饲料蛋白质进入胃,在胃酸和胃蛋白质酶的作用下,部分蛋白质(约 20%)被分解为分子较小的胨与胨,然后随同未被消化的蛋白质一同进入小肠继续进行消化,蛋白质和大分子肽在小肠中经胰蛋白酶和糜蛋白酶的作用消化分解而生成大量游离氨基酸和小分子肽(寡肽),在胃和小肠未被消化的饲料蛋白质经由大肠以粪的形式排出体外,其中部分蛋白质可降解为吲哚、粪臭

视频 2-2

素、酚、H_2S、NH_3 和氨基酸,细菌虽可利用 NH_3 和氨基酸合成菌体蛋白质,但最终还是随粪便排出。

对于马、驴、骡等草食动物,其盲肠结构较为发达,不仅可以消化饲料中蛋白质,还可以消化氨化物,主要方式是微生物消化。在大肠中,部分蛋白质和氨化物在细菌利用下,不同程度地降解为氨基酸和氨,其中部分可被细菌利用合成菌体蛋白质。但合成的菌体蛋白质绝大部分随粪排出,只有少部分被再度降解为氨基酸后能由大肠吸收。

2. 吸收

单胃动物主要以氨基酸的形式吸收,其吸收部位在小肠,而且主要在十二指肠部位,也可吸收少量寡肽。

小肠对不同构型的同一氨基酸吸收率不同,通常 L-氨基酸的吸收率比 D-氨基酸高。一般情况下,动物对苯丙氨酸、丝氨酸、谷氨酸、丙氨酸、脯氨酸、甘氨酸的吸收率较其他氨基酸高。

新生的幼猪、幼驹、幼犬、犊牛及羔羊的血液内几乎不含 γ-球蛋白。但在出生后 24~36 h 内可依赖肠黏膜上皮的胞饮作用,直接吸收初乳中的免疫球蛋白,以获取抗体得到免疫力。

3. 利用

蛋白质在体内不断发生分解和合成,无论是外源性蛋白质还是内源性蛋白质,都是首先分解为氨基酸,然后进行代谢,因此,蛋白质代谢实质是氨基酸代谢。

在代谢过程中,氨基酸可用于合成组织蛋白质,供机体组织的更新、生长,形成动物产品,还可用于合成各种活性物质。未利用的氨基酸则在细胞内分解,经脱氨基作用生成 NH_3,哺乳动物将其转化为尿素,鸟类将其转化为尿酸,经肾脏随尿液排出体外;非含氮部分则氧化分解为 CO_2 和 H_2O,并释放能量或转化为脂肪和糖原作为能源储备(图 2-1)。

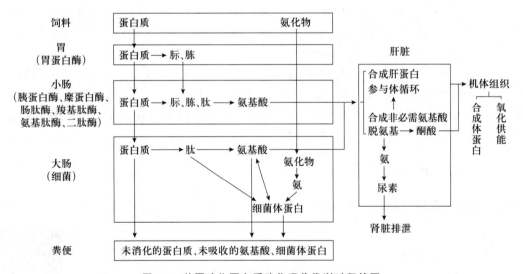

图 2-1　单胃动物蛋白质消化吸收代谢过程简图

(二)单胃动物对饲料蛋白质品质的要求

1. 饲粮的氨基酸平衡

(1)理想蛋白质　理想蛋白质(IP)就是氨基酸平衡的蛋白质,是各种必需氨基酸之间及必需氨基酸总量与非必需氨基酸总量之间具有最佳比例的蛋白质。理想蛋白模式又称为氨基酸平衡模式,通常以赖氨酸作为 100,其他氨基酸用相对比例表示。

(2)饲料的氨基酸平衡　氨基酸的平衡是指日粮中各种必需氨基酸在数量和比例上与动物需要量相符合,即供给与需要之间是平衡的,一般是指与最佳生产水平的需要量相平衡。

平衡饲粮的氨基酸时,应重点考虑和解决如下问题:

①氨基酸缺乏。动物饲粮中一种或几种氨基酸不能满足需要。

②氨基酸失衡。日粮必需氨基酸总量较多,但相互间比例与动物体需要不相适应,一种或几种氨基酸数量过多或过少则会出现氨基酸平衡失调。不平衡主要是比例问题,缺乏则主要是量不足。

③氨基酸过量。添加过量的氨基酸即会引起动物中毒,且不能以补加其他氨基酸加以消除,尤其是蛋氨酸,因其具有毒性,过量摄食可引起动物生长抑制,降低蛋白质的利用率。

④氨基酸间的相互关系。

相互转化:天然氨基酸中存在三组氨基酸转化对,蛋氨酸可转化为半胱氨酸,苯丙氨酸可转化为酪氨酸,甘氨酸可转化为丝氨酸。因蛋氨酸、苯丙氨酸及甘氨酸为动物的必需氨基酸,故日粮设计时,需综合考虑蛋氨酸＋半胱氨酸、苯丙氨酸＋酪氨酸,雏鸡日粮中还要考虑甘氨酸＋丝氨酸。

相互拮抗:赖氨酸与精氨酸、苏氨酸与色氨酸、亮氨酸与异亮氨酸、亮氨酸与缬氨酸、蛋氨酸与甘氨酸、苯丙氨酸与缬氨酸、苯丙氨酸与苏氨酸。雏鸡试验表明,赖氨酸过多时,会干扰肾小管对精氨酸的重吸收,造成精氨酸不足。为消除不良影响,应向饲粮中添加精氨酸,鸡饲粮中赖氨酸与精氨酸的适宜比例为1:1.2。亮氨酸过量时,会激活肝脏中异亮氨酸氧化酶和缬氨酸氧化酶,致使异亮氨酸和缬氨酸大量氧化分解而不足。玉米、高粱中亮氨酸较多,常引起小鸡对异亮氨酸和缬氨酸需要量提高。

2. 提高蛋白质转化效率的措施

目前,蛋白质饲料既短缺又昂贵,为了合理地利用有限的蛋白质资源,应采取各种措施,以提高饲料蛋白质转化效率。

(1)配合日粮时饲料应多样化　饲料种类不同,蛋白质中所含必需氨基酸的种类、数量也不同,多种饲料搭配,能起到氨基酸的互补作用,改善饲料中氨基酸的平衡,提高蛋白质的转化效率。

(2)补饲氨基酸添加剂　在合理利用饲料资源的基础上,参照饲养标准向饲粮中添加所缺乏的限制性氨基酸,从而使氨基酸达到平衡。

(3)日粮中蛋白质与能量要有适当比例　正常情况下被吸收的蛋白质70%～80%被畜禽用以合成体组织或产品,20%～30%分解供能,当供给能量的碳水化合物和脂肪不足时,必然会加大蛋白质的供能部分,减少合成体蛋白质和畜禽产品的部分,导致蛋白质转化效率降低。因此,必须合理确定日粮中蛋白质与能量之间的比例,以最大限度地减少蛋白质分解供能的部分。

(4)控制饲粮中的粗纤维水平　单胃动物饲粮中粗纤维过多,会加快饲料通过消化道的速度,不仅使其本身消化率降低,而且影响蛋白质及其他营养物质的消化,粗纤维每增加1%,蛋白质消化率降低1.0%～1.5%,因此要严格控制猪、禽饲粮中粗纤维的水平。

(5)掌握好饲粮中蛋白质的水平　饲粮蛋白质数量适宜,品质好则蛋白质转化效率高,喂量过多,蛋白质转化效率下降,多余蛋白质只能作为能源,造成浪费。

(6)豆类饲料的湿热处理　生豆类与生豆饼等饲料中含有抗胰蛋白酶,抑制胰蛋白酶和糜蛋白酶等的活性,影响蛋白质消化吸收。采取浸泡、蒸煮、常压或高压蒸汽处理的方法可破坏其抑制性。但加热时间不宜过长,否则会使蛋白质变性。

(7)维生素和微量元素的供应　保证与蛋白质代谢有关的维生素 A、维生素 D、维生素 B_{12}

及铁、铜、钴等的供应。

三、反刍动物蛋白质营养

(一)反刍动物蛋白质消化代谢过程

1. 消化

进入瘤胃的饲料蛋白质中约有 70％经细菌、纤毛虫分解，仅有 30％的蛋白质未经变化而进入消化道的下一部分。

视频 2-3

饲料蛋白质在瘤胃微生物、蛋白质水解酶的作用下，首先分解为肽，进一步分解为游离氨基酸，部分氨基酸被微生物用于合成菌体蛋白质，部分氨基酸亦可在细菌脱氨酶的作用下经脱氨基进一步降解为 NH_3、CO_2 和挥发性脂肪酸，饲料中非蛋白氮(NPN)也可在细菌脲酶作用下分解为 NH_3 和 CO_2，NH_3 可被细菌用于合成微生物蛋白质(MCP)，也称菌体蛋白质。在瘤胃中被发酵而分解的蛋白质称为瘤胃降解蛋白质(RDP)。未经瘤胃微生物降解的饲料蛋白质直接进入后部胃肠道，通常称这部分饲料蛋白质为过瘤胃蛋白质(RBP)，也称未降解蛋白质(UDP)。过瘤胃蛋白质与瘤胃微生物蛋白质一起由瘤胃转移至皱胃，随后进入小肠，其蛋白质的消化过程与单胃动物相近，靠胃肠道分泌的蛋白质酶水解(图 2-2)。

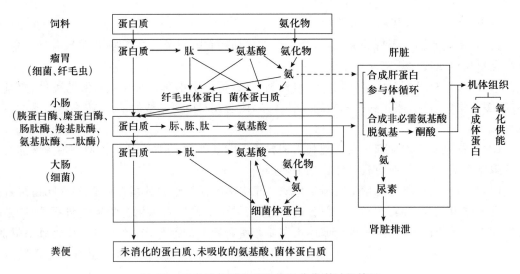

图 2-2 反刍动物蛋白质消化吸收代谢过程简图

2. 吸收

反刍动物对蛋白质消化产物的主要吸收部位是瘤胃和小肠。瘤胃壁对 NH_3 的吸收能力极强，据测定当瘤胃中 NH_3 的浓度不超过 10 mg/100 mL 时，细菌对其利用性很高；当达到 50 mg/100 mL 时，大量氨被瘤胃壁所吸收，被吸收的 NH_3 随血液循环进入肝脏，通过鸟氨酸循环合成尿素，所生成的尿素大部分进入肾脏随尿排出，部分可进入唾液腺随唾液返回瘤胃或通过瘤胃壁由血液又扩散回瘤胃，再次被微生物合成菌体蛋白质，因为这一过程是反复循环的，所以称之为"瘤胃-肝脏的氮素循环"(或称"尿素循环")，瘤胃也可吸收少量的游离氨基酸。小肠对蛋白质的吸收形式与单胃动物一样。

进入盲肠和结肠的含氮物质主要是未消化的蛋白质和来自血液的尿素,在此降解和合成的氨基酸几乎完全不能被吸收,最终以粪的形式排出。

3. 代谢特点

(1)反刍动物蛋白质消化的主要场所是瘤胃,靠微生物的降解,其次是在小肠,在酶的作用下进行;蛋白质吸收的主要场所在小肠,与单胃动物同。

(2)不仅能大量利用饲料中的蛋白质,而且也能很好地利用氨化物。

(3)饲料氮在瘤胃内通过微生物合成瘤胃微生物蛋白,即菌体蛋白质。

(4)反刍动物的小肠可消化蛋白质来源于瘤胃合成的菌体蛋白质和饲料过瘤胃蛋白质。

(5)瘤胃微生物蛋白质品质好,仅次于优质动物蛋白质,与豆粕、苜蓿叶蛋白质相当,优于大多数谷物蛋白质。

(二)反刍动物对必需氨基酸的需要

反刍动物同单胃动物一样,真正需要的不是蛋白质本身,而是蛋白质分解产生的氨基酸。因此,反刍动物蛋白质营养的实质是小肠氨基酸营养。

一般饲养条件下,反刍动物对必需氨基酸的需要量约40%依赖微生物合成,其余60%则来自饲料。对于中等生产水平的反刍动物,上述来源的氨基酸一般可满足其对必需氨基酸的需要,但是对于高产乳牛和高产绵羊,上述来源的氨基酸却不能充分满足需要,从而限制了反刍动物生产潜力的发挥。据对日产奶15 kg以上乳牛研究,蛋氨酸和亮氨酸是限制性氨基酸;而日产奶30 kg以上的乳牛,除上述氨基酸外,赖氨酸、组氨酸、苏氨酸、苯丙氨酸可能都是限制性氨基酸。

现已确认,蛋氨酸是反刍动物的最主要限制性氨基酸,这是因为高产乳牛泌乳和高产绵羊产毛均需要大量蛋氨酸。限制蛋氨酸供给的主要因素有:瘤胃微生物合成的蛋氨酸数量相对较少;植物性饲料特别是粗饲料中缺乏蛋氨酸;饲料补充的蛋氨酸有30%~60%在瘤胃中遭到破坏分解,而不能进入小肠被机体吸收利用。生产实践中,必须从饲料中保证高产反刍动物对限制性氨基酸的需要,以充分发挥其高产潜力。

(三)反刍动物对非蛋白氮(NPN)的利用

NPN一般是指简单的非蛋白含氮化合物,如尿素、异丁叉二脲、铵盐等,可部分代替植物或动物来源的蛋白质饲料,饲喂反刍动物以提供合成菌体蛋白质所需要的氮源,节约优质蛋白质饲料。

$$尿素 \xrightarrow{微生物} NH_3 + H_2O + CO_2$$

$$碳水化合物 \xrightarrow{微生物} VFA + 酮酸 + ATP$$

$$NH_3 + 酮酸 + ATP \xrightarrow{微生物} 微生物蛋白质(MCP)$$

1. 反刍动物利用非蛋白氮的机制

以尿素为例,瘤胃内的细菌利用尿素作为氮源,以可挥发性脂肪酸作为碳架和能量的来源,合成微生物蛋白质,在小肠受蛋白酶作用产生氨基酸。

2. 反刍动物日粮中使用NPN的目的

补充或代替高价格的动植物性蛋白质饲料,降低成本,提高经济效益。

3. 提高尿素利用率的措施

为使尿素氮能为反刍动物高效地利用和避免 NH_3 中毒,一是要为菌体蛋白质合成创造有利的条件,即创造瘤胃中 NH_3 的生成与利用之间的动态平衡;二是要减缓 NH_3 在瘤胃中的生成速度。

(1)为菌体蛋白质合成创造有利的条件

①补加尿素的日粮必须有一定量易消化的碳水化合物。瘤胃细菌在利用 NH_3 合成菌体蛋白质的过程中,需要同时供给可利用能量和碳架。淀粉的降解速度与尿素分解速度相近,能源与氮源释放趋于同步,有利于菌体蛋白质的合成,因此粗饲料为主的日粮中添加尿素时应适当增加淀粉质的精料,通常每 100 g 尿素至少应供给 1 000 g 易溶性碳水化合物,其中 2/3 应为淀粉,1/3 为可溶性糖。

②补加尿素的日粮中蛋白质水平要适宜。有些氨基酸,如赖氨酸、蛋氨酸是细菌生长繁殖所必需的营养,它们不仅作为成分参与菌体蛋白质的合成,而且还具有调节细菌代谢的作用,从而促进细菌对尿素的利用,为提高尿素的利用率,日粮中蛋白质水平要适宜,一般为 $9\%\sim12\%$。

③保证供给微生物生命活动所需的矿物质。瘤胃细菌可利用硫酸盐作为合成含硫氨基酸的原料,日粮添加尿素的牛可按照每 100 kg 体重给予 Na_2SO_4 5~8 g,绵羊则按每日每头给予 Na_2SO_4 10~16 g。此外微量元素 Zn、Cu、Mn 等对瘤胃细菌吸收利用氮素过程应有良好影响,应按标准补给。

④控制喂量,注意喂法。

a. 喂量:为日粮粗蛋白质量的 $20\%\sim30\%$ 或不超过日粮干物质的 1%,成年牛每头每天饲喂 60~100 g,成年羊 6~12 g。出生 2~3 个月内的犊牛和羔羊,由于瘤胃尚未发育完全,严禁饲喂。如果日粮中有含蛋白质高的饲料,尿素用量可减半。

b. 喂法:必须将尿素均匀地搅拌到精饲料中混喂,最好先用糖蜜将尿素稀释,精料拌尿素后再与粗料拌匀,还可将尿素加到青贮原料中,青贮后一起饲喂,1 t 玉米青贮原料中,均匀加入 4 kg 尿素,2 kg Na_2SO_4,开始少喂,逐渐加量,使动物有 5~7 d 适应期。1 d 喂量分几次喂。

生豆类、苜蓿草籽等含脲酶的饲料不要掺在加尿素的动物饲料中一起饲喂。

严禁单独饲喂或溶于水中饮用,应在饲喂尿素 3~4 h 后饮水。

(2)减缓尿素分解速度

①尿素饲料中加入脲酶抑制剂脂肪酸盐,如硼酸钠等。

②包被尿素。

③制成颗粒凝胶淀粉尿素。

④制成尿素舔块。

⑤饲喂尿素衍生物,如磷酸脲、异丁叉二脲等。

┃拓展内容 ▶

过瘤胃蛋白质保护技术

过瘤胃蛋白质的保护技术即经过技术处理将饲料蛋白质保护起来,避免在瘤胃内被发酵降解,而直接进入小肠被消化吸收,从而达到提高饲料蛋白质利用率的目的。

1. 物理处理法

①青草干制，可显著降低蛋白质的溶解度。

②热处理是一种保护过瘤胃蛋白质的有效办法。

2. 化学处理法

利用化学药品，如甲醛、单宁、戊二醛、乙二醛、NaCl等。可对高品质蛋白质饲料进行保护处理。目前常用的化学药品有甲醛、NaOH、锌盐和单宁等。

甲醛处理法的原理是甲醛可与蛋白质形成螯合物，这种螯合物在瘤胃pH为5.5～7的条件下非常稳定，可抵抗微生物的侵袭。但此络合物进入真胃后即行解体，蛋白质可被胃肠道酶消化成氨基酸被动物体吸收利用。

3. 包埋法

用某些富含抗降解蛋白质的物质或某些脂肪酸对饲料蛋白质进行包埋，以抵抗瘤胃的降解。

研究认为，今后需要利用复合处理的方法，如先将饲料进行必要的加工，使其易被小肠消化酶消化，同时探索出一种更好的保护物质，这种物质既不受瘤胃微生物的降解，又能在小肠消化酶作用下被彻底分解。

任务考核 2-1　　　　参考答案 2-1

▶▶ 任务二　碳水化合物供给 ◀◀

碳水化合物是多羟基的醛、酮或其简单衍生物以及能水解产生上述产物的化合物的总称。这类营养素在常规营养分析中包括无氮浸出物和粗纤维，因来源丰富、成本低而成为动物生产中的主要能源。

一、碳水化合物的组成与分类

碳水化合物按其营养性可分为无氮浸出物和粗纤维两大类。无氮浸出物又可称为可溶性碳水化合物，它包括单糖及其衍生物、寡糖（含2～10个糖单位）和某些多糖（如淀粉、糊精、糖原、果聚糖等）。粗纤维是植物细胞壁的主要成分，包括纤维素、半纤维素、多缩戊糖、木质素、果胶、角质组织等，其中纤维素、半纤维素也属于多糖。

碳水化合物中无氮浸出物主要存在于细胞内容物中，纤维素、半纤维素与木质素相结合构成细胞壁，多存在于植物的茎秆和秕壳中。纤维素、半纤维素和果胶不能被消化道中的酶所水解，但能被消化道中微生物酵解，酵解后的产物才能被动物吸收与利用，而木质素却不能被动物利用。

视频 2-4

二、碳水化合物营养生理功能

(一)碳水化合物是体组织的构成物质

碳水化合物普遍存在于动物体各种组织中,例如,核糖及脱氢核糖是核酸的组成成分,黏多糖参与形成结缔组织基质,糖脂是神经细胞的组成成分,碳水化合物还与蛋白质结合成糖蛋白质,是细胞膜的组成成分。

(二)碳水化合物是动物体内能量的主要来源

碳水化合物在动物体内的主要作用是氧化供能,而且在通常情况下是主要的供能物质。碳水化合物产热量虽然低于同等重量脂肪所产生的热能,但因它在植物饲料中含量丰富,故动物体主要依靠碳水化合物氧化分解供能以满足生理上的需要。某些重要器官如大脑,必须依赖碳水化合物中的葡萄糖供能,方能维持正常的生理功能。

(三)碳水化合物可作为动物体的营养储备物质

饲料碳水化合物除供动物所需的养分外,有多余时可转变为糖原和脂肪储存起来。糖原存在于肝脏和肌肉中,分别称为肝糖原和肌糖原。肝脏和肌肉等组织因为合成糖原的能力十分有限,故不可能无限制地合成糖原,当动物采食的碳水化合物在合成糖原之后仍有剩余时,将合成脂肪储备于体内。

(四)碳水化合物是合成乳脂和乳糖的重要原料

单胃动物主要利用葡萄糖合成乳脂,而反刍动物则利用碳水化合物在瘤胃中发酵产生的乙酸合成乳脂中的脂肪酸,乳脂中的甘油则主要由血液中的葡萄糖合成。

乳中的乳糖由葡萄糖合成,其葡萄糖可来源于血液葡萄糖及碳水化合物在瘤胃中发酵产生丙酸所合成的葡萄糖。

(五)粗纤维是动物日粮中不可缺少的成分

粗纤维经微生物发酵产生的各种挥发性脂肪酸,可糖异生合成葡萄糖,进而氧化供能。粗纤维是草食动物的主要能量来源物质,它所提供的能量可满足草食动物维持能量;粗纤维体积大、吸水性强,不易消化,可充填胃肠容积,使动物食后有饱感;粗纤维可刺激消化道黏膜发育,促进胃肠蠕动、消化液的分泌和粪便的排出。

(六)寡糖的特殊作用

碳水化合物中的寡糖已知有 1 000 种以上,目前在动物营养中常用的主要有寡果糖、寡甘露糖、寡乳糖、寡木糖。近年研究表明,寡聚糖一方面可作为有益健康的基质改变肠道菌相,建立健康的肠道微生物区系;另一方面还有清除消化道内病原菌,激活机体免疫系统等作用。日粮中添加寡糖可增强机体免疫力,提高成活率、饲料转化率及增重等。寡糖作为一种稳定、安全、环保性良好的抗生素替代物,在畜牧业生产中有着广阔的发展前景。

三、单胃动物碳水化合物营养

碳水化合物在动物体内代谢方式有两种,一是葡萄糖代谢,二是挥发性脂肪酸代谢。葡萄糖代谢是指碳水化合物在消化酶的作用下,分解为葡萄糖等单糖进入肝脏后加以利用;挥发性脂肪酸代谢是指碳水化合物在瘤胃或大肠微生物的作用下,分解为乙酸、丙酸和丁酸等挥发性脂肪酸进入肝脏后加以利用。

单胃动物碳水化合物消化代谢过程(以猪为例),见图 2-3。

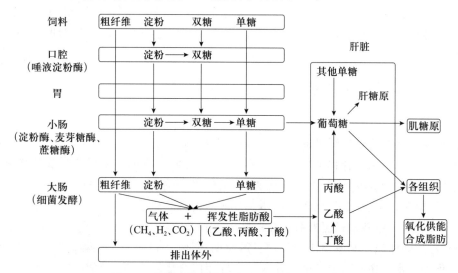

图 2-3　单胃动物碳水化合物消化代谢过程简图

1. 消化吸收

饲料中碳水化合物采食后,猪口腔的唾液淀粉酶活性较强,少部分淀粉水解为糊精和少量麦芽糖;胃本身不含消化碳水化合物的酶类,由饲料从口腔带入部分淀粉酶,在胃部酸性环境下失去活性,只有在贲门腺区和盲囊区内,一部分淀粉水解为麦芽糖。小肠中含有消化碳水化合物的各种酶类,包括淀粉酶、麦芽糖酶、蔗糖酶等。

无氮浸出物最终的分解产物是各种单糖,其中大部分经小肠壁主动吸收,经血液输送至肝脏,在肝脏中,其他单糖首先都转变为葡萄糖,而所有葡萄糖中大部分经体循环输送至身体各组织,参加循环,氧化释放能量供动物需要,一部分葡萄糖在肝脏合成肝糖原,一部分葡萄糖通过血液输送至肌肉,形成肌糖原,再有过多的葡萄糖时,则被输送至动物脂肪组织的细胞中合成体脂肪作为储备。

单胃动物的胃和小肠不分泌纤维素酶和半纤维素酶,因此饲料中的纤维素和半纤维素不能在其中酶解,饲料中的纤维素和半纤维素的消化主要依靠盲肠和结肠中的细菌发酵,将其酶解产生乙酸、丙酸和丁酸等挥发性脂肪酸及 CH_4、H_2、CO_2 等气体,部分挥发性脂肪酸可被肠壁吸收,经血液输送至肝脏,继而被动物利用,而气体排出体外。

在所有消化器官中没有被消化吸收的碳水化合物,最终由粪便排出体外。

2. 代谢特点

猪碳水化合物代谢特点:以葡萄糖代谢为主,消化吸收的主要场所是在小肠,靠酶的作用进行。挥发性脂肪酸为辅助代谢方式,且在大肠中靠细菌发酵进行,其营养作用较小,因此猪能大量利用淀粉和各类单、双糖,但不能大量利用粗纤维。猪饲粮中粗纤维水平不宜过高,一般为 4%～8%。

禽碳水化合物代谢特点:与猪相似,但缺少乳糖酶,故乳糖不能在家禽消化道中水解,而粗纤维的消化只能在盲肠。因此,它利用粗纤维的能力比猪还低,鸡饲粮中,粗纤维的含量以 3%～5% 为宜。

单胃草食动物,如马、驴、骡等对碳水化合物代谢特点:与猪基本相同,单胃草食动物虽然没有瘤胃,但盲肠结肠较发达,其中细菌对纤维素和半纤维素具有较强的消化能力,因此,它们对粗纤维的消化能力比猪强,但不如反刍动物。马属动物既可进行葡萄糖代谢,又可进行挥发性脂肪酸代谢。

四、反刍动物碳水化合物营养

1. 消化吸收过程

瘤胃是反刍动物消化粗纤维的主要器官。瘤胃中碳水化合物的消化可分为 2 个阶段:第一阶段是将复杂的碳水化合物消化成各种单糖,第二阶段是将第一阶段所生成的各种单糖在瘤胃中立即被微生物吸收,进行细胞内代谢,代谢的终产物为乙酸、丙酸和丁酸等挥发性脂肪酸,同时产生甲烷、氢气和二氧化碳等气体。分解后的挥发性脂肪酸,大部分可直接被瘤胃壁迅速吸收,吸收后由血液输送至肝脏。在肝脏中,丙酸转变为葡萄糖,参与葡萄糖代谢,丁酸转变为乙酸,乙酸随体循环到各组织中参加三羧酸循环,氧化释放能量供给动物体需要,同时也产生二氧化碳和水。还有部分乙酸被输送至乳腺用以合成乳脂肪。所产气体以嗳气等方式排出体外。反刍动物体内碳水化合物消化代谢关系见图 2-4。

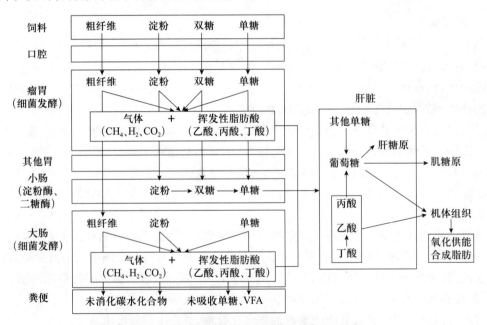

图 2-4　反刍动物碳水化合物消化代谢过程简图

瘤胃中未被降解的粗纤维,通过小肠时无大变化,到达盲肠与结肠中,部分粗纤维又可被细菌降解为挥发性脂肪酸及气体,挥发性脂肪酸可被肠壁吸收参加机体代谢,气体排出体外。

反刍动物口腔中唾液多但淀粉酶少,饲料中淀粉在口腔内变化不大,饲料中大部分淀粉和糖进入瘤胃后被细菌降解为挥发性脂肪酸及气体。挥发性脂肪酸被瘤胃壁吸收参加机体代谢,气体排出体外。

瘤胃中未被降解的淀粉和糖进入小肠,在淀粉酶、麦芽糖酶及蔗糖酶作用下分解为葡萄糖等单糖被肠壁吸收,参加机体代谢,在小肠未被消化的淀粉和二糖进入结肠与盲肠,被细菌降解为挥发性脂肪酸并产生气体,挥发性脂肪酸被肠壁吸收参加代谢,气体排出体外。在所有消化道中未被消化吸收的无氮浸出物和粗纤维,最终由粪便排出体外。

2. 代谢特点

反刍动物碳水化合物代谢特点:以挥发性脂肪酸代谢为主,在瘤胃和大肠中靠细菌发酵,以葡萄糖代谢为辅,在小肠中靠酶的作用进行,故反刍动物不仅能大量利用无氮浸出物,也能大量利用粗纤维。

反刍动物瘤胃容积大,并生存有大量分解粗纤维的纤维分解菌,瘤胃又处于消化道前段,粗纤维分解的终产物有充分的机会被动物吸收,因此,反刍动物对粗纤维的消化率一般可达42%~61%。

瘤胃发酵形成的各种挥发性脂肪酸的数量因日粮组成、微生物等因素而异,对于肉牛,提高精料比例,将粗料磨成粉状饲喂,产生乙酸、丙酸,利于合成体脂肪,提高增重改善肉质;对于奶牛,粗饲料比例增加,则形成乙酸,利于形成乳脂,提高乳脂率。

对于反刍动物,粗纤维除具有发酵产生挥发性脂肪酸的营养作用外,对保证消化道正常功能,维持健康,调节微生物群落具有重要作用。所以粗饲料一般占日粮干物质的50%以上,奶牛粗饲料供给不足或粉碎过细,轻则影响产奶量,降低乳脂率,重则引起奶牛蹄叶炎、酸中毒、瘤胃不完全角化症等。奶牛日粮中按干物质计,粗纤维含量约17%,低于或高于适宜范围会对动物产生不良影响。

视频 2-5

拓展内容 ▶

粗纤维的合理利用

合理利用粗纤维的关键是要在日粮中保持适宜的粗纤维水平。影响粗纤维消化率的因素如下:

1. 动物种类和年龄

反刍动物消化粗纤维的能力最强,高达50%~90%,其次是马、兔、猪,鸡对粗纤维的消化能力最差。成年动物对粗纤维的消化率高于同种幼龄动物。生产实践中,将一些含粗纤维多的饲料饲喂草食动物,而猪、禽只能适当喂给优质粗饲料。

2. 饲料种类

同种动物对不同种饲料的粗纤维消化率也不相同。家兔对甘蓝叶粗纤维的消化率为75%,对胡萝卜为65.3%,对秸秆为22.7%,对木屑粗纤维消化率仅为20.0%。

3. 日粮蛋白质水平

反刍动物日粮中蛋白质营养水平,是改善瘤胃对粗纤维消化能力的重要因素。因此,以粗饲料为主的牛、羊日粮中要注意蛋白质营养的供给。

4. 日粮粗纤维和淀粉含量

日粮中粗纤维的含量越高,粗纤维本身的消化率就越低,同时其他养分消化率也降低。其原因是日粮中的粗纤维能刺激胃肠蠕动,使食糜在肠道内停留时间减少,并且妨碍消化酶对营养物质的接触,因此可影响饲粮中蛋白质、碳水化合物、脂肪和矿物质的消化。其中起主要干扰作用的是木质素,每增加 1% 木质素,有机物消化率降低 4.49%。

粗纤维消化率又与日粮中淀粉含量有关。如用粗纤维与淀粉含量不同的日粮喂羊,在一定范围内,随着日粮中粗纤维含量的减少、淀粉含量的增加,日粮中包括粗纤维在内的各种营养物质的消化率有提高的趋势。

5. 添加矿物质

在反刍动物的日粮中,添加适量的食盐、钙、磷、硫等,可促进瘤胃微生物的繁殖,提高对粗纤维的消化率。

6. 合理使用与加工调制

粗饲料喂前进行加工调制,可改变饲料原来的理化特性,改善其适口性,提高粗纤维的消化率和饲料的营养价值。如秸秆经碱化处理,粗纤维消化率可提高 20%～40%。但粗饲料粉碎过细,反刍动物对粗纤维的消化率降低 10%～15%。

任务考核 2-2　　　　　参考答案 2-2

任务三　脂肪供给

脂类是一类存在于动植物组织中,不溶于水,但溶于乙醚、苯、氯仿等有机溶剂的物质。它的能量价值高,是动物营养中一类重要的营养素,其种类繁多,化学组成各异。常规饲料分析中将这类物质统称为粗脂肪。

脂类包括真脂肪和类脂肪。真脂肪在体内脂肪酶的作用下,分解为甘油和脂肪酸;类脂肪则除了分解为甘油和脂肪酸外,还有磷酸、糖和其他含氮物。构成脂肪的脂肪酸种类很多,其中绝大多数都是偶数碳原子的直链脂肪酸,包括饱和脂肪酸和不饱和脂肪酸。

脂肪中含不饱和脂肪酸越多,其硬度越小,熔点也越低。植物油脂中不饱和脂肪酸储量高于动物油脂,故常温下,植物油脂呈液态,而动物油脂呈现固态。碘价是指每 100 g 脂肪或脂肪酸所能吸收的碘克数。脂肪酸不饱和程度越大,所能化合的碘越多,则碘价越高,所以脂肪酸的饱和程度可以用碘价来测定。

脂肪是动物饲料中提供能量的一类重要化合物,脂肪的品质和特性不仅影响动物采食量,而且会影响动物体和畜产品中脂肪的组成,并能影响动物生理机能。

一、脂类的性质

脂类的下列特性与动物营养密切相关。

（一）脂类的水解特性

脂类分解成基本结构单位的过程除在稀酸或强碱溶液中进行外，微生物产生的脂酶也可催化脂类水解，这类水解对脂类营养价值没有影响，但水解产生某些脂肪酸有特殊异味或酸败味，可能影响适口性。脂肪酸碳链越短（特别是 4～6 个碳原子的脂肪酸），异味越浓。多种细菌和霉菌均可产生脂肪酶，当饲料保管不善时，其所含脂肪易于发生水解，而使饲料品质下降。

（二）脂类氧化酸败

天然脂肪暴露在空气中，经光、热、湿和空气的作用，或者经微生物的作用，逐渐产生一种特有的臭味，此作用称为氧化酸败作用。脂肪的酸败程度用酸价表示，所谓酸价指中和 1 g 脂肪的游离脂肪酸所需的 KOH 的毫克数。

在高温、高湿和通风不良的环境下，存在于植物饲料中的脂肪氧化酶或微生物产生的脂肪氧化酶最容易使不饱和脂肪酸氧化酸败，脂肪酸败产生的醛、酮和酸等化合物，不仅具有刺激性气味，影响适口性，而且在氧化过程中所生成的过氧化物还会破坏一些脂溶性维生素，降低了脂类和饲料的营养价值。通常酸价大于 6 的脂肪即可能对动物体健康造成不良影响。

（三）脂肪酸氢化

在催化剂或酶的作用下，不饱和脂肪酸的双键可以得到氢而变成饱和脂肪酸，使脂肪硬度增加，不易氧化酸败，有利于储存，但也损失必需脂肪酸。反刍动物进食的饲料脂肪可在瘤胃中发生氢化作用，因而其体脂的饱和脂肪酸含量较高。

二、脂类的营养生理功能

（一）脂肪是动物热能来源的重要原料

脂肪的主要功能是供给动物机体热能，脂肪含能高，在体内氧化产生的能量为同重量碳水化合物的 2.25 倍。

（二）脂肪是储备能量的最好形式

视频 2-6

动物摄入过多碳水化合物时，可以体脂肪的形式将能量储备起来，体脂肪可以较小体积含较多能量，是动物储备能量的最佳方式。

（三）脂肪是构成动物体组织的重要原料

动物体各种组织器官，如神经、肌肉、骨骼、皮肤及血液的组成中均含有脂肪，主要为磷脂和固醇等。各种组织的细胞膜并非完全由蛋白质组成，而是由蛋白质和脂肪按一定比例组成的，脑和外周神经组织都含有鞘磷脂，磷脂对动物生长发育非常重要，固醇是体内合成固醇类激素的重要物质，因此，脂类也是组织细胞增殖、更新及修补的重要原料。

（四）脂肪是脂溶性维生素的溶剂

饲料中的脂溶性维生素，如维生素 A、维生素 D、维生素 E、维生素 K 等均须溶于脂肪后才能被吸收，而且吸收过程还需有脂肪作为载体，因而若无脂肪参与将不能完成脂溶性维生素的吸收过程，从而导致脂溶性维生素代谢障碍。

(五)脂肪为动物提供必需脂肪酸

动物体组织不能合成某些脂肪酸,如亚油酸、亚麻酸和花生四烯酸,而这些脂肪酸却又是保持动物体正常组织细胞结构所必需的,因此,这些脂肪酸必须由饲料脂肪提供,缺乏时,幼龄动物生长停滞,甚至死亡。

(六)脂肪对动物具有保护作用

脂肪不易传热,因此,皮下脂肪能够防止体热散失,寒冷的季节有利于维持体温的恒定和抵御寒冷,脂肪充填在脏器周围,具有固定和保护器官及缓和外力冲击的作用。

(七)脂肪是动物产品的成分

肉、蛋、奶、皮毛、羽绒等动物产品,均含有一定数量的脂肪,脂肪的缺乏会影响到动物产品的形成和品质。

三、必需脂肪酸

视频 2-7

1. 必需脂肪酸的概念

在不饱和脂肪酸中,有几种多不饱和脂肪酸在动物体内不能合成,必须由饲料供给。这些不饱和脂肪酸称为必需脂肪酸。长期以来认为有 3 种多不饱和脂肪酸即亚油酸、亚麻酸、花生四烯酸是动物的必需脂肪酸。近年研究指出,对于多数哺乳动物包括人类,亚油酸乃是一种最重要的必需脂肪酸,必须由外源供给;其次重要的必需脂肪酸是亚麻酸;花生四烯酸则可由亚油酸在动物体通过碳链加长和双键形成而生成。

必需脂肪酸的概念不适用于成年反刍动物,反刍动物如牛、羊的瘤胃微生物能合成上述必需脂肪酸,无须依赖饲料供给,至于幼龄反刍动物因瘤胃功能尚不完善,故亦需在饲料中摄取必需脂肪酸。

2. 必需脂肪酸的营养生理功能与缺乏症

(1)必需脂肪酸参与磷脂的合成,并以磷脂形式作为细胞生物膜的组成成分。必需脂肪酸缺乏将影响磷脂代谢,使生物膜磷脂含量降低而致结构异常,从而引发许多病变,如皮肤细胞因通透性改变,不能阻断水分透过而出现皮下水肿,使细胞血管壁因脆性增强易于破裂出血等。

(2)必需脂肪酸与类脂胆固醇的代谢密切相关。胆固醇必须与必需脂肪酸结合才能在动物体内进行转运;但若缺乏必需脂肪酸,则胆固醇将完全与饱和必需脂肪酸形成难溶性胆固醇脂,从而影响胆固醇正常转运而致代谢异常。

(3)必需脂肪酸在动物体内可代谢转化为一系列长链多不饱和脂肪酸,这些多不饱和脂肪酸可形成强抗凝结因子,它们具有显著抗血栓形成和抗动脉粥样硬化的作用。

(4)必需脂肪酸与生殖有关。日粮中长期缺乏,可导致动物繁殖机能降低,公猪精子形成受到影响,母猪出现不孕症,公鸡睾丸变小,第二性征发育迟缓,产蛋鸡所产的蛋变小,种鸡产蛋率降低,受精率和孵化率下降,胚胎死亡率上升。

(5)必需脂肪酸是前列腺素合成的原料。前列腺素可控制脂肪组织中甘油三酯的水解过程,必需脂肪酸缺乏时,影响前列腺素的合成,导致脂肪组织中脂解作用加快。

3. 必需脂肪酸的来源

亚油酸必须由日粮供给;亚麻酸和花生油酸可通过日粮直接供给,也可通过供给足量的亚油酸在体内转化合成。所以,畜禽营养需要中通常只考虑亚油酸。日粮中亚油酸含量达1.0%即能满足禽类的需要,种鸡和肉鸡亚油酸的需要量可能更高,各阶段猪需要0.1%亚油酸。亚油酸的主要来源的是植物油或玉米原料。

四、单胃动物脂类营养

脂类是非极性的,不能与水混溶,所以必须先使其形成一种能溶于水的乳糜微粒,才能通过小肠微绒毛将其吸收。上述过程可概括为:脂类水解→水解产物形成可溶的微粒→小肠黏膜摄取这些微粒→在小肠黏膜细胞中重新合成甘油三酯→甘油三酯进入血液循环。单胃动物和反刍动物机体内部都有上述过程,但具体的机制却存在差异。

(一)单胃动物对脂肪的消化

1. 口腔和胃

单胃动物的胃脂肪酶和幼小动物口腔的脂肪酶对正常日粮脂类的消化作用甚小。猪胃脂肪酶对短、中链脂肪酸组成的脂类有一定消化作用。幼小动物在胰液和胆汁分泌机能尚未发育健全以前,口腔的脂肪酶对乳脂肪具有较好的

视频 2-8

消化作用。但随年龄增加,此酶分泌减少。正常情况下,十二指肠逆流进入胃中的胰脂酶有一定程度消化作用。在胃部,随饲料蛋白水解,脂类释放出来,经胃黏膜蠕动受到初步乳化。

2. 小肠

脂肪到达十二指肠后,在肠蠕动的作用下与胰液和胆汁混合,胆汁中的胆汁酸盐使脂肪乳化并形成水包油的小胶体颗粒,使胰脂酶在脂肪、水交界面有更多接触,脂肪被充分消化。在胰脂酶作用下甘油三酯变成游离脂肪酸和甘油一酯。磷脂水解产生溶血性卵磷脂。胆固醇酯由胆固醇酯水解酶水解产生胆固醇和脂肪酸。消化产物之间由于极性和非极性基团互相作用,最后聚合形成适合吸收的乳糜微粒。

3. 大肠

脂肪进入盲肠和结肠后,消化与瘤胃类似。受微生物的作用,不饱和脂肪酸在微生物产生的酶作用下变成饱和脂肪酸,残留的甘油转变成挥发性脂肪酸,胆固醇变成胆酸。

(二)单胃动物对脂肪消化产物的吸收利用

猪、禽吸收消化脂肪的主要部位是空肠。甘油三酯及其水解产物可与胆盐结合形成水溶性微团乳糜微粒,相当一部分固醇、脂溶性维生素、胡萝卜素等非极性物质,甚至包括部分甘油三酯都随乳糜微粒吸收。乳糜微粒到达十二指肠和空肠等主要吸收部位时可破坏而离析,胆盐滞留于肠道中,而游离脂肪酸和甘油一酯则透过细胞膜被吸收,并在黏膜上皮细胞内重新合成甘油三酯。磷脂和固醇的水解产物,亦可形成水溶性微团被吸收。胆汁协助脂类消化后,在回肠被重新吸收,经门静脉进入肝脏,贮存在胆囊中,再分泌进入十二指肠,形成胆汁肠肝循环。胆盐吸收的情况各异,猪等哺乳动物主要在回肠以主动方式吸收,能溶于细胞膜中脂类的未分解胆酸在空肠以被动方式吸收。禽整个小肠都能主动吸收胆盐,但回肠吸收相对较少。

各种饲料脂肪的组成有所不同,故而日粮类型的变化可影响到动物对脂肪的吸收率。通

常,短链脂肪酸要比长链脂肪酸吸收率高;不饱和脂肪酸比饱和脂肪酸吸收率高,而游离脂肪酸要比甘油一酯吸收率高。

吸收的脂肪酸及甘油一酯在黏膜上皮细胞中再合成。新合成的甘油三酯、磷脂与固醇可与特定的蛋白质结合形成乳糜微粒和超低密度脂蛋白(VLDL),并通过淋巴系统进入血液循环,进而分布于脂肪组织中。

五、反刍动物脂类营养

幼龄反刍动物对脂肪的消化吸收与单胃动物相似。

(一)反刍动物对脂肪的消化

1. 瘤胃

构成反刍动物日粮中的各种饲料脂肪组成不同,但日粮中含有较高比例的不饱和脂肪酸,这些不饱和脂肪酸主要存在于饲草的半乳糖酯和谷实的甘油三酯中。这些饲料进入瘤胃后,在微生物的作用下发生水解。甘油三酯和半乳糖酯经水解生成游离脂肪酸、甘油和半乳糖。由于瘤胃内环境为高度还原性,饲料脂肪在瘤胃中可发生氢化作用。不饱和脂肪酸在微生物作用下氢化为饱和脂肪酸。水解产生的甘油经微生物发酵生成挥发性脂肪酸。瘤胃细菌和纤毛虫还能够将丙酸合成奇数碳链脂肪酸,并能利用缬氨酸、亮氨酸、异亮氨酸的碳链合成一些支链脂肪酸。这些支链脂肪酸参与乳脂和体脂的合成。

瘤胃消化脂肪的能力有限。通常反刍动物饲粮中的脂肪不超过5%,当脂肪含量超过10%时,则采食量下降,并且微生物活性下降,从而粗纤维的消化率下降。

2. 小肠

脂肪在反刍动物小肠内的消化与单胃动物的消化过程类似,最主要的不同在于:从瘤胃中进入十二指肠的脂肪有较大的变化,食糜中的脂肪主要由微生物合成的脂类、少量瘤胃中未消化的饲料脂肪和吸附在饲料颗粒表面的脂肪酸组成。

(二)反刍动物对脂肪的吸收利用

反刍动物的瘤胃、空肠和回肠均可以吸收脂类消化产物。短链脂肪酸在瘤胃中直接被吸收,而长链脂肪酸不能被瘤胃吸收。除了甘油一酯,其余消化产物进入回肠后都能被有效吸收。小于或等于C14的脂肪酸可不形成混合乳糜微粒而被直接吸收。空肠前段主要吸收乳糜微粒中的长链脂肪酸,乳糜微粒中其他脂肪酸和溶血磷脂酰胆碱主要被空肠后段吸收。脂肪消化产物在空肠前部仅吸收15%~26%,其余大部分是在空肠的后3/4部位被吸收。

反刍动物对脂肪酸的吸收速率不同于单胃动物。反刍动物对饱和脂肪酸、长链脂肪酸尤其是硬脂酸能更好地吸收。由于成年反刍动物小肠中不吸收甘油一酯,其黏膜细胞中甘油三酯是通过磷酸甘油途径重新合成。

六、饲料脂肪对畜产品品质的影响

(一)饲料脂肪对肉类脂肪的影响

1. 单胃动物

单胃动物体组织沉积脂肪的不饱和脂肪酸多于饱和脂肪酸,这是由于植物

视频 2-9

性饲料中脂肪的不饱和脂肪酸含量较高,被猪、鸡采食吸收后,不经氢化即直接转变为体脂肪,故猪、鸡体脂肪内不饱和脂肪酸高于饱和脂肪酸。马虽是草食动物,但其没有瘤胃,虽有发达的盲肠,但饲料中不饱和脂肪酸进入盲肠之前,在小肠中经胰液和胆汁的作用,未经转化为饱和脂肪酸就被吸收。马属动物虽然盲肠中具有与瘤胃相同的细菌,也能将牧草中不饱和脂肪酸氢化转变为饱和脂肪酸。但牧草中的脂肪在进入盲肠之前,大部分已在小肠被吸收。因此,马属动物的体脂肪中也是不饱和脂肪酸多于饱和脂肪酸。综上所述,单胃动物体脂肪的脂肪酸组成受饲料脂肪性质的影响较大。

2. 反刍动物

反刍动物瘤胃微生物作用可将饲料中不饱和脂肪酸氢化为饱和脂肪酸,因此反刍动物的体脂肪组成中饱和脂肪酸比例明显高于不饱和脂肪酸,这说明反刍动物体脂肪品质受饲料脂肪性质的影响较小。

以鲜草中脂肪为例,不饱和脂肪酸占 4/5,饱和脂肪酸仅占 1/5。但牧草中的脂肪,在瘤胃内微生物的作用下,水解为甘油和脂肪酸,其中大量的不饱和脂肪酸可经细菌的氢化作用转变为饱和脂肪酸,再由小肠吸收后合成体脂肪。因此,反刍动物体脂肪中饱和脂肪酸较多,体脂肪较为坚硬。

(二)饲料脂肪对乳脂肪品质的影响

饲料脂肪在一定程度上可直接进入乳腺。饲料脂肪的某些成分,可不经变化地用以形成乳脂肪,因此,饲料脂肪性质与乳脂品质密切相关。

黄油质地可一定程度上反映乳脂品质,奶牛饲喂大豆时黄油质地较软,饲喂大豆饼时黄油较为坚实,而饲喂大麦粉、豌豆粉和黑麦时黄油则坚实。添加油脂对乳脂率影响较小,一般不能通过添加油脂的办法改善奶牛的乳脂率。

(三)饲料脂肪对蛋黄脂肪的影响

将近 1/2 的蛋黄脂肪是在卵黄发育过程中摄取经肝脏而来的血液脂肪合成的,这说明蛋黄脂肪的质和量受饲料影响较大。

据研究,饲料脂类使蛋黄脂肪组成偏向不饱和程度大,一些特殊饲料成分可能对蛋黄造成不良影响,例如硬脂酸进入蛋黄中会产生不适宜的气味。添加油脂(主要为植物油)可促进蛋黄的形成,继而增加蛋重,并可能生产富含亚油酸的"营养蛋"。

▌拓展内容 ▶ -

动物饲粮中添加油脂的应用

油脂是高能饲料。饲粮中添加油脂,除供能外,可改善适口性,增加饲料在肠道的停留时间,有利于其他营养成分的消化吸收和利用,即具有"增能效应",高温季节可降低动物的应激反应。研究表明,添加油脂还能显著提高生产性能并降低饲养成本,尤其对于生长发育快、生产周期短或生产性能高的动物效果更为明显。

为了满足肉鸡对高能量饲粮的要求,通常需在饲粮中添加油脂。研究表明,日粮中添加适量油脂能显著提高肉鸡日重和饲料转化率,改善肉质,缩短饲养周期,经济效益显著。肉鸡体内脂肪沉积绝大部分在生长后期,从减少腹脂和提高生产性能两方面考虑,建议在肉鸡前期饲粮中添加 2%~4%的猪油等油脂,以提高生产性能;而在后期饲粮中添加必需脂肪酸含量高的玉米油、豆油等油脂,以改善肉质。奶牛精饲料中油脂添加量建议为 3％～5％;蛋鸡饲粮中油脂添加量建议为 3％左右;肉猪添加量为 4％～6％,仔猪为 3％～5％。添加植物油优于动物油,而椰子油、玉米油、大豆油为仔猪的最佳添加油脂。由于油脂价格高,且混合工艺存在问题,目前国内的油脂实际添加量远低于上述建议添加量。加工生产预混料时,为避免产品吸湿结块,减少粉尘,常在原料中加一定量油脂。

以家禽为例,饲粮中添加油脂时,注意事项:

①添加油脂后,饲粮的消化能、代谢能水平不能变化太大。因为过量添加油脂可能会降低采食量;

②常量元素、微量元素及维生素 B_2、维生素 B_6、维生素 B_{12} 和胆碱等的供给量应增加 10％～20％;

③控制粗纤维水平,肉鸡控制在最低量,蛋鸡,特别是笼养鸡应比标准高出 1％～1.5％;

④长期添加油脂时,每 1 kg 饲粮中应添加硒 0.05～0.1 mg;

⑤防止油脂氧化,保证油脂品质;

⑥要将油脂均匀混合在饲粮中,并在短期内喂完。

任务考核 2-3　　　　参考答案 2-3

任务四　矿物质供给

一、矿物质概述

根据概略养分分析法,矿物质即粗灰分(CA),是除碳、氢、氧、氮以外各种元素的统称,是动物生长发育所需的六大营养素之一。自然界中存在 100 多种矿物质元素,现已确认动物体组织中有 45 种左右。矿物质虽不提供能量,但却是组成机体的重要成分,对生命活动起着重要调节作用。矿物质供给不足,会表现出缺乏症,而供给过量,则会发生中毒现象,甚至死亡。

视频 2-10

(一)必需矿物质元素

指动物生产需要的,在体内有确切的生理功能和代谢作用,若供给不足,可引起生理功能和结构异常,并且发生缺乏症,补给相应的元素后这些症状即可消失的一类元素。

必需矿物质元素应具备以下四个条件:①动物体各组织中均存在,且同类动物中含量大致相同;②在动物体内有相同的生理功能和代谢规律;③动物体不能自身产生,也不能相互转化替代,必须由饲料供给;④体内缺乏或过量时,动物均产生生理或结构异常症状,及时补充或减少相应元素的供给,即可消除或减轻异常症状。

矿物质元素的营养作用和毒害作用，主要取决于添加剂量。当供给量≤最低需要量时，动物表现为缺乏症状；当供给量≥最大耐受量时，动物表现为中毒症状；当供给量介于二者之间时，则为生理衡稳区，动物发挥其正常生产性能。

(二)必需矿物质元素分类

依据动物体内含量或需要的不同，必需矿物质元素分为常量元素和微量元素。常量元素在体内含量≥0.01％，有7种，分别是钙、磷、钠、钾、氯、镁、硫，饲粮中以 g/kg 或％为单位计量。微量元素在体内含量＜0.01％，有20多种，分别是铁、铜、钴、锰、锌、硒、碘、钼、氟、铬、硼、铝、钒、镉、镍、锡、砷、铅、锂、溴等，其中后10种元素在动物体内含量极低，生产中几乎不出现缺乏症，饲粮中以 mg/kg 或 μg/kg 计量。

(三)矿物质元素在体内的含量、代谢及动态平衡

矿物质元素在不同动物体内的含量比较接近，尤其是常量元素，详见表2-1。

表 2-1　动物体内矿物质元素含量

项目	常量元素/％							微量元素/(mg/kg)						
	钙	磷	钠	钾	氯	硫	镁	铁	锌	铜	锰	碘	硒	钴
猪	1.11	0.71	0.16	0.25	—	0.15	0.04	90	25	25	—	—	0.20	—
鸡	1.50	0.80	0.12	0.11	0.06	0.15	0.03	40	35	1.30	—	0.40	0.25	—
牛	1.20	0.70	0.14	0.10	0.17	0.15	0.05	50	20	5.00	0.30	0.43	＜0.04	—
绵羊	2.00	1.10	0.13	0.17	0.11	0.10	0.06	78	26	5.30	0.40	0.20	—	0.01
人	1.80	1.00	0.15	0.35	0.15	0.25	0.05	74	28	1.70	0.30	0.40	0.30	—

动物体内矿物质元素存在形式多种多样，多数与蛋白质及氨基酸结合，少量以游离状态或离子成分存在。

不管以何种形式存在或转运，都始终在血液、骨骼、肌肉、消化道和组织器官之间保持动态平衡，这些矿物质元素在体内不断地进行着吸收和排出、沉积和分解。矿物质元素在体内以离子形式被吸收，主要吸收部位是小肠和大肠前段，瘤胃亦可吸收一部分。矿物质元素排出方式因动物种类和饲料组成而异，反刍动物通过粪排出钙、磷，而单胃动物通过尿排出钙、磷，产肉、产蛋、产奶也是排出矿物质元素的主要途径。

(四)矿物质元素的营养生理功能

1. 构成机体组织

80％以上的矿物质元素是骨骼和牙齿的重要成分，如钙、磷、镁、锌、锰、铜、氟、硅等。微量元素多存在于体液中如铁、铜、碘、硒等，磷和硫是组成体蛋白的重要成分等。

2. 维持体内酸碱平衡和渗透压的稳定

体液包括细胞内液和细胞外液，内液以钾为主，外液以钠和氯为主，分别维持细胞内外的渗透压平衡，以保证内外液之间的物质交换。此外，钠、钾、氯、磷等组成缓冲对，维持体液酸碱

平衡,保障细胞正常生理功能,乃至机体的正常生命活动。

3. 维持神经、肌肉兴奋性

矿物质元素中钠、钾可提高神经、肌肉兴奋性,钙、镁则抑制。

4. 体内多种酶的成分或激活剂

各种矿物质元素参与组成酶的成分或激活酶的活性,如钙激活凝血酶,磷参与组成辅酶Ⅰ、辅酶Ⅱ和焦磷酸硫胺素酶,镁激活肽酶、ATP酶和胆碱酯酶,锌参与组成碳酸酐酶等。

5. 动物产品主要成分

肉、蛋、奶中均含有一定量矿物质,其种类及含量多少决定产品的品质,详见表2-2。

表 2-2　不同动物产品中矿物质含量　　　　　　　　mg/100 g

动物种类	猪肉	牛肉	羊肉	鸡蛋	牛奶
钙	11	6	9	56	104
磷	130	150	196	130	73
钾	162	270	403	154	109
钠	57.5	48.6	69.4	131.5	37.2
镁	12	17	17	10	11
铁	2.4	2.2	3.9	2	0.3
锌	0.84	1.77	6.06	1.1	0.42
硒	2.94	6.26	7.18	14.34	1.94
铜	0.13	0.16	0.11	0.15	0.02
锰	0	0.04	0.05	0.04	0.03

二、常量矿物质供给与动物健康

(一)钙、磷

视频 2-11

1. 含量与分布

钙、磷是动物体内含量最多的矿物质元素,占体重1%～2%,其中98%～99%的钙、80%的磷存在于骨骼和牙齿中,其余存在于软骨组织和体液中。骨骼中钙约占骨灰分的36%,磷约占17%。不同动物的钙磷比也略有不同,正常情况下为(1～2)∶1,产蛋禽(5～6)∶1。

2. 营养功能

(1)钙(Ca)　钙是含量最高的矿物质,参与许多重要的机体功能:促进骨骼、牙齿的发育和维持;作为凝血因子及激活剂参与血液凝固;抑制神经肌肉的兴奋性;维持细胞膜的完整与稳定;激活肌纤凝蛋白-ATP酶与卵磷脂酶,抑制烯醇化酶与二肽酶的活性;调节胰岛素、儿茶酚胺、肾上腺皮质内固醇等激素分泌;调节自身营养代谢等。

（2）磷（P） 所有矿物质中生物学功能最多的元素，是生命物质中的核心元素：与钙一起参与骨骼、牙齿的结构组成，保证发育和维持；作为 ATP、ADP 和磷酸肌酸的组成成分，参与体内能量代谢；以磷脂的方式促进脂类和脂溶性维生素的吸收；参与磷脂形成，保证生物膜的完整；是重要生命遗传物质 DNA、RNA 及辅酶Ⅰ、辅酶Ⅱ的成分，与蛋白质的生物合成及动物的遗传有关；磷酸盐是体内重要的缓冲物质，维持体液酸碱平衡。

3. 缺乏与过量

（1）缺乏 猪、禽易出现钙缺乏，草食家畜易出现磷缺乏。一般症状有：食欲差，异食癖，饲料利用率低，生长缓慢，生产力下降，骨生长发育异常等。典型症状有佝偻症、骨软化症、骨质疏松症和产后瘫痪等。

佝偻症多发于幼龄生长动物。表现为：骨质软弱、腿骨弯曲，脊柱呈弓形，骨端粗大，行动不便，步态僵硬或跛行，常会引起自发性骨折和后躯瘫痪（图 2-5、图 2-6）。

图 2-5 四肢弯曲呈"X"形

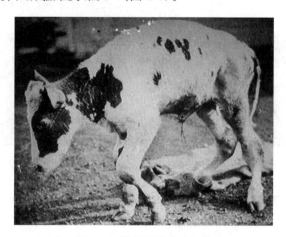

图 2-6 犊牛四肢畸形弓背

骨软化症多发于成年动物，因饲料中钙、磷、维生素 D$_3$ 缺乏或不平衡而引起，高产动物过多动用骨中矿物质元素也可发生。表现为骨多孔，呈蜂窝状，变脆，易骨折、变形。

骨质疏松症也是多发于成年动物，一种钙、磷代谢障碍性疾病，但生产中很少见。患病动物因骨基质蛋白合成障碍而减少矿物沉积，或长期的低钙日粮使骨的代谢减弱、骨总灰分减少和骨强度降低而引起。

产后瘫痪又称产乳热，是奶牛分娩后 72 h 内多发的一种急性低钙血症，多发生于营养良好、5～9 岁的高产奶牛（图 2-7）。一般认为是由血钙调节机能紊乱和高钙低磷营养比例不均以及产后泌乳时大量血钙随血液流进入乳房所致，也可能与甲状旁腺机能失调、肝功能障碍、垂体后叶激素分泌亢进、肠运动抑制、钙吸收率降低等因素有关。表现为：精神兴奋或沉郁，后躯摇晃站立不稳，全身肌肉震颤，出现昏迷和瘫痪症状。母牛、母猪妊娠前期缺钙也会出现产后瘫痪。

产蛋鸡日粮缺钙，初期则表现为蛋壳变软、变薄，甚至无壳蛋，严重者产蛋率下降，甚至停产，瘫痪等。家禽血钙过低，会引起神经肌肉的高度兴奋。从而导致临床上出现痉挛和瘫痪，严重者影响心肌功能造成死亡。日粮缺钙对产蛋鸡及鸡蛋品质的影响，见图 2-8。

（2）过量 反刍动物钙过量将抑制瘤胃微生物作用而导致消化率降低，单胃动物钙过量会

图 2-7　高产奶牛产后瘫痪

图 2-8　缺钙对产蛋鸡及鸡蛋品质的影响

降低脂肪消化率。钙过量还干扰锰、铁等元素的吸收和利用。

　　饲料中磷过量时，使骨组织产生病变，营养学上称作"甲状腺机能亢进"。过量的磷降低钙的吸收，还会引起尿结石，阻碍尿的排泄。

　　4. 来源与补充

　　(1)饲喂富含钙磷的天然饲料：动物性饲料如鱼粉、肉骨粉，豆科作物如大豆、苜蓿、花生秧等含钙丰富。

　　(2)补饲矿物质饲料：谷实类和饼粕类饲料钙少磷多，磷多为植酸磷，不能满足动物对钙磷的需要，必须在饲粮中添加矿物质饲料。如含钙的蛋壳粉、贝壳粉、石灰石粉、石膏粉等，含钙磷的蒸骨粉、磷酸氢钙等。

　　(3)加强舍外运动：动物被毛、皮肤、血液中的 7-脱氢胆固醇在紫外线作用下可生成维生素 D_3，故多晒太阳可促进钙、磷吸收。

　　(4)牧草、作物等种植中多施含钙磷的肥料，以增加饲料中钙磷的含量。

　　　　　　(5)优良贵重的动物可采用注射维生素 D 和钙制剂或口服鱼肝油的办法，预防和治疗缺乏症。

　　(二)钠、钾、氯

　　1. 含量与分布

　　钠、钾、氯是电解质元素，机体内含钠 0.15％，钾 0.30％，氯 0.10％～0.15％，主要分布于细胞液和软组织中。钠在细胞外，大量在体液，少量在

视频 2-12

骨骼;钾在肌肉和神经细胞内,是细胞内主要阳离子;氯在细胞内外均有,主要存在于体液中,少量在骨骼。

2. 营养功能

维持细胞内、外渗透压稳定,调节酸碱平衡,参与水代谢;钠、钾维持神经肌肉兴奋性,并参与神经冲动的传导;钠对瘤胃液有缓冲作用;钾是生物体内60多种酶的激活剂,主要参与糖和蛋白质代谢;氯是胃酸主要成分,既能杀菌,还可激活胃蛋白酶,促进消化。

3. 缺乏与过量

(1)缺乏 动物饲料中钾含量丰富,一般不会出现缺乏症。钠和氯相对容易缺乏,主要出现为异食癖、啄癖、猪咬尾、禽啄羽,动物食欲下降、生长慢、饲料利用率低。长期缺乏则会出现神经-肌肉病变及其相关症状,如肌肉颤抖,四肢运动失调,心律不齐,极度衰弱等。

(2)过量 各种动物耐受食盐的能力都比较强,但当饲料混合不均、采食过量、饮水不足或盐碱地区水中含盐时,容易引起中毒,猪、禽比较敏感,易发生中毒,表现为极度口渴、腹泻和产生类似于脑膜炎的神经症状。钾过量则会影响钠和镁的吸收,甚至发生缺镁痉挛。

4. 来源与补充

饲料中鱼粉、酱油渣等含盐较多,其余均缺乏,故多以食盐补充,猪和家禽为0.25%~0.50%,牛、羊、马等草食家畜0.50%~1%。

(三)镁

1. 含量与分布

动物机体中65%~68%镁沉积在骨骼中,25%~28%镁存在于肌肉中,7%~8%镁在其他组织和体液中。

2. 营养功能

构成骨骼和牙齿;维持机体内环境相对稳定和正常生命活动;参与DNA、RNA及蛋白质合成;对神经、肌肉的兴奋性有镇静作用,维持心肌正常功能和结构;是胆碱酯酶、蛋白激酶、肽酶等300多种酶的激活剂,几乎参与所有与ATP有关的反应,在三大有机物质代谢中起重要作用;减少氧自由基的产生,提高机体抗氧化功能;缓解动物应激。

3. 缺乏与过量

(1)缺乏 非反刍动物需镁量低,约占日粮的0.05%,很少出现缺乏症。而反刍动物需镁量是单胃动物的4倍左右,再加上饲料镁含量变化大,吸收率低,所以易出现缺镁症。分两种类型,一种是长期饲喂缺镁日粮,以致体内贮存的镁消耗殆尽而发生的缺镁症,主要症状为痉挛,故也称为缺镁痉挛症,多发于土壤中缺镁地区的犊牛和羔羊。另一种是早春放牧的反刍动物,由于采食含镁低、吸收率又低的青牧草而发生的,称为草痉挛。主要表现为神经过敏,肌肉痉挛,呼吸弱,心跳快,甚至死亡。幼龄犊牛在食用低镁人工乳时,也会引起低血镁,其临床症状与草痉挛相似。

(2)过量 镁过量可使动物中毒,主要表现为昏睡、运动失调、腹泻、采食量下降、蛋壳变薄,生产力降低,严重时死亡。

4. 来源与补充

常用饲料谷实、糠麸、饼粕、块根块茎和青绿饲料均含镁丰富,另外还可用硫酸镁、氯化镁、碳酸镁补饲。

(四)硫

1. 含量与分布

动物体内平均含硫 0.15%，含量随动物年龄的增长而增加。大部分以有机硫形式存在，如含硫氨基酸、硫胺素、生物素等，存在于肌肉、骨骼和羽毛中，少部分以硫酸盐的形式存在于血液中。

2. 营养功能

硫主要通过体内含硫物质起作用。作为生物素的成分参与脂类代谢，作为硫胺素的成分参与糖代谢，作为辅酶 A 的成分参与能量代谢；以含硫氨基酸形式参与被毛、羽毛、蹄爪等角蛋白合成；是软骨素基质的重要组分；作为黏多糖的成分在成骨胶原及结缔组织代谢中起作用。

图 2-9　缺硫引起互啃或自啃

3. 缺乏与过量

（1）缺乏　硫缺乏会造成反刍动物纤维利用能力下降，厌食、虚弱、消瘦、大量流涎和死亡等，硫缺乏还会影响羊绒产量、弹性和强度，加重羊肉膻味（图 2-9）。禽类缺硫易发生啄羽或啄肛。

（2）过量　动物发生硫中毒的表现是采食量下降，饮水量减少，烦躁不安、腹泻、肌肉抽搐和呼吸困难。饲粮高硫可能会导致反刍动物发生脑脊髓灰质软化症。

4. 来源与补充

鱼粉、肉粉、血粉中含硫 0.35%～0.85%，饼粕类含硫 0.25%～0.40%，谷实糠麸含硫 0.15%～0.25%，所以体内硫主要来源于蛋白质饲料。在某些饲粮条件下（如高粱秸秆、老化牧草、来自缺硫土壤生长的青贮饲料、尿素或其他非蛋白氮饲粮），反刍动物对硫的需要量还会提高。用于补充硫的饲料原料有硫酸钠、硫酸铵、硫酸钙、硫酸钾、硫酸镁或硫黄等。

三、微量矿物质供给与动物健康

(一)铁

1. 含量与分布

动物体内含铁 30～70 mg/kg，其中 60%～70% 存在于血红蛋白中，2%～20% 在肌红蛋白，0.1%～0.4% 在细胞色素中，不足 1% 在铁转运化合物和酶系统中。

视频 2-13

2. 营养功能

铁是血红蛋白和肌红蛋白的重要组成成分，参与氧气的运输和利用；Fe^{2+} 或 Fe^{3+} 通过激活酶间接参与体内物质代谢；三羧酸循环中有一半以上的酶和因子含铁或与铁有关；参与维生素 A 和其他微量元素代谢；游离铁可被微生物利用，从而提高机体免疫性能。

3. 缺乏与过量

(1)缺乏 铁缺乏症多发于哺乳幼畜,尤其是 15～30 日龄的哺乳仔猪,冬末初春季节更多见。由于机体铁缺乏会引起仔猪贫血和生长受阻,主要症状有:血红蛋白含量降低,皮肤、黏膜苍白,多数有腹泻,重症病例黏膜苍白如白瓷,耳壳呈灰白色,可听到贫血性心内杂音,轻微运动则心搏动强盛,喘息不止。

(2)过量 动物对铁的耐受量很强,猪最强,其次是禽、牛、羊。饲料中铁的含量达 5 000 mg/kg以上时,仔猪会出现佝偻症。这是因为过量的铁干扰磷的利用,从而导致猪的日增重、血中含磷量和骨骼灰分含量降低。

4. 来源与补充

铁的来源包括牧草或粗饲料、谷物、饼粕类、饮水和土壤摄入等。然而,青绿牧草虽含铁丰富,但其生物学利用率较低。常见的补铁来源包括硫酸亚铁、碳酸亚铁及有机酸铁。

针对易发缺铁症的仔猪可采取以下方法防治:①加强对母猪的饲养管理,增加铁和铜的补给量。妊娠母猪在分娩前 2 天至产后 28 天,每天补给硫酸亚铁 2.0 g。仔猪出生后尽早补铁,可在仔猪出生后第 3 天注射葡聚糖铁 100 mg。②可用补充铁剂治疗的方法,硫酸亚铁 75～100 mg/d 或焦磷酸铁 300 mg/d,内服,连用 7 d。

(二)铜

1. 含量与分布

动物体内平均含铜 2～3 mg/kg,主要存在于肝、脑、肾、心、被毛,肝是主要的贮铜器官,占总量的 50%。

2. 营养功能

通过影响铁的吸收、释放、运送和利用来参与造血;铜是机体内许多酶的成分,如细胞色素 C、酪氨酸酶、超氧化物歧化酶、赖氨酰氧化酶等,参与体内代谢,促进骨骼发育,保持体内器官的形状和结缔组织的成熟;影响动物毛发生长及色素沉着;具有传递电子的作用以保证 ATP 的生成;与某些药物结合后可增强其功效;与动物的生殖存在着密切关系。

3. 缺乏与过量

(1)缺乏 动物缺铜后出现低色素小细胞性贫血;血管、骨骼等组织的脆性增加出现血管破裂、骨骼畸形、骨折等症状;缺铜可引起脑磷脂合成障碍,出现共济失调、后肢麻痹;缺铜可引起心肌变性和心力衰竭;铜缺乏后可使动物的被毛褪色,尤其是眼周围的毛最易褪色(图 2-10)。在有色被毛的动物中除猪外,缺铜后被毛褪色要比贫血症的表现来得快。羊毛的卷曲也会消失;动物繁殖性能下降。

(2)过量 饲粮中铜含量超标会引起中毒,由于过量的铜在肝脏等组织器官中蓄积,当超过肝脏贮存极限时,可导致血铜升高,红细胞溶血,造成贫血、肌肉营养不良、生长受阻、繁殖障碍、血红蛋白尿和黄疸等。

4. 来源与补充

豆科牧草含铜量高于禾本科牧草,饼粕类中铜的含量高于谷实类。补充铜的饲料原料包括硫酸盐、碳酸盐、氧化物和有机形式的铜,不过氧化铜的利用率很低。缺铜地区可施硫酸铜肥,或直接给家畜补饲硫酸铜。

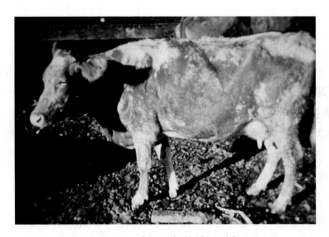

图 2-10　缺铜引起的被毛脱色

(三)钴

1. 含量与分布

动物体内含量很少,但分布相对较均匀,正常健康绵羊和牛肝中含 Co $0.2\sim0.3$ mg/kg。

2. 营养功能

加速铁进入骨髓参与造血,作为维生素 B_{12} 的成分促进血红蛋白生成;作为酶的激活剂,参与有机物质的代谢;维持瘤胃细菌和原虫的正常数量和种类,促进瘤胃发酵;增强动物机体免疫力;促进繁殖性能发挥。

3. 缺乏与过量

(1)缺乏　钴缺乏症是钴合成维生素 B_{12} 受阻所致的慢性代谢性疾病。反刍动物多见,临床表现为:食欲减退、生长缓慢、贫血、消瘦和脂肪肝。缺钴表现为食欲差、生长慢或失重、严重消瘦、异食癖、产奶量下降、初生幼畜体弱和成活率低等。猪、禽无明显的钴缺乏症,但其生殖力和生产性能会下降。

(2)过量　动物对钴耐受力较强,超过需要量 300 倍产生中毒,表现为采食量下降、失重、贫血,其症状与钴缺乏症相似。

4. 来源与补充

豆科植物钴含量高于禾本科,硫酸钴和碳酸钴是饲粮补充钴的主要饲料原料。反刍动物还可通过作物施肥、钴化食盐舔砖、口服或灌服钴盐溶液等形式补充。

(四)锰

1. 含量与分布

动物体内含锰 $0.2\sim0.5$ mg/kg,比其他元素低,分布于所有组织中,以骨骼、肝、肾、胰、脾、心及脑垂体中的含量最高,肌肉中较少。骨骼中锰含量约占体内锰含量的 25%。锰通常分布在细胞线粒体中。

2. 营养功能

锰是精氨酸酶、脯氨酸肽酶等的组成成分,是磷酸化酶、磷酸葡萄糖变位酶等的激活剂,参与有机物质的代谢;参与构成骨骼基质硫酸软骨素,是对动物骨骼生长发育具有重要作用的微量元素之一;促进动物性腺发育和内分泌功能。

3. 缺乏与过量

(1)缺乏 缺锰影响骨的发育主要在于骨骺病变,这也是缺锰与其他物质(胆碱、生物素)缺乏影响骨生长发育的不同之处。

雏鸡缺锰时,发生滑腱症或称骨短粗症(图 2-11)。典型病状:站立时呈"O"形或"X"形,变短变粗(图 2-11)。鸡缺锰还特异性地影响胸肌生长发育,表现为胸肌纤维直径较小。家畜缺锰时的主要症状表现为前肢弓形,腿粗短而弯曲,跗关节肿大,跛行。

缺锰时雄性动物睾丸的曲精细管发生退行性变化,睾丸萎缩、精液质量不良或数量减少、性欲减退或失去配种能力;雌性动物的性周期紊乱、不发情或弱发情、卵巢萎缩、排卵停滞、受胎率降低或不妊娠、胎儿被母体吸收或死胎。

(2)过量 锰过量导致生长受阻,贫血和胃肠道损害,有时出现神经症状。

图 2-11 滑腱症

4. 来源与补充

一般牧草通常富含锰,植物性饲料中除玉米、大麦外含量均较高,补充锰的饲料包括硫酸锰、氧化锰、蛋氨酸锰、蛋白锰、锰多糖复合物和氨基酸锰螯合物等。生物学利用率从高到低依次为蛋氨酸锰、硫酸锰,最后是氧化锰。

(五)锌

1. 含量与分布

动物体内平均含锌 30 mg/kg。其中 50%～60%在骨中,其余广泛分布于身体各部位,以肝脏、肌肉、皮肤、毛发等含量较多。

2. 营养功能

锌是动物体内许多酶、蛋白质、核糖等的组分,已知含锌的金属酶有 200 多种,300 多种酶的活性与锌有关,参与所有有机物质的代谢;与胰岛素、前列腺素、促肾上腺素、生长激素等有关,保障动物生长和繁殖性能;通过调节免疫细胞的转录翻译、细胞活化和有丝分裂等在免疫系统中发挥功能;维持动物皮肤细胞结构和功能的重要元素之一;与动物的视力及暗度适应能力有着密切关系;以唾液内一种含有两个锌离子的唾液蛋白味觉素作为介质影响味觉和食欲;维持生物膜结构和完整性。

3. 缺乏与过量

(1)缺乏 皮肤不完全角化症是各种动物缺锌的典型症状,以 2～3 月龄仔猪发病率最高,其次为鸡、犊牛、羔羊(图 2-12)。主要见于口、眼周围及阴囊等部位,有时皮肤发生炎症、湿疹,患部皮肤皱褶粗糙,网状干裂明显。1 只或数只蹄子的蹄壳发生蹄裂,蹄底、蹄叉易出现裂口,跛行。

动物皮肤伤口愈合缓慢;骨骼发育不全和缺陷;味觉及食欲均减退;幼年雄性动物性腺发育成熟时间推迟,成年雄性动物发育性腺萎缩及纤维化,第二性征发育不全;怀孕母畜发生早

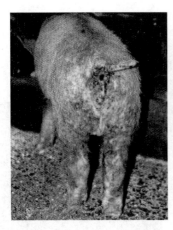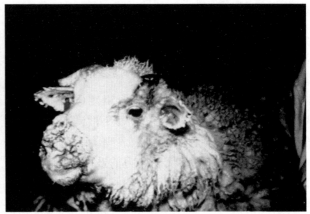

图 2-12 皮肤不完全角化症

产、胎儿干尸化、初生重下降、分娩时间延长、子代成活率降低等。

（2）过量   饲粮中锌达到 2 000 mg/kg 体重时会导致生长缓慢、关节炎、肌肉内出血、胃炎、母猪产仔数减少。

4. 来源与补充

豆科植物中锌含量高于禾本科植物，蛋白质饲料中锌含量通常高于能量饲料。补充锌的饲料来源包括锌的氧化物、硫酸盐、氨基酸盐和蛋白盐等形式。

（六）硒

视频 2-14

1. 含量与分布

硒被誉为"抗癌之王"，动物体内含量 0.05～0.20 mg/kg，分布于全身所有细胞中，肝、肾、肌肉中含硒量高，与蛋白质结合存在。

2. 营养功能

参与构成机体内重要的谷胱甘肽过氧化物还原酶（GSH-Px），发挥抗氧化作用，维持细胞膜正常功能；通过刺激免疫球蛋白并促进淋巴细胞分泌淋巴因子，增强机体免疫力；一种天然的重金属解毒剂；提高红细胞的携氧能力，保护心血管与心肌；提高动物基础代谢及繁殖能力。

3. 缺乏与过量

（1）缺乏   缺硒将导致动物出现相应的症状，如白肌病（羔羊、犊牛常见），肝坏死（多发于猪、兔），桑葚心（猪），鸡的渗出性素质病等。

白肌病：主要是心肌营养不良，骨骼肌变性、色淡，呈灰黄色条状、片状。心扩张，心肌内外膜有黄白、灰白与肌纤维方向一致的条纹状斑（图 2-13）。

肝坏死：肝呈红褐色正常小叶和红色出血坏死小叶及白色、淡黄色缺血性坏死小叶混合在一起，形成花肝。表面隆起，粗糙不平。

桑葚心：心扩张。沿心肌纤维走向发生多发性出血，呈紫红色，外观似桑葚样。

渗出性素质病：缺硒引起的水肿。胸腹部毛细血管受损，血液渗到细胞间隙，造成胸腹腔有黄绿色胶胨样液体聚集，病鸡生长慢，死亡率高（图 2-14）。

图 2-13　白肌病

图 2-14　渗出性素质病

极度缺硒的动物,胰腺萎缩,胰脂肪酶合成受阻,导致脂肪和脂溶性维生素吸收障碍。

(2)过量　硒毒性强,过量摄入就会出现中毒现象。如日粮中长期摄入 5~10 mg/kg 硒,动物会出现消瘦、贫血、脱毛、采食量和生长率降低等慢性中毒反应;当短时间摄入硒的量大于 20 mg/kg 时,会导致动物急性或亚急性中毒,表现呼吸不畅、蹒跚等症状,严重者将死亡。

4. 来源与补充

我国东北、西北和中原大部分地区缺硒,这些地区饲养的动物需要考虑硒的补充。硒的补充饲料包括无机硒和有机硒两类,无机硒常用原料为亚硒酸钠,有机硒主要为硒代蛋氨酸和酵母硒。由于硒的高毒性,仅以预混料形式补充。

(七)碘

1. 含量与分布

动物体内碘的平均含量为 0.05~0.2 mg/kg,70%~80%的碘在甲状腺中,其次在肌肉、骨骼等组织器官。血液中碘以甲状腺素形式存在,主要与血浆蛋白结合,少量游离存在于血浆中。

2. 营养功能

碘在动物体内主要参与甲状腺素的合成,因此碘的生理功能也是通过甲状腺素来实现的。甲状腺素参与机体新陈代谢和维持体内热平衡,对繁殖、生长发育、红细胞生成和血糖等起调控作用;与皮毛、角质蛋白代谢也有关。

3. 缺乏与过量

(1)缺乏　碘缺乏有两种,一种是原发性缺碘,主要是因为饲料中碘含量不足。这种缺乏一般具有地方性特点;另一种是继发性缺碘,一些饲料如十字花科植物及籽实副产品,芜菁、甘蓝、油菜等含有阻止或降低甲状腺聚碘作用的硫氰酸盐、过氯酸盐、硝酸盐等。导致动物碘缺乏。

碘缺乏的典型症状是甲状腺肿大,生长发育缓慢,颈部甚至全身皮肤和皮下组织出现黏液性水肿,皮肤干燥、角化、多皱褶、弹性差,被毛脆弱;生殖机能障碍,母畜不孕,胎儿被母体吸收,流产,产死胎,胎衣不下,公畜性欲降低、精液品质差。

(2)过量　碘用量过大,也可导致高碘甲状腺肿大,引起动物中毒,猪血红蛋白下降,鸡产蛋率下降,奶牛产奶量降低。

4. 来源与补充

碘有明显的地区性,沿海地区植物中的含碘量高于内陆地区,且各种饲料均含碘,一般不易缺乏,但妊娠和泌乳动物可能不足。

缺碘可用碘化食盐、碘化钠或碘化钾补饲,也可在饲料中掺入海藻、海草之类的物质。

| 拓展内容 ▶

一、有机微量元素

有机微量元素一般是指由某些有益于动物胃肠道吸收的有机物质(如有机酸、氨基酸、蛋白质、某些糖类等)与无机微量元素经化学反应而合成的化合物。有机微量元素由于其吸收的路径不同,所以其生物学效价也不一样,一般往往高于无机微量元素。日粮中所含有的植酸、草酸、磷酸盐、单宁、纤维素等往往会阻碍无机微量元素的吸收,从而降低了微量元素的生物学效价。有机微量元素则相对避免了日粮中上述因素的影响。

无机微量元素之间相互关系复杂。有的存在协同作用,有的存在拮抗作用,而拮抗作用相对较多,一方面导致微量元素的利用率降低;另一方面由于这种复杂的相互关系必将导致如果一种微量元素的添加量增加则要求其他元素添加量也要相应增加,这样势必造成资源的浪费和环境污染。有机微量元素属于绿色环保型产品,其生物学效价高,添加量相对较少,而其吸收利用率较高,因而微量元素的排出量减少,从而减少了环境污染,有益于人、畜健康。

在日粮中添加无机微量元素,由于其氧化、还原、吸潮等作用,很易造成维生素的损失,从而增加了维生素的添加量,增加了饲养成本。在动物日粮中长期添加无机微量元素,有可能导致动物慢性中毒甚至死亡。无机微量元素一般是以硫酸盐形式添加,由于长期使用,将会导致日粮及动物胃肠道内的阴阳离子以及电解质平衡失调,不利于动物的生长与发育。

有机微量元素在动物机体代谢过程中不仅提供了动物所需的微量元素,同时提供了其他有益于动物生长发育的营养素,因而其表现出来的应用效果更好。在日粮中添加有机微量元素可以提高饲料报酬,增加经济效益。

二、高铜高锌猪饲料的危害

铜、锌是生猪饲料中必须添加的微量元素,猪对铜的营养需要量为 $3\sim6$ mg/kg 饲粮,锌的需要量为 $50\sim100$ mg/kg 饲粮(NRC,2014)。但实际生产中出于对抑菌促生长的需要,特别是乳仔猪阶段铜的添加量在 $150\sim200$ mg/kg,断奶后 2 周内在仔猪日粮中添加药理剂量 ZnO $2\,000\sim3\,000$ mg/kg,虽然在减少哺乳腹泻、促进生长方面起到了积极作用,但由于添加量远高于实际需要量,大部分随粪便排出体外,在引起饲料成本上升的同时,更易造成猪粪堆肥化的商品有机肥铜、锌含量过高,施用猪粪有机肥后造成土壤铜、锌累积,给食品安全和土壤环境质量产生不良影响,给人体健康带来潜在风险。

1. 引起动物和人中毒

猪日粮铜超量会引起中毒,临床表现为猪肝、肾肿大变硬;刺激猪的胃肠道,引起胃肠炎。人食用高铜的猪肝后,出现血红蛋白降低和黄疸中毒症状。使用高锌同样会产生类似高铜残留的中毒症状。高锌饲料饲喂的猪对人体危害报道少,当前的报道主要是补锌过多对人体的危害。补锌过多的人成年后易发生冠心病、动脉硬化症等。锌摄入量过多,会引起锌在体内蓄积中毒,出现恶心、呕吐、发热等症状,引起上腹疼痛、精神不振,甚至造成急性肾功能衰竭,严重的突然死亡。

2. 发生营养代谢病

高铜会降低铁、锌吸收,引起猪发生营养代谢病,如贫血、溶血和黄疸。

3. 污染环境

饲料中使用硫酸铜、氧化锌等无机矿物质添加剂,将有大量 Cu^{2+}、Zn^{2+} 未被吸收利用,通过代谢循环,一部分沉积在体组织中(主要是铜沉积),相当大部分被排出体外。如果长期或者超剂量使用高铜、高锌饲料,必然在动物体组织中沉积相当部分重金属元素铜和排泄大量的铜、锌到环境中。

土壤的铜污染会引起植物生长受阻,影响作物产量和养分含量。铜过量会引起植物中铜含量的增高、植物生长减慢、产量降低,影响植物中其他营养元素的含量。过量的铜还导致地区内植物种群的变化,能适应高铜的植物生存,不能适应的将被淘汰,从而引起某些物种的灭亡。长期施用含高铜的粪便的牧地,牧草含铜量升高,牛、羊对过量的铜很敏感,容易引起铜中毒。植物性有机物由食草动物来消费,食草动物又为寄生动物、食肉动物、食腐动物以及土壤无脊椎动物和微生物食用,因此,植物的变化无疑将影响到整个食物链,会对人类及整个生态链健康带来不可忽视的影响和危害。

任务考核 2-4

参考答案 2-4

任务五　维生素供给

一、维生素概述

维生素是维持动物健康与正常生长发育所必需的微量低分子有机化合物。它不是机体结构物质,也不是能量物质,而是一类调节物质。在体内一般不能合成或合成量不足,必须由饲料供给,或供给其先体物,当动物摄入不足时会导致特异性缺乏症或缺乏综合征。

(一)维生素的分类

根据其溶解性可分为脂溶性维生素(维生素 A、维生素 D、维生素 E 和维生素 K)和水溶性维生素(B 族维生素和维生素 C),特点如表 2-3 所示。

视频 2-15

表 2-3　维生素的分类与特征

分类	脂溶性维生素	水溶性维生素
特点	只有 C、H、O 三种元素； 不溶于水，溶于脂肪与多数有机溶剂； 贮存于动物脂肪组织中	除含 C、H、O 三种元素外，多数含 N，有的 含 S；溶于水； 体内不贮存
吸收	随脂肪吸收	被动扩散，溶解后随水吸收
排泄	经胆汁从粪便排出	主要经尿排泄；某些来自微生物合成的 B 族维生素也经粪便排出
过量	脂溶性维生素过量（超过推荐量的 500 倍）会 产生严重的中毒症状	水溶性维生素过量时毒性较低，因过量时 迅速随尿排出
体内合成情况	维生素 K 可由消化道微生物合成；皮肤中 7- 脱氢胆固醇可在紫外线照射下转为维生素 D_3；食入的胡萝卜素体内可合成维生素 A	多数动物体内可合成维生素 C，反刍动物 瘤胃微生物可合成 B 族维生素
缺乏症	饲料中含量不足时，脂溶性和水溶性维生素均会产生缺乏症状	

（二）维生素营养功能

1. 调节营养物质的消化、吸收和代谢

维生素作为调节因子或酶的辅酶或辅基的成分，参与三种有机物质的代谢过程，促进其合成与分解，从而实现代谢调控作用。

2. 抗应激作用

生产中会出现诸多应激因素，如疾病、气温突变、接种疫苗、惊吓、运输、转群、换料、断喙等，致使动物生产性能下降，自身免疫机能降低，发病率上升，甚至大群死亡，可通过添加维生素提高动物自身抗应激能力，减少生产水平的降低。

3. 激发和强化机体的免疫机能

几乎所有维生素都可提高动物的免疫性能，其中以维生素 A、维生素 D、维生素 K、维生素 B_6、维生素 B_{12} 及维生素 C 最为突出。

4. 提高繁殖性能

增加种鸡日粮中维生素和微量元素的含量，即可提高鸡蛋中相应营养素的含量，有助于提高受精率、孵化率和健雏率。与动物繁殖性能有关的维生素有维生素 A、维生素 E、维生素 B_2、维生素 B_3、维生素 B_5、维生素 B_7、维生素 B_{11}、维生素 B_{12} 等。

5. 改善动物产品品质

饲粮中添加维生素 E，可防止肉中脂肪酸氧化酸败，阻止醛、酮、醇等气味很差且致癌、致畸的物质产生。蛋鸡饲粮中添加维生素 A、维生素 D_3 和维生素 C 有助于改善蛋壳强度和色泽。

6. 提高动物生产性能和养殖业的经济效益

添加维生素饲料添加剂已成为获取动物高产的有效措施，已有研究证明添加维生素所增加的成本，远低于动物增产所增加的收入，因此，添加维生素营养也是提高养殖业经济效益的有效措施之一。

二、脂溶性维生素供给与动物健康

(一)维生素 A(抗干眼症维生素、视黄醇)

视频 2-16

1. 理化特性

维生素 A' 以一类低分子化合物的形式存在,其存在形式主要有 3 种:视黄醇、视黄醛和视黄酸,视黄醇即通常所说的维生素 A。维生素 A 只存在于动物体中,植物中不含维生素 A,而含有维生素 A 原(前体)β-胡萝卜素,胡萝卜素也存在多种类似物,其中以 β-胡萝卜素活性最强。

维生素 A 是黄色结晶,不溶于水而溶于有机溶剂,性质极不稳定,易被(湿、热、微量元素、酸败脂肪)氧化破坏。在无氧黑暗处相对稳定,在 0 ℃以下的暗容器内可长期保存。

2. 营养功能及缺乏症

(1)维持正常的视觉功能。主要指在弱光下的视觉,维生素 A 是对弱光敏感的视紫红质主要成分,具有维持暗视觉的功能。若维生素 A 不足,则视紫红质再生慢且不完全,故暗适应恢复时间延长,严重时可产生夜盲症。

(2)促进上皮组织的形成、发育并维持其正常功能。几乎所有机体的内外表面都由上皮组织所覆盖,是机体的第一屏障,维生素 A 对上皮组织的形成、发育、维持有重要作用,与黏液分泌上皮的黏多糖合成有关。缺乏时,消化道、呼吸道、生殖泌尿系统、眼角膜及其周围软组织等上皮组织细胞都可能发生干燥和鳞状角质化,导致腹泻、肺炎、肾炎、膀胱炎及眼角膜软化、混浊、干眼、流泪等多种症状发生。

(3)增强动物机体免疫力和抗感染力。维生素 A 有助于维持表皮的完整性,保持细胞膜的强度,而使病毒不能穿透细胞,避免病毒进入细胞,利用细胞的繁殖机制来复制自己。

(4)促进骨骼发育。在骨生长发育中,成骨细胞和破骨细胞维持正常功能需要维生素 A。维生素 A 是调节碳水化合物、脂肪、蛋白质及矿物质代谢,保障骨细胞正常代谢的必需物质。缺乏时,就会影响体蛋白合成及骨组织发育,破坏软骨骨化过程,骨弱且过分增厚,压迫中枢神经,在临床上表现为骨骼变形,幼龄动物精神不振,食欲减退,生长发育受阻,内脏器官萎缩,神经症状,严重时死亡。

(5)维持动物繁殖功能,促进其胚胎发育性能。维生素 A 对生精过程和精子的影响不容忽视。缺乏时,阻碍各级生精细胞生长发育,睾丸组织萎缩,精子数量减少,畸形精子增多。维生素 A 对于促进卵子产生、胎盘发育、胎儿生长与发育也是必需的。供应不足时,胎儿发育不良,供应严重不足可导致胎儿流产或被吸收,甚至可能导致不孕。

3. 过量的危害

由于动物对维生素 A 有较好的耐受性,不易发生中毒,但常过量使用,会出现蓄积中毒的表现,消化系统、神经系统等出现紊乱。表现为精神沉郁,采食量下降或拒食,被毛粗糙,触觉敏感,粪尿带血,发抖,最终死亡。对于动物,维生素 A 的中毒剂量是需要量的 4 倍以上。

4. 来源与补充

天然维生素 A 的获得途径有限,它仅存在于动物产品中,如鱼肝油、鱼卵、蛋黄、全乳、肝脏、肾脏等,尤其是肝脏和鱼肝油。植物中获取的是维生素 A 合成的前体物质,主要以 β-胡萝卜素为主的类胡萝卜素,也是动物饲养中能利用的维生素 A 原。含量丰富的饲料有:青绿多汁饲料、青贮饲料、胡萝卜、南瓜、黄玉米等。

(二)维生素 D

1. 理化特性

维生素 D 有维生素 D_2、维生素 D_3、维生素 D_4、维生素 D_5、维生素 D_6 和维生素 D_7 等多种形式,在动物营养中真正发挥作用的只有 D_2(麦角钙化醇)和 D_3(胆钙化醇)2 种活性形式,分别由植物中的麦角固醇和动物体中 7-脱氢胆固醇经紫外线照射而生成,无色结晶,不溶于水,易溶于乙醇和其他有机溶剂。遇酸碱时性质稳定,但遇酸败脂肪和碳酸钙等无机盐时易被破坏。

2. 营养功能及缺乏症

(1)调节钙、磷代谢　维生素 D_3 通过 3 种途径调节钙磷代谢:①促进肠道对钙磷的吸收和运转;②提高体内肾小管重新吸收钙离子的能力,降低钙排出;③使破骨细胞内的酶和有机酸对骨质溶解,促进新骨生成。饲粮含量缺乏或者不足,动物就容易出现佝偻症、软骨症、骨松症及软壳蛋、喙软等症状。

(2)参与免疫调节　大量研究表明,维生素 D_3 是一种新的神经内分泌免疫调节激素,其作用类似类固醇。1,25-二羟维生素 D_3 对淋巴细胞以及胸腺细胞具有免疫调节作用。缺乏时,血清抗体生成减少,机体免疫力下降。

(3)改善肉品质　维生素 D_3 通过增加肌肉和血清中钙离子浓度,从而激活钙蛋白酶,促进肌原纤维的降解和熟化,改善肉的嫩度。

3. 过量的危害

维生素 D_3 过量会降低骨骼矿化作用,导致骨细胞坏死、骨钙化异常、高血钙,致使动脉管壁、心脏、肾小管等软组织钙化,严重时可致死。

对于大多数动物,短期饲喂可耐受 100 倍的剂量。连续饲喂超过需要量 4～10 倍及以上的维生素 D_3,可出现中毒症状,维生素 D_3 的毒性比维生素 D_2 大 10～20 倍。马、牛和猪发生严重的维生素 D 中毒时,表现为跛脚、骨硬化和软组织钙沉积。

4. 来源与补充

饲喂富含维生素 D 的饲料,动物性来源如鱼肝油、鱼粉、肝粉、全脂奶、酵母等,植物性来源如经阳光晒制的干草;加强动物舍外运动,多晒太阳;或直接补饲维生素 D 制剂。

(三)维生素 E

1. 理化特性

维生素 E 与动物生育有关,故又称生育酚、产妊酚、生殖维生素、抗不孕维生素等。天然的维生素 E 有 8 种,分为生育酚和生育三烯酚两类,都有 α、β、γ、δ 4 种结构。其中 α-生育酚生理活性最高,但就抗氧化作用而言,δ-生育酚的作用最强,α-生育酚最弱。它们都是浅黄色的黏性油状物,溶于脂肪和乙醇等有机溶剂中,不溶于水,对氧敏感,对碱不稳定,对热和酸稳定,暴露于氧、紫外线、碱、铁盐和铅盐中会遭到破坏。

2. 营养功能及缺乏症

(1)抗不育作用　维生素 E 主要生理功能之一就是抗不育,它能维持生殖器官的正常机能,促进性激素分泌,改善精子的存活率和畸形率,提高受胎率。缺乏时雄性动物睾丸变性萎缩,精细胞的形成受阻,活力下降,甚至不产生精子,造成不育症;雌性动物性周期异常,不受孕。母畜分娩时产程过长,产后无奶或胎儿发育不良,胎儿早期被吸收或死胎等。

(2)抗氧化作用 维生素 E 是动物体内重要的抗氧化剂,能够与体内进行氧化反应的游离基结合,还能抑制自由基的形成,从而抑制或减缓体内不饱和脂肪酸的氧化和过氧化,保护细胞膜和亚细胞膜免受过氧化损害,防止活性细胞膜磷脂过氧化物的生成。

(3)保证肌肉的正常生长发育 缺乏时,肌肉中能量代谢受阻,肌肉营养不良,致使动物患白肌病,尤其犊牛和羔羊;仔猪常因肝变性、坏死而突然死亡。

(4)维持毛细血管结构的完整和中枢神经系统的机能健全 缺乏时,雏鸡毛细血管通透性增强,致使大量渗出液在皮下积蓄,患渗出性素质病。饲喂高能饲料的肉鸡易患脑软化症,表现为小脑出血或水肿,运动失调,伏地不起甚至麻痹,死亡率高。

(5)参与机体内物质代谢 作为细胞色素还原酶的辅助因子,参与机体内生物氧化;参与维生素 C 和泛酸的合成;参与 DNA 合成的调节、含硫氨基酸和维生素 B_{12} 代谢等。

(6)增强机体免疫力和抵抗力 它不仅能增强机体的体液免疫反应,而且能提高细胞免疫功能,降低血液中免疫抑制剂皮质醇的含量,提高机体的抗病能力,具有抗感染、抑制肿瘤与抗应激等作用。

(7)延长肉的货架期 维生素 E 能减少脂类氧化速度和维持屠宰后细胞膜的完整性,而且对一种引起肉产生苍白、柔软、渗出性变化的磷脂酶 A_2 产生了抑制作用,使肉能比较长久地保持新鲜外观和颜色,降低肉滴水损失。

3. 过量的危害

相对于维生素 A 和维生素 D 而言,维生素 E 几乎是无毒的,大多数动物能耐受 100 倍于需要量的剂量。

4. 来源与补充

天然维生素 E 广泛存在于植物的绿色部分以及禾本科种子的胚芽里,尤其在植物油中含量丰富;在动物体内,维生素 E 存在于肝脏、多脂组织、心脏、肌肉、睾丸、子宫、血液、垂体等器官或组织中;还可用维生素 E 添加剂进行补充。

(四)维生素 K

1. 理化特性

维生素 K 是 2-甲基萘醌的衍生物,包含维生素 K_1、维生素 K_2、维生素 K_3 和维生素 K_4。其中,维生素 K_1 和维生素 K_2 在自然界广泛存在,大多数绿色植物中都含有维生素 K_1,维生素 K_2 主要由动物肠道微生物合成。常温下,维生素 K_1 是黄色油状物,K_2 是黄色晶体。维生素 K_1、维生素 K_2 对热稳定,但易受碱、乙醇和光线的破坏。维生素 K_3、维生素 K_4 为人工合成物。

2. 营养功能及缺乏症

(1)凝血作用 维生素 K 在凝血因子Ⅶ、Ⅸ和Ⅹ的形成中起着重要作用,并促进凝血酶原(凝血因子Ⅱ)的激活,启动凝血过程,维持正常凝血时间。缺乏的主要临床症状是凝血功能下降,还伴随凝血酶原浓度降低和出血症等,严重缺乏时会导致皮下组织广泛性出血或肌肉、消化道、泌尿生殖道、腹腔和脑等器官或组织内出血。如果凝血时间延长及出血症发生,还会导致动物贫血。家禽生产中多见。

(2)参与骨代谢 骨组织中含有 3 种维生素 K 依赖性蛋白,其中最典型的是骨钙素,是骨组织中的一种特异性非胶原蛋白,具有骨代谢调节激素的作用。

（3）其他作用　维生素 K 不仅促进凝血、参与骨代谢,还在抑制血管钙化、控制糖代谢、利尿、强化肝解毒等方面具有调节作用。

3. 过量的危害

维生素 K_1 和 K_2 相对于维生素 A 和维生素 D 而言,几乎无毒。动物对维生素 K 的耐受能力非常高,一般情况下不会发生中毒症。

4. 来源与补充

动物肝脏、鱼粉、蛋黄和绿色饲料中含有较丰富的维生素 K。动物对维生素 K 的需要量,一般可以通过日粮或肠道中微生物合成得以满足,具有食粪习性的动物,还能从粪便中获取。

动物的种类和年龄可影响维生素 K 的需要,主要是肠道微生物合成维生素 K 的能力不同。饲料中维生素 K 的拮抗物——双香豆素、磺胺类药物,动物感染疾病和寄生虫导致采食量下降、肠壁吸收障碍,肝脏胆汁形成和分泌减少等都可影响动物对维生素 K 的需要。

三、水溶性维生素供给与动物健康

视频 2-17

（一）B 族维生素

1. 维生素 B_1

（1）理化特性　硫胺素即维生素 B_1,在动物体内主要以硫胺素一磷酸（TMP）、硫胺素二磷酸（TDP）、硫胺素三磷酸（TTP）3 种形式存在。工业合成的盐酸硫胺素为无色结晶,易溶于水,在弱酸溶液中稳定,但在中性或碱性溶液中易氧化失活。

（2）营养功能及缺乏症　体内许多细胞酶的辅酶,其活性形式为焦磷酸硫胺素（TPP）,参与 α-酮酸（丙酮酸、α-酮戊二酸）的氧化脱羧,为动物体内碳水化合物与脂类代谢所必需;维持肌肉、心脏和神经组织的功能;调节骨骼肌和消化系统的正常作用。

硫胺素缺乏时,猪表现为食欲和体重下降、呕吐、脉搏慢、体温偏低、神经症状、心肌水肿和心脏扩大;鸡表现为食欲差、憔悴、消化不良、瘦弱及外周神经受损引起的症状,如多发性神经炎（图 2-15）、频繁痉挛、共济失调、角弓反张和强直。成年反刍动物饲料中若含维生素 B_1 拮抗物,也会出现缺乏症,引起中枢和外周神经的病理变化及紊乱。脑灰质软化症（PEM）是最常见的紊乱症,动物机体出现严重而短暂的腹泻、精神不振、转圈、角弓反张及肌肉震颤。

图 2-15　雏鸡的多发性神经炎

（3）来源与补充 动物性来源有蛋黄、肝、肾、瘦猪肉、酵母等。含量丰富的植物性饲料有谷物、米糠、麦麸、饼粕、苜蓿等，青绿饲料和优质干草、豆类等也是维生素 B_1 的重要来源。

实际生产中，常添加的硫胺素主要有两种，即硝酸硫胺素和盐酸硫胺素，硝酸硫胺素比盐酸硫胺素更稳定。

2. 维生素 B_2

（1）理化特性 维生素 B_2 又称核黄素，黄色至橙黄色的结晶性粉末，微溶于水，易溶于碱性溶液，在中性或酸性溶液中加热稳定，对光、碱及紫外线较敏感，耐热耐氧化，为体内黄素蛋白酶类辅基的组成部分（黄素蛋白酶在生物氧化还原中发挥递氢作用）。

（2）营养功能及缺乏症 多以 FMN 和 FAD 的形式存在，形成辅酶参与体内生物氧化与能量代谢，促进糖类、蛋白质、脂肪等的代谢，提升饲料转化利用率；参与细胞的生长代谢，维护皮肤黏膜、毛囊黏膜和细胞膜的完整性。

缺乏时影响机体的生物氧化，使代谢发生障碍。其病变多表现为口、眼和外生殖器部位的炎症，如口角炎、唇炎、舌炎、眼结膜炎和阴囊炎等。

典型症状是曲爪症——病鸡站立不稳、行走困难、脚趾痉挛、向内蜷曲似鹰爪样，后期跗关节着地，两腿瘫痪，展翅以维持平衡（图 2-16）；肉仔鸡生长较慢，死亡率较高；成鸡产蛋量减少，种蛋孵化率极低，鸡胚在孵化至 12 d 死亡或 20 d 时不出壳。

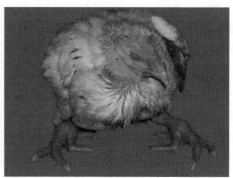

图 2-16 雏鸡曲爪症

患猪出现腿弯曲强直、步态僵硬，皮疹，背和侧面的皮肤上有渗出物、晶状体浑浊和白内障等症状。其中幼畜表现为生长缓慢，体弱，食欲减退，皮毛粗糙，眼角分泌物增多，伴有腹泻；性成熟青年母猪的卵巢周期性活动停止，不发情，卵泡萎缩，卵细胞退化，生殖力衰竭；妊娠母猪早产，难产，胚胎死亡及胎儿畸形，繁殖与泌乳性能降低；初情期后的小母猪发情周期紊乱等。

（3）来源与补充 豆制品、乳业副产品、叶类青绿饲料、苜蓿粉、酵母粉、肉粉、鱼粉以及由发酵残渣制成的精料中含量丰富，油饼类饲料及糠麸次之，玉米、高粱、小米中含量较少。

3. 泛酸

（1）理化特性 泛酸，即维生素 B_3，又名遍多酸、本多生酸、鸡抗皮炎因子，淡黄色黏稠的油状物，具有酸性，易溶于水和乙醇，不溶于脂溶剂；吸湿性极强，不稳定，在酸性和碱性溶液中易受热被破坏。在中性溶液中比较稳定，对氧化剂和还原剂极为稳定。

（2）营养功能及缺乏症 泛酸在体内转变成辅酶 A（CoA）或酰基载体蛋白（ACP），参与糖、脂肪、蛋白质和能量代谢；脂肪酸合成类固醇所必需的物质；参与类固醇紫质、褪黑激素和

图 2-17　猪的鹅步症

亚铁血红素的合成;在体内可作用于正常的上皮器官如神经、肾上腺、消化道及皮肤,提高动物对病原体的抵抗力;减缓细胞凋亡和损伤。

猪缺乏时后腿有鹅步症的现象(图 2-17),鼻尖及眼部带有疮痂性皮肤炎;经产母猪生殖功能紊乱,不发情或发情不明显,怀孕或哺乳母猪会出现流产、死胎、泌乳量减少等,公猪性欲低下。

鸡缺乏时羽毛生长不良,出现皮炎,眼睑、嘴周围、喙角和肛门有局限性痂块;脚底长茧,裂缝出血和结痂,胫骨短粗,严重缺乏可引起死亡。鸡对泛酸的需要量较大,尤其是雏鸡。

(3)来源与补充　泛酸广泛分布于动植物体中,首蓿干草、花生饼、糖蜜、酵母、米糠和小麦麸含量丰富;谷物的种子及其副产物和其他饲料中含量也较多,块根、块茎类饲料中含量少。

4.烟酸

(1)理化特性　烟酸又称尼克酸或维生素 PP,白色针状或淡黄色针状结晶,无臭或微臭,味微苦,不溶于乙醚和酯类,溶于苛性碱,微溶于水,易溶于沸水及沸乙醇。烟酸是所有维生素中结构最简单、理化性质最稳定的一种维生素,不易被酸、碱、水、金属离子、热、光、氧化剂及加工储存等因素破坏。

(2)营养功能及缺乏症　烟酸是 NAD^+ 和 $NADP^+$ 的前体,而 NAD^+ 和 $NADP^+$ 作为重要辅酶,在氧化还原过程中起传递氢和电子的作用,参与细胞中氧化磷酸化、糖酵解和 DNA 修复等过程,因此,烟酸对动物机体营养物质代谢、能量代谢以及健康等方面有重要作用。此外,烟酸还有抗炎、抗氧化、维持肠道健康、改善肉品质、缓解奶牛乳腺炎等功能。

鸡表现为类似犬的黑舌病,口腔及食管前端发炎,黏膜呈深红色;脚和皮肤有鳞状皮炎,关节肿大,腿骨弯曲,羽毛蓬乱,生长缓慢。猪患癞皮症(耳部、颈部、背部皮毛粗糙,皮肤生痂,皮炎,毛竖立、脱落),腹泻、呕吐、失重和正常红细胞贫血。

(3)来源与补充　动物体内的烟酸主要来源于天然饲料和饲料添加剂,还可以通过色氨酸转化和消化道微生物合成。动物性产品、酒糟、发酵液以及油饼类含量丰富,其次是谷物籽实及其副产品。饲用烟酸补充剂主要有烟酸和烟酰胺 2 种。

5.维生素 B_6

(1)理化特性　又称吡哆素,有 3 种活化型:吡哆醇、吡哆醛和吡哆胺,饲料中的维生素 B_6 常以盐酸吡哆醇的形式添加。外观白色结晶,易溶于水,对热和酸相当稳定,但易氧化,易被碱和紫外线所破坏。

(2)营养功能及缺乏症　维生素 B_6 是氨基酸、脂肪酸代谢所必需的,可加快氨基酸的运输;合成免疫球蛋白,提高免疫力;促进铁生成血红蛋白;色氨酸转化为烟酸时必需的维生素。

猪缺乏时表现为食欲差、生长缓慢、贫血、阵发性抽搐或痉挛、神经退化。鸡则异常兴奋、癫狂、无目的地运动和倒退、痉挛,蹲下、双翅略展、头部搁地、震颤、尾部颤动,有些鸡死前的最后阶段会表现惊厥;产蛋鸡产蛋率和孵化率降低。

(3)来源与补充　动物性饲料鱼粉、肉粉中含量较高。植物性饲料含量丰富,如绿叶植物、谷物及其副产物、玉米、燕麦、植物性蛋白质饲料等含量都比较高,但块根、块茎类饲料(如木薯粉)中含量较少

6. 生物素

(1)理化特性　生物素,即维生素 B_7,又称维生素 H,有 8 种异构体,其中只有 δ-生物素具有生物活性。生物素对热稳定,而且不易被酸和碱等溶解,微溶于水和乙醇中,但在强酸、强碱、甲醛和紫外线等处理时会被破坏。

(2)营养功能及缺乏症　生物素主要作为 4 种羧化酶的辅酶成分参与碳水化合物、脂肪和蛋白质代谢;与溶菌酶活化和皮脂腺功能有关;还与维生素 B_6、维生素 B_{12}、维生素 C、叶酸、泛酸代谢密切相关。

动物出现生物素缺乏通常表现为皮疹、脱发、肌张力减退等症状。轻度时表现为结痂,重则出现严重的皮炎症状。

猪缺乏时,被毛粗糙,以耳朵、耳后脂溢性皮炎最为明显;患病猪蹄足底面发生裂痕与溃疡,有的足底部横裂甚至出血,跛行。

鸡缺乏时,生长缓慢,羽毛发育不良,食欲不振,脚、胫和趾,嘴和眼周围皮肤炎症,眼皮肿胀,上下眼皮黏合、角化,足底粗糙,龟裂出血,生成硬壳性结痂。

(3)来源与补充　生物素广泛分布在植物及微生物体内,如黄玉米、大麦、小麦、麦麸、紫花苜蓿、啤酒酵母、乳清粉等,其中以酵母中的生物素含量与利用率最高,小麦、高粱等谷物中的生物素因呈结合状态而利用率较低。

7. 叶酸

(1)理化特性　叶酸又名维生素 B_{11},深黄色或橙色结晶粉末,无色无味,微溶于水、碱性溶剂,不溶于乙醇、乙醚等有机溶剂。叶酸对热、光线、酸性溶剂均不稳定,易分解,而在碱性和中性中稳定性较好。因此叶酸必须密封、避光、低温保存。

(2)营养功能及缺乏症　四氢叶酸是叶酸的生理活性形式,一碳单位的重要受体和供体,在一碳单位转运过程中起辅酶作用;影响胚胎形成和胎儿的生长;是血红蛋白及肾上腺素、胆碱、肌酸合成所必需的物质;提高动物的免疫力,改善饲料养分利用率,提高动物生产性能。

动物缺乏叶酸一般表现为生长迟缓及畸形等,严重时还会导致贫血等一系列疾病的产生。猪缺乏时增重减慢、被毛褪色、巨红细胞贫血、白细胞和血小板减少、血细胞比容降低和骨髓增生。鸡缺乏时生长不良、羽毛生长差及骨粗短。

(3)来源与补充　自然界中的叶酸主要由植物和微生物合成,叶酸在酵母、酵母萃取液、大豆、饼粕类和绿色植物中含量都很丰富。在动物体内,叶酸主要来源于天然饲料、肠道微生物、饲料添加剂。

8. 维生素 B_{12}

(1)理化特性　维生素 B_{12} 又叫钴胺素,唯一含有金属元素(钴)的维生素。自然界中都是微生物合成,高等动植物不能合成。维生素 B_{12} 是暗红色结晶,易溶于水和乙醇,但不溶于丙酮、氯仿、乙醚;在 pH 4.5～5.5 的水溶液中最稳定,加入硫酸铵能提高其稳定性;易吸湿,可被还原剂、氧化剂等破坏。

(2)营养功能及缺乏症　作为甲基转移酶的辅助因子,参与蛋氨酸、胸腺嘧啶等的合成;保

护叶酸在细胞内的转移和贮存;维护神经髓鞘的代谢与功能;促进红细胞的发育和成熟;参与脱氧核酸(DNA)的合成,脂肪、碳水化合物及蛋白质的代谢,增加核酸与蛋白质的合成。

猪缺乏时表现为下痢,呕吐,神经极为敏感;后肢行走失调,运动异常,繁殖性能下降。

雏鸡表现为饲料利用率降低;母鸡蛋重减轻,产蛋率和孵化率下降;长时间缺乏导致食欲下降、采食量下降、贫血。肌胃糜烂也被认为与缺乏维生素 B_{12} 有关。

(3)来源与补充　自然界中,只在动物产品和微生物中发现维生素 B_{12},植物性饲料基本不含。鱼粉、鱼副产品、肉粉、血粉、贝类等都是良好来源。

(二)维生素 C

1. 理化特性

维生素 C 又称抗坏血酸,为白色或略带淡黄色的结晶性粉末,易溶于水,稍溶于乙醇,不溶于乙醚、氯仿、石油醚、油类和脂肪,易受光、热、氧、重金属离子的影响而遭到破坏。在自然界中以两种形式存在,即还原形式 L-抗坏血酸和氧化形式 L-脱氢抗坏血酸,大部分维生素 C 以还原形式存在,这种形式的维生素 C 在动物机体具有重要的生理作用。

2. 营养功能及缺乏症

维生素 C 参与体内氧化还原反应;促进胶原蛋白的合成;参与胆固醇代谢;改善免疫功能;解毒作用;缓解热应激;促进叶酸转化为具有生理活性的四氢叶酸,促进肠道内铁的吸收。

维生素 C 通常不易缺乏。缺乏时,毛细血管通透性增强,造成皮下、肌肉、肠道黏膜出血;骨质疏松易折,牙龈出血,牙齿松脱,创口溃疡不易愈合,患坏血病;动物食欲下降,生长缓慢,体重减轻,活动力丧失,皮下及组织、体内关节弥漫性出血,被毛无光,贫血,抵抗力和抗应激力下降;母鸡产蛋减少,蛋壳质量降低。

3. 来源与补充

维生素 C 来源广泛,青绿饲料、块根中含量丰富。

多数哺乳动物乃至脊椎动物均可在肝脏中自行合成,在生产中一般不需补饲。但在妊娠、泌乳和甲状腺功能亢进情况下,维生素 C 的吸收减少,排泄增加;在高温、寒冷、运输等逆境和应激状态下,以及饲粮能量、蛋白质、维生素 E、硒和铁等不足时,动物对维生素 C 的需要则大幅增加。

拓展内容 ▶

一起 B 族维生素缺乏引发仔猪腹泻的诊治

一、病例发生情况

2021 年 8 月,一生猪规模养殖场所饲养的长×约二元杂猪所产的长×约×杜三元杂仔猪,连续有 7 窝出生 10～15 日龄时发生腹泻情况,场主根据以往的经验母子同治、中西医结合疗法及对症治疗等多种办法均未能有效控制住仔猪的腹泻,发病仔猪逐渐消瘦,时间一长,有的继发其他病后死亡;也有的患猪逐渐消瘦,最后心衰死亡。

二、病例诊断

(一)临床症状

仔猪出生后 10 d 之内,生长发育基本正常,由于该猪场自仔猪出生 4 日龄以后就开始仔猪补饲,教吃教槽料,大多数仔猪已开始自由采食仔猪料。10 d 以后,开始有部分仔猪出现精神沉郁、喜卧、不愿走动,进而食欲开始减退,腹泻,排出灰褐色或黄褐色稀便,并且在稀便中还残留有一些未消化完全的食物残渣,逐渐出现食欲废绝。随着病情的延长,部分患猪出现进行性消瘦及贫血,可视黏膜苍白等症状。有的患猪出现腹泻、呕吐,食欲逐渐减少,直至废绝,生长缓慢,呼吸困难,运动失调等症状。随着病情的发展,大部分患猪虚弱,四肢无力,持续性消瘦,骨架显露,被毛粗乱、干枯、易脱落,胃肠蠕动减弱,排便减少,腹泻。脉搏微弱,稍微运动即见增快。呼吸无力,强行运动后即急促,有的出现发喘。病的后期,患猪的颌下、胸前、腹下和四肢等处浮肿。

（二）临床诊断

因引起哺乳的仔猪腹泻病因比较多,也比较复杂,通过问诊患病仔猪的病史和治疗经过,以及病料采集涂片结果,首先排除了病原微生物引发的腹泻。其次是对饲养管理过程的询问,对仔猪饲养圈舍和环境卫生、光照和保温等设备实施调查,又排除了因饲养管理不当或应激引起的腹泻。通过对母猪乳房及乳汁的检查,以及对近期亲饲喂母猪的配合饲料和仔猪料的检查,没有腹泻母猪患乳腺炎的迹象,母猪的乳汁也正常,饲喂的配合饲料和仔猪料也未发现霉变等情况,排除了这几方面引发的腹泻。最后根据各种临床症状综合腹泻,怀疑是营养性腹泻,并根据典型的临床症状,认为多为由仔猪缺乏 B 族维生素引发的腹泻。

（三）治疗

在治疗营养性腹泻方面,采取"缺什么就补什么,缺多少就补多少"的原则,当查明该场近期发生的哺乳仔猪多因缺乏 B 族维生素,而且该病例是因哺乳母猪缺乏 B 族维生素后才又导致哺乳仔猪缺乏的,因此在治疗时采取母子同治方法。治疗药物以复合维生素 B 与单剂维生素 B 类,即用维生素 B_1、维生素 B_2、维生素 B_3、维生素 B_6、维生素 B_{12} 单剂药同时治疗,连续用药 3 d 后,仔猪的腹泻症状消失,再通过对症治疗 5～7 d 后,患病仔猪病情逐渐好转。

三、引发原因分析

据调查分析,这次该养猪场 B 族维生素缺乏症的发生有 3 方面的因素:①2020 年底活猪价格开始下跌,到 2021 年中期时猪价下降到低点,养殖场为了降低养殖成本在自配的饲料中减少了一些营养物质的配合,如维生素类等的添加剂。②自配的配合饲料中所使用的玉米是陈化粮,其中所含的维生素类物质因放置时间长而被逐渐氧化失效。③该养猪场多年来在母猪的日粮中,一直只喂全价配合饲料,不喂青绿饲料,这次降低了日粮的配方后也没有增加饲喂青绿饲料。如此 3 方面因素的叠加首先导致母猪每日摄入 B 族维生素不足,从而才导致哺乳仔猪因从母乳和日粮饲料中摄入的 B 族维生素不足,引发 B 族维生素所致的腹泻。

四、结语

B 族维生素缺乏也是引起猪腹泻的一大因素,对这类病必须做好鉴别诊断,否则会影响治疗效果,造成不必要的经济损失。为此,提高对 B 族维生素缺乏而引发的仔猪腹泻病的认识,重视对该类病的预防,才能减少此类病的发生,为生猪养殖产业健康发展提供保障。

任务考核 2-5

参考答案 2-5

任务六　水的供给

水是动植物等一切生命活动中不可缺少的物质,虽然不是能量来源,但在动物营养上有极其重要的作用。水是动物体内生理生化过程的最基本介质,也是动物机体不可缺少的组成部分,只有充分及时供给动物清洁的水才能维持动物正常生理活动,从而保证动物健康,充分发挥生产潜力,对保障动物生命安全感和提高动物养殖经济效益具有极其重要的意义。

一、水的营养作用

视频 2-18

水是生命之源,动物最重要、最廉价的"饲料",是机体需要量最大的营养物质,在动物生产中有多种功能。

1. 动物体的组成成分

动物体内含水量在 50%～80%,随年龄和体重的增加而减少。主要存在于体液中,70%分于细胞内,30%分布于细胞外,动物通过对水的摄入和排泄调节水平衡。

2. 重要溶剂和生化反应的参与者

水是各种营养物质的消化吸收、运输和代谢所必需的溶剂。水还是化学反应的介质,参与动物体内的水解反应、氧化还原反应及有机物质的合成等,使各种化学反应都可以在细胞内体液和各类组织中进行。

3. 维持体温的恒定

水的比热大、导热性好、蒸发热高,所以水能吸收动物体内产生的热能,并迅速传递热能和蒸发散失热能。动物可通过排汗和呼气,蒸发体内水分,排出多余体热,以维持体温的恒定。

4. 润滑作用

水是良好的润滑剂,泪液可防止眼球干燥,唾液可湿润饲料和咽部,便于吞咽,关节液使关节活动自如,并减少关节活动时的摩擦,体腔内和各器官间的组织液可减少器官间的摩擦力,起到润滑作用。

5. 维持各种组织、器官的形态

动物体内的水大部分与亲水胶体相结合,成为结合水,直接参与活细胞和组织器官的构成,从而使各种组织器官有一定的形态、硬度及弹性,以利于完成各自的功能。

二、水的来源去路

(一)水的来源

视频 2-19

1. 饮水

饮水是动物获得水的重要来源,动物饮水的多少与动物种类、生理状态、生产水平、饲料或饲粮构成成分、环境温度等有关。一般情况下,饮水量随采食量增加而呈直线上升,热应激时,饮水量则大幅度增加。相比较而言,牛的饮水量最大,羊和猪次之,家禽最少。

在实际生产中,充分及时地给猪补充饮水,是保证动物体健康生长发育的基本条件。因此要求饮水水质良好,无污染,并符合饮水水质标准和卫生要求,同时要保证饮水的持续供应和温度适宜。

一般以水中总可溶性固形物(TDS)或称为可滤过的残留,即各种溶解盐类含量指标来评价水的品质。钙、镁含量较高的硬水在使用 4 年以上的铁管中很容易形成沉淀阻塞管道,使水流量降低;当硫酸盐与镁和钙共同存在时,可引起动物腹泻;水中的铁会利于能够产生特殊气味的细菌生长;此外,过量的硝酸盐与亚硝酸盐会改变血红蛋白结构,使其失去携氧能力,血液颜色变暗,危害动物健康。

2. 饲料水

饲料水是动物获取水的另一个重要来源。动物采食不同性质的饲料,获取水分的多少各异。成熟的牧草或干草,水分可低至 5%～7%,幼嫩青绿多汁饲料水分可高达 90%以上,配合饲料水分含量一般在 10%～14%。动物采食饲料中水分含量越多,饮水越少。

3. 代谢水

代谢水是动物体细胞中有机物质氧化分解或合成过程中所产生的水,又称氧化水,其量在大多数动物中占总摄水量的 5%～10%。不同营养物质产生代谢水的量不同,见表 2-4。

表 2-4　三大有机物质的代谢水

养分	氧化后代谢水/g	每 100 g 含热量/kJ	代谢水/(g/100 kJ)
100 g 淀粉	60	1 673.6	3.6
100 g 蛋白质	42	1 673.6	2.5
100 g 脂肪	100	3 765.6	2.7

(二)水的排出

动物体内的水经复杂的代谢过程后,通过粪、尿的排泄,肺和皮肤的蒸发,以及离体产品等途径排出体外,保持动物体内水的平衡。

1. 粪和尿的排泄

动物随尿液排出的水可占总排水量的一半左右。动物的排尿量因饮水量、饲料性质、动物活动量及环境温度而异。一般饮水量越多,尿量越大。活动量越大,环境温度越高,尿量则相对减少。粪便中的排水量,因动物种类而异,牛、马较多,绵羊、犬、猫等较少。

2. 肺和皮肤的蒸发

肺以水蒸气形式呼出的水量,随环境温度的提高和动物活动量的增加而增加,尤其对于汗腺不发达或没有汗腺的动物更重要。由皮肤表面失水的方式有 2 种:一是血管和皮肤的体液中的水分可简单地扩散到皮肤表面蒸发。二是通过排汗失水。排汗量也随气温的变化而变化。在适宜的环境条件下,排汗丢失的水不多,但在热应激时,具有汗腺、自由出汗的动物失水较多。

3. 经动物产品排出

动物生产中,泌乳是水排出的重要途径,如产 1 kg 牛乳,可排水 0.87 kg。产蛋家禽每产

1 g 蛋,排水 0.7 g 左右,1 枚 60 g 重的蛋,含水 42 g 以上。所以在限制饮水时,奶牛的泌乳量、家禽的产蛋率均显著下降。

三、动物的需水量及合理供应

(一)需水量

生产中,动物的需水量常以采食饲料干物质量来估计,对牛和绵羊,每采食 1 kg 饲料干物质需水 3～4 kg;猪、马和家禽需水 2～3 kg。

(二)合理供应

实际饲养中需全天供应清洁卫生的饮用水,任动物自由饮水。如果没有自动饮水设备,需做到以下几点:①饮水的次数基本上与饲喂次数相同,并做到先饲喂后饮水;②动物在放牧出圈舍前,要给以充足的饮水,以防止出圈饮脏水、粪尿水或冬天吃冰雪;③饲喂易发酵饲料,如豆类、苜蓿草等时,应在饲喂完 1～2 h 后饮水,以避免造成膨胀、引起疝痛;④使役家畜,尤其使重役后,切忌马上饮冷水,应休息 30 min 后慢慢饮用;⑤初生一周内的动物最好饮 12～15 ℃的温水。

为保证正常消化代谢和动物健康,一般要求适度饮水,因为动物过多饮水会减少日粮干物质的采食,不能满足生长和生产需要,导致增重缓慢,生产性能下降;其次饮水过多会降低物理消化能力,动物采食稀薄,导致减少咀嚼,降低胃肠紧张程度,再者过度饮水会使维持的能耗增加。同时饮水量增大会导致环境污染,如禽类动物,饮水量增大,粪便变稀,不易清扫,易腐败,有恶臭,污染空气,导致传染病和寄生虫病的发生和传播。

四、动物需水量的影响因素

1. 动物种类

不同种类的动物,体内水的流失情况不同。哺乳类动物,粪、尿或汗液流失的水比鸟类多,需水量相对较多。

2. 年龄

幼龄动物比成年动物需水量大。

3. 生理状态

如肉牛妊娠期需水量比空怀期高 50%;奶牛泌乳期每天需水量为体重的 1/7～1/6,而干奶期仅为体重的 1/14～1/13;产蛋母鸡比休产母鸡需水量多 50%～70%。

4. 生产性能

生产性能是决定需水量的重要因素。高产奶牛、高产蛋鸡和使役动物需水量比同类的低产动物多。

5. 饲料性质

饲料粗蛋白质、粗纤维及矿物盐含量高时,需水量多。饲料含有毒素,或动物处于疾病状态,需水量增加。饲喂青绿饲料、青贮饲料或发酵饲料时,需水量减少。

6. 气温条件

动物需水量随气温升高而增加。当气温高于 30 ℃,动物需水量明显增加;气温低于 10 ℃,需水量则减少。

拓展内容 ▶ ------------------------------------

各种营养物质的相互关系

视频 2-20

在动物的生存和生产过程中,各种营养物质在体内的作用不是孤立的,它们在动物代谢过程以及对机体的营养作用中有着相互促进、相互制约的各种错综复杂的关系。因此,充分考虑各种营养物质彼此间的相互关系对于高效经济地组织动物生产十分重要。

(一)能量与营养物质

1. 能量与三大有机物质的关系

(1)能量与蛋白质

能量与蛋白质 适宜的蛋能比有助于乳牛体重及泌乳量增加,促进育肥猪增重,满足家禽对能量的需求;过高或过低都会对动物生产造成一定的影响。

能量与氨基酸 氨基酸与能量的适宜比例对提高饲料利用效率十分重要,如苏氨酸、亮氨酸及缬氨酸缺乏时,畜禽代谢水平会下降。氨基酸过量时,代谢水平也会下降。

(2)能量与碳水化合物 碳水化合物中粗纤维和非淀粉多糖的含量影响能量的利用;能量主要来源于三大有机物质,有机物的消化率与粗纤维水平负相关。当粗纤维增加1%,能量消化率下降3.5%,主要针对单胃动物;反刍动物饲粮粗纤维水平适宜时,有机物消化率提高。非淀粉多糖会增加消化道内食糜的黏度,从而降低能量与其他物质的消化率。

(3)能量与脂肪 三大有机物质中,脂肪的有效能值最高。增加饲粮脂肪含量,有利于随意采食量和饲料转化率的提高。

2. 能量与其他营养物质

(1)能量与矿物质 磷在机体代谢释放能量时主要以高能磷酸键形式存储;镁催化能量释放;其他如铜、锰、钴也影响能量代谢。

(2)能量与维生素 B族维生素与能量代谢都有着直接或间接的联系。

(二)有机物之间及其与矿物质、维生素的关系

1. 有机物质之间

(1)组成蛋白质的氨基酸与碳水化合物互相转化

氨基酸→糖   糖→非必需氨基酸

(2)组成蛋白质的氨基酸可在体内转化成脂肪

生酮氨基酸→脂肪

生糖氨基酸→糖→脂肪

甘油→NEAA

2. 有机物质与矿物质

(1)高蛋白和某些氨基酸可促进矿物质吸收。高蛋白、赖氨酸促进钙、磷吸收,半胱氨酸、组氨酸促进锌吸收。

(2)提高某些氨基酸添加量,可缓解矿物质缺乏症。某些氨基酸含量不足,会增加矿物质需要量;半胱氨酸、组氨酸可缓解锌缺乏症;组氨酸、半胱氨酸不足增加了硒需要量。

(3)硫、磷、铁作为蛋白质的组成成分,直接参与其代谢过程。

3. 蛋白质与维生素

(1)蛋白质不足会降低维生素 A 利用率,维生素 A 不足影响动物体蛋白质的合成;

(2)蛋白质品质差会增加动物对维生素 D 的需要量;

(3)某些 B 族维生素(如核黄素、维生素 B_6、维生素 B_{12}、叶酸、胆碱等)缺乏会降低动物蛋白质合成效率和体蛋白质沉积。

4. 碳水化合物、脂肪与维生素

(1)维生素 A 不足会降低畜禽利用乳酸、甘油等合成糖原的速度,影响碳水化合物代谢;

(2)维生素 B_1 与碳水化合物的氧化脱羧反应有关;

(3)维生素 E、胆碱均参与脂类代谢。

(三)矿物质、维生素之间的相互关系

1. 矿物质之间

(1)常量元素之间　钙、磷含量及比例是影响体内矿物质正常代谢的重要因素;高钙、高磷影响镁吸收;钠、钾、氯具有协同作用,共同维持体内离子及渗透压平衡。

(2)常量元素与微量元素　钙、锌存在拮抗,钙过量会引起锌不足;钙、磷过量造成家禽缺锰,锰过量影响钙、磷吸收,引起相应缺乏症;铁过量影响磷吸收;钙含量高,增加铜的需要;硫不足,反刍动物对铜的吸收增加,易发生铜中毒;硫能与铜、钼结合生成难溶物,影响吸收。

(3)微量元素之间　锰过高会降低铁贮备;铁利用必须有铜存在,铁过高降低铜吸收;钼过量增加尿铜排出,锌和铬可干扰铜的吸收;锌可缓解因体内血铜高而引起的肝损伤,但高锌抑制铁代谢;铜不足引起过量锌中毒;铜和铬可降低硫对鸡的毒性。

2. 矿物质与维生素之间

维生素 D 促进钙、磷吸收;维生素 E 可以代替部分硫;维生素 C 促进铁的利用,并缓解过量铜产生的毒性;铜促进维生素 C 的分解。

3. 维生素之间

维生素 E 促进维生素 A 的吸收以及贮存;维生素 E 不足会影响体内维生素 C 合成;维生素 B_1 与维生素 B_2 协同;维生素 B_2 与烟酸协同;维生素 B_{12} 促进泛酸、叶酸利用,促进胆碱合成。

技能一　动物营养缺乏症识别与分析

一、实训目的

能识别动物营养缺乏症的临床症状,达到能够确认动物典型营养缺乏症的目的,并分析缺乏的营养物质,提出解决方法。

二、实训材料

动物营养缺乏症的幻灯片、课件、录像等及饲养场动物。

三、方法与步骤

1. 教师带领下复习课堂内容。

2. 将学生分成小组,总结典型性缺乏症的特点及缺乏原因,找出矿物质、维生素及相互之间的共同点。

3. 小组互换共享。

4. 学生反复观看,以加深记忆,增强识别能力,主要观察内容如下:

(1)缺乏钙、磷及维生素 D 引起的佝偻病表现。

(2)生长猪缺锌引起的不完全角化症、羔羊缺锌引起的皮肤炎症。

(3)铁、铜、锰、钴及维生素 B_{12} 缺乏导致的贫血。

(4)缺镁引起的草痉挛。

(5)猪、鸡缺乏维生素 A 所患干眼症。

(6)缺乏维生素 E、硒引起的羔羊白肌病、雏鸡渗出性素质病、肉鸡脑软化症。

(7)猪缺乏烟酸引起的癞皮病与缺乏泛酸引起的"鹅行步伐"。

(8)鸡缺乏维生素 B_1 引起的多发性神经炎。

(9)鸡缺乏维生素 B_2 引起的卷爪麻痹症。

四、技能提升

写出实训报告,记录观察到的营养缺乏症的典型症状,并从营养角度阐述其产生的原因及解决方案,重点掌握缺乏症的症状及其与营养物质的对应关系。

任务考核 2-6

参考答案 2-6

任务考核 2-7

参考答案 2-7

▶▶ 项目小结 ◀◀

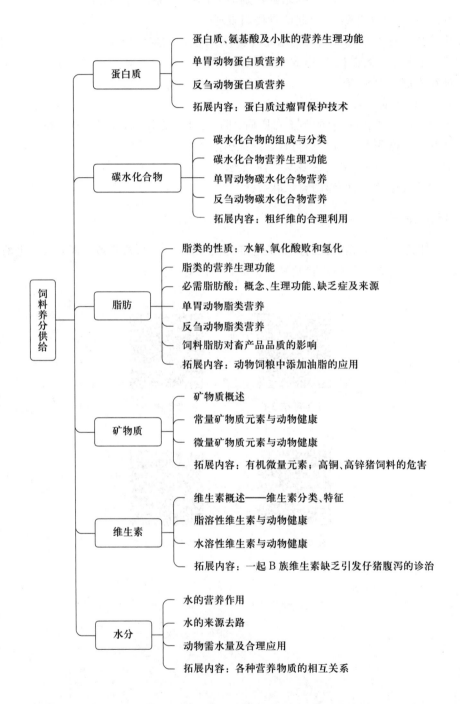

饲料养分供给

- 蛋白质
  - 蛋白质、氨基酸及小肽的营养生理功能
  - 单胃动物蛋白质营养
  - 反刍动物蛋白质营养
  - 拓展内容：蛋白质过瘤胃保护技术

- 碳水化合物
  - 碳水化合物的组成与分类
  - 碳水化合物营养生理功能
  - 单胃动物碳水化合物营养
  - 反刍动物碳水化合物营养
  - 拓展内容：粗纤维的合理利用

- 脂肪
  - 脂类的性质：水解、氧化酸败和氢化
  - 脂类的营养生理功能
  - 必需脂肪酸：概念、生理功能、缺乏症及来源
  - 单胃动物脂类营养
  - 反刍动物脂类营养
  - 饲料脂肪对畜产品品质的影响
  - 拓展内容：动物饲粮中添加油脂的应用

- 矿物质
  - 矿物质概述
  - 常量矿物质元素与动物健康
  - 微量矿物质元素与动物健康
  - 拓展内容：有机微量元素；高铜、高锌猪饲料的危害

- 维生素
  - 维生素概述——维生素分类、特征
  - 脂溶性维生素与动物健康
  - 水溶性维生素与动物健康
  - 拓展内容：一起 B 族维生素缺乏引发仔猪腹泻的诊治

- 水分
  - 水的营养作用
  - 水的来源去路
  - 动物需水量及合理应用
  - 拓展内容：各种营养物质的相互关系

项目三
饲料原料识别与选用

知识目标：

掌握国际、国内饲料分类与编码方法。

掌握常用饲料原料的营养特点。

掌握常用饲料原料合理利用方法及注意事项。

能力目标：

能识别常用饲草、饲料原料，并根据质量标准开展原料品质判定；

能开展青干草、青贮饲料加工调制及品质鉴定；

能合理设计饲料原料选用，开展高效安全生产。

素质目标：

强农兴农，原料提优减量，开源替代的创新思维；

团结协作，培养科学严谨、实事求是的工作精神；

知法守法，合理使用饲料添加剂，做健康养殖人。

▶ 任务一　饲料分类 ◀

一、国际饲料分类

项目三导读

为了科学地利用饲料，有必要建立现代饲料分类体系，以适应现代动物生产发展需要。美国学者 L E Harris(1956)的饲料分类原则和编码体系，迄今已为多数学者所认同，并逐步发展成为当今饲料分类编码体系的基本模式，被称为国际饲料分类法。根据饲料的营养特性将饲料分为粗饲料、青绿饲料、青贮饲料、能量饲料、蛋白质饲料、矿物质饲料、维生素饲料、饲料添加剂等八大类，并对每类饲料冠以 6 位数的国际饲料编码，首位数代表饲料归属的类别，后 5 位数则按饲料的重要属性给定编码。编码分 3 节，表示为△—△△—△△△，其分类依据原则及编码见表 3-1。

表 3-1　国际饲料分类依据原则

饲料类别	饲料编码	划分饲料类别的依据		
		天然水分/%	粗纤维/%（干物质基础）	粗蛋白质/%（干物质基础）
粗饲料	1-00-000	<45	≥18	—
青绿饲料	2-00-000	≥45	—	—
青贮饲料	3-00-000	≥45	—	—
能量饲料	4-00-000	<45	<18	<20
蛋白质饲料	5-00-000	<45	<18	≥20
矿物质饲料	6-00-000	—	—	—
维生素饲料	7-00-000	—	—	—
饲料添加剂	8-00-000	—	—	—

二、中国饲料分类

张子仪等(1987)提出了中国饲料分类法及编码系统。首先根据国际饲料分类原则将饲料分成八大类,然后结合中国传统饲料分类习惯划分为 16 亚类,两者结合,迄今可能出现的类别有 37 类,对每类饲料冠以相应的中国饲料编码,共 7 位数,首位为 IFN,第 2、第 3 位为 CFN 亚类编号,第 4～7 位为顺序号。编码分 3 节,表示为△—△△—△△△△,其分类依据原则及编码见表 3-2。

表 3-2　中国饲料分类依据原则

饲料类别	饲料编码	划分饲料类别的依据		
		天然水分/%	粗纤维/%（干物质基础）	粗蛋白质/%（干物质基础）
一、青绿饲料	2-01-0000	≥45	—	—
二、树叶				
1. 鲜树叶	2-02-0000	≥45	—	—
2. 风干树叶	1-02-0000	—	≥18	—
三、青贮饲料				
1. 常规青贮饲料	3-03-0000	65～75	—	—
2. 半干青贮饲料	3-03-0000	45～55	—	—
3. 谷实青贮饲料	4-03-0000	28～35	<18	<20
四、块根、块茎、瓜果				
1. 含天然水分的块根、块茎、瓜果	2-04-0000	≥45	—	—
2. 脱水块根、块茎、瓜果	4-04-0000	—	<18	<20

续表3-2

饲料类别	饲料编码	划分饲料类别的依据		
		天然水分/%	粗纤维/%（干物质基础）	粗蛋白质/%（干物质基础）
五、干草				
1. 第一类干草	1-05-0000	<15	≥18	—
2. 第二类干草	4-05-0000	<15	<18	<20
3. 第三类干草	5-05-0000	<15	<18	≥20
六、农副产品				
1. 第一类农副产品	1-06-0000	—	≥18	—
2. 第二类农副产品	4-06-0000	—	<18	<20
3. 第三类农副产品	5-06-0000	—	<18	≥20
七、谷实	4-07-0000	—	<18	<20
八、糠麸				
1. 第一类糠麸	4-08-0000	—	<18	<20
2. 第二类糠麸	1-08-0000	—	≥18	—
九、豆类				
1. 第一类豆类	5-09-0000	—	<18	≥20
2. 第二类豆类	4-09-0000	—	<18	<20
十、饼（粕）				
1. 第一类饼（粕）	5-10-0000	—	<18	≥20
2. 第二类饼（粕）	1-10-0000	—	≥18	≥20
3. 第三类饼（粕）	4-08-0000	—	<18	<20
十一、糟渣				
1. 第一类糟渣	1-11-0000	—	≥18	—
2. 第二类糟渣	4-11-0000	—	<18	<20
3. 第三类糟渣	5-11-0000	—	<18	≥20
十二、草籽、树实				
1. 第一类草籽、树实	1-12-0000	—	≥18	—
2. 第二类草籽、树实	4-12-0000	—	<18	<20
3. 第三类草籽、树实	5-12-0000	—	<18	≥20
十三、动物性饲料				
1. 第一类动物性饲料	5-13-0000	—	—	≥20
2. 第二类动物性饲料	4-13-0000	—	—	<20

续表3-2

饲料类别	饲料编码	划分饲料类别的依据		
		天然水分/%	粗纤维/%（干物质基础）	粗蛋白质/%（干物质基础）
3. 第三类动物性饲料	6-13-0000	—	—	＜20
十四、矿物质饲料	6-14-0000	—	—	—
十五、维生素饲料	7-15-0000	—	—	—
十六、饲料添加剂	8-16-0000	—	—	—
十七、油脂类饲料及其他	4-17-0000	—	—	—

任务考核 3-1　　　　　　参考答案 3-1

任务二　青绿饲料识别与选用

青绿饲料主要指天然水分含量高于45%的一类饲料。

一、青绿饲料的营养特点

1. 水分含量高

陆生植物的水分含量为60%～80%，而水生植物可高达90%～95%。因此，青绿饲料的干物质少，热能值较低。

2. 蛋白质含量较高

一般禾本科牧草和叶菜类饲料的粗蛋白质含量为1.5%～3%，豆科牧草为3.2%～4.4%。若按干物质计算，前者粗蛋白质含量达13%～15%，后者可高达18%～24%，且氨基酸组成比较合理，含有各种必需氨基酸，尤其是赖氨酸、色氨酸含量较高，蛋白质的生物学价值一般在70%以上。

3. 粗纤维含量较低

幼嫩的青绿饲料含粗纤维较少，木质素低，无氮浸出物较高。若以干物质为基础，则其中粗纤维为15%～30%，无氮浸出物在40%～50%。粗纤维的含量随着植物生长期的延长而增加，木质素的含量也显著增加。植物开花或抽穗前，粗纤维含量较低。

4. 钙磷比例适宜

青绿饲料中含有较多的矿物质。钙的含量为0.4%～0.8%，磷的含量为0.2%～0.35%，比例较为适宜。特别是豆科牧草钙的含量较高。

5. 维生素含量丰富

青绿饲料是动物维生素的良好来源。特别是胡萝卜素含量较高,每千克饲料达 50～80 mg,在正常采食的情况下,放牧家畜摄入的胡萝卜素要超过其本身需要的 100 倍。此外,青绿饲料中 B 族维生素、维生素 E、维生素 C 和维生素 K 的含量也较丰富。但青绿饲料中缺乏维生素 D,维生素 B_6 的含量也较低。

另外,青绿饲料柔软多汁,适口性好,还含有多种酶、激素和有机酸,易于消化吸收。总之,从动物营养的角度考虑,青绿饲料是一种营养相对平衡的饲料,但由于它们干物质中的消化能较低,从而限制了它们潜在的其他方面的营养优势。尽管如此,优质的青绿饲料仍可与一些中等的能量饲料相比拟。因此,作为动物饲料,青绿饲料与由它调制的干草可以长期单独组成草食动物日粮,并且还可以获得一定的高产品。

对单胃动物而言,由于青绿饲料干物质中含有较多的粗纤维,且容积较大,因此在猪、禽日粮中不能大量使用,但可作为蛋白质与维生素的良好来源适量搭配于日粮中,以弥补其他饲料组成的不足,满足猪、禽对营养的全价需要。

二、常用的青绿饲料

(一)禾本科

视频 3-1

(1)黑麦草(图 3-1) 本属有 20 多种,其中最有饲用价值的是多年生黑麦草和一年生黑麦草。黑麦草生长快,分蘖多,一年可多次收割,产量高,茎叶柔嫩光滑,适口性好,以开花前期的营养价值最高,可青饲、放牧或调制干草,各类家畜都喜食。新鲜黑麦草干物质含量为 17%,粗蛋白质含量 2.0%,产奶净能 1.26 MJ/kg。

(2)无芒雀麦(图 3-2) 又名雀麦、无芒草。其适应性广,适口性好,茎少叶多,营养价值高,幼嫩的无芒雀麦干物质中所含的粗蛋白质不亚于豆科牧草,到种子成熟时,其营养价值明显下降。无芒雀麦有地下茎,能形成絮结草皮,耐践踏,再生力强,青饲或放牧均宜。

图 3-1 黑麦草

图 3-2 无芒雀麦

(3)羊草(图 3-3) 又名碱草,为多年生禾本科牧草。羊草叶量丰富,适口性好,各类家畜都喜食。其鲜草干物质含量 28.64%,粗蛋白质 3.49%,粗脂肪 0.82%,粗纤维 8.23%,无氮浸出物 14.66%,粗灰分 1.44%。

图 3-3　羊草

(二)豆科

我国栽培豆科牧草有悠久的历史,紫花苜蓿作为饲草在我国西北普遍栽培,草木樨作为水土保持植物在西北也有大面积的种植。其他如紫云英、苕子等既作为饲料又是绿肥植物。

(1)紫花苜蓿(图 3-4)　为我国最古老、最重要的栽培牧草之一。其特点是产量高、品质好,最经济的栽培牧草。紫花苜蓿的营养价值很高,在初花期收割的干物质中粗蛋白质为 20%～22%,产奶净能 5.4～6.3 MJ/kg,钙 3.0%,而且必需氨基酸组成较为合理,赖氨酸可高达 1.34%,此外还含有丰富的维生素与矿物质。紫花苜蓿的营养价值与收获时期关系很大,幼嫩时含水多,粗纤维少。收割过迟,茎的比重增加而叶的比重下降,饲用价值降低。

(2)三叶草(图 3-5)　本属共有 300 多种,目前栽培较多的有红三叶和白三叶。新鲜的红三叶含干物质 13.9%,粗蛋白质 2.2%,产奶净能 0.88 MJ/kg。以干物质计,其所含的可消化粗蛋白质低于紫花苜蓿,但其所含的净能值则略高于紫花苜蓿,且发生臌胀病的机会也较少。白三叶是多年生牧草,再生性好,耐践踏,最适于放牧利用。其适口性好,营养价值高,鲜草中粗蛋白质含量较红三叶高,而粗纤维含量低。

图 3-4　紫花苜蓿

图 3-5　白三叶草

(3)苕子(图 3-6)　是一年生或越年生豆科植物,在我国栽培的主要有普通苕子和毛苕子。普通苕子又称春苕子、普通野豌豆等,其营养价值较高,茎枝柔嫩,生长茂盛,叶多,适口性好,是各类家畜喜食的优质牧草。既可青饲,又可青贮、放牧或调制干草。毛苕子又名冬苕子、毛野豌豆等,是水田或棉田的重要绿肥作物,生长快,茎叶柔嫩,可青饲、调制干草或青贮。毛苕子蛋白质和矿物质含量都很丰富,营养价值较高,适口性较好。

普通苕子或毛苕子的籽实中粗蛋白质高达 30%,较蚕豆和豌豆稍高,可作为精饲料用。

但因含有生物碱和氰苷,氰苷经水解酶分解后会释放出氢氰酸,饲用前须浸泡、淘洗、磨碎、蒸煮,同时避免大量、长期使用,以免中毒。

(4)草木樨(图 3-7) 本属植物有 20 种左右,最重要的是二年生白花草木樨和黄花草木樨,我国北方以栽培白花草木樨为主。它既是一种优质的豆科牧草,也是重要的保土植物和蜜源植物。草木樨可青饲、调制干草、放牧或青贮,具有较高的营养价值,与苜蓿相似。新鲜的草木樨含干物质约 16.4%,粗蛋白质 3.8%,粗纤维 4.2%,钙 0.22%,磷 0.06%,消化能 1.42 MJ/kg。草木樨含有香豆素,有不良气味,故适口性差,饲喂时应由少到多,使动物逐步适应。当草木樨保存不当而发霉腐败时,在细菌作用下,香豆素可转变为双香豆素,其结构式与维生素 K 相似,二者具有拮抗作用。

图 3-6 苕子

图 3-7 草木樨

(5)紫云英(图 3-8) 又称红花草,产量较高,鲜嫩多汁,适口性好,尤以猪喜食。在现蕾期营养价值高,以干物质计,粗蛋白质含量 31.76%,粗脂肪 4.14%,粗纤维 11.82%,无氮浸出物 44.46%,灰分 7.82%,产奶净能 8.49 MJ/kg。由于现蕾期产量仅为盛花期的 53%,就营养物质总量而言,以盛花期刈割为佳。

(6)沙打旺(图 3-9) 又名直立黄芪、苦草,在我国北方各省均有分布。沙打旺适应性强,产量高,是饲料、绿肥、固沙保土等方面的优质牧草。沙打旺的茎叶鲜嫩,营养丰富,是各种家畜的良好饲料。鲜样中含干物质 33.29%,粗蛋白质 4.85%,粗脂肪 1.89%,粗纤维 9.00%,无氮浸出物 15.20%,粗灰分 2.35%,各类家畜均喜食。

图 3-8 紫云英

图 3-9 沙打旺

三、青绿饲料的利用

1. 利用

饲喂对象种类不同,青绿饲料饲喂量不同。反刍动物可以大量利用青绿多汁饲料。单胃动物则不能。如猪只能在盲肠内少量消化青绿饲料中的粗纤维,对青绿饲料的利用率较差,特别是含木质素高的青绿饲料。因此仅能以幼嫩的牧草喂猪,另外青绿饲料不能作为猪的唯一饲料来源,应适当搭配,作为蛋白质和维生素的补充源,以获得较好饲喂效果。

青绿饲料的饲喂方法很多,可直接饲喂,也可切碎或打浆之后饲喂,也可调制成青贮料后饲喂。在生产中应根据青绿饲料种类和动物种类确定适宜的饲喂方法。

2. 饲用青绿饲料时注意事项

(1)防止亚硝酸盐中毒 青绿饲料(如饲用甜菜、萝卜叶、油菜叶等)堆放时间过长,发霉腐败,或者加热后焖在锅或缸里过夜,都会促使细菌将硝酸盐还原为亚硝酸盐。正确方法是不能煮熟饲喂,采回青绿饲料后,先洗净切碎或打浆,然后掺入配合饲料直接喂猪,但对适口性差或粗纤维多的青绿饲料最好发酵处理后再喂。

猪亚硝酸盐急性中毒常在采食后 10～15 min 发病,慢性中毒可在数小时内发病。一般体格健壮、食欲旺盛的猪因采食量大而发病严重。病猪呼吸严重困难,多尿,可见黏膜发绀,刺破耳尖、尾尖等,流出少量酱油色血液,体温正常或偏低,全身末梢部位发凉。因刺激肠道而出现胃肠炎症状,如流涎、呕吐、腹泻等。共济失调,痉挛,挣扎鸣叫,或盲目运动,心跳微弱。临死前角弓反张,抽搐,倒地而死。

(2)防止氢氰酸(HCN)和氰化物(NaCN、KCN、Ca(CN)$_2$)中毒 氰化物是剧毒物质,即使在青绿饲料中含量很低,也会造成中毒。

正确方法是不饲喂高粱苗、玉米苗、马铃薯幼苗、木薯、南瓜蔓(含有氰苷配糖体),高粱、玉米一定要长到 1.5 m 以上再收割第一茬可放心饲喂。

氢氰酸中毒临床症状表现为动物腹痛腹胀,呼吸困难而且快,呼出的气体有苦杏仁味,行走时站立不稳,可见黏膜由红色变为白色或带紫色,肌肉痉挛,牙关紧闭,瞳孔放大,最后卧地不起,四肢划动,呼吸麻痹而死。

(3)防止过多饲喂幼嫩豆科牧草 当一次性采食过多幼嫩阶段的豆科牧草(紫云英、苜蓿等)、大量皂素在瘤胃内产生泡沫,易使牛发生瘤胃臌胀病。另外,土豆生喂也可造成瘤胃臌胀,临床症状表现为发病牛或羊瘤胃极度胀大,张口伸舌,呼吸困难,结膜显蓝紫色,时常排尿,全身出汗,并回顾腹部,有时有惨叫声。

(4)防止饲料单一饲喂 单喂禾本牧草易导致矿物质缺乏,单喂豆科牧草会引发臌胀病。在用青绿饲料育肥肉牛和羊时,需豆科牧草(苜蓿草等)搭配一些禾本科牧草饲喂(豆科牧草与禾本科草饲喂比例在 2∶8),另补充适量青干草、谷物饲料(玉米、高粱等)和蛋白质饲料(豆饼、花生饼等),育肥效果才能更加显著。

(5)防止饲喂方法不正确 饲喂方法正确、饲喂牧草种类正确、饲喂量适当,才可使青绿饲料得到理想的饲喂效果。如青绿饲料喂牛、羊可切得较长,以 8～10 cm 为宜,喂兔、鹅可切至 2～3 cm,而喂猪、鸡则要切碎或打浆。青绿饲料一般适宜的喂量为奶牛 30～50 kg/d,绵羊 10 kg/d,山羊 8～9 kg/d,兔、鹅 2 kg/d,鸡 0.1 kg/d,猪 5～7 kg/d。喂鲜草时,不要制后马上饲喂,应晾晒至水分在80%左右饲喂最好,以免引起臌胀病。对水分较大的菊苣等,应晾晒至水分降到60%以下再喂,否则易引起拉稀。牛、羊、兔不要饲喂带露水的豆科鲜草。

适口性差、有异味的牧草如鲁梅克斯、串叶松香草、俄罗斯饲料菜等初次饲喂时应进行训饲,训饲方法是先让畜禽停食过1~2顿,再将这些牧草切碎后与家畜喜食的其他牧草和精料掺在一起饲喂,首次掺入量在20%左右,以后逐渐增多,一般经3~5 d训饲,家畜多能适应,此时可足量投喂。

▌拓展内容 ▶

叶 菜 类

1. 苦荬菜

又名苦麻菜或山莴苣等。生长快,再生力强,南方一年可刈割5~8次,北方3~5次,一般每公顷产鲜菜75~112.5 t。苦荬菜鲜嫩可口,粗蛋白质含量较高,粗纤维含量较少,营养价值较高,适合于各种畜禽。

2. 聚合草

又名饲用紫草,产量高,营养丰富,利用期长,适应性广,全国各地均可栽培,是畜、禽、鱼的优质青绿多汁饲料。聚合草为多年生草本植物,再生性很强,南方一年可刈割5~6次,北方3~4次,第一年每公顷产量75~90 t,第二年以后每公顷产量112.5~150 t。聚合草营养价值较高,其干草的粗蛋白质含量与苜蓿接近,高的可达24%,而粗纤维则比苜蓿低。聚合草有粗硬短毛,适口性较差。饲喂时可粉碎或打浆,或与粉状精料拌和,或调制青贮和干草。

3. 牛皮菜

产量高,适口性好,营养价值也较高,猪喜食。宜生喂,忌熟喂,防止亚硝酸盐中毒。

4. 菜叶、蔓秧和蔬菜类

菜叶是指人类不食用而废弃的瓜果、豆类的叶子,种类多,来源广,数量大,是值得重视的一类青绿饲料,尤其是豆类的叶子营养价值高,蛋白质含量也较多。蔓秧指作物的藤蔓和幼苗,一般粗纤维含量较高,不适于喂鸡,可作为猪及反刍动物的饲料。蔬菜类指白菜、甘蓝和菠菜等食用蔬菜,也可用于饲料。

5. 野草、野菜类

指生长在山林、野地、渠旁、田边、房前屋后等地方的野草、野菜。种类繁多,有豆科、菊科、旋花科、蓼科、苋科、十字花科等。这类饲料多数在幼嫩生长阶段用作饲料,营养价值较高,蛋白质含量较多,粗纤维含量较低,钙磷比例适当,均具有营养相对平衡的特点。但采集时费时费力,同时要注意鉴别毒草及是否喷洒过农药,以防中毒。

任务考核 3-2

参考答案 3-2

任务三　粗饲料识别与选用

一、粗饲料的营养特点

一般而言,干物质中青干草粗纤维含量在 18% 以上的饲料,统称为粗饲料,包括青干草、秸秆类和秕壳类等。粗饲料中粗纤维含量高、体积大、消化能或代谢能低,可利用养分含量少,但其种类多、来源广、数量大、价格低,是草食动物的主要饲料之一。充分利用粗饲料对发展畜牧产业具有重要意义。

1. 青干草

天然草地青草或栽培牧草,收割后经天然或人工干燥制成。优质干草呈青绿色,叶片多且柔软,有芳香味,干物质中粗蛋白质含量较高,约 8.3%(7%～14%),粗纤维约 33.7%(20%～35%),含有较多的维生素和矿物质,适口性好,是草食动物越冬的良好饲料。

青干草的营养价值受青草种类、收割期及调制方法等因素的影响。一般豆科干草营养价值高于禾本科。豆科植物应在初花期收割,禾本科植物宜在抽穗期收割。晒制干草时天气晴朗,养分损失少。用于贮藏的干草的含水量应不超过 14%,以免因水分过高导致堆内发热,影响干草品质且有发生自燃的危险。

2. 秸秆类

我国秸秆类饲料主要指成熟作物收获籽实后,残留的茎叶如麦秸、稻草、玉米秸、百秸等。其特点是粗纤维含量高,约占有机物的 40%,且其中含有大量的木质素和硅酸盐,消化率低,仅适合于饲喂草食动物。秸秆类一般不能单独作为家畜的饲料,必须补在其他类饲料,并且饲喂前要进行适当的加工调制。

3. 秕壳类

秕壳类饲料是谷物及豆科种子经脱粒后的副产品,包括稻壳、豆荚壳、麦糠等。其营养价值因作物种类、采集方法而有较大差异。稻壳灰分中含有大量的硅酸盐,坚硬难以消化,带芒的麦糠作饲料易损伤口腔及消化道黏膜,使用前应适当加工调制。秕壳类是营养价值最低的粗饲料。

二、常用的粗饲料

(一)青干草

干草(又称青干草)是指将青绿饲料在未结籽实前刈割,然后经自然晒干或人工干燥调制而成并能长期保存的饲料产品,主要包括豆科干草、禾本科干草和野杂干草等。优质的干草,颜色青绿,气味芳香,质地柔软,叶片不脱落或脱落很少,绝大部分的蛋白质和脂肪、矿物质、维生素被保存下来,是家畜冬季和早春不可缺少的饲草。

1. 干草加工调制方法

(1)田间干燥法　田间晒制干草可根据当地气候、牧草生长、人力及设备等条件,分别确定平铺晒草法、小堆晒草法或平铺小堆结合晒草法,以达到更多地保存青绿饲料中养分的目的。

作物、牧草种类不同,饲草刈割期不同。一般栽培的豆科牧草在初花期刈割,禾本科牧草在抽穗开花期刈割,天然牧草可在夏、秋季节刈割,但以夏季刈割调制的青草品质较优。人工栽培牧草应尽量实行非雨季节调制干草的方法。

平铺晒草法虽干燥速度快,但养分损失大,故目前多采用平铺与小堆结合晒草法。具体方法是:青草刈割后即可在原地或另选一地势较高处将青草摊开曝晒,每隔数小时翻草一次,以加速水分蒸发。如遇天气恶化,草堆外层宜盖草苫或塑料布,以防雨水冲淋。天气晴朗时,再倒堆翻晒,直至干燥。

田间干燥法的优点是:①初期干燥速度快,可减少植物细胞呼吸作用造成的养分损失;②后期接触阳光曝晒面积小,能更好地保存青草中的胡萝卜素,同时因堆内干燥,可适当发酵,产生一定量的酯类物质,使干草具有特殊香味;③茎叶干燥速度趋于一致,可减少叶片嫩枝的破损脱落;④遇雨时,便于覆盖,不致受到雨水淋洗,造成养分的大量损失。

(2)草架干燥法　在湿润地区或多雨季节晒草,地面干燥容易导致牧草腐烂和养分损失,故宜采用草架干燥。用草架干燥,可先在地面干燥4～10 h,含水量降到40%～50%时,然后自下而上逐渐堆放。草架干燥方法虽然要花费一定经费建造草架,并多耗费一定劳力,但能减少雨淋的损失,通风好,干燥快,能获得品质优良的青干草,营养损失也少。

(3)化学制剂干燥法　近几年来,国内外研究用化学制剂加速豆科牧草的干燥速度,应用较多的有碳酸钾、碳酸钾加长链脂肪酸混合液、碳酸氢钠等。其原理是这些化学物质能破坏植物体表面的蜡质层结构,促进植物体内的水分蒸发,加快干燥速度,减少豆科牧草叶片脱落,从而减少了蛋白质、胡萝卜素和其他维生素的损失。但成本较田间干燥和草架干燥方法高,适宜在大型草场进行。

(4)人工干燥法　人工干燥法是通过人工热源加温使饲料脱水。温度越高,干燥时间越短,效果越好。150 ℃干燥20～40 min即可;温度高于500 ℃,6～10 s即可。高温干燥的最大优点是时间短、不受雨水影响、营养物质损失小,能很好地保留原料本色。但机器设备耗资巨大,一台大型烘干设备安装至利用需几百万元,且干燥过程耗资多。

另外,国外还有采用红外线干燥法、微波干燥法、冷冻干燥法等来制作干草。各种干燥方法不是彼此孤立的,应从节省成本、获得最佳效益等角度考虑,在牧草干燥的过程中因地制宜地选择合适的干燥方法。

2. 干草营养价值及合理利用

青干草的营养价值与原料种类、生长阶段、调制方法有关。多数青干草消化能值在8～10 MJ/kg,少数优质干草消化能值可达到12.5 MJ/kg。还有部分干草,消化能值低于8 MJ/kg。干草粗蛋白质含量变化较大,平均在7%～17%,个别豆科牧草可以高达20%以上。干草粗纤维含量高,20%～35%,但粗纤维的消化率较高。此外,干草中矿物质元素含量丰富,一些豆科牧草中的钙含量超过1%,足以满足一般家畜需要,禾本科牧草中的钙也比谷类籽实高。维生素D含量可达到每千克16～150 mg,胡萝卜素含量每千克为5～40 mg。

营养价值高低还与干草的利用有关,干草利用好坏,涉及干草营养物质利用的效率和利用干草的经济效益。利用不好,可使损失超过15%。猪禽等单胃动物只宜利用高质量或粗纤维含量较低的某些干草,如紫花苜蓿、紫云英等,且需限量饲喂、粉碎拌入配合饲料饲喂为宜。牛、羊利用干草可不受限制,但要注意采食过程中的浪费。最好适当切短,高低质量干草搭配饲喂,用饲槽让牛、羊随意采食较好。有条件的情况下,干草制成颗粒饲用,可明显提高干草的利用率。粗蛋白质含量低的干草可配合尿素使用,有利于补充牛、羊粗蛋白质摄入的不足。

要合理利用干草,必须首先了解其品质。在生产上,品质良好的干草可以广泛地应用,达到节省精料、提高生产力的目的。而品质低劣的干草不能用来饲喂动物,应及时处理,否则会影响家畜健康,造成经济损失。优质干草在外观上要求均匀一致、不霉烂或结块、无异味、色泽浅绿或暗绿,洁净而爽香,不混入砂石、铁钉、塑料废品、破布等有害物质。

视频 3-2

(二)秸秕类

秸秕饲料即农作物秸秆、秕壳,其来源广,数量多,总量是粮食产量的 1~4 倍之多。这类饲料最大的营养特点是粗纤维含量高,一般都在 30% 以上;质地坚硬,粗蛋白质含量很低,一般不超过 10%;粗灰分含量高,有机物的消化率一般不超过 60%。秸秕饲料合理利用对于草食家畜饲草资源开发尤为重要。

另外,草食家畜消化道容积大,可采用秸秆等粗饲料来填充,以保证消化器官的正常蠕动,使家畜有饱腹感。对产乳期奶牛饲粮中合理使用一定比例的秸秆饲料,可提高乳脂率。

1. 稻草

稻草是水稻收获后剩下的茎叶,其营养价值很低。稻草的粗蛋白质含量为 3%~5%,粗脂肪为 1% 左右,粗纤维为 35%;粗灰分含量较高,约为 17%,但硅酸盐所占比例大;钙、磷含量低,分别为 0.29% 和 0.07%,远低于家畜的生长和繁殖需要。据测定,稻草的产奶净能为 3.39~4.43 MJ/kg,增重净能 0.21~7.32 MJ/kg,消化能(羊)为 7.32 MJ/kg。为了提高稻草的饲用价值,除了添加矿物质和能量饲料外,还应对稻草做氨化、碱化等加工处理。经氨化处理后,稻草的含氮量可增加 1 倍,且其中氮的消化率可提高 20%~40%。

2. 玉米秸

玉米秸有光滑外皮,质地坚硬,一般作为反刍家畜的饲料,若用来喂猪,则难以消化。反刍家畜对玉米秸粗纤维的消化率在 65% 左右,对无氮浸出物的消化率在 60% 左右。

生长期短的夏播玉米秸,比生长期长的春播玉米秸粗纤维少,易消化。同一株玉米,上部比下部的营养价值高,叶片又比茎秆的营养价值高,玉米秸的营养价值优于玉米芯,和玉米苞叶的营养价值相似,牛、羊较为喜食。

玉米秸的饲用价值低于稻草。为了提高玉米秸的饲用价值,一方面,在果穗收获前,植株的果穗上方留下一片叶后,割取上梢饲用,或制成干草、青贮料。由于割取青梢改善了通风和光照条件,并不影响籽实产量。另一方面,收获后立即将全株分割,上 1/2 株或上 2/3 株切碎直接饲喂或调制成青贮饲料。

3. 麦秸

麦秸的营养价值因品种、生长期的不同而有所不同。常用作饲料的有小麦秸、大麦秸和燕麦秸。

小麦秸粗纤维含量高,并含有硅酸盐和蜡质,适口性差,营养价值低。小麦秸主要用于饲喂牛、羊,经氨化或碱化处理后效果较好。

大麦秸的产量比小麦秸要低得多,但适口性和粗蛋白质含量均高于小麦秸,可作为反刍动物的饲料。在麦类秸秆中,燕麦秸是饲用价值最好的一种,其对牛、羊、马的消化能分别达 9.17 MJ/kg、8.87 MJ/kg 和 11.38 MJ/kg。

4. 豆秸

豆秸有大豆秸、豌豆秸和蚕豆秸等种类。由于豆科作物成熟后叶子大部分凋落,豆秸主要以茎秆为主,茎已木质化,质地坚硬,维生素与蛋白质也较少,但与禾本科秸秆相比较,其粗蛋白质含量和消化率都较高。

风干大豆秸含有的消化能猪为 0.71 MJ/kg,牛为 6.82 MJ/kg,绵羊为 6.99 MJ/kg。大豆秸适于喂反刍家畜,尤其适于喂羊。在各类豆秸中豌豆秸营养价值最高,但是新豌豆秸水分较多,容易腐败变黑,要及时晒干后储存。在利用豆秸类饲料时,要很好地加工调制,搭配其他精粗饲料混合饲喂。

5. 谷草

谷草即粟的秸秆,其质地柔软厚实,适口性好,营养价值高。在各类禾本科秸秆中,以谷草的品质最好,是马、骡的优良粗饲料,还可铡碎喂牛、羊,与野干草混喂,效果更好。

6. 豆荚类

如大豆荚、豌豆荚、蚕豆荚等。无氮浸出物含量为 42%～50%,粗纤维为 33%～40%,粗蛋白质为 5%～10%,牛和绵羊消化能分别为 7.0～11.0 MJ/kg、7.0～7.7 MJ/kg,饲用价值较好,尤其适于反刍家畜利用。

7. 谷类皮壳

有稻壳、小麦壳、大麦壳、荞麦壳和高粱壳等。这类饲料的营养价值次于豆荚,但数量大,来源广,值得重视。其中稻壳的营养价值很差,对牛的消化能低,适口性也差,仅能勉强用作反刍家畜的饲料。稻壳经过适当的处理,如氨化、碱化、高压蒸煮或膨化可提高其营养价值。另外大麦秕壳带有芒刺,易损伤口腔黏膜引起口腔炎,应当注意。

三、粗饲料加工

粗饲料是草食动物日粮的重要组成部分,尤其在冬春季节更为重要。但此类饲料粗纤维含量高,营养价值低,必须通过适当的加工处理,改变其理化性质,从而提高适口性和营养价值,这对开发饲料资源,提高粗饲料的利用价值,发展畜牧业生产具有重要意义。现行有效的加工处理方法主要有物理处理、化学处理和微生物处理 3 类。

(一)物理处理

粗饲料经物理(或机械)处理,可改变原有的体积和部分理化性质,从而提高家畜的采食量,减少浪费。

1. 切短或切碎

切短或切碎的目的是便于咀嚼,减少浪费,并易于与精料拌和。各种青绿饲料和作物秸秆在饲喂动物之前都应切短或切碎。切短或切碎的程度因动物种类和饲料不同而异。对于草食动物,青绿饲料和秸秆宜切成碎段,牛为 3～4 cm,马为 1.5～2.5 cm。对于猪、禽,青绿饲料宜切碎。

2. 粉碎或压扁

粉碎的目的是提高秸秆的消化率,但与切短的秸秆比较,消化率没有显著差异。谷物类饲料以及用作猪饲料的秸秆在饲喂动物之前必须粉碎或压扁。粉碎粒度为:用于猪,小于 1 mm 为宜;用于牛、羊,1～2 mm 为宜;用于马可压扁;用于家禽可碾成粗粒。

3. 制粒

颗粒饲料通常是用动物的平衡饲粮制成。目的是便于机械化饲养或自动食槽的应用,并减少浪费。由于粉尘减少,质地硬脆,颗粒大小适宜,利于咀嚼,适口性好,从而提高动物采食量和生产性能。粗饲料可直接粉碎制粒,也可和其他辅料(如富淀粉精料、尿素等)混合制粒。颗粒的大小因动物而异。

4. 水浸与蒸煮

水浸只能软化饲料,有利采食,但不能改善营养价值。用沸水烫浸或常压蒸汽处理,能迅速软化秸秆,并可破坏细胞壁以及木质素与半纤维素的结合,有利于微生物和酶的作用,从而提高消化率。

5. 膨化

膨化就是将秸秆类饲料切短后,置于密闭的容器内,加热加压,然后迅速解除压力喷放,使其暴露于空气中膨胀。膨化处理后的秸秆有香味,适口性好,营养价值明显提高,可直接饲喂动物,也可与其他饲料混合饲喂。

(二)化学处理

1. 碱处理

碱处理是指用氢氧化钠、氢氧化钙等碱性物质处理粗饲料,破坏纤维素、半纤维素与木质素之间的酯键,使之更易为消化液和瘤胃微生物所消化,从而提高消化率。碱处理常用氢氧化钠,用氢氧化钙价廉易行,且能提供一定数量的钙,但在改进秸秆营养价值方面却不如氢氧化钠。

(1)氢氧化钠处理　秸秆经氢氧化钠处理后,消化率可提高 15%～40%,而且柔软,动物采食后可营造适宜瘤胃微生物活动的微碱性环境。处理方法可分为 2 种:一种方法为湿法,用 8 倍于秸秆重量的 1.5%氢氧化钠溶液浸泡秸秆 12 h,然后用清水冲洗,一直洗到中性为止。这样处理的秸秆保持原有的结构与气味,动物喜食,而且营养价值较高,有机物质消化率提高约 24%。但该方法的缺点是一费劳力,二需大量清水,并因冲洗使大量营养物质流失,还会造成环境污染。另一种方法为干法,将秸秆切短,将 20%～40%的氢氧化钠溶液均匀喷洒在秸秆上,并搅拌均匀。一般每 100 kg 秸秆喷洒碱液 7.3～30 kg,处理后的秸秆可堆放在仓库或窖内,不经冲洗可直接饲喂。干法处理的秸秆,有机物质消化率可提高 15%,饲喂动物无不良后果,只是饮水增多,排尿量增加,易造成土壤污染。

(2)氢氧化钙(石灰)处理　将秸秆与生石灰按 100∶1 或与熟石灰按 100∶3 备料,然后按 1∶(200～250)的比例将石灰溶解在水里,滤去杂质,将秸秆切短后泡入,2～3 d 后捞出沥干,不需冲洗即可饲喂。为提高处理效果,可在石灰水中加入占秸秆重量 1%～1.5%的食盐。

2. 氨处理

氨处理在世界范围内广泛应用,它是目前最有效的处理秸秆的方法。既能提高消化率,改善适口性,又能提供一定的氮素营养,并且处理过程对环境无污染。具体方法多种多样,可因地制宜加以选择。

(1)无水液氨处理　多采用"堆垛法"。将秸秆堆垛,用塑料薄膜覆盖,四周底边压上泥土,使之成密封状态。在堆垛底部用一根管子与液氨罐相连,开启罐上的压力表,按秸秆重量的

3％通入液氨。氨化时间的长短应视气温而定。如气温低于 5 ℃，需 8 周以上；5～15 ℃，需 4～8 周；15～30 ℃，需 1～4 周。喂前要揭开薄膜晾 1～2 d，使残留的余氨挥发。

（2）氨水处理　将切短的秸秆填进干燥的壕、窖内，压实。每 100 kg 秸秆喷洒 12 kg 25％ 的氨水，然后立即封严。在气温不低于 20 ℃时，5～17 d 可完成氨化。启封后应通风 12～ 24 h，待氨味消失后才能饲喂。

（3）尿素处理　因秸秆中含有尿素酶，加入尿素后，尿素在尿素酶的作用下产生氨，对秸秆 进行氨化。方法是先按秸秆重量的 3％准备尿素，将尿素按 1∶20 的比例溶解在水中，逐层堆 放逐层喷洒，最后用塑料薄膜密封。

秸秆经氨化处理后，颜色棕褐色，质地柔软，并有糊香味，家畜的采食量可提高 20％～ 40％，有机物质消化率可提高 10％～20％，粗蛋白质含量也有所增加，其营养价值接近中等品 质的干草。

（三）微生物处理

微生物处理就是利用某些有益微生物，在适宜的培养条件下，分解秸秆中难以被动物利用 的纤维素或木质素，并增加菌体蛋白质、维生素等有益物质，从而提高粗饲料的营养价值。理 论上这是一种具有广阔前景的粗饲料加工方法，但问题的关键在于找到适当的菌种，使其在发 酵过程中不消耗或很少消耗秸秆中的养分，而产生尽可能多的有效营养物质，并且使植物细胞 壁充分被破坏。

我国从 20 世纪 60 年代开始进行利用微生物提高粗饲料利用率的研究，主要在木霉菌和 人工瘤胃方面做了不少工作，均因生产工艺、设备条件等不足未能推广。发展起来的秸秆微贮 技术，对改善粗饲料的营养价值有一定作用。该技术是在农作物秸秆中加入微生物高效活菌 种，放入密封容器内，经过一定的发酵过程，可使秸秆的酸香味增加，动物喜食，并可提高饲料 中粗蛋白质的含量，降低纤维素、半纤维素和木质素的含量。

▌拓展内容 ▶ -

一、高纤维糟渣类

高纤维糟渣类主要有甜菜渣、马铃薯粉渣、甘蔗渣、蚕豆粉渣、红薯粉渣等。这些都是制粉 或制糖的副产品。这类饲料中蛋白质和可溶性碳水化合物含量极低，钙较丰富，粗纤维含量高 达 30％～40％，其营养特点及饲用价值基本上同秸秕类饲料。但牛、羊等反刍动物对此类饲 料消化率可高达 80％，故高纤维糟渣类饲料是牛、羊等反刍动物较好的粗饲料。

二、高纤维生物饲料

高纤维生物饲料，一般是指以高纤维粗饲料为对象，以基因工程、蛋白质工程、发酵工程等 高新技术为手段，在人工控制条件下，利用乳酸菌、酵母菌和芽孢杆菌等有益微生物自身的生 长代谢活动，将原料中的抗营养因子分解或转化，产生更能被畜禽采食、消化、吸收，养分更高 且无毒害作用的饲料原料。

发酵处理不仅能够改善饲料营养吸收水平，降解饲料原料中可能存在的毒素，提高某些营 养物质的含量，还能替代抗生素等药物类添加剂的使用，改善动物健康水平，从而提高禽蛋、肉 产品等的食品安全性。

技能一　青干草品质评定

一、技能目标

熟悉青干草质量的评定标准,掌握青干草质量的评定方法。

二、材料设备

青干草、粗天平、台秤、计算机、托盘。

三、操作规程

(一)草样的采集

评定干草品首先应采集好草样平均样。所谓草样平均样是指距表层 20 cm 深处,从草垛各个部位(至少 20 处),每处采集草样 200～250 g,均匀混合而成,样品总重 5 kg 左右。其中混入的土块、厩肥等,应视作不可食草部分。每次从平均样抽 500 g 进行品质评定。

(二)植物学组成

植物种类不同,营养价值差异较大,按植物学组成,牧草一般可分为豆科牧草、禾本科牧草、其他可食草、不可食草和有毒有害牧草 5 类。求各类牧草所占比例,先将草样分类,称其重量后,按下式计算出各类草所占百分数即可。

$$各类草占样品重量比例 = \frac{各类草重量(\text{kg})}{样品重量(\text{kg})} \times 100\%$$

天然草地刈割晒制的干草,豆科比例大者,为优等草;禾本科和其他可食草比例大者,为中等草;不可食草比例大者,为劣等草;有毒有害植株超过 10% 者,则不可供作饲料。人工栽培的单播草地,只要混入杂草不多,就不必进行植物学组成分析。

(三)干草的颜色和气味

干草的颜色和气味,是干草品质好坏的重要标志。凡绿色程度越深的干草,表明胡萝卜素和其他营养成分含量越高,品质越优。此外,芳香气味也可作为干草品质优劣的标志之一。按绿色程度可把干草品质分为 4 类。

1. 鲜绿色

表示青草刈割适时,调制过程未遭雨淋和阳光强烈曝晒,储藏过程未遇高温发酵,较好地保存了青草中的成分,属优良干草。

2. 淡绿色

表示干草的晒制和储藏基本合理,未遭受雨淋发霉,营养物质无重大损失,属良好干草。

3. 黄褐色

表示青草刈割过晚,或晒制过程遭雨淋或储藏期内经过高温发酵,营养成分虽受到重大损失,但尚未失去饲用价值,属次等干草。

4. 暗褐色

表示干草的调制与储藏不合理,不仅受到雨淋,且发霉变质,不宜再用于饲喂。

（四）干草的含叶量

一般来说，叶子所含有的蛋白质和矿物质比茎多 1～1.5 倍，胡萝卜素多 10～15 倍，而粗纤维比茎少 50%～100%，因此干草含叶量也是评定其营养价值高低的重要标志。表3-3 是对不同刈割期白花草木樨第一年干草茎叶营养成分含量分析。

表 3-3　白花草木樨第一年干草茎叶营养成分含量（干物质基础）　　　　%

刈割期	部位	粗蛋白质	粗脂肪	粗纤维	无氮浸出物	粗灰分	钙	磷
现蕾期	茎	12.72	2.37	44.96	33.10	6.59	0.53	0.28
	叶	28.28	7.77	10.57	39.53	10.82	2.72	0.31
盛花期	茎	10.26	2.27	53.28	29.45	4.61	0.78	0.25
	叶	25.71	7.12	9.45	47.21	10.31	3.31	0.27

（五）牧草的刈割期

刈割期对干草的品质影响很大，一般栽培豆科牧草在现蕾开花期、禾本科牧草在抽穗开花期刈割比较适宜。就天然草地野生牧草而言，确定刈割期可按优势的禾本科、豆科牧草确定。凡禾本科草的穗中只有花而无种子时则属花期刈割，绝大多数穗含种子或留下护颖，则属刈割过晚；豆科草如在茎下部的 2～3 个花序中仅见到花，则属花期刈割，如草屑中有大量种子则属刈割过晚。

（六）干草的含水量

含水量高低是确定干草在储藏过程中是否变质的主要标志。干草按含水量一般分为 4 类（表 3-4）。

表 3-4　干草的含水量　　　　%

干燥情况	含水量	干燥情况	含水量
干燥的	≤15	潮的	17～20
中等	15～17	湿的	≥20

生产中测定干草含水量的简易方法是：手握干草一束轻轻扭转，草茎破裂不断者，为水分合适（17%左右）；轻微扭转即断者，为过干象征；扭转成绳，茎仍不断裂者，为水分过多。

四、结果判定

凡含水量在 17% 以下，毒草及有害草不超过 1%，混杂物及不可食草在一定范围之内，不经任何处理即可储藏或者直接喂养家畜，可定为合格干草（或等级干草）。

含水量高于 17%，有相当数量的不可食草和混合物，需经适当处理或加工调制后，才能用于喂养家畜或储藏者，属可疑干草（或等外干草）。

严重变质、发霉，有毒有害植物超过 1% 以上，或泥沙杂质过多，不适于用作饲料或储藏者，属不合格干草。

对合格干草，可按前述指标进一步评定其品质优劣。优质：豆科草占的比例较大，不可食草不超过 5%(其中杂质不超过 10%);中等:禾本科及其他非豆科可食草比例较大,不可食草不超过 10%;低劣:除禾本科草、豆科牧草外,其他可食草占比例较多,不可食草不超过 15%。

任务考核 3-3　　　　　　参考答案 3-3

▶ 任务四　青贮饲料识别与选用 ◀

青贮饲料是指将新鲜的青绿饲料切短装入密封容器里,经过微生物发酵作用,制成一种具有特殊芳香气味、营养丰富的多汁饲料。它能够长期保存青绿多汁饲料的特性,扩大饲料资源,保证家畜均衡供应青绿多汁饲料。青贮饲料具有气味酸香、柔软多汁、颜色黄绿、适口性好等优点。

一、青贮饲料的优越性

1. 能有效地保存青绿饲料的营养成分

一般青绿植物在成熟晒干后,营养价值降低 30%～50%,但青贮后仅降低 3%～10%,可消化粗蛋白仅损失 5%～12%,青贮能有效保存青绿植物中的蛋白质和维生素。

2. 适口性好,消化率高

青贮饲料能保持原料青绿时的鲜嫩汁液,且具有芳香的酸味,适口性好,能刺激家畜的食欲,增加消化液的分泌和胃肠道的蠕动,从而增强消化功能。因此,青贮饲料被称为是反刍动物的保健性饲料。

3. 可扩大饲料来源

动物不愿采食或不能采食的杂草、野菜、树叶等青绿饲料,经过青贮发酵,均可转变成动物喜食的饲料。如马铃薯茎叶、向日葵、菊芋、玉米秸等,有的在新鲜时有臭味,有的质地粗硬,有的茎叶有小刺,一般动物不喜食或利用率很低,调制成青贮饲料后,不但可以改变口味,且可使其软化,增加可食部分的数量。农副产品收集期集中而且数量较大,往往因为一时用不完、不宜大量饲喂、不宜直接存放或因天气条件限制,导致不能充分利用而废弃,及时调制成青贮饲料,可以有效扩大饲料来源。

4. 可消灭害虫

农作物上寄生的害虫或虫卵,在铡碎青贮后,由于青贮过程中缺氧且酸度较高,加之压实重力大,许多害虫的幼虫或虫卵将会被杀死。

5. 延长青饲季节

我国西北、东北、华北地区,青饲季节不足 6 个月,冬春季节最易缺乏青绿饲料,青贮能够常年供应青绿多汁饲料,从而使动物常年保持高水平的营养状况和生产水平。采用青贮来保存块根、块茎类饲料,方法既简便又安全,且能长期保存。

二、青贮饲料调制

(一)青贮的原理和方法

视频 3-3

一般青贮是利用乳酸菌对原料进行厌氧发酵,产生乳酸,当酸度降到pH 4.0 左右时,包括乳酸菌在内的所有微生物停止活动,且原料养分不再继续分解或消耗,从而长期将原料保存下来。

1. 青贮的过程

从青贮原料刈割到青贮完成的整个过程,可分为 3 个阶段。

(1)青贮原料装填镇压并封闭后,由于植物细胞的呼吸作用,以及重压后水分渗出,以致原料的温度上升,在填压良好、水分适当时,其温度为 20～30 ℃。此时,通过好气性细菌及霉菌等的作用,产生醋酸。

(2)由于氧气不断消耗直至耗尽,青贮原料中需氧性微生物逐渐停止活动,而后在厌氧性乳酸菌的作用下,糖类酵解产生乳酸,发酵过程开始。

(3)乳酸菌迅速繁殖,形成大量乳酸,使腐败菌和丁酸菌等受到抑制,随后乳酸菌的繁殖亦被自身产生的大量乳酸所抑制,青贮原料转入稳定状态,故可长期保存而不腐败。

2. 制作青贮的步骤

(1)青贮设备的清理　对已经用过的青贮设备,在使用之前,应将窖壕中的土挖出,将青贮设备墙壁附近的脏土铲除,拍打平滑晾干后才可用。

在进入装有陈旧原料还未清理的青贮设备时,如有闷气或不适之感,应立即走出,可用吹风机等向青贮设备内吹风,以排出有害气体。特别是进入较深的青贮设备时,更应先进行吹风处理,然后再进去工作,因为窖内微生物发酵作用,能产生 CO_2 等有害气体,在炎热无风的天气,或带有棚盖的深青贮设备中,会使人中毒窒息,因此,既应重视青贮前青贮设备的清理,也应重视青贮饲料使用后青贮设备的清理,将剩余原料清除干净。

(2)原料的收获　主要是要选择好青贮原料的品种和选定适宜的收割时期。在适宜成熟阶段收获植物原料,才可以保证其最高产量和养分含量。

(3)青贮原料的切碎　原料青贮前一般都需切碎,使液汁渗出,润湿原料的表面,有利于乳酸菌的迅速发酵,提高青贮饲料品质。原料的切碎程度按饲喂家畜的种类和原料的不同质地来确定,一般切成 2～5 cm 的长度。含水量多,质地细软的原料可以切得长些;含水量少,质地较粗的原料可以切得短些。

(4)控制原料水分的含量　原料的水分含量是决定青贮品质最重要的因素。大多数青贮作物原料,以含水分 60％～70％时青贮效果最好,新收割的青草含水量为 75％～80％,这就意味着要将其含水量降低 10％～15％,才适宜制作青贮饲料。

青贮原料含水量的调节。①原料含水量的降低:可采用加入干草、秸秆、谷物、糠麸、干甜菜等含水量低的原料,加以调节。②原料含水量的提高:可将干料与新割的嫩绿植物交替填装,混合储存。

青贮原料含水量的测定方法。①搓绞法:切碎之后,使饲草适当凋萎,直到植物的茎被搓绞而不致折断的程度,其柔软的叶子不出现干燥迹象时,原料含水量就适于青贮。②手抓测定:取一把切碎的植物原料,用力手抓压挤后慢慢松开,此时,注意原料团球的状态,如果团球展干缓慢,手中见水不滴水,说明原料中含水量适于青贮的要求。③烘干法:取原料样品送实验室,按操作规程,经烘干测定原料中的水分含量。

(5)青贮原料的装填和压实　一旦开始填装青贮原料,速度就要快,以避免原料在装满与密封之间的腐败。①青贮原料的装填。为了能使切碎的原料及时送入青贮设备内,原料的切碎机最好设在青贮建筑的近旁,还要尽量避免曝晒切碎原料,青贮设备内应经常有人将装入的原料耙平混匀。②青贮原料的压实。为了避免存有气隙和腐败,任何一种切碎的植物原料在青贮设备中都要装匀和压实,而且压得越实越好,特别要注意壁和角的地方不能留有空隙,这样就可以造成厌氧环境,便于乳酸菌的繁殖。原料的压实,小型的青贮由人力踩踏,大型的青贮用履带式拖拉机来压实,但须注意不要让拖拉机带进泥土、油垢、金属等污染原料,在拖拉机压实完毕后仍需由人力踩踏机器压不到的边角等处。

(6)青贮设备的密封和覆盖　青贮设备中的原料装满压实以后必须密封和覆盖,目的是杜绝空气继续与原料接触。使青贮设备成为厌氧状态,抑制好气性微生物发酵。

密封和覆盖的方法,可采取先盖一层细软的青草,草上再盖一层塑料薄膜,并用泥土堆压靠近青贮窖壁处,然后用适当的盖子将其盖严,也可在塑料膜上盖一层苇席、草类等物。如果不用塑料薄膜,需在压实的原料上面加盖 3～5 cm 厚的软青草一层,再在上面覆盖一层 35～45 cm 厚的湿土,并很好地踏实。应每天检查盖土的状况,注意使它在下沉时与青贮原料一同下沉,并应将下沉时盖顶上所形成的裂缝和孔隙用湿土抹好,以保证高度密封,在青贮窖无棚的情况下,窖顶的泥土必须高出青贮窖的边缘,并呈圆坡形,以免雨水流入窖内。

(二)调制优良青贮饲料应具备的条件

在制作青贮饲料时,要使乳酸菌快速生长和繁殖,必须为乳酸菌创造良好的条件。有利于乳酸菌生长繁殖的条件是:青贮原料应具有一定的含糖量、适宜的含水量以及厌氧环境。

1. 青贮原料应有适当的含糖量

乳酸菌要产生足够数量的乳酸,必须有足够数量的可溶性糖分。若原料中可溶性糖分很少,即使其他条件都具备,也不能制成优质青贮饲料。青贮原料中的蛋白质及碱性元素会中和一部分乳酸,只有当青贮原料中 pH 为 4.2 时,才可抑制微生物活动。因此乳酸菌产生乳酸,使 pH 降至 4.2,所需要的原料含糖量是十分重要的条件,通常称为最低需要含糖量。原料中实际含糖量大于最低需要含糖量,即为正青贮糖差;相反,原料实际含糖量小于最低需要含糖量时,即为负青贮糖差。凡是青贮原料为正青贮糖差就容易青贮,且正数越大越易青贮;凡是青贮原料为负青贮糖差就难于青贮,且差值越大,则越不易青贮。

最低需要含糖量是根据饲料的缓冲度计算,即:

$$饲料最低需要含糖量＝饲料缓冲度×1.7×100\%$$

饲料缓冲度是中和每 100 g 全干饲料中的碱性元素,并使 pH 降低到 4.2 时所需的乳酸克数。因青贮发酵消耗的葡萄糖只有 60% 变为乳酸,所以得 100/60＝1.7 的系数,也即形成 1 g 乳酸需葡萄糖 1.7 g。

一般说来,禾本科饲料作物含糖量高,容易青贮;豆科饲料作物和牧草含糖量低,不易青贮。易于青贮的原料有玉米、高粱、禾本科牧草、甘薯藤、南瓜、菊芋、向日葵、芜菁、甘蓝等。不易青贮的原料有苜蓿、三叶草、草木樨、大豆、豌豆、紫云英、马铃薯茎叶等，只有与其他易于青贮的原料混贮或添加富含碳水化合物的饲料，或加酸化剂青贮才能成功。

2. 青贮原料应有适宜的含水量

青贮原料中含有适量水分，是保证乳酸菌正常活动的重要条件。水分含量过高或过低，均会影响青贮发酵过程和青贮饲料的品质。如水分过低，青贮时难以踩紧压实，窖内留有较多空气，造成好气性细菌大量繁殖，使饲料发霉腐败。水分过高，易压实结块，利于酪酸菌的活动。同时植物细胞液汁被挤后流失，使养分损失。

乳酸菌繁殖活动，最适宜的含水量为 65%～75%。豆科牧草的含水量以 60%～70% 为好。但青贮原料适宜的含水量因质地不同而有差别，质地粗硬的原料含水量可达 80%，而收割早、幼嫩多汁的原料则以 60% 较合适。判断青贮原料水分含量的简单办法是：将切碎的原料紧握手中，然后手自然松开，若仍保持球状，手有湿印，其水分含量在 68%～75%；若草球慢慢膨胀，手上无湿印，其水分含量在 60%～67%，适于豆科牧草的青贮；若手松开后，草球立即膨胀，其水分含量在 60% 以下，只适于幼嫩牧草低水分青贮。

含水过高或过低的青贮原料，青贮时应处理或调节。对于水分过多的饲料，青贮前应稍晾干凋萎，使其水分含量达到要求后再青贮。如凋萎后还不能达到适宜含水量，应添加干料进行混合青贮。也可以将含水量高的原料和低水分原料按适当比例混合青贮，如玉米秸和甘薯藤、甘薯藤和花生秧、玉米秸和紫花苜蓿是比较好的组合，但青贮的混合比例以含水量高的原料占 1/3 为适合。

3. 创造厌氧环境

为了给乳酸菌创造良好的厌氧生长繁殖条件，须做到原料切短，装实压紧，青贮窖密封良好。

青贮原料切短的目的是为了便于装填紧实，取用方便，家畜便于采食，且减少浪费。同时原料切短或粉碎后，青贮时易使植物细胞渗出液汁，湿润表面，糖分流出附在原料表层，有利于乳酸菌的繁殖。切短程度应视原料性质和畜禽需要来定，对牛、羊来说，细茎植物如禾本科牧草、豆科牧草、草地青草、甘薯藤、幼嫩玉米苗等，切成 3～4 cm 长即可；对粗茎植物或粗硬的植物如玉米、向日葵等，切成 2～3 cm 较为适宜；叶菜类和幼嫩植物，也可不切短青贮。对猪禽来说，各种青贮原料均应切得越短越好，细碎或打浆青贮更佳。

原料切短后青贮，宜装填紧实，使窖内空气排出。否则，窖内空气过多，好气菌大量繁殖，氧化作用强烈，温度升高（可达 60 ℃），使青贮料糖分分解，维生素破坏，蛋白质消化率降低。一般原料装填紧实适当的青贮，发酵温度在 30 ℃ 左右，最高不超过 38 ℃。

青贮的装料过程越快越好，这样可以缩短原料在空气中暴露的时间，减少由于植物细胞呼吸作用造成的损失，也可避免好气性细菌大量繁殖。窖装满压紧后立即覆盖，造成厌氧环境，促使乳酸菌的快速繁殖和乳酸的积累，保证青贮饲料的品质。

三、青贮饲料品质鉴定

青贮饲料品质的优劣与青贮原料种类、刈割时期以及青贮技术等密切相关。正确青贮，一般经 17～21 d 的乳酸发酵，即可开窖取用。通过品质鉴定，可以检查青贮技术是否正确，判断青贮饲料营养价值的高低。

(一)感官评定

开启青贮容器时,从青贮饲料的色泽、气味和质地等进行感官评定,见表3-5。

表 3-5   青贮饲料的品质评定

等级	颜色	气味	结构	质地
优良	绿色或黄绿色	芳香酒酸味	茎叶明显	结构良好
中等	黄褐色或暗绿色	有刺鼻酸味	茎叶部分保持原状	结构变形
低劣	黑色	腐臭味或霉味腐烂	茎叶分离	污泥状

1. 色泽

优质的青贮饲料非常接近于作物原先的颜色。若青贮前作物为绿色,青贮后仍为绿色或黄绿色最佳。青贮容器内原料发酵的温度是影响青贮饲料色泽的主要因素,温度越低,青贮饲料就越接近于原先的颜色。对于禾本科牧草,温度高于 30 ℃,颜色变成深黄色;当温度为 45～60 ℃,颜色近于棕色;超过 60 ℃,由于糖分焦化近乎黑色。一般来说,品质优良的青贮饲料颜色呈黄绿色或青绿色,中等的为黄褐色或暗绿色,劣等的为褐色或黑色。

2. 气味

品质优良的青贮饲料具有轻微的酸味和水果香味。若有刺鼻的酸味,则醋酸较多,品质较次。腐烂腐败并有臭味的则为劣等,不宜喂家畜。总之,芳香而喜闻者为上等,刺鼻者为中等,臭而难闻者为劣等。

3. 质地

植物的茎叶等结构应当能清晰辨认,结构破坏及呈黏滑状态是青贮腐败的标志,黏度越大,表示腐败程度越高。优良的青贮饲料,在窖内压得非常紧实,但拿起时松散柔软,略湿润,不粘手,茎、叶、花保持原状,容易分离。中等青贮饲料茎叶部分保持原状,柔软,水分稍多。劣等的结成一团,腐烂发黏,分不清原有结构。

(二)化学分析鉴定

用化学分析测定包括 pH、氨态氮和有机酸(乙酸、丙酸、丁酸、乳酸的总量和构成)可以判断发酵情况。

1. 酸碱度

酸碱度(pH)是衡量青贮饲料品质好坏的重要指标之一。实验室测定 pH,可用精密雷磁酸度计测定,生产现场可用精密石蕊试纸测定。优良青贮饲料 pH 在 3.8 左右,超过 4.2(低水分青贮除外)说明青贮发酵过程中,腐败菌、酪酸菌等活动较为强烈。劣质青贮饲料 pH 在 5.5～6.0,中等青贮饲料的 pH 介于优良与劣等之间。

2. 氨态氮

氨态氮与总氮的比值是反映青贮饲料中蛋白质及氨基酸分解的程度,比值越大,说明蛋白质分解越多,青贮质量不佳。

3. 有机酸含量

有机酸总量及其构成可以反映青贮发酵过程的好坏,其中最重要的是乳酸、乙酸和丁酸,乳酸所占比例越大越好。优良的青贮饲料,含有较多的乳酸和少量醋酸,而不含酪酸。品质差的青贮饲料含酪酸多而乳酸少。

四、青贮饲料利用

(一)取用方法

青贮过程进入稳定阶段,一般糖分含量较高的玉米秸秆等经过一个月,即可发酵成熟,开窖取用,或待冬春季节饲喂家畜。

开窖取用时,如发现表层呈黑褐色并有腐败臭味时,应把表层弃掉。对于直径较小的圆形窖,应由上到下逐层取用,保持表面平整。对于长方形窖,自一端开始分段取用,不要挖窝掏取,取后最好覆盖,以尽量减少与空气的接触面。每次用多少取多少,不能一次取大量青贮料堆放在畜舍慢慢饲用,要用新鲜青贮料。青贮料只有在厌氧条件下,才能保持良好品质,如果堆放在畜舍里和空气接触,就会很快地感染霉菌和杂菌,使青贮料迅速变质。尤其是夏季,正是各种细菌繁殖最旺盛的时候,青贮料也最易霉坏。

(二)饲喂技术

青贮饲料可以作为草食家畜如牛、羊的主要粗饲料,一般占饲粮干物质的50%以下。刚开始喂时家畜不喜食,喂量应由少到多,逐渐适应后即可习惯采食。喂青贮饲料后,仍需喂精料和干草。训练方法是,先空腹饲喂青贮料,再饲喂其他草料;先将青贮料拌入精料喂,再喂其他草料;先少喂后逐渐增加;或将青贮料与其他料拌在一起饲喂。由于青贮饲料含有大量有机酸,具有轻泻作用,因此母畜妊娠后期不宜多喂,产前15 d停喂。劣质的青贮饲料有害畜体健康,易造成流产,不能饲喂。冰冻的青贮饲料也易引起母畜流产,应待冰融化后再喂。

成年牛每100 kg体重日喂青贮料量:泌乳牛5~7 kg,肥育牛4~5 kg,役牛4~4.5 kg,种公牛1.5~2.0 kg。

绵羊每100 kg体重日喂量:成年羊4~5 kg,羔羊0.4~0.6 kg。

奶山羊每100 kg体重日喂量:泌乳母羊1.5~3.0 kg,青年母羊1.0~1.5 kg,公羊为1.0~1.5 kg。

马的日喂量:役马每匹每天可喂12~15 kg,种母马和1岁以上的幼驹每天可喂6~10 kg。

▌拓展内容▐ ▶ --- •

特种青贮及青贮设备

一、特种青贮

为了提高青贮饲料的品质和青贮效果,在青贮时对青贮原料进行适当处理,或添加其他物质进行青贮,这种特殊的调制方法称为特种青贮。

(一)低水分青贮

原料含水少,造成对微生物的生理干燥,原料刈割后,经风干水分含量达到40%~55%时,植物细胞的渗透压达到5~6 MPa,这样的风干植物对腐生菌、酪酸菌及乳酸菌均造成生理干燥状态,使生长繁殖受到限制,因此,在青贮过程中,微生物发酵弱,虽然另外一些微生物如霉菌等在风干物质体内仍可大量繁殖,但在切短压实的厌氧条件下,其活动很快停止,因此,这种方式的青贮,仍需在高度厌氧情况下进行。

由于低水青贮是微生物处于干燥状态及生长繁殖受到限制的情况下青贮,所以青贮原料中糖分或乳酸的多少及 pH 的高低对于这种储存方法已无关紧要,从而较一般青贮方法扩大了原料的范围,一般青贮方法中认为不易青贮的原料也都可以顺利青贮。

(二)添加剂青贮

添加剂主要从 3 个方面来影响青贮的发酵作用:

一是促进乳酸发酵,如添加各种可溶性碳水化合物,接种乳酸菌,加酶制剂等,可迅速产生大量乳酸,使 pH 很快达到 4.0 左右(3.8～4.2);

二是抑制不良发酵,如另加各种酸类、抑制剂等,可阻止腐生菌等不利于青贮的微生物的生长;

三是提高青贮饲料的营养物质含量如添加尿素、氨化物,可增加蛋白质的含量等。

通过添加剂的使用可以将一般青贮方法中认为不易青贮甚至难青贮的原料加以利用,从而扩大了青贮原料的范围。

二、青贮设备

青贮设备主要有:青贮窖、青贮壕、青贮塔和青贮袋等。

(一)青贮窖

有地下式和半地下式 2 种。在地下水位高的地方采用半地下式,生产中多采用地下式。贮量少的,多用圆形青贮窖;而贮量多时,以长方形沟状的青贮壕为好。在地下水位高的地区,采用半地下式青贮窖,窖底须高出地下水位 0.5 m 以上。

青贮窖多为圆柱状,恰似一口井,窖的直径与窖深之比为 1:(1.5～2)。建筑临时青贮窖,应将窖壁和底部夯实。长方形土窖的四角要挖成半圆形,窖壁要有一定斜度,上大下小,底部呈弧形。土窖应在制作青贮前 1～2 d 挖好。经过晾晒,以便减少土壤水分含量,增加窖壁坚硬度。但不宜曝晒过久,以防干裂。临时性青贮土窖常易渗水,且窖壁四周原料易霉烂,损失较大,加上每年都要修建,并不经济。所以,条件允许时应建筑砖石、水泥结构、坚固耐用的永久窖。

(二)青贮壕

青贮壕是水平坑道式结构,适于短期内大量保存青贮饲料。大型青贮壕长 30～60 m、宽 10 m、高 5 m 左右。在青贮壕的两侧有斜坡,便于运输车辆调动,底部为混凝土结构,两侧墙与底部接合处修一沟,以便排出青贮渗出液。青贮壕的底部应倾斜以利排水,青贮壕最好用砖石砌成永久性的,以保证密封和提高青贮效果。因而青贮壕的优点是便于人工或半机械化机具装填、压紧和取料,又可以一端开窖取用,对建筑材料要求不高,造价低;缺点是密封性差,养分损失较大,耗费劳力大。

(三)青贮塔

用砖和水泥建成的圆形塔,高 12～14 m 或更高,直径 3.5～6 m,在每一侧每隔 2 m 留一个窗口(0.6 m×0.6 m),以便装取饲料。塔内装填饲料后,发酵过程中受饲料自重的挤压而有汁液沉向塔底,且汁液量大。为此,底部留有排液结构和装置。青贮塔耐压性好,便于压实饲料,具有耐用、贮量大、损耗少、便于装填与取料机械自动化等优点,但青贮塔的成本较高。

青贮塔的建筑材料有镀锌钢板、水泥砖板、整体混凝土及硬质塑料等。按贮量大小又可分 100 m³ 以下的小型青贮塔和 400～600 m³ 的大型青贮塔。

大型青贮塔塔内应配置相应的饲料升降装卸机。装料时,将切碎的青贮料由塔旁的吹送机将其吹入塔内,塔内的装卸机以塔心为中心作四周运动,将饲料层层压实。取料时又能层层挖出青贮饲料,并能通过窗口管道卸出塔外。

（四）青贮袋

供调制青贮饲料的塑料袋应是无毒农用聚乙烯双幅塑料薄膜。厚度为 0.8～1 mm,袋的大小根据需要灵活掌握,一般是每千克塑料制成 3～4 个塑料袋。塑料袋的颜色通常为黑色,或者外白内黑两色。

技能二　青贮饲料窖(壕)容设计

一、技能目标

通过实训项目,使学生掌握青贮饲料窖容设计的依据和方法。

二、设计依据

(1)窖式或塔式青贮建筑。一般高度不小于直径的 2 倍,也不大于直径 3.5 倍。其直径应按每天饲喂青贮饲料的数量计算,深度或高度由饲喂青贮饲料家备的数量而定。

(2)青贮壕。宽度应取决于每天饲喂的青贮饲料的数量,长度由饲喂青贮饲料的天数决定。每天取料的厚度以不少于 15 cm 为宜。

$$青贮壕的长度(cm)＝计划饲喂天数(d)×15(cm/d)$$

青贮建筑中青贮饲料重量的估算：

$$青贮料重量＝青贮建筑设备容积×每立方米青贮料的平均重量$$
$$圆形青贮窖容积＝\pi r^2×高$$
$$长形青贮窖容积＝长×宽(上、下宽的中数)×高$$

三、操作规程

根据上述设计依据为某奶牛场设计青贮窖。其中年需要青贮玉米 20 万 kg,带棒玉米压实后容重为 750 kg/m³。

四、注意事项

(1)因地制宜,采用不同的设备。可构建永久性的建筑设备。也可挖临时性的青贮窖,还可利用闲置的贮水池、发酵池等。我国南方养殖专业户则可利用木桶、水缸、塑料,可采用地下式或半地下式青贮窖或青贮袋等。在地下水位较低、冬季寒冷的北方地区,可采用地下青贮窖或青贮壕。

(2)应选在地势干燥、土质坚实、地下水位低、常近畜舍、远离水源和粪坑的地点做青贮场所。塑料青贮袋选择取用方便的僻静地点放置。

(3)设备应不透气、不漏水、密封性好,内壁表面光滑平坦。

(4)取材容易,建造简便,造价低廉。

技能三　青贮饲料的品质鉴定

一、技能目标

能够进行青贮饲料品质的感官及实验室鉴定。

二、材料设备

(1)不同等级的青贮饲料、白瓷比色盘、刀、pH试纸、烧杯、吸管、玻璃棒、滤纸等。

(2)混合指示剂:甲基红指示剂(甲基红0.1 g溶于18.6 mL的0.02 moL/L 氢氧化钠溶液中,用蒸馏水稀释至250 mL)与溴甲酚绿指示剂(溴甲酚绿0.1 g溶于7.15 mL的0.02 moL/L 氢氧化钠溶液中,用蒸馏水稀释至250 mL)按1∶1.5的体积混合即成。

三、操作步骤

1. 取样

按照青贮饲料取样要求、饲料样本采集与制备方法采集青贮饲料样本。

2. 感官鉴定法

(1)用手抓一把有代表性的青贮饲料样本,紧握于手中,再放开观看颜色、结构,闻闻酸味,评定其质地优劣。

(2)根据青贮饲料的颜色、气味、质地和结构等指标,按表3-5中的标准评定其品质等级。

"看"颜色,优良的青贮饲料应为黄绿色或青绿色,计3分;黄褐色或暗绿色为中等,计2分;褐色或黑褐色为劣等,计1分。

"闻"气味,正常的青贮饲料具有酒香或水果味,计3分;若有刺鼻酸味,则品质较差,计2分;如已霉烂、腐败并有臭味者则为劣等,计1分。

"摸"质地,若茎、叶仍保持原状,不成团,不结块,不烂、不黏,疏松、柔软、湿润者为佳。

3. 实验室鉴定法

(1)进行pH测定:将待测样品切断,装入烧杯中至1/2处,以蒸馏水或凉开水浸没青贮饲料,然后用玻璃棒不断地搅拌,静置15～20 min后,将水浸物经滤纸过滤。吸取滤液2 mL,移入白瓷比色盘内,加2～3滴混合指示剂,用玻璃棒搅拌,观察盘内浸出液的颜色。

(2)根据表3-6判断出近似pH,并评定青贮饲料的品质等级。

表3-6　青贮饲料pH评定标准

品质等级	颜色反应	近似pH	评分
优良	红、乌红、紫红	3.8～4.4	3分
中等	紫、紫蓝、深蓝	4.6～5.2	2分
低劣	蓝绿、绿、黑	5.4～6.0	1分

四、结果判定

根据实训结果记录评价青贮饲料评分等级(表 3-7)。

表 3-7　青贮饲料等级评分(状态)记录表

样品			
感官评价	颜色	气味	质地(状态)
pH 测定	颜色反应(颜色)	近似 pH	总评分

青贮等级判定:总评 8~9 分为上等;总评 5~7 分为中等;总评 1~4 分为劣等。

任务考核 3-4

参考答案 3-4

▶ 任务五　能量饲料识别与选用 ◀

一、能量饲料的营养特点

以干物质计,粗蛋白质含量低于 20%,粗纤维含量低于 18%,每千克干物质含有消化能 10.46 MJ 以上的一类饲料即为能量饲料。这类饲料主要包括谷实类、糠麸类、脱水块根、块茎及其加工副产品、动植物油脂以及乳清粉等。能量饲料在动物饲粮中所占比例最大,一般为 50%~70%,对动物主要起着供能作用。

(一)谷实类饲料

谷实类饲料是指禾本科作物的籽实。谷实的适口性好,干物质消化率高,所以有效能值也高,因而成为畜牧业中最重要的能量饲料。

1. 能量含量高

无氮浸出物占干物质的 70%以上,其中淀粉占无氮浸出物的 82%~92%。

2. 粗纤维含量低

玉米、高粱、小麦的粗纤维含量在 5%以内,燕麦、带壳大麦、稻谷的粗纤维含量在 10% 左右。

3. 蛋白质含量低、品质较差

粗蛋白含量一般为 8%~11%,氨基酸组成不平衡,赖氨酸、蛋氨酸、色氨酸等含量较少。

尤其是玉米中色氨酸含量低,麦类中苏氨酸含量低。常见谷类籽实的主要限制性氨基酸种类见表 3-8。

表 3-8 常见谷类籽实的限制性氨基酸

种类	第一限制性氨基酸[①]	临界缺乏氨基酸[②]	化学比分[③]
玉米	赖氨酸、苏氨酸	色氨酸、缬氨酸、异亮氨酸	41
小麦	赖氨酸、苏氨酸、异亮氨酸	缬氨酸、亮氨酸	42
大麦	异亮氨酸	异亮氨酸、亮氨酸	54
稻谷	赖氨酸、苏氨酸	异亮氨酸、蛋氨酸	57
高粱	赖氨酸、苏氨酸	蛋氨酸、胱氨酸	31
燕麦	赖氨酸、苏氨酸	色氨酸、异亮氨酸	57
荞麦	赖氨酸、苏氨酸	赖氨酸	51

①指饲料中氨基酸只能满足需要量的 90% 以下的氨基酸;
②指饲料中氨基酸能满足需要量的 90%~100% 的氨基酸;
③以鸡蛋白质中的氨基酸为标准。

4. 矿物质中钙、磷比例极不合理

表现为灰分中钙少磷多,钙含量在 0.2% 以下,磷含量在 0.31%~0.45%,钙磷比例对任何家畜都是不适宜,且磷为植酸磷,单胃动物对其利用率低。

5. 维生素含量低

黄色玉米含胡萝卜素较为丰富,其他谷实类饲料中含量极微。维生素 E、维生素 B_1 较丰富,但维生素 B_2、维生素 C、维生素 D 贫乏。

6. 脂肪含量少

玉米、高粱含脂肪 3.5% 左右,且以不饱和脂肪酸为主,亚油酸和亚麻酸的比例高,这对于猪、鸡的必需脂肪酸供应有一定好处。其他谷实类饲料含脂肪少。

(二)糠麸类饲料

一般谷实的加工分为制米和制粉两大类,制米的副产物称为糠,制粉的副产物称为麸,无论糠与麸都是由谷物的果实、种皮、部分糊粉层和碎米、碎麦组成,与其对应的谷物籽实相比,糠麸类饲料的粗纤维、粗脂肪、粗蛋白质、矿物质和维生素含量高,无氮浸出物则低得多。另外,糠麸结构疏松、体积大、堆积密度小、吸水膨胀性强,其中多数对动物有一定的轻泻作用,是马属动物的常用饲料。可作为载体、稀释剂和吸附剂,也可作为发酵饲料的原料。糠麸类饲料有吸水性,容易发霉变质。

(1)无氮浸出物少,能量水平低。

(2)粗纤维含量比籽实高,约占 10%。

(3)粗蛋白质含量 10%~15%,且必需氨基酸含量也较高,蛋白质的数量与质量均高于禾本科籽实,介于豆科与禾本科籽实之间。

(4)含钙量低,矿物质中磷多钙少,磷多以植酸磷的形式存在,不利于猪、鸡的吸收。

(5)B 族维生素含量丰富,尤其是维生素 B_1、维生素 B_5、维生素 B_3 及维生素 E 含量较丰富,其他维生素均较少。

(6)粗脂肪含量达 15%,其中不饱和脂肪酸高,容易酸败,难以储存。

(三)淀粉质块根、块茎及瓜果类饲料

块根、块茎及瓜果类饲料包括甘薯、马铃薯、胡萝卜、甜菜、南瓜等。

这类饲料最大的特点是具有多汁性,适口性好,容易消化,水分含量高达 75%～90%,相对的干物质很少,但从干物质的营养价值来看,它们可以归属于能量饲料。特别在国外,这些饲料大多是制成干制品后用作饲料,这就更符合能量饲料的条件了。

它们的粗纤维含量较低,占 3%～10%;无氮浸出物含量很高,达 60%～80%,且大多是易消化的糖、淀粉等。就干物质而言,它们也具有能量饲料的一些缺点,如粗蛋白质含量低,仅为 5%～10%;矿物质含量低,0.8%～1.8%;维生素方面,南瓜中核黄素含量高达 13.1 mg/kg,甘薯和南瓜中含有胡萝卜素,特别是胡萝卜中胡萝卜素含量能达 430 mg/kg,其他维生素缺乏。

(四)油脂类饲料

油脂类饲料包括动植物油脂、乳清粉等。植物油脂和动物油脂是常用的液体能量饲料。作为一种高能饲料,它们常用于提高饲粮的能量浓度并改善适口性。

油脂种类繁多,按照产品来源可分为植物油脂、动物油脂和饲料级水解油脂和粉末状油脂。我国至今未对饲料用油脂颁布国家标准,在生产中一般规定:饲料用油脂脂肪含量为 91%～95%,游离脂肪酸 10%以下,水分在 1.5%以下,不溶性杂质在 0.5%以下为合格的饲料油脂。油脂总能和有效能远比一般的能量饲料高。如猪脂肪总能为玉米的 2.14 倍,大豆油代谢能为玉米的 2.87 倍;植物油和鱼油等富含动物所需的必需脂肪酸,油脂的热增耗值也比较低。

二、常用的能量饲料

(一)谷实类饲料

1. 玉米

玉米含能量高,总能的平均值约为每千克干物质有 18.5 MJ,且利用率高,故有"能量之王"的美誉(图 3-10)。蛋白质含量低且品质差,粗蛋白质含量为 7.2%～8.9%,缺乏赖氨酸及色氨酸等必需氨基酸;纤维少(2.5%);粗脂肪含量为 3%～4%,高油玉米中粗脂肪含量可达 8%以上;不饱和脂肪酸主要是亚油酸和油酸。适口性好,产量高,价格便宜。

视频 3-4

黄玉米中含有较多的胡萝卜素、叶黄素和玉米黄素,有助于加深蛋黄或奶油或肉鸡皮肤及脚趾的颜色。然而也应避免在鸡饲粮中过量使用玉米,否则肉鸡腹腔内过量蓄积脂肪而使屠体品质下降;喂猪时应粉碎以利于消化,但猪饲料中使用过多易造成背膘增厚,瘦肉率下降,甚至产生"黄膘肉"(脂多、质软、色黄、品质差);反刍动物饲粮中使用时应注意与其他蓬松性原料并用,否则可能导致膨胀。

图 3-10　玉米

玉米粉碎过细会影响采食量,以粗粉为宜,粒度应大小一致。粉碎后的玉米粉易酸败变质,不宜久存。特别是当黄曲霉毒菌污染后所产生的黄曲霉毒素是一种强致癌物质,对人畜危害极大。

我国《饲料用玉米》(GB/T 17890—2008)国家标准规定:以粗蛋白质、容重、不完善粒总量、水分、杂质、色泽、气味为质量控制指标分为3级。其中粗蛋白质以干物质为基础;容重指每升中的克数;不完善粒包括虫蚀粒、病斑粒、破损粒、生芽粒、生霉粒、热损伤粒;杂质指能通过直径3.0 mm圆孔筛的物质、无饲用价值的玉米、玉米以外的物质。我国饲料用玉米质量标准见表3-9。

表 3-9　我国饲料用玉米质量标准(GB/T 17890—2008)

等级	容重/(g/L)	粗蛋白质(干物质基础)/%	不完善粒/%		水分/%	杂质/%	色泽、气味	脂肪酸值/(mg/100 g)
			总量	生霉粒				
一级	≥710		≤5.0					≤60
二级	≥685	≥8.0	≤6.5	≤2.0	≤14.0	≤1.0	正常	—
三级	≥660		≤8.0					—

2. 小麦

按栽培季节可将小麦分为春小麦和冬小麦(图3-11)。按籽粒硬度可将小麦分为硬质小麦、软质小麦。硬质小麦其截面是呈半透明,蛋白质含量较高;软质小麦截面呈粉状,质地疏松。按籽粒表面颜色可将小麦分为红皮小麦、白皮小麦。由于小麦主要用于人的粮食,且经济价值较高,我国一般不直接用作饲料。小麦制粉副产物麸皮、次粉和筛漏的小麦则用作饲料。

小麦粗蛋白质含量居谷实类首位,一般达12%以上,但必需氨基酸尤其是赖氨酸不足,因而小麦蛋白质品质较差。无氮浸出物多,在其干物质中可达75%以上。非淀粉多糖主要是阿拉伯木聚糖,这种多糖不能被动物消化酶消化,而且有黏性,在一定程度上影响小麦的消化率;粗脂肪含量低(约1.7%),这是小麦能值低于玉米的主要原因;小麦的粗纤维含量稍高于玉米、低于豆饼;B族维生素和维生素E含量也较丰富,维生素A、维生素D、维生素K极少;矿物质含量一般都高于其他谷实,磷、钾等含量较多,但半数以上的磷为无效态的植酸磷。

小麦次粉是以小麦为原料磨制各种面粉后获得的副产品之一,比小麦麸营养价值高(图3-12)。因所含淀粉较软,而且又具有黏性,故小麦及其次粉用作鱼类饲料的效果优于其他任何谷实。由于加工工艺不同,制粉程度不同,出麸率不同,所以次粉成分差异很大。因此,用小麦次粉作为饲料原料时要对其成分与营养价值实测。

图 3-11　小麦　　　　　　　　　　图 3-12　小麦次粉

小麦对猪的适口性好。添加以阿拉伯木聚糖酶为主的复合酶可作为猪的能量饲料,不仅能减少饲粮中蛋白质饲料的用量,而且可提高肉质。小麦用作育肥猪、仔猪饲料时,宜磨碎,若用鸡的能量饲料时,不宜粉碎过细。小麦是牛、羊等反刍动物的良好能量饲料,饲用前应破碎或压扁,在饲粮中用量不能过多(控制在50%以下),否则易引起瘤胃酸中毒。

我国农业行业标准《饲料原料小麦》(NY/T 117—2021)与《饲料原料小麦次粉》(NY/T 211—2023)规定,前者以容重、杂质、粗蛋白质等为质量控制指标,后者以粗纤维、粗灰分、粗蛋白等为质量控制指标,除水分外各项指标均以88%干物质为基础计算,按含量分为3级。饲料用小麦的质量标准如表3-10所示,饲料用小麦次粉的质量标准如表3-11所示。

表3-10　饲料原料小麦的质量标准(NY/T 117—2021)

项目	一级	二级	三级
容重/(g/L)	≥770	≥730	≥710
杂质/%	≤1.0	≤2.0	
无机杂质/%	≤0.5		
粗蛋白质/%	≥11.0		
水分*/%	≤13.0		

注:* 在能够确保产品安全的前提下,供需双方可协商约定该指标值;低于三级者为等外品。

表3-11　饲料原料小麦次粉的质量标准(NY/T 211—2023)

项目	一级	二级	三级
粗蛋白质/%	≥13.0		
粗纤维/%	≤3.5	≤5.5	≤7.0
粗灰分/%	≤2.5	≤3.0	≤4.0
淀粉/(g/kg)	≥200		
水分/%	≤13.5		

3. 稻谷与糙米

稻谷是我国第一粮食作物。稻谷外包颖壳,粗纤维含量高,因而有效能值低于玉米。稻谷脱壳后,大部分果种皮仍残留在米粒上,称为糙米。

按粒形和粒质,可将稻谷(图3-13)分为籼稻、粳稻和糯稻三类。按栽培季节,可将其分为早稻和晚稻,早粳稻和晚粳稻,糯稻与粳糯稻等。

稻谷中粗蛋白质含量为7%～8%,氨基酸含量与玉米近似。无氮浸出物在60%以上,但粗纤维达8%以上,且半数以上为木质素,因此生产商一般不提倡直接用稻谷喂猪、鸡等单胃动物,不宜用稻谷作仔猪、鸡的饲料。

图3-13　稻谷

糙米中无氮浸出物较多,主要是淀粉。糙米中粗蛋白质含量(8%～9%)及其氨基酸组成与玉米相似;脂肪含量约2%,其中不饱和脂肪酸比例较高;灰分含量较少。用糙米可作鸡的能量饲料,其饲喂效果与玉米相当,但对鸡皮肤、蛋黄等无着色效果。

碎米中养分含量变异很大,如其中粗蛋白质含量变动范围为5%~11%;无氮浸出物含量变动范围为61%~82%;粗纤维含量最低仅0.2%,最高可达2.7%以上。因此用碎米作为饲料时,要对其养分实测。

我国农业行业《饲料原料碎米》质量标准(NY/T 212—2021),规定外观与性状应呈碎籽粒状、白色,有米的香味,无发酵、无霉变、无结块、无哈喇味及其他异味,不得掺入饲料原料碎米以外的物质。理化指标见表3-12,除水分外各项指标均以88%干物质为基础计算。

表 3-12   饲料原料碎米的质量标准(NY/T 212—2021)   %

项目	指标	项目	指标
粗蛋白质	≥5.0	粗灰分	≤1.5
粗纤维	≤1.5	水分	≤14.0

我国《饲料原料稻谷》质量标准(NY/T 116—2023)以粗蛋白质、粗纤维、粗灰分为质量控制指标,各项指标均以86%干物质为基础计算,按含量分为3级,见表3-13。

表 3-13   饲料原料稻谷的质量标准(NY/T 116—2023)   %

项目	一级	二级	三级
粗蛋白质	≥8.0	≥6.0	≥5.0
粗纤维	<9.0	<10.0	<12.0
粗灰分	<5.0	<6.0	<8.0

4. 高粱

按用途可将高粱分为粒用高粱、糖用高粱、帚用高粱和饲用高粱(图 3-14)。我国《饲料原料高粱》质量标准(NY/T 115—2021)见表3-14。

去壳高粱籽实的主要成分为淀粉,多达70%,粗纤维少,可消化养分高。粗蛋白质含量为8.0%~9.0%,品质较差,赖氨酸、蛋氨酸等缺乏。脂肪含量稍低于玉米。有效能值较高,如消化能为 13.18 MJ/kg(猪),代谢能为 12.30 MJ/kg(鸡)。含钙少,含磷量较多,70%为植酸磷。高粱种皮中含有较多的单宁,单宁具有收敛性和苦味。单宁除降低适口性外,对单胃动物可降低蛋白质和矿物质的利用率。

高粱对于奶牛有近似玉米的饲用价值。一般以粉碎后喂给为好;饲喂肉牛其饲用价值相当于玉米的90%~95%,可以带穗粉碎。高粱有苦涩味,适口性不及玉米,在猪日粮的配比中一般不超过20%,在蛋鸡和雏鸡的日粮配比中一般在15%以下为宜,否则易引起便秘。

图 3-14   高粱

表 3-14 饲料原料高粱质量标准（NY/T 115—2021）等级

项目	类型			
	Ⅰ 型		Ⅱ 型	
单宁/%	≤0.3		>0.3	
等级	一级	二级	一级	二级
容重/(g/L)	≥740	≥700	≥740	≥700
粗蛋白质/%	≥8.0			
杂质/%	≤1.0			
不完善粒/%	≤3.0			
水分/%	≤14.0			
粗纤维/%	≤3.0			
粗灰分/%	≤3.0			

注：各项指标含量除单宁、容重、水分、杂质和不完善粒以原样为基础计算，其他均以88％干物质为基础计算。

以玉米为参照，常见谷类籽实对不同动物的饲用价值见表 3-15。

表 3-15 常见谷类籽实的饲用价值

种类	猪	鸡	牛	羊
玉米	100	100	100	100
小麦	100～105	90	100～105	90～95
大麦	88	80～85	90	85～100
高粱	90	100	90～95	100
燕麦	80	70～80	70～80	75～100

(二)糠麸类饲料

1. 小麦麸

视频 3-5

小麦麸俗称麸皮，是以小麦籽实为原料加工面粉后的副产物（图 3-15）。我国农业行业《饲料原料小麦麸》质量标准（NY/T 119—2021），见表 3-16。

小麦麸粗纤维含量因产品而异，变异范围为 1.5%～9.5%，粗蛋白质含量为 13%～17%，钙含量很低（0.14%），磷含量高（1.2%，但是利用率低），不适合单独作任何动物的饲料。但是因其价格低廉，蛋白质、锰和 B 族维生素含量较多，所以也是畜禽常用的饲料原料。

图 3-15 小麦麸

小麦麸的代谢能较低，不适于用作肉鸡饲料，但种鸡、蛋鸡在不影响热能的情况下可使用，一般在 10% 以下。为了控制生长鸡及后备种鸡的体重，在其饲料中可使用 15%～25%，这样可降低日粮的能量浓度，防止体内过多沉积脂肪。

表 3-16 饲料原料小麦麸的质量标准（NY/T 119—2021）

项目	等级	
	一级	二级
粗蛋白质/%	≥17.0	≥15.0
水分*/%	≤13.0	
粗纤维/%	≤12.0	
粗灰分/%	≤6.0	

注：*在能够确保产品安全的前提下，供需双方可协商约定该指标值；低于二级者为等外品；除水分外，各项指标均以88%干物质为基础计算。

小麦麸对猪适口性好，含有轻泻性的盐类，有助于胃肠蠕动和通便润肠，所以是妊娠后期和哺乳母猪的良好饲料。用于肉猪肥育效果较差，有机物质消化率只有 67% 左右。小麦麸用于幼猪不宜过多，以免引起消化不良。

小麦麸容积大，纤维含量高，适口性好，是奶牛、肉牛及羊的优良的饲料原料。奶牛精料中使用 25%～30%，可增加泌乳量，但用量太高反而失去效果。在马属动物饲粮中用量可达50%，但不能再高，否则有诱发肠结石的危险。

2. 米糠和脱脂米糠

米糠是稻谷加工成白米后的副产品。稻谷脱去的外壳粉碎后为砻糠，其营养价值低，一般不单独作为畜禽饲料用。由糙米生产成白米的副产物即为米糠，包括种皮、糊粉层和少量胚和胚乳，即通常所称的细米糠或洗米糠，占糙米质量的 8%～11%。一般 100 kg 稻谷可得到糙米75～80 kg，砻糠 20～25 kg，而生产白米则可得到精米 65～70 kg 和统糠 30～35 kg。

生产上通常将砻糠和洗米糠按一定比例混合而称统糠，如二八统糠和三七统糠等，其营养价值与砻糠所占比例有关。

洗米糠经压榨或有机溶剂浸提脱去脂肪后，被称为米糠饼或米糠粕。目前我国米糠脱脂有 80% 采用压榨法，20% 采用有机溶剂浸提法。

米糠是能值最高的糠麸类饲料，新鲜米糠的适口性较好。米糠易发生氧化酸败和水解酸败，易发热和霉变。因此，一定要使用新鲜米糠。

米糠中含有约 13% 的粗蛋白质和 17% 左右的粗脂肪，有效能值略高于稻谷。米糠油脂中含有不饱和脂肪酸，易氧化酸败，不易保存。此外米糠中还含有胰蛋白酶抑制因子，其活性很高，饲用量过大或贮藏不当均会抑制畜禽正常生长。

与米糠相比，脱脂米糠的粗脂肪含量大大减少，特别是米糠粕的脂肪含量仅为 2% 左右，米糠和脱脂米糠中均含有较高的氨基酸和含硫氨基酸。在矿物质方面富含铁、锰、锌，但磷含量大于钙，比例极不平衡，同时植酸磷的比重也很大。我国饲料原料米糠、米糠饼和米糠粕的质量标准见表 3-17。

表 3-17 我国饲料原料米糠、米糠饼和米糠粕的质量标准

指标	米糠（NY/T 122—1989）			米糠饼（NY/T 123—2019）			米糠粕（NY/T 124—2019）		
	一级	二级	三级	一级	二级	三级	一级	二级	三级
粗蛋白质/%	≥13.0	≥12.0	≥11.0	≥14.0	≥13.0	≥12.0	≥16.0	≥15.0	≥13.0

续表3-17

指标	米糠（NY/T 122—1989）			米糠饼（NY/T 123—2019）			米糠粕（NY/T 124—2019）		
	一级	二级	三级	一级	二级	三级	一级	二级	三级
粗纤维/%	≤6.0	≤7.0	≤8.0	≤8.0	≤10.0	≤12.0	≤8.0	≤10.0	≤11.0
粗灰分/%	≤8.0	≤9.0	≤10.0	≤9.0	≤10.0	≤12.0	≤9.0	≤10.0	≤11.5
水分/%		—			≤12.0			≤12.5	
粗脂肪/%		—			≤10.0			—	

米糠是猪很好的能量饲料。新鲜米糠在生长猪饲粮中可用到 10%～12%。肥育猪饲粮米糠用量过多，可使猪背膘变软，胴体品质变差，所以，用量宜控制在 15% 以下。喂鸡一般控制在 10% 以下，用量太高不仅影响适口性，还会因植酸过多，降低钙、镁、锌、铁等矿物质的利用率。米糠饲喂家禽的效果不如喂猪，但米糠饲粮可提高家禽的蛋重（因亚油酸含量高）。

3. 其他糠麸类

大麦麸是大麦加工的副产物，在能量、蛋白质和粗纤维含量上皆优于小麦麸。此外还有高粱糠、玉米糠、小米糠等。高粱糠的有效能值较高，但含单宁较多，适口性差，易引起便秘，应控制用量。玉米糠因果种皮所占比例较大，粗纤维含量较高，应控制在单胃动物饲粮中用量。小米糠粗纤维含量达 23.7%，接近粗饲料，饲用前应进一步粉碎、浸泡和发酵，可提高消化率。

（三）淀粉质块根、块茎及瓜果类饲料

1. 甘薯

甘薯又名红薯、白薯、山芋、红苕、地瓜等。新鲜甘薯中水分多，达 75% 左右，甜而爽口，因而适口性好。脱水甘薯块中主要是无氮浸出物，含量达 75% 以上。甘薯中粗蛋白质含量低，以干物质计约 4.5%，且蛋白质品质较差。脱水甘薯中虽然无氮浸出物含量高，但有效能值明显低于玉米等谷实。

甘薯最宜喂猪，无论生熟喂，都应将其切碎或切成小块，以免引起牛、羊、猪等动物食道梗塞。甘薯可在鸡饲粮中占 10%，在猪饲粮中可替代 25% 的玉米，在牛饲粮中可替代 50% 的其他能量饲料。黑斑甘薯有毒，不能作为动物的饲料。

2. 马铃薯

马铃薯既为粮食、蔬菜和工业原料，又是一种重要的饲料。马铃薯块茎含干物质 17%～26%，其中 80%～85% 为无氮浸出物，粗纤维含量少，粗蛋白质约占干物质 9%，主要是球蛋白，生物学价值高。马铃薯给动物可生喂，也可熟喂。生喂时宜切碎后投喂。脱水马铃薯块茎为较好的能量饲料，将其粉碎后加到动物饲粮中。未成熟的、发芽或腐烂的马铃薯毒素龙葵碱含量高，大量投喂会引起中毒。

3. 木薯

木薯不仅是杂粮作物，也可以是良好的饲料作物，其块根用作能量饲料。木薯干（脱水木薯）中无氮浸出物含量高，可达 80%，因此其有效能值较高。如消化能（猪）为 13.10 MJ/kg，代谢能（鸡）为 12.38 MJ/kg，产奶净能（奶牛）为 6.90 MJ/kg。粗蛋白质含量很低，以风干物质计，仅为 2.5%。另外，木薯中矿物质贫乏，维生素含量几乎为零。木薯中含有毒物氢氰酸，其含量随品种、气候、土壤、加工条件等不同而异。脱皮、加热、水煮、干燥可除去或减少木薯中氢氰酸。

木薯在饲用前，最好要测定其中氢氰酸含量，符合卫生标准方能饲用。若超标，要对其脱毒处理。在家禽饲粮中木薯干用量一般控制在10%以下为宜。但有资料报道，在蛋雏鸡饲粮中可酌情增大木薯干用量至50%，并无明显不良后果。若木薯的适口性较好，在肉猪饲粮中用量可达30%。在肉牛饲粮中，也可用30%的木薯干。

(四)油脂类饲料

饲料中添加油脂能够显著提高生产性能并降低饲养成本，尤其对于生长发育快、生产周期短或生产性能高的动物效果更为明显。油脂添加量建议为：奶牛3%～5%；蛋鸡2%～5%；肉猪4%～6%，仔猪3%～5%。添加植物油优于动物油，而椰子油、玉米油、大豆油为仔猪的最佳添加油脂。由于油脂价格高，混合工艺存在问题，目前国内的油脂实际添加量远低于上述建议量。加工生产预混料时，为避免产品吸湿结块，减少粉尘，常在原料中加一定量油脂。

拓展内容 ▶--

乳清与乳清粉

乳清是生产酸凝乳干酪和工业酪蛋白的副产品。乳清除含大量的乳糖和维生素外，还含有以白蛋白和球蛋白形态存在的全价蛋白质。乳清所含的钙、磷量大约只占脱脂乳的1/3，钙为0.05%、磷为0.04%。核黄素的含量则与脱脂乳几乎相同。所有家畜都可以用乳清作饲料。出生后3周龄的犊牛，用乳清配合饼粕类和谷类代替脱脂乳饲喂，虽比脱脂乳差些，但犊牛生长很好。乳清含有优质蛋白质，用大麦配合饲喂肉猪，育肥效果较好。

乳清脱水干燥便是乳清粉。乳清粉中乳糖含量很高，一般高达70%以上。所以乳清粉常被认为是一种糖类物质。干物质中消化能16.0 MJ/kg(猪)，代谢能130 MJ/kg(鸡)。乳清粉中蛋白质含量不低于11%，乳糖含量不低于61%。钙、磷含量较多，且比例合适。乳清粉中富含水溶性维生素，缺乏脂溶性维生素。乳清粉主要用作猪的饲料，尤其是仔猪的能量、蛋白质补充饲料，在仔猪玉米型补充料中加30%的脱脂乳和10%乳清粉，饲养效果很好。在生长猪饲粮中乳清粉用量应少于20%，在肥育猪饲粮中用量应控制在10%以内。

乳清粉是乳品加工厂生产工业酪蛋白和酸凝乳干酪的副产物，将其脱水干燥便成乳清粉。由于牛乳成分受奶牛品种、季节、饲粮等因素影响及制作乳酪的种类不同，所以乳清粉的成分含量有较大差异。

任务考核 3-5

参考答案 3-5

任务六　蛋白质饲料识别与选用

饲料干物质蛋白质含量大于或等于20％而粗纤维小于18％的饲料称为蛋白质饲料,主要包括植物性蛋白质饲料、动物性蛋白质饲料、单细胞蛋白质饲料及非蛋白氮饲料。

一、植物性蛋白质饲料

(一)植物性蛋白质饲料的营养特点

(1)蛋白质含量高,且蛋白质质量较好。一般植物性蛋白质饲料粗蛋白质含量在20％～50％,因种类不同差异较大。

(2)粗脂肪含量变化大。油料籽实含量在15％～30％,非油料籽实只有1％左右。饼粕类脂肪含量因加工工艺不同差异较大,高的可达10％,低的仅1％左右。

(3)粗纤维含量低。粗纤维含量低,基本与谷类籽实近似,较饼粕类稍高。

(4)矿物质含量中钙少磷多,且主要是植酸磷。

(5)维生素较丰富。B族维生素较丰富,维生素A、维生素D较缺乏。

此外,大多数含有一些抗营养因子,影响其饲喂价值。

(二)常用的植物性蛋白质饲料

1. 豆类籽实

饲用豆类专用于饲料的主要有大豆、豌豆、蚕豆等,这些豆类都是动物良好的蛋白质饲料。它们共同的营养特点是蛋白质含量丰富,达20％～40％,而无氮浸出物较谷实类低。豆类饲料中矿物质与维生素的含量与谷实类大致相似,钙含量虽稍高些,但仍比磷少,钙、磷比例不适宜。

绝大多数的豆科籽实少量用作饲料。未经加工的豆类籽实中含有多种抗营养因子,如抗胰蛋白酶、凝集素等,因此生喂豆类籽实不利于动物对营养物质的吸收。蒸煮和适度加热,可以钝化破坏这些抗营养因子,而不再影响动物消化。

大豆经膨化后,所含的大部分抗胰蛋白酶和脲酶等被破坏,适口性及蛋白质消化率也得以明显改善,在肉用畜禽日粮中作为部分蛋白质的来源,使用效果颇佳。饲料原料膨化大豆外观淡黄色至浅棕色粉状,质量标准见表3-18。

表3-18　饲料原料膨化大豆质量标准(NY/T 4269—2023)

项目	等级	
	一级	二级
粗蛋白质/％	≥35.0	≥32.0
粒度(1.00 mm 标准筛通过率)/％	≥85	
粗脂肪/％	≥17.0	
粗灰分/％	≤5.5	

续表3-18

项目	等级	
	一级	二级
粗纤维/%	≤6.0	
尿素酶活性/(U/g)	≤0.20	
氢氧化钾蛋白质溶解度/%	≥73.0	
酸价(KOH)/(mg/g)	≤5.0	
水分/%	≤12.0	

注:水分、氢氧化钾蛋白质溶解度和尿素酶活性以原样为基础计算,酸价以粗脂肪为基础计算,其他指标以88%干物质为基础计算。

2. 饼粕类

饼粕类饲料是油料籽实提取油分的产品,目前我国脱油的方法有压榨法、浸提法和预压-浸提法,用压榨法榨油的产品通称"饼",用浸提法脱油后的产品称"粕",饼粕类的营养价值因原料种类、品质及加工工艺而异。浸提法的脱油效率高,故相应的粕中残油量少,而蛋白质含量比饼高,压榨法脱油效率低,因而与相应粕比较,含可利用的能量高。

图 3-16 大豆粕

(1)大豆饼粕 大豆饼和大豆粕(图 3-16)是我国最常用的一种主要植物性蛋白质饲料。

①营养价值。大豆饼粕粗蛋白质含量高,一般在40%~50%,必需氨基酸含量高,组成合理。赖氨酸含量在饼粕类中最高,为 2.4%~2.8%。赖氨酸与精氨酸比约为 100∶130,比例较为适当。若配合大量玉米和少量的鱼粉,很适合家禽氨基酸营养需求。大豆饼粕异亮氨酸含量是饼粕饲料中最高者,约 1.8%,是异亮氨酸与缬氨酸比例最好的一种;色氨酸、苏氨酸含量也很高,与谷实类饲料配合可起到互补作用。在玉米+大豆饼粕为主的饲料中,蛋氨酸含量不足,一般要额外添加蛋氨酸才能满足畜禽营养需求。大豆饼粕粗纤维含量较低,主要来自大豆皮。无氮浸出物中淀粉含量低。大豆饼粕中胡萝卜素、核黄素和硫胺素含量少,烟酸和泛酸含量较多,胆碱含量丰富,维生素 E 在脂肪残量高和储存不久的饼粕中含量较高。矿物质中钙少磷多,磷多为植酸磷(约占 61%),硒含量低。

饲料原料豆粕质量标准见表 3-19。

表 3-19 饲料原料豆粕质量标准(GB/T 19541—2017)

项目	等级			
	特级品	一级品	二级品	三级品
粗蛋白质/%	≥48.0	≥46.0	≥43.0	≥41.0
粗纤维/%	≤5.0	≤7.0	≤7.0	≤7.0
赖氨酸/%	≥2.5		≥2.3	

续表3-19

项目	等级			
	特级品	一级品	二级品	三级品
水分/%		≤12.5		
粗灰分/%		≤0.30		
尿素酶活性/(U/g)		≤7.0		
氢氧化钾蛋白质溶解度[a]/%		≥73.0		

[a] 大豆饼浸提取油后获得的饲料原料豆粕,该指标由供需双方约定。

大豆饼粕中存在抗营养物质如抗胰蛋白酶、脲酶、甲状腺肿因子、皂素、凝集素等。这些抗营养因子不耐热,适当的热处理即可灭活(110 ℃经 3 min),但加热过度会降低赖氨酸、精氨酸的活性,同时亦会使胱氨酸遭到破坏。

②饲用价值

家禽:大豆饼粕适当加热后添加蛋氨酸,即为禽类最好的蛋白质来源,适用任何阶段的家禽,幼雏效果更好,其他饼粕原料不及大豆饼粕。加热不足的大豆饼粕能引起家禽胰脏肿大、发育受阻,添加蛋氨酸也无法改善,对雏鸡影响尤甚,这种影响随着动物的年龄增长而下降。

猪:适当处理后的大豆饼粕也是猪的优质蛋白质原料。但对于乳仔猪,由于大豆、豆粕中所含的活性极强的抗原物质,通过加热不易灭活,应限量使用(不超过总蛋白质量的 60%),否则易引起腹泻。乳猪宜饲喂熟化的脱皮大豆粕,育肥猪无用量限制。以豆粕为唯一的蛋白源的饲料中,添加蛋氨酸可提高猪生产性能,若同时添加蛋氨酸、赖氨酸和苏氨酸,可进一步提高猪生产性能。

牛、羊:大豆饼粕也是奶牛、肉牛的优质蛋白质原料,各阶段牛饲料中均可使用,适口性好,长期饲喂也不会厌食。羊也可使用,效果优于生大豆。

水产动物:草食鱼及杂食鱼对大豆粕中蛋白质利用率很好,可达 90% 左右,能够取代部分鱼粉作为蛋白质主要来源。肉食鱼对大豆粕利用率低,尽量少用。

(2)菜籽饼粕　菜籽饼粕(图 3-17)是油菜籽榨油后的副产品,是一种良好的蛋白质饲料,但因含有毒物质,使其应用受到限制。

①营养价值。含有较高的粗蛋白质 34%～38%。其氨基酸的组成特点是蛋氨酸含量较高,约为 0.7%,在饼粕类饲料中仅次于芝麻饼粕;赖氨酸的含量也较高,2.0%～2.5%,仅次于大豆饼粕;另一特点是精氨酸含量低,是饼粕类饲料中含精氨酸最低,2.32%～2.45%。菜籽饼粕与棉籽(仁)饼粕搭配,可以改善赖氨酸与精氨酸的比例关系。

粗纤维含量较高 12%～13%,有效能值较低。矿物质中钙、磷含量均高,但大部分为植酸磷,富含铁、锰、锌、硒,尤其是硒含量远高于豆饼。维生素中胆碱、叶酸、烟酸、核黄素、硫胺素均比豆饼高,但胆碱与芥子碱呈结合状态,不易被肠道吸收。菜籽饼粕含有硫葡萄糖

图 3-17　菜籽粕

苷、芥子碱、植酸、单宁等抗营养因子。

饲料用菜籽粕质量标准见表 3-20。

表 3-20 饲料用菜籽粕质量标准(GB/T 23736—2009)

项目	等级			
	一级	二级	三级	四级
粗蛋白质/%	≥41.0	≥39.0	≥37.0	≥35.0
粗纤维/%	≤10.0		≤12.0	≤14.0
赖氨酸/%		≥1.7	≥1.3	
粗灰分/%		≤8.0	≤9.0	
粗脂肪/%		≤3.0		
水分/%		≤12.0		

注:除水分外,各项指标均以88%干物质为基础计算。

②饲用价值。菜籽饼粕因含有多种抗营养因子,饲喂价值明显低于大豆粕。并可引起甲状腺肿大,采食量下降,生产性能下降。近年来,国内外培育的"双低"(低芥酸和低硫葡萄糖苷)品种已在我国部分地区推广,并获得较好效果。

在鸡配合饲料中,菜籽饼粕应限量使用,通常幼雏应避免使用。品质优良的菜籽饼粕,肉鸡后期可用至 10%~15%,但为防止肉鸡风味变劣,用量宜低于 10%。蛋鸡、种鸡可用至8%,超过 12%即引起蛋重和孵化率下降。褐壳蛋鸡采食多时,鸡蛋有鱼腥味,应谨慎使用。

猪对毒物含量高的饼粕,适口性差,在饲料中过量使用,会引起不良反应,如甲状腺肿大、肝肾肿大等,生长率下降 30% 以上,显著影响母猪繁殖性能。肉猪用量应限制在 5% 以下,母猪则低于 3%,经处理后的菜籽饼粕或"双低"品种的菜籽饼粕,肉猪可用至 15%,但为防止软脂现象,用量应低于 10%。种猪用至 12%,对繁殖性能并无不良影响,也应限量使用。

菜籽饼粕对牛适口性差,长期大量使用可引起甲状腺肿大,肉牛精料中使用 5%~10%,对胴体品质无不良影响。奶牛精料中使用 10% 以下,产奶量及乳脂率正常。低毒品种菜籽饼粕饲养效果明显优于普通品种,可提高使用量,奶牛最高可用至 25%。

(3)棉籽饼粕 棉籽饼粕(图 3-18)是棉籽经脱壳取油后的副产品,因脱壳程度不同,通常又将去壳的称棉仁饼粕。棉籽经螺旋压榨法和预压浸提法,得到棉籽饼粕。

①营养价值。去壳后的棉仁饼粕粗纤维含量约 12%,代谢能水平较高。其中粗蛋白质含量可达 40% 以上,其精氨酸含量较高 3.6%~3.8%,而赖氨酸、蛋氨酸含量均较低。棉仁饼粕与菜籽饼粕搭配可缓冲赖氨酸与精氨酸的拮抗作用,还可减少蛋氨酸的添加量。

矿物质中钙少磷多,其中 71% 左右为植酸磷,含硒很少。B 族维生素含量较多,维生素 A、维生素 D 含

视频 3-6

图 3-18 棉籽粕

量较少。棉籽饼粕中的抗营养因子主要为棉酚、环丙烯脂肪酸、单宁和植酸。动物棉酚中毒，表现为生长受阻、生产能力下降、贫血、呼吸困难、繁殖能力下降，甚至不育，有时发生死亡。

饲料用棉籽粕质量标准见表3-21。

表3-21　饲料用棉籽粕质量标准（GB/T 21264—2007）　　　　　%

项目	等级				
	一级	二级	三级	四级	五级
粗蛋白质	≥50.0	≥47.0	≥44.0	≥41.0	≥38.0
粗纤维	≤9.0	≤12.0	≤14.0		≤16.0
粗灰分	≤8.0			≤9.0	
粗脂肪	≤2.0				
水分	≤12.0				

②饲用价值。棉籽饼粕对鸡的饲用价值主要取决于游离棉酚和粗纤维的含量。含壳多的棉籽饼粕，应避免在肉鸡中使用。通常游离棉酚含量在0.05％以下的棉籽饼粕，在肉鸡中可用到饲粮的10％～20％，产蛋鸡可用到饲粮的5％～15％，未经脱毒处理的饼粕，饲粮中用量不得超过5％。

品质好的棉籽饼粕是猪良好的蛋白质饲料原料，代替猪饲料中50％大豆饼粕无副作用，但需补充赖氨酸、钙、磷和胡萝卜素等。品质差的棉籽饼粕或使用量过大会影响适口性，并有中毒可能。棉籽仁饼粕是猪良好的色氨酸来源，但其蛋氨酸含量低，一般乳猪、仔猪不用。游离棉酚含量低于0.05％的棉籽饼粕，在肉猪饲粮中可用至10％～20％，母猪可用至3％～5％，若游离棉酚高于0.05％，应谨慎使用。猪对游离棉酚的耐受量为100 mg/kg，超过此量则抑制生长，并可能引起中毒死亡。

棉籽饼粕是反刍动物良好的蛋白质来源。在奶牛饲料中添加适当棉籽饼粕可提高乳脂率，但若用量超过一般精料的50％则影响适口性同时乳脂变硬。喂犊牛时，以低于精料的20％为宜，且需搭配含胡萝卜素高的优质粗饲料。肉牛可以以棉籽饼粕为主要蛋白质饲料，但应供应优质粗饲料，再补充胡萝卜素和钙，方能获得良好的增重效果，一般在精料中可占30％～40％。棉籽仁饼粕也可作为羊的优质蛋白质饲料来源，同样需配合优质精料。

此外，由于游离棉酚可使种用动物尤其是雄性动物生殖细胞发生障碍，因此种用雄性动物应禁止用棉粕，雌性种畜也应尽量少用。

（4）花生仁饼粕　花生仁饼粕（图3-19）是花生脱壳后，经机械压榨或溶剂浸提油脂后的副产品。用机械压榨法和土法夯榨法榨油后的副产品为花生仁饼，用浸提法和预压浸提法榨油后的副产品为花生仁粕。

①营养特性。花生仁饼含粗蛋白质约44％，浸提粕约47％，氨基酸组成不平衡，赖氨酸、蛋氨酸含量偏低，精氨酸含量在所有植物性饲料中最高。花生仁饼（粕）有效能值在饼粕类饲料中最高，约12.26 MJ/kg，无氮浸出物中大多为淀粉、糖分和戊聚糖。残余脂肪熔点低，脂肪酸以油酸为主，不饱和脂肪酸占53％～78％。钙磷含量低，磷多为植酸磷，

图3-19　花生仁粕

铁含量略高,其他矿物质元素较少。胡萝卜素、维生素 D 含量低,B 族维生素较丰富。

花生仁饼粕中含有少量胰蛋白酶抑制因子。花生仁饼粕极易感染黄曲霉,引起动物中毒。一般要求黄曲霉毒素含量不超过 50 mg/kg。

饲料原料花生仁饼质量标准见表 3-22。

表 3-22 饲料原料花生仁饼质量标准(NY/T 132—2019)

项目	等级		
	一级	二级	三级
粗蛋白质/%	≥48.0	≥40.0	≥36.0
粗纤维/%	≤7.0	≤9.0	≤11.0
粗灰分/%	≤6.0	≤7.0	≤8.0
粗脂肪/%		≥3.0	
赖氨酸/%		≥1.2	
水分/%		≤11.0	

注:各项理化指标数值均以 88%干物质为基础计算。

②饲用价值。为避免黄曲霉毒素中毒,再者花生仁饼粕对雏鸡和成鸡的热能值差别很大,所以花生仁饼粕以用于成鸡为宜。花生仁饼粕应用于成鸡,因其适口性好,可提高鸡的食欲,育成期可用到 6%,产蛋鸡可用到 9%。在鸡饲粮中添加蛋氨酸、硒、胡萝卜素、维生素或提高饲粮蛋白质水平,都可以降低黄曲霉毒素的毒性。

花生仁饼粕是猪的优良蛋白质饲料,适口性极好。育肥猪在满足赖氨酸、蛋氨酸需要的前提下可代替全部大豆饼粕,但为了防止下痢和体脂变软,用量宜低于 10%。为防止黄曲霉毒素中毒,哺乳仔猪最好不用。

花生仁饼粕对奶牛、肉牛的饲用价值与大豆饼粕相当。带壳的花生饼也可使用,但不宜单独使用,与其他饼粕类饲料配合使用可提高效果。

(5)亚麻仁饼粕 亚麻仁饼粕是亚麻仁经脱油后的副产品。

①营养特性。亚麻仁饼粕粗蛋白质含量 32%～36%,赖氨酸、蛋氨酸含量较低,富含色氨酸,精氨酸含量高。饲料中使用亚麻仁饼粕时,要添加赖氨酸或搭配赖氨酸含量较高的饲料。粗纤维含量高 8%～10%,因此热能值较低。钙含量较高,硒含量丰富,是优良的天然硒源之一。维生素中胡萝卜素、维生素 D 含量少,B 族维生素含量丰富。亚麻仁饼粕中的抗营养因子包括生氰糖苷、亚麻籽胶、抗 B 族维生素。

②饲用价值。鸡饲料中应尽量少用或不用亚麻仁饼粕,因亚麻仁饼粕中含有亚麻籽胶,使雏鸡采食困难,况且雏鸡对氢氰酸敏感,故不宜作为雏鸡饲料。在蛋鸡的日粮中也不宜超过 5%,加大使用量会造成食欲减退,生长受阻,产蛋量下降,并排出黏性粪便,影响环境。火鸡对亚麻仁饼粕更为敏感,使用 10%即有死亡现象发生。亚麻仁饼粕经水浸高压蒸汽处理后添加可缓解其毒害。

亚麻仁饼粕可作为猪的蛋白质饲料,肉猪饲料中可用至 8%而不影响增重和饲料效率,但使用过多会造成背脂熔点变低,引起软脂现象,并导致 B 族维生素的缺乏症。母猪饲料中使用可预防便秘。

　　亚麻仁饼粕是反刍动物良好的蛋白质来源,适口性好,牛羊饲料中均可使用,可提高肉牛肥育效果,提高奶牛产奶量。由于含有黏性胶质,具有润肠通便的效果,可当作抗便秘剂,在多汁性原料或粗饲料供应不足时,使用可不必担心胃肠功能失调问题。亚麻仁饼粕可改善动物的皮毛发育,因此饲喂亚麻仁饼粕可使动物有毛光皮滑的润泽外观。犊牛、羔羊、成年牛羊及种用牛羊均可使用,并可作为唯一蛋白质来源,配合其他蛋白质饲料,可预防乳脂变软。

　　3. 其他植物性蛋白质饲料

　　(1)玉米蛋白粉　玉米蛋白粉是玉米淀粉厂的主要副产物之一,为玉米除去淀粉、胚芽、外皮后剩下的产品。其粗蛋白质含量35%～60%,氨基酸组成不佳,蛋氨酸、精氨酸含量高,赖氨酸和色氨酸严重不足,粗纤维含量低,易消化,代谢能与玉米近似或高于玉米,为高能饲料,矿物质含量少,铁较多,钙、磷较低。维生素中胡萝卜素含量较高,B族维生素少;富含色素,主要是叶黄素和玉米黄质,前者是玉米含量的15～20倍,是较好的着色剂。

　　(2)玉米胚芽饼粕　玉米胚芽提油后的产品即为玉米胚芽饼粕。玉米胚芽饼和玉米胚芽粕的主要营养差异为:前者的无氮浸出物较高,可达42%～53%,粗脂肪也可达3%～10%;而后者的粗脂肪仅达1.5%,几乎没有无氮浸出物,但蛋白质的品质相对较稳定。玉米胚芽饼粕蛋白质可达19%～22%,而且都是白蛋白和球蛋白,所以是玉米蛋白质中生物学价值最高的蛋白质,氨基酸组成较好。维生素E含量丰富。玉米胚芽饼粕的饲喂价值要高于玉米纤维蛋白饲料,适口性好,是畜禽的优良饲料,在猪、鸡日粮中可占5%～10%。玉米胚芽饼粕易变质,需小心使用。正常的玉米胚芽饼粕应为淡黄色至褐色,呈新鲜的油粕味,不应有酸败、发霉的味道,颜色过黑,是干燥时温度过高所致。玉米胚芽饼脂肪相对较高,夏季使用时要小心。

　　(3)玉米酒糟蛋白饲料(DDGS)　以玉米原料生产酒精,酒精糟液经蒸发浓缩、干燥,即可得到DDGS。玉米DDGS是优质蛋白原料,其氨基酸含量及可消化氨基酸含量都比较高,含有大量水溶性维生素和脂溶性维生素E及在蒸馏过程中形成的未知生长因子。DDGS中亚油酸含量较高,可达2.3%,是必需脂肪酸亚油酸的良好来源。DDGS中脂肪含量较高,可达9%～13%,纤维素含量中等。玉米DDGS颜色越浅、气味越淡,其营养价值越高。

　　家禽日粮中,DDGS是第一限制性氨基酸蛋氨酸较好的来源,也是必需脂肪酸的来源。产蛋鸡日粮以15%添加量为宜,肉仔鸡为2.5%,育肥肉鸡为5%,种鸡可达20%,青年母鸡为5%,鸭为5%。

　　玉米DDGS是猪不同生长阶段所需能量、蛋白质和其他主要养分的优质来源。一般而言,DDGS用于饲喂生长育肥猪效果较好,而对于仔猪应严格控制用量,推荐保育仔猪日粮5%、生长育肥猪10%～20%、哺乳母猪5%～20%、妊娠母猪和公猪20%～50%。

　　玉米DDGS是反刍动物非常好的过瘤胃蛋白,在瘤胃未降解率可达46.5%。建议DDGS用量:奶牛精料补充料中10%～20%;肉牛日粮25%～30%时,肉牛可获得最大的增重,低于15%能获得最佳的饲料转化效率。对于水产动物而言,适口性好。DDGS的黏结性好,在加工水产饲料中颗粒成型率高,水产动物饲粮中用量可达10%～20%。

　　(4)啤酒糟　啤酒糟是大麦提取可溶性碳水化合物后的残渣,故其成分除淀粉少外,其他与大麦组成相似,但含量按比例增加。粗蛋白质含量22%～27%,氨基酸组成与大麦相似。粗纤维含量较高,矿物质、维生素含量丰富。粗脂肪高达5%～8%,其中亚油酸占50%以上。

　　啤酒糟因密度轻、热能低,肉鸡饲料中不宜使用。蛋鸡、种鸡饲料中使用5%～10%可改善产蛋率、受精率、孵化率及蛋重,并减少软便现象。

生长育肥猪饲料中,以啤酒糟取代半数的蛋白质饲料,增重及饲料效率不受影响,但需补充所缺乏的赖氨酸。由于粗纤维含量高,仔猪饲料中应避免使用。

啤酒糟多用于反刍动物饲料,效果较好。肉牛饲料中可取代部分或全部大豆饼好作为蛋白源使用,可改善尿素利用效果,防止瘤胃不全角化和消化障碍。犊牛饲料中也可使用20%的啤酒糟而不影响生长。奶牛饲料中使用50%的啤酒糟,与肉牛一样可得到良好效果,产奶量和乳脂率均不受影响。羊饲料中使用啤酒糟效果也较好。

二、动物性蛋白质饲料

动物性蛋白质饲料类主要是指水产制品、畜禽屠宰后的副产品等,是很好的一类蛋白质饲料。该类饲料的主要营养特点是:蛋白质含量高,氨基酸组成比例平衡,并含有促进动物生长的动物蛋白因子(APF)。碳水化合物含量低,不含粗纤维,可利用能量都比较高。粗灰分含量高,钙、磷含量丰富,比例适宜。维生素含量丰富(特别是维生素 B_2 和维生素 B_{12})。脂肪含量较高,但脂肪易氧化酸败,不宜长时间贮藏。

(一)鱼粉

用一种或多种鱼类为原料,经去油、脱水、粉碎加工后的高蛋白质饲料。

1. 营养特性

蛋白质含量高,一般脱脂全鱼粉的粗蛋白质含量高达60%以上。蛋白质品质好,生物学价值高,氨基酸组成齐全而且半衡,尤其是主要氨基酸与猪、鸡体组织氨基酸组成基本一致。钙、磷含量高,比例适宜。微量元素中碘、钠含量高。鱼粉中富含 B 族维生素、脂溶性维生素 A、维生素 D、维生素 E 和未知生长因子。但其营养成分因原料质量不同,变异较大。

通常真空干燥法或蒸汽干燥法制成的鱼粉,蛋白质利用率比用烘烤法制成的鱼粉约高10%。鱼粉中一般含有 6%～12% 的脂类,其中不饱和脂肪酸含量较高,极易被氧化产生异味。饲料原料鱼粉质量标准见表 3-23、表 3-24。

表 3-23　饲料原料鱼粉外观与性状(GB/T 19164—2021)

项目	红鱼粉	白鱼粉	鱼排粉
色泽	黄褐色至褐色,或青灰色	黄白色至浅黄褐色	黄白色至黄褐色
状态	肉眼可见粉状物,可见少量鱼骨、鱼眼等。显微镜下可见颗粒状或纤维状鱼肉、颗粒状鱼内脏和鱼溶浆以及鱼骨、鱼鳞;鱼虾粉中可见虾、蟹成分。无生虫、霉变、结块	肉眼可见粉状物,可见鱼骨、鱼眼等。显微镜下可见纤维状鱼肉,有较多鱼骨。无生虫、霉变、结块	肉眼可见粉状物,可见鱼骨、鱼眼、鱼鳞等。显微镜下可见颗粒状或纤维状鱼肉,有较多鱼骨、鱼眼、鱼鳞及褐色块状内脏。无生虫、霉变、结块
气味	具有红鱼粉/白鱼粉/鱼排粉正常气味,无腐臭味、油脂酸败味及焦煳味		

表 3-24　饲料原料鱼粉理化指标（GB/T 19164——2021）

项目	红鱼粉				白鱼粉		鱼排粉	
	特级	一级	二级	三级（含鱼虾粉）	一级	二级	海洋捕捞鱼	其他鱼
粗蛋白质/%	≥66.0	≥62.0	≥58.0	≥50.0	≥64.0	≥58.0	≥50.0	≥45.0
赖氨酸/%	≥5.0	≥4.5	≥4.0	≥3.0	≥5.0	≥4.2	≥3.2	
17 种氨基酸总量[a]/粗蛋白质/%	≥87.0		≥85.0	≥83.0	≥90.0		≥85.0	
甘氨酸/17 种氨基酸总量/%	≤8.0			—	≤9.0		—	
DHA[b] 与 EPA[c] 占总脂肪比例/%	≥18.0						—	
水分/%	≤10.0							
粗灰分/%	≤18.0	≤20.0	≤24.0	≤30.0	≤22.0	≤28.0	≤34.0	
砂分（盐酸不溶性灰分）/%	≤1.5			≤3.0	≤0.4		≤1.5	
盐分（以 NaCl 计）/%	≤5.0				≤2.5		≤3.0	≤2.0
挥发性盐基氮（VBN）/（mg/100 g）	≤100	≤130	≤160	≤200	≤70		≤150	≤80
组胺/（mg/kg）	≤300	≤500	≤1000	≤1500	≤25		≤300	
丙二醛（以鱼粉粗脂肪基础计）/（mg/kg）	≤10.0	≤20.0	≤30.0		≤10.0	≤20.0	≤10.0	

注：[a]17 种氨基酸总量：胱氨酸、蛋氨酸、天冬氨酸、苏氨酸、丝氨酸、谷氨酸、甘氨酸、丙氨酸、缬氨酸、异亮氨酸、亮氨酸、酪氨酸、苯丙氨酸、赖氨酸、组氨酸、精氨酸和脯氨酸之和。

[b]DHA：二十二碳六烯酸（C22:6n-3）。

[c]EPA：二十碳五烯酸（C20:5n-3）。

2. 饲用价值

鱼粉对鸡的饲用效果好，不但适口性好，而且可以补充必需氨基酸、B 族维生素及其他矿物质元素。对于肉鸡，鱼粉可使其生长快，鸡脚的着色良好。对蛋鸡和种鸡可提高产蛋率和孵化率，原因是除了鱼粉中维生素 B_{12} 多以外，也受未知生长因子的影响。一般用量：雏鸡和肉用仔鸡为 3%～5%，蛋鸡为 3%。用量过多，不但成本增加，且会引起鸡蛋、鸡肉的异味。

鱼粉是猪良好的蛋白质来源，具有改善饲料效率和提高增重的效果，而且猪年龄越小，效果越明显。这主要是仔猪所需的氨基酸中赖氨酸和胱氨酸得到了充分补充的缘故。因此，断奶前后仔猪饲料中要使用 3%～5% 的优质鱼粉。肉猪料中一般在 3% 以下，过高增加成本，还会使体脂变软、肉带鱼腥味。

农牧发［2001］7 号，关于禁止在反刍动物饲料中添加和使用动物性饲料的通知中规定，禁止在反刍动物日粮中添加鱼粉等动物源性饲料产品，以彻底切断疯牛病的传播途径。

视频 3-7

（二）虾粉、虾壳粉、蟹粉

虾粉、虾壳粉是指利用新鲜小虾或虾头、虾壳，经干燥、粉碎而成的一种色泽新鲜、无腐败异臭的一类粉末状产品。蟹粉是指用蟹壳、蟹内脏及部分蟹肉加工生产的一种产品。这类产品的共同特点是含有一种被称为几丁质的物质，这种物质的化学组成类似纤维素，很难被动物消化。

1. 营养特性

这类产品中的成分随品种、处理方法、肉和壳的组成比例不同而异。一般虾粉蛋白质含量约 40% 左右，虾壳、壳粉粗蛋白质约 30%，其中 1/2 为几丁质态氮。粗灰分 30% 左右，并含大量不饱和脂肪酸、胆碱、磷脂、固醇和具着色效果的虾红素。

2. 饲用价值

虾、蟹壳粉不仅可为畜禽提供蛋白质，而且还有一些特殊作用。鸡饲料中添加 3%，有助脚趾和蛋黄着色。猪料中添加 3%～5%，是肠道中双歧杆菌、乳酸杆菌的生长因子，可提高仔猪的抗病力，改善猪肉色泽。虾料中添加 10%～15%，也可取得良好的促生长效果。此类原料利用时，应注意含盐量和新鲜度。

（三）肉粉与肉骨粉

肉骨粉是以动物屠宰后不宜食用的下脚料以及肉类罐头厂、肉品加工厂等的残余碎肉、内脏杂骨等为原料，也可用非传染病死亡的动物躯体制作，油脂厂提取油脂后的胴体残余或脏器制药后的肝渣、肉汤等作为原料，经高温消毒、干燥粉碎制成的粉状饲料。肉粉是以纯肉屑或碎肉制成的饲料。骨粉是动物的骨经脱脂脱胶后制成的饲料。美国将含磷量在 4.4% 以下者称为肉粉，在 4.4% 以上者则称为肉骨粉。

1. 营养特性

因原料组成和肉、骨的比例不同，肉骨粉的质量差异较大，粗蛋白质 20%～65%，主要来自磷脂、无机氮、角质蛋白、结缔组织蛋白、水解蛋白及肌肉组织蛋白，仅肌肉组织蛋白的利用价值最高。肉粉、肉骨粉中的结缔组织蛋白较多，其构成氨基酸主要为脯氨酸、羟脯氨酸和甘氨酸，因此氨基酸组成不佳，赖氨酸含量尚可，但蛋氨酸和色氨酸的含量低，利用率变化较大；粗灰分为 26%～40%，是良好的钙、磷来源，钙 7%～10%，磷 3.8%～5.0%，不仅含量高，且比例适宜，磷均为可利用磷。此外，微量元素锰、铁、锌的含量也较高。脂肪含量 8%～18%。脂溶性维生素如维生素 A、维生素 D 因加工过程中大量破坏，含量较少，但 B 族维生素含量丰富。

2. 饲用价值

肉粉、肉骨粉是鸡良好的蛋白质及钙、磷的来源之一，也是维生素 B_{12} 的良好来源，但饲用价值不及鱼粉及大豆饼粕，且品质稳定性差，用量在 6% 以下为宜。

肉粉和肉骨粉对猪饲喂效果较好，但多用则饲料适口性下降，对生长也有一定影响，尤以品质差的肉骨粉更为明显，故用量不宜太高，一般以 5% 以下为宜。多用于肉猪饲料中，仔猪应避免使用。

肉骨粉原料极易感染沙门氏菌，在加工处理畜禽副产品过程中，要进行严格的消毒，另外，用患病家畜的副产物制成的肉粉尽量不喂同类动物。目前由于疯牛病、非洲猪瘟等原因，肉骨粉原料在反刍动物、猪日粮中不用。

(四)血粉

血粉是以畜禽血液为原料,经脱水加工而成的粉状动物性蛋白质补充饲料。

1. 加工工艺

(1)喷雾干燥法　喷雾干燥法是比较先进的血粉加工方法。先将血液中的蛋白纤维成分除掉,再经高压泵将血浆喷入雾化室,雾化的微粒进入干燥塔上部,与热空气进行热交换后使之脱水干燥成粉,落至塔底排出。一般进塔热气温度为 150 ℃,出塔热气温度为 60 ℃,血浆进塔温度为 25 ℃,血粉出塔温度为 50 ℃。在脱水过程中,还可采用流动干燥、低温负压干燥、蒸汽干燥等更先进脱水工艺。

(2)蒸煮法　向动物鲜血中加入 0.5%～1.5% 的生石灰,然后通入蒸汽,边加热边搅拌,结块后用压榨法脱水,使水分含量降到 50% 以下晒干或 60 ℃ 热风烘干,粉碎。不加生石灰的血粉极易发霉或虫蛀,不宜久贮,但加生石灰过多,蛋白质利用率下降。

(3)发酵法　发酵法有 2 种:一种是血粉直接接种曲霉发酵,25～30 ℃ 条件下,发酵约 36 h,然后干燥、制粉;另一种是用糠麸类饲料为吸附物与血粉混合发酵,这与发酵血粉本身的质量不同,蛋白质含量仅为发酵血粉含量一半。血粉自身经发酵后的营养价值变化依发酵工艺而异,但一般的发酵工艺不能改善血粉品质。

2. 营养特性

畜禽血液干物质中粗蛋白质含量一般在 80% 以上,赖氨酸含量很高,达 6%～9%,亮氨酸含量也高(8% 左右),异亮氨酸含量很少,几乎为零。精氨酸、蛋氨酸、色氨酸的含量相对较低,氨基酸组成不平衡。血粉中蛋白质、氨基酸利用率与加工方法、干燥温度、时间的长短有很大关系,通常持续高温会使氨基酸的利用率降低。低温喷雾法生产的血粉优于蒸煮法生产的血粉,血粉的代谢能水平随加工工艺的不同有一定差别,普通干燥血粉的溶解性差,消化率低,代谢能为 8.6 MJ/kg,而采用低温、真空干燥者,消化率较高,代谢能可达 11.70 MJ/kg。血粉中含钙、磷较少,但含有多种微量元素,尤其富含铁元素。

3. 饲用价值

血粉适口性差,氨基酸组成不平衡,并具黏性,过量添加易引起腹泻,因此饲粮中血粉的添加量不宜过高。一般仔鸡、仔猪饲料中用量应小于 2%,成年猪、鸡饲料中用量不应超过 4%。近年来研究指出,利用喷雾干燥的血浆粉或全血粉用于仔猪断奶饲料中,可提高采食量,促进仔猪生长发育。

三、单细胞蛋白质饲料

单细胞蛋白质(SCP)是单细胞或具有简单构造的多细胞生物的菌体蛋白质的统称。包括各种酵母、细菌、真菌和一些单细胞藻类。饲料酵母按培养基不同常分为石油酵母、工业废液(渣)酵母(包括啤酒酵母、酒精废液酵母、味精废液酵母、纸浆废液酵母)。单细胞藻类目前主要饲用的有绿藻和蓝藻两种。

(一)单细胞蛋白质饲料的生产特点

(1)原料丰富,如有机垃圾、工业废气、废液、纸浆、糖蜜、天然气等都可作为原料。

(2)生产设备简单,可大可小。

（3）能起到"变废为宝"、保护环境、减少农田及江河污染的作用。

（4）生产周期快、效率高，在适宜条件下细菌 $0.5\sim1$ h，酵母 $1\sim3$ h，微型藻 $2\sim6$ h 即可增殖 1 倍。

（5）不与粮食生产争地，同时不受气候条件限制。

（6）蛋白质含量高（$30\%\sim70\%$），质量较好（界于动物性蛋白与植物性蛋白之间）。除维生素 B_{12} 之外，其他 B 族维生素含量丰富。

（二）单细胞蛋白质饲料的营养特点

1. 石油酵母

粗蛋白质含量 60% 左右，赖氨酸含量接近优质鱼粉，但缺少蛋氨酸。粗脂肪 $8\%\sim10\%$，粗脂肪多以结合型存于细胞质中，不易氧化，利用率较高。矿物质元素铁含量高、碘含量低。B 族维生素含量较丰富。维生素 B_{12} 不足。

2. 工业废液酵母

一般风干样品中粗蛋白质含 $45\%\sim60\%$，赖氨酸为 $5\%\sim7\%$，蛋氨酸＋胱氨酸为 $2\%\sim3\%$。蛋白质生物学价值与优质豆饼相当，适口性差。有效能值与玉米近似。富含锌、硒，尤其含铁量很高。

3. 蓝藻

粗蛋白质含量为 $65\%\sim70\%$，精氨酸、色氨酸含量高，脂肪酸以软脂酸、亚油酸、亚麻酸居多，维生素 C 丰富。

（三）单细胞蛋白质饲料的应用价值

单细胞蛋白质饲料在利用时，因酵母味苦，适口性差。但赖氨酸含量高，最好用于育成鸡、蛋鸡和肥育猪后期饲料。在肉鸡、产蛋鸡饲粮中添加 $5\%\sim10\%$，育肥猪 $5\%\sim15\%$。蓝藻适口性好，可大量用于猪、牛、羊饲料，禽类对其利用率稍差，是水产动物的优质诱食料。

四、非蛋白氮饲料

凡含氮的非蛋白可饲物质均可称为非蛋白氮饲料（NPN），包括饲料用的尿素、双缩脲、氨、铵盐及其他合成的简单含氮化合物。其作用只是供给瘤胃微生物合成蛋白质所需的氨源，以节省饲料蛋白质。

1. 尿素

尿素为白色结晶状，无臭，味微咸苦，易溶于水，吸湿性强，纯尿素的含氮量为 46%，每千克尿素的含氮量相当于 2.8 kg 粗蛋白质。为降低尿素在瘤胃内的分解速度，以提高牛对尿素的利用效率，可使用以下尿素的加工产品。

（1）凝胶淀粉尿素　用 15% 的尿素与 85% 的淀粉质饲料（玉米、大麦、小麦或高粱）混合均匀，在一定的湿度和压力下，加工成凝胶状颗粒饲喂动物。

（2）氨基浓缩物　用 20% 的尿素、75% 的淀粉质饲料和 5% 的膨润土，在高温、高压和高湿下制成。

（3）尿素衍生　以尿素为基本原料而制成的双缩脲、异丁基二脲、脂肪酸尿素、羧甲基尿素、磷酸脲等产品，均比尿素在瘤胃内分解氨气的速度缓慢且安全。

2. 铵盐、液氨及氨水等

(1)硫酸铵　硫酸铵呈无色结晶,易溶于水。含氮 20%～21%,蛋白质当量 125%。硫酸铵既可作氨源也可作硫源。生产中多将其与尿素以(2～3):1 混后饲用。

(2)碳酸氢铵　碳酸氢铵是白色结晶,易溶于水。当温度升高或温度变化时可分解成氨、二氧化硫和水,味极咸,有气味。含氨 20%～21%,含氮 17%,蛋白质当量 106%。

(3)多磷酸铵　多磷酸铵是一种高浓度氨磷复合肥料,由氨和磷酸制得。一般含氮 22%、含 P_2O_3 34.4%,易溶于水。蛋白质当量 137%,可供作反刍动物的氮、磷源。

▌拓展内容 ▶ --•

发酵饲料

植物性蛋白质饲料原料可采用发酵技术提高其营养价值。饲料通过发酵可以有效提高动物的生长性能,改善动物健康,同时发酵过程还会改变饲料中含有的活性物质及营养成分,减少饲料的抗营养作用。发酵过程中可以产生丰富的酶,除了一些淀粉、蛋白、脂肪酶外,还能产生很多动物本身不能合成的非淀粉酶,如纤维素酶、果胶酶、葡聚糖酶。在这些酶的作用下,饲料中的一些大分子物质降解成更易吸收的小分子物质,一些高分子碳水化合物转化成可吸收利用的低分子碳水化合物。且微生物本身所产生的菌体蛋白,也是一种优良的蛋白质,相比于植物蛋白具有更高的营养效价。

发酵饲料多采用自然发酵和接种商品型乳酸菌等菌种的发酵 2 种。采用自然发酵生产的饲料一般质量不稳定,容易受杂菌感染。采用接种商品型乳酸菌等发酵生产的饲料,质量方面较易控制,但相对来说成本稍高一些。

一、发酵原理

通过发酵处理的饲料不仅具有改善饲料营养吸收水平,降解饲料原料中可能存在的毒素,还能大大减少抗生素等药物类添加剂的使用,改善动物健康水平,从而提高生猪产品的食品安全性。

二、发酵环境

发酵饲料质量的控制一般与所用的菌种、发酵温度与发酵时间有关,原则上发酵饲料剂的 pH 要求在 3.6～4.5,这样肠道中的致病性细菌及病原体的繁殖与生长均可有效地被抑制。发酵时间不能过长,否则大量的乙酸、丙酸、乙醇及胺基化合物会产生,乙酸及一些胺基化合物具有异味及异臭,直接影响饲料的适口性。

三、作用机理

1. 发酵能改善饲料的适口性,刺激动物采食量

发酵饲料是经过微生物(乳酸菌、酵母菌和芽孢杆菌)混合厌氧发酵制成的,其中的酵母菌和芽孢杆菌等好氧菌的存在为乳酸菌的生长繁殖创造了厌氧环境,而乳酸菌大量繁殖产生了乳酸,降低了 pH,这就使得发酵饲料产品具有了酸香味,而且饲料经发酵后均质、蓬松,从而改善了饲料适口性。

2. 发酵可提高饲料中营养物质的消化率及利用率

饲料经过发酵之后,进行着一系列的生物化学反应,饲料中的纤维素、淀粉、蛋白质等复杂的大分子有机物在一定程度上降解为动物容易消化吸收的单糖、双糖、低聚糖和氨基酸等小分

子物质,从而提高饲料的消化吸收率,起到了机械起不到的深度生产加工作用,同时在发酵饲料的过程中还会产生并积累大量的营养丰富的微生物菌种细胞及有用的代谢产物,如氨基酸、有机酸、维生素、活化的微量元素、特殊糖类物质,并使饲料变软变香,营养增加,从而改变饲料的物理化学性质,提高其适口性、消化率、吸收率和营养价值。

3. 发酵有益于猪只肠道的健康和增强免疫力

发酵饲料中存在大量的有益活菌(主要为乳酸菌)及其代谢产物,对猪只的肠道健康有益、抑制病原菌生长、促进肠道微生物平衡、促进肠道免疫应答、改善消化吸收功能、促进健康。同时,饲喂发酵饲料还能增强猪的免疫力。试验表明,饲喂发酵饲料的母猪,母猪及初生仔猪的免疫力及抗病能力都获得提高。文献中早已证明口服乳酸菌可提高人体及动物身体的免疫能力,母猪血液中淋巴细胞的数量显著增高,通过这些母猪初乳饲喂的初生仔猪,它们的发病率也明显降低。

4. 发酵可以降解饲料中的有毒物质

近年来的研究表明,某些乳酸杆菌可抑制霉菌的生长和产毒。嗜酸乳酸杆菌可抑制寄生曲霉的孢子萌发。另外,多数情况下微生物的代谢产物也可以降低饲料中毒素含量。例如甘露聚糖可以有效地降解黄曲霉等。

5. 发酵能产生促生长因子

不同的菌种发酵饲料后所产生的促生长因子含量不同,这些促生长因子主要有有机酸、B族维生素和未知生长因子等等,能够促进猪只的生长。

四、操作方法

(1)先将发酵剂与要发酵的物料充分拌均匀(为了达到混匀目的可以采用逐步稀释的办法)。

(2)再加水拌匀,物料含水率一般控制在65%～75%。其判断办法为:将拌好的发酵物料紧抓一把,指缝见水印但不滴水,松开落地即能散开为适宜。若能挤出水汁,落地不散开,则含水率大于75%,太干太湿均不利,应调整。

(3)加水拌匀后随即装入盆、缸、池、塑料袋等容器中,在自然气温下密封发酵2～3 d,等有香、甜、酒气时即可饲喂。

(4)大规模发酵时可直接堆放在干净的水泥地板或发酵池中,加盖塑料薄膜密封发酵即可。

(5)发酵饲料的参考配方:稻草粉碎后5%～15%,豆渣占60%左右,其余可用米糠,其中米糠和豆渣的比例可根据豆渣水分等实际情况进行适当的调整。发酵饲料剂的使用量按1‰～2‰添加。

五、发酵饲料饲用效果

研究表明,发酵饲料能够促进断奶仔猪的生长和提高饲料转化率。使用乳酸菌发酵液体饲料能显著提高断奶仔猪的采食量和生长速度。饲料经过乳酸菌发酵之后提供了许多生物活性物质,如功能性多肽、酶等,使饲料的消化吸收率大大提高,从而改善了断奶仔猪的生长性能。

在断奶仔猪日粮中添加5%乳酸菌液体进行约8 h的发酵后,仔猪平均日增重提高13.9%($P<0.01$),差异极显著;料肉比下降了21.7%($P<0.05$),差异显著;腹泻率降低50%以上;仔猪粪便中大肠杆菌数减少,乳酸菌数目大大增加,改善了仔猪肠道微生态平衡,降低了肉类制品被致病菌污染的风险,提高了肉类食品屠宰前的安全性。

在肥育猪中饲用微生物发酵饲料(添加无抗发酵浓缩料和发酵配合料),比常规饲料表现出较好生产性能的趋势,平均日增重提高了4.67%,但各项指标(平均日增重、平均采食量和料肉比)均没有表现出显著差异($P>0.05$)。而在猪基础日粮中添加天然精选活菌酵素复合的微生物制剂(含乳酸杆菌、枯草杆菌、乳酸球菌等)可以提高育肥猪屠宰率和瘦肉率,肌肉肉色较鲜红,猪肉品质也较好。

六、注意事项

1. 发酵饲料的技术和设备落后、卫生条件较差

发酵饲料尚未形成统一的生产技术标准,生产发酵饲料的设备和专业人员都非常有限。例如大多数发酵饲料生产厂家没有化验检测设备和专业人员,发酵菌种、发酵过程都没有检测手段,纯粹凭气味判定产品质量,产品质量不稳定。

2. 发酵菌种来源复杂

由于从事发酵饲料的厂家专业技术有限,经济实力较差,未购买正规单位菌种发酵饲料剂,未经专业人员进行技术指导,产品质量得不到保证。

技能四　饲料用大豆制品中尿素酶活性的测定

一、执行标准

《饲料用大豆制品中尿素酶活性的测定》(GB/T 8622—2006)。

二、技能目标

掌握测定大豆制品中尿素酶活性的方法和基本原理,通过尿素酶活性了解大豆制品湿热处理的程度。

三、实训原理

将粉碎的大豆制品与中性尿素缓冲溶液混合,在 30 ℃保持 30 min 后,尿素酶催化尿素水解产生氨。用过量的盐酸溶液中和所产生的氨,再用氢氧化钠标准溶液回滴。

四、仪器设备

(1)样品筛:孔径 200 μm。

(2)酸度计:精度 0.02 pH,附有磁力搅拌器和滴定装置。

(3)恒温水浴:可控温(30$\pm$0.5) ℃。

(4)试管:直径 18 mm,长 150 mm,有磨口塞子。

(5)精密计时器。

(6)粉碎机:粉碎时应不产生强热(如球磨机)。

(7)分析天平:感量 0.1 mg。

(8)移液管:10 mL。

五、试剂和溶液

1. 尿素缓冲溶液(pH 7.0$\pm$0.1)

称取 8.95 g 磷酸氢二钠($Na_2HPO_4 \cdot 12H_2O$)和 340 g 磷酸二钾(KH_2PO_4)溶于水并稀

释至 1 000 mL,再将 30 g 尿素溶在此缓冲液中,有效期 1 个月。

2. 盐酸溶液[$c(HCl)=0.1\ mol/L$]

移取 8.3 mL 盐酸,用水稀释至 1 000 mL。

3. 氢氧化钠溶液[$c(NaOH)=0.1\ mol/L$]

称取 4 g 氢氧化钠落于水并稀释至 1 000 mL,按 GB/T 601 规定的方法配制和标定。

4. 甲基红、溴甲酚绿混合乙醇溶液(混合指示剂)

称取 0.1 g 甲基红,溶于 95%乙醇并稀释至 100 mL,再称取 0.5 g 溴甲酚绿,溶于 95%乙醇并稀释至 100 mL,两种溶液等体积混合,储存于棕色瓶中。

六、试样的制备

用粉碎机将具有代表性的样品粉碎,使之全部通过孔径 200 μm 样品筛。对特殊样品(水分或挥发物含量较高而无法粉碎的样品)应先在实验室温度下进行预干燥,再进行粉碎,当计算结果时应将干燥失重计算在内。

七、操作步骤

称取约 0.2 g 已粉碎的试样(如活性很高的样品,可只称 0.05 g 试样),精确至 0.1 mg,转入试管中,移入 10 mL 尿素缓冲溶液,立即盖好试管并剧烈摇动,马上置于(30±0.5)℃恒温水浴中,准确计时,保持 30 min。即刻移入 10 mL 盐酸溶液,迅速冷却到 20 ℃。将试管内容物全部转入烧杯,用 5 mL 水冲洗试管 2 次,立即用氢氧化钠标准溶液滴定 pH 至 4.70。

另取试管做空白试验,移入 10 mL 尿素缓冲液,10 mL 盐酸溶液。称取与上述试样量相当的试样,也精确至 0.1 mg,迅速加入此试管中。立即盖好试管并剧烈摇动,将试管置于(30±0.5)℃的恒温水浴,同样准确保持 20 min,冷却至 20 ℃,将试管内容物全部转入烧杯,用 5 mL 水冲洗试管 2 次,以氢氧化钠标准溶液用酸度计滴定 pH 至 4.70。如选择用指示剂,加入 8~10 滴混合指示剂,氢氧化钠溶液滴定至溶液呈蓝绿色。

八、结果计算

以每分钟每克大豆制品释放氨的毫克量来表示尿素酶的活性(X_{UA}),可按下式计算:

$$X_{UA}=\frac{14\times c\times(V_0-V)}{30\times m}$$

式中:c 为氢氧化钠标准溶液浓度,mol/L;

V_0 为空白试验消耗氢氧化钠溶液体积,mL;

V 为测定试样消耗氢氧化钠溶液体积,mL;

m 为试样质量,g。

计算结果表示到小数点后两位。

九、注意事项

由一个分析人员用相同方法,同时或连续两次测定活性≤0.2 时结果之差不超过平均值的 20%,活性>0.2 时结果之差不超过平均值的 10%,结果以算术平均值表示。

技能五　鱼粉中脲醛聚合物快速检测方法

一、执行标准

《鱼粉中脲醛聚合物快速检测方法》(NY/T 3143—2017)

二、技能目标

理解实训原理,掌握鱼粉中脲醛聚合物快速检测方法。

三、实训原理

脲醛聚合物在浓硫酸作用下分解,释放出的甲醛与变色酸(1,8-二羟基萘-3,6-二磺酸)溶液一起共热,形成稳定的紫色至紫红色化合物。

四、试剂与材料

(1)石油醚沸程:60~90 ℃;

(2)硫酸;

(3)变色酸溶液:2 g/L;

称取 0.2 g(精确至 0.01 g)变色酸于 200 mL 干燥的烧杯中,缓缓加入 100 mL 的硫酸,电炉上加热至 70 ℃,搅拌使之溶解,待溶液冷却至室温后,转移至棕色试剂瓶中保存。

(4)定性滤纸。

五、仪器与设备

(1)立体显微镜:放大 7~40 倍,可连续变倍;

(2)水浴锅:可控温 90 ℃,控温精度±1 ℃;

(3)索氏抽提器:150~250 mL;

(4)可调温电炉;

(5)镊子:不锈钢,长 5~8 cm,尖头;

(6)干燥箱:可调温至 70 ℃;

(7)天平:感量 0.01 g。

六、样品的制备

按饲料采样 GB/T 14699.1 的规定采集鱼粉样品,经四分法获得有代表性样品至少 100 g。

七、测定步骤

1. 样品脱脂

将制备好的样品进行脱脂处理。脱脂方法按下述方法之一进行。

(1)快速脱脂法　取 5 g 鱼粉试样置于 100 mL 高型烧杯中,加入 50 mL 石油酸,搅拌 10 s,静置沉降 2 min,小心倾倒出石油醚,再重复操作 1~2 次。将烧杯置于通风柜内或通风处待石油醚挥发后,再将烧杯放入干燥箱内,在 60～70 ℃下干燥 10～20 min。将脱脂后的样品置于培养皿内待检。

(2)索氏抽提法 取鱼粉试样 2～3 g 于定性滤纸中,按测定粗脂肪的方法包好,放入索氏抽提器中,回流 30 min。取出滤纸包,待滤纸包表面石油醚挥发后,再放入干燥箱内,在 60～70 ℃下干燥 10～20 min。将滤纸包冷却至室温,打开滤纸包将脱脂后的样品置于培养皿内待检。

2. 夹出可疑物

按饲料显微镜检查方法 GB/T 14698 的规定,将装有脱脂后待检样品的培养皿置于立体显微镜下,调整显微镜放大倍数为 10～20 倍,用镊子小心翻动样品,镜下查找脲醛聚合物疑似颗粒并夹取 2～5 粒至 50 mL 烧杯中。

脲醛聚合物疑似颗粒的形态为无定形、易碎、不透明的白色至浅黄色固体颗粒。

3. 显色反应

向装有疑似颗粒的烧杯内,对准夹出的颗粒物加入 1 mL 变色酸溶液。将烧杯置于电炉上小火加热至刚产生微烟,立即取下,马上沿烧杯壁慢慢加入 30 mL 水,观察其颜色。

脲醛聚合物与变色酸反应。溶液呈稳定的紫色至紫红色。

八、结果判定

若水溶液呈现稳定的紫色至紫红色,并保持 2 min 以上不褪色,则样品内含有脲醛聚合物;若加水的瞬间产生紫红色,但水溶液不能呈现稳定的紫色至紫红色,则样品中不含脲醛聚合物。

九、注意事项

(1)实验需在通风条件下进行,实验中注意防火防爆;
(2)显色反应时,要沿烧杯壁缓慢加水,防止爆沸。

技能六 饲料级鱼粉掺有植物质、尿素、胺盐的鉴别

一、技能目标

通过实训项目,初步掌握鱼粉掺假的鉴别方法。

二、材料设备

(1)烧杯:50 mL、100 mL。

(2)蒸发皿:50 mL。

(3)碘:化学纯。

(4)碘化钾:化学纯。

(5)间苯三酚:化学纯。

(6)碘化汞:化学纯。

(7)氢氧化钠:化学纯。

（8）乙醇：化学纯。

（9）6 mol/L 氢氧化钠溶液。

（10）碘-碘化钾溶液：取 6 g 碘化钾溶于 100 mL 水中，再加入 2 g 碘，使其溶解摇匀后置于棕色瓶中保存。

（11）间苯三酚溶液：取 2 g 间苯三酚，加 90％乙醇至 100 mL，并使其溶解，摇匀，置棕色瓶内保存。

（12）奈斯勒试剂：称取 23 g 碘化汞，1.6 g 碘化钾于 100 mL 的 6 mol/L 氢氧化钠溶液中，混合均匀，静置，倾取上清液置棕色瓶内备用。

（13）生豆粉：取新鲜干燥的大豆粉碎后，过 40 目筛，置于干燥器内，加盖保存。

（14）甲酚红指示剂：称取 0.1 g 甲酚红溶于 10 mL 乙醇中，再加入乙醇使之至 100 mL。

三、操作规程

1. 鱼粉中掺入植物性物质的检验

取 1～2 g 鱼粉试样于 50 mL 烧杯中，加入 10 mL 水；水加热 5 min，冷却，滴入 2 滴碘-碘化钾溶液，观察颜色变化，如果溶液颜色立即变蓝或黑蓝，则表明试样中有淀粉存在，说明鱼粉中掺入了植物性饲料如玉米、次粉、麸皮等。

另取 1 g 鱼粉试样置于表面皿中；用间苯三酚溶液浸湿，放置 5～10 min，滴加浓盐酸 2～3 滴，观察颜色，如果呈深红色，则表明试样中含有木质素，说明掺入了植物性饲料，如棉籽饼粕、菜籽粕等。

2. 鱼粉中掺入尿素及胺盐的检验

（1）奈斯勒试剂法。取 1～2 g 鱼粉试样于试管中，加 10 mL 水，振摇 12 min，静置 20 min（必要时过滤），取上清液约 2 mL 于蒸发皿中，加入 1 mol/L 氢氧化钠溶液 1 mL 水浴蒸干，再加入水数滴和生豆粉少许（约 10 mL），静置 2～3 min，加 3 滴奈斯勒试剂，若试样有黄褐色沉淀产生，则表明有尿素存在。

（2）尿素甲酚红显色法。称取 10 g 鱼粉试样，加 100 mL 水，搅拌 5 min，用中速滤纸过滤，用移液管分别吸取滤液及尿素标准液（0,1％,2％,3％,4％,5％的尿素溶液）1 mL 于白瓷滴试板上，再滴入甲酚红指示剂 3 滴，静置 5 min，观察反应液颜色。若试样中有尿素存在，则反应液产生与标准液同样的颜色，比较试样与标准液的颜色，判断尿素大致含量，此实验在 10～12 min 内观察完毕。

四、结果判定

根据试验结果，判定饲料原料鱼粉掺假物，见表 3-25。

表 3-25　饲料原料鱼粉掺假物记录表

样品				
掺假物 定性分析	淀粉	木质素	尿素（奈斯勒试剂）	尿素（甲酚红显色）

注：如有对应物质掺假请画"√"，否则画"×"。

任务考核 3-6　　　　　参考答案 3-6

▶ 任务七　矿物质饲料识别与选用 ◀

动物在生长发育与繁殖中,需要多种矿物质元素。这些元素虽在各种动、植物饲料中都有一定含量,但在采食受到限制或产品率要求很高的情况下,动物对某些矿物质的需要量会明显增加。为此,原有饲料中的矿物质元素含量会无法满足畜禽的需要必须在畜禽饲料中按照营养需要另行添加。

一、钙源性饲料

常用的含钙矿物质饲料有石灰石粉、贝壳粉、蛋壳粉、石膏及碳酸钙类等。

(一)石灰石粉

石灰石粉又称石粉,为天然的碳酸钙($CaCO_3$),一般含纯钙 35% 以上,是补充钙的最廉价、最方便的矿物质原料。按干物质计,石灰石粉的成分与含量如下:灰分 96.9%,钙35.89%,氯 0.03%,铁 0.35%,锰 0.027%,镁 2.06%。

天然的石灰石中,只要铅、汞、砷、氟的含量不超过安全系数,都可用作饲料。石粉作为钙的来源,其粒度以中等为好,一般猪为 26~36 目,禽为 26~28 目。对蛋鸡来讲,较粗的粒度有助于保持血液中钙的浓度,满足形成蛋壳的需要,从而增加蛋壳强度,减少蛋的破损率,但粗粒影响饲料的混合均匀度。

将石灰石锻烧成氧化钙,加水调制成石灰乳,再经二氧化碳作用生成碳酸钙,称为沉淀碳酸钙。我国国家标准适用于沉淀法制得的食品添加剂轻质碳酸钙和粉碎石灰石等,其质量标准见表 3-26。

表 3-26　食品添加剂轻质碳酸钙质量标准(GB 1886.214—2016)

项目	指标/%	项目	指标/%
碳酸钙(以干物质计)	98.0~100.5	钡盐(以 Ba 计)	≤0.030
盐酸不溶物	≤0.2	重金属(以 Pb 计)	≤0.000 3
镁和碱金属	≤1.0	砷(As)	≤0.000 3
水分	≤2.0	镉(Cd)	≤0.000 2

(二)贝壳粉

贝壳粉是各种贝类外壳经加工粉碎而成的粉状或粒状产品,多呈灰白色、灰色、灰褐色。

主要成分也为碳酸钙,含钙量应不低于33%。品质好的贝壳粉杂质少,含钙高,呈白色粉状或片状,用于蛋鸡或种鸡的饲料中,使蛋壳的强度提高,破蛋、软蛋减少,尤其片状贝壳粉效果更佳。不同畜禽对贝壳粉的粒度要求:猪以25%通过50 mm筛,蛋鸡以70%通过10 mm筛,肉鸡以60%通过60 mm筛为宜。

贝壳粉内常掺杂沙石和泥土等杂质,使用时应注意检查。另外若贝肉未除尽,加之储存不当,堆积日久易出现发霉、腐臭等情况,这会使其饲料价值显著降低,选购及应用时要特别注意。

(三)蛋壳粉

禽蛋加工厂或孵化厂废弃的蛋壳,经干燥灭菌、粉碎后即得到蛋壳粉。无论蛋品加工后的蛋壳或孵化出雏后的蛋壳,都残留有壳膜和一些蛋白,因此除了含有34%左右钙外,还含有7%的蛋白质及0.09%的磷。蛋壳粉是理想的钙源饲料,利用率高,用于蛋鸡、种鸡饲料中,与贝壳粉同样具有增加蛋壳硬度的效果。注意蛋壳干燥的温度应超过82 ℃,以消除传染病源。

(四)石膏

石膏为硫酸钙($CaSO_4 \cdot x H_2O$),通常是二水硫酸钙($CaSO_4 \cdot 2H_2O$),灰色或白色的结晶粉末。石膏含钙量为20%~23%,含硫量为16%~18%,既可提供钙,又是硫的良好来源,生物利用率高。石膏有预防鸡啄羽、啄肛的作用。一般在饲料中的用量为1%~2%。

此外,大理石、白云石、白垩石、方解石、熟石灰、石灰水等均可作为补钙饲料。

二、磷源性饲料

富含磷的矿物质饲料有磷酸钙类、磷酸钠类、骨粉及磷矿石等。

(一)磷酸钙类

磷酸钙类包括磷酸一钙、磷酸二钙和磷酸三钙等。

1. 磷酸一钙

磷酸一钙又称磷酸二氢钙或过磷酸钙,纯品为白色结晶粉末,多为一水盐[$Ca(H_2PO_4)_2 \cdot H_2O$]。市售品是以湿式法磷酸液(脱氟精制处理后再使用)或干式法磷酸液作用于磷酸二钙或磷酸三钙所制成的。因此,常含有少量未反应的碳酸钙及游离磷酸,吸湿性强,且呈酸性。本品含磷22%以上,含钙13%以上,利用率比磷酸二钙或磷酸三钙好,最适合用于水产动物饲料。使用磷酸二氢钙应注意脱氟处理,含氟量不得超过标准(表3-27)。

表 3-27　饲料级磷酸一钙质量标准(GB 22548—2017)

项目	指标/%	项目	指标/%
钙(Ca)含量	≥13	细度(粉末状通过500 μm筛)	≥95.0
总磷(P)含量	≥22.0	铬(Cr)含量	≤0.003
水溶性磷(P)含量	≥20.0	铅(Pb)含量	≤0.003
氟(F)含量	≤0.18	砷(As)含量	≤0.004
镉(Cd)含量	≤0.001	pH(2.4 g/L)	3~4
水分	≤4.0		

2. 磷酸二钙

磷酸二钙又称磷酸氢钙,为白色或灰白色的粉末或粒状产品,又分为无水盐($CaHPO_4$)和二水盐($CaHPO_4 \cdot 2H_2O$)2种,后者的钙、磷利用率较高。磷酸二钙一般是在干式法磷酸液或精制湿式法磷酸液中加入石灰乳或磷酸钙而制成的。市售品中除含有无水磷酸二钙外,还含少量的磷酸一钙及未反应的磷酸钙。含磷18%以上,含钙21%以上,饲料级磷酸氢钙应注意脱氟处理,含氟量不得超过标准(表3-28)。

表3-28 饲料级磷酸二钙质量标准(GB 22549—2017)

项目	指标/%	项目	指标/%
钙(Ca)含量	≥14.0	细度(粉末状通过500 μm筛)	≥95.0
总磷(P)含量	≥16.5	铅(Pb)含量	≤0.003
枸溶性磷(P)含量	≥14.0	砷(As)含量	≤0.002
氟(F)含量	≤0.18	水分	≤4.0

3. 磷酸三钙

磷酸三钙又称磷酸钙,纯品为白色无臭粉末。饲料用常由磷酸废液制成,为灰色或褐色,并有臭味,分为一水盐$[Ca_3(PO_4)_2 \cdot H_2O]$和无水盐$[Ca_3(PO_4)_2]$2种,以后者居多。经脱氟处理后,称为脱氟磷酸钙,为灰白色或茶褐色粉末,含钙29%以上,含磷15%~18%及以上,含氟0.12%以下。

(二)磷酸钾类

1. 磷酸一钾

磷酸一钾又称磷酸二氢钾,分子式为KH_2PO_4,为无色四方晶体或白色结晶性粉末,因其有潮解性,宜保存于干燥处。含磷22%以上,含钾28%以上。本品水溶性好,易为动物吸收利用,可同时提供磷和钾,适当使用有利于动物体内的电解质平衡,促进动物生长发育和生产性能的提高。

2. 磷酸二钾

磷酸二钾又称磷酸氢二钾,分子式为$K_2HPO_4 \cdot 3H_2O$,呈白色结晶或无定型粉末。一般含磷13%以上,含钾34%以上,应用同磷酸一钾。

(三)磷酸钠类

1. 磷酸一钠

磷酸一钠又称磷酸二氢钠,有无水盐(NaH_2PO_4)及二水盐($NaH_2PO_4 \cdot 2H_2O$)2种,均为白色结晶性粉末,因其有潮解性,宜保存于干燥处。无水盐含磷约25%,含钠约19%。因其不含钙,在钙要求低的饲料中可充当磷源,在调整高钙、低磷配方时使用不会改变钙的比例。

2. 磷酸二钠

磷酸二钠又称磷酸氢二钠,分子式为$Na_2HPO_4 \cdot xH_2O$,呈白色无味的细粒状,无水盐一般含磷18%~22%,含钠27%~32.5%,应用同磷酸一钠。

(四)其他磷酸盐

1. 磷酸铵

本品为饲料级磷酸或湿式处理的脱氟磷酸中和后的产品,含氮 9% 以上,含磷 23% 以上,含氟量不可超过磷量的 1%,含砷量不可超过 25 mg/kg,铅等重金属应在 30 mg/kg 以下。

2. 磷酸液

本品为磷酸的水溶液,一般以 H_3PO_4 表示,应保证最低含磷量,含氟量不可超过磷量的 1%。本品具有强酸性,使用不方便,可在青贮时喷加,也可以与尿素、糖蜜及微量元素混合制成牛用液体饲料。

3. 磷酸脲

磷酸脲分子式为 $H_3PO_4 \cdot CO(NH_2)_2$,由尿素与磷酸作用生成,呈白色结晶性粉末,易溶于水,其水溶液呈酸性。本品利用率较高,既可为动物供磷又能供非蛋白氮,是反刍动物良好的饲料添加剂。因其可在牛、羊瘤胃和血液中缓慢释氮,故比使用尿素更为安全。

4. 磷矿石粉

本品为磷矿石粉碎后的产品,常含有超过允许量的氟,并含有其他如砷、铅、汞等杂质。用作饲料时,必须脱氟处理使其合乎允许量标准。

此外,磷酸盐类还有磷酸氢二铵、磷酸氢镁、三聚磷酸钠、次磷酸盐、焦磷酸盐等,但一般在饲料中应用较少。以上几种含磷饲料的成分见表 3-29。

表 3-29　几种含磷饲料的成分

含磷矿物质饲料	磷/%	钙/%	钠/%	氟/(mg/kg)
磷酸二氢钠(NaH_2PO_4)	25.8	—	19.15	—
磷酸氢二钠(Na_2HPO_4)	21.81	—	32.38	—
磷酸氢钙($CaHPO_4 \cdot 2H_2O$)	18.97	24.32	—	816.67
磷酸氢钙($CaHPO_4$)(化学纯)	22.79	29.46	—	—
过磷酸钙[$Ca(H_2PO_4)_2 \cdot H_2O$]	26.45	17.12	—	—
磷酸钙[$Ca_3(PO_4)_2$]	20.00	38.70	—	—
脱氟磷灰石	14	28	—	—

(五)骨粉

骨粉是以家畜骨骼为原料加工而成的,由于加工方法的不同,成分含量及名称各不相同,化学式大致为[$3Ca_3(PO_4)_2 \cdot 2Ca(OH)_2$],是补充家畜钙、磷需要的良好来源。

骨粉一般为黄褐色乃至灰白色的粉末,有肉骨蒸煮过的味道。骨粉的含氟量较低,只要杀菌消毒彻底,便可安全使用。但由于成分变化大,来源不稳定,而且常有异臭,在国外饲料工业上的用量逐渐减少。

骨粉是我国配合饲料中常用的磷源饲料,优质骨粉含磷量可以达到 12% 以上,钙、磷比例为 2:1 左右,符合动物机体的需要,同时还富含多种微量元素。一般在家禽饲料中添加量为 1%～3%。值得注意的是,用简易方法生产的骨粉,即不经脱脂、脱胶和热压灭菌而直接粉碎制成的生骨粉,因含有较多的脂肪和蛋白质,易腐败变质。尤其是品质低劣,有异臭,呈灰泥色的骨粉,常携带大量病菌,用于饲料易引发疾病传播。有的兽骨收购场地,为避免蝇蛆繁殖,喷洒敌敌畏等药剂,而使骨粉带毒,这种骨粉绝对不能用作饲料。

三、钠源性饲料

(一)氯化钠

氯化钠(NaCl)一般称为食盐,地质学上叫石盐,包括海盐、井盐和岩盐 3 种。精制食盐含氯化钠 99% 以上,粗盐含氯化钠为 95%。纯净的食盐含氯 60.3%,含钠 39.7%,此外尚有少量的钙、镁、硫等杂质。食用盐为白色细粒,工业用盐为粗粒结晶。

在缺碘地区,为了人类健康,现已供给碘盐,在这些地区的家畜同样也缺碘,故给饲食盐时也应采用碘化食盐。如无出售,可以自配,在食盐中混入碘化钾,用量要使其中碘的含量达到 0.007% 为度。配合时,要注意使碘分布均匀,如配合不均,可引起碘中毒。再者碘易挥发,应注意密封保存。

补饲食盐时,除了直接拌在饲料中外,也可以以食盐为载体,制成微量元素添加剂预混料。在缺硒、铜、锌地区等,也可以分别制成含亚硒酸钠、硫酸铜、硫酸锌或氧化锌的食盐砖、食盐块供放牧家畜舔食。由于食盐吸湿性强,在相对湿度 75% 以上时开始潮解,作为载体的食盐必须保持含水量在 0.5% 以下,并妥善保管。

(二)碳酸氢钠

碳酸氢钠又名小苏打,分子式为 $NaHCO_3$,为无色结晶粉末,无味,略具潮解性,其水溶液因水解而呈微碱性,受热易分解放出二氧化碳。碳酸氢钠含钠 27% 以上,生物利用率高,是优质的钠源性矿物质饲料之一。

视频 3-8

(三)硫酸钠

硫酸钠又名芒硝,分子式为 Na_2SO_4,为白色粉末。含钠 32% 以上,含硫 22% 以上,生物利用率高,既可补钠又可补硫,特别是补钠时不会增加氯含量,是优良的钠、硫源之一。在家禽饲粮中添加硫酸钠,可提高金霉素的效价,同时有利于羽毛的生长发育,防止啄羽癖。

四、其他常量矿物质饲料

(一)含硫饲料

硫的来源有蛋氨酸、胱氨酸、硫酸钠、硫酸钾、硫酸钙、硫酸镁等。就反刍动物而言,蛋氨酸的硫利用率为 100%,硫酸钠中硫的利用率为 54%,元素硫的利用率为 31%,且硫的补充量不宜超过饲粮干物质的 0.05%。对幼雏而言,硫酸钠、硫酸钾、硫酸镁均可充分利用,而硫酸钙利用率较差。硫酸盐不能作为猪、成年家禽硫的来源,需以有机态硫如含硫氨基酸等补给。

(二)含镁饲料

多用氧化镁。饲料工业中使用的氧化镁一般为菱镁矿在 800～1 000 ℃ 煅烧的产物,其化学组成为 MgO 85.0%、CaO 7.0%、SiO_2 3.6%、Fe_2O_3 2.5%、Al_2O_3 0.4%,烧失量 1.5%。此外还可选用硫酸镁、碳酸镁和磷酸镁等。

拓展内容 ▶

天然矿物质饲料

随着饲料工业的发展,近年来又有许多天然矿物质被用作饲料,其中使用较多的有沸石、麦饭石、稀土、膨润土、海泡石、凹凸棒等,这些天然矿物质饲料多属非金属矿物质。

(一)沸石

天然沸石是含碱金属和碱土金属的含水铝硅酸盐类。在消化道,天然沸石除可选择性地吸附 NH_3、CO_2 等物质外,还能吸附某些细菌毒素,对机体有良好的保健作用。在畜牧生产中沸石常用作某些微量元素添加剂的载体和稀释剂,用作畜禽无毒无污染的净化剂和改良池塘水质,还是良好的饲料防结块剂(图 3-20)。

(二)麦饭石

麦饭石(图 3-21)因其外观似麦饭团而得名,是一种经过蚀变、风化或半风化,具有斑状或似斑状结构的中酸性岩浆岩矿物质。麦饭石的主要化学成分是二氧化硅和三氧化二铝,两者约占麦饭石的 80%。

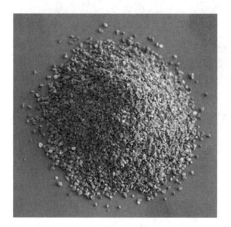

图 3-20　沸石 　　　　　　　　　　　　　图 3-21　麦饭石

麦饭石具有多孔性海绵状结构,溶于水时会产生大量的带有负电荷的酸根离子,这种结构决定了它有强的选择吸附性,可减少动物体内某些病原菌和有害重金属元素等对动物机体的侵害。

在畜牧生产中麦饭石一般用作饲料添加剂,以降低饲料成本。也用作微量元素及其他添加剂的载体和稀释剂。麦饭石可降低饲料中棉籽饼毒素。在水产养殖上,麦饭石可用来改良鱼塘水质,使水的化学耗氧量和生物耗氧量下降,溶解氧提高,提高鱼虾的成活率和生长速度。

(三)稀土元素

稀土元素是 15 种镧系元素和与其化学性质相似的钪、钇等 17 种元素的总称。化学组成一般为铈 48%、镧 25%、钕 16%、钐 2%、镨 5%,此外还有 4% 的钜、铕、钆、铽、镝、钬、铒、铥、镱、镥、钪、钇 12 种元素。

目前,使用的稀土饲料添加剂有无机稀土和有机稀土 2 种类型。无机稀土主要有碳酸稀土、氯化稀土和硝酸稀土,目前常用的是硝酸稀土。有机稀土主要有氨基酸稀土螯合剂、有机酸稀土(如柠檬酸稀土添加剂,图 3-22)和维生素 C 稀土。此外,根据添加剂中所含稀土元素的种类还可以分为单一稀土饲料添加剂和复合稀土添加剂。

（四）膨润土

膨润土是由酸性火山凝灰岩变化而成的,俗称白黏土,又名斑脱岩,是蒙脱石类黏土岩组成的一种含水的层状结构铝硅酸盐矿物。膨润土的主要化学成分为 SiO_2、Al_2O_3、H_2O,以及少量的 Fe_2O_3、FeO、MgO、CaO、Na_2O 和 TiO_2 等。

膨润土(图 3-23)含有动物生长发育所必需的多种常量和微量元素。并且,这些元素是以可交换的离子和可溶性盐的形式存在,易被畜禽吸收利用。

膨润土具有良好的吸水性、膨胀性功能,可延缓饲料通过消化道的速度,提高饲料的利用率。同时作为生产颗粒饲料的黏结剂,可提高产品的成品率。膨润土的吸附性和离子交换性可提高动物的抗病能力。

图 3-22　柠檬酸稀土添加剂

图 3-23　膨润土(淡黄色)

（五）海泡石

海泡石属特种稀有矿石。呈灰白色,有滑感,具特殊层链状晶体结构。对热稳定,海泡石的主要化学成分为:二氧化硅 57.23%,三氧化二铝 3.95%,氧化钙 9.56%,三氧化二铁 1.35%,氧化镁 14.04%,五氧化二磷 0.37%,氧化钾 0.39%,氧化钠 0.085%。海泡石可吸附自身重 200%～250% 的水分。

海泡石(图 3-24)主要用作微量元素载体或稀释剂,还可作为颗粒饲料黏合剂和饲料添加剂。海泡石的阳离子交换能力较低,而且有较高的化学稳定性,在用作预混合料载体时不会与被载的活性物质发生反应,故它是较好的预混合料载体。在颗粒饲料加工中,添加 2%～4% 的海泡石,可以增加各种成分间的黏合力,促进其凝聚成团。当加压时,海泡石显示出较强的吸附性能和胶凝作用,有助于提高颗粒的硬度及耐久性。饲料中的脂类物质含量较高时,用海泡石作为黏合剂最合适(图 3-24)。

（六）凹凸棒石

凹凸棒石是一种镁铝硅酸盐,呈三维立体全链结构及特殊的纤维状晶体体型,具有离子交换、胶体吸附、催化等化学特性。凹凸棒石的主要成分除二氧化硅外(60% 左右),尚含多种畜禽必需的微量元素。这些元素和含量分别是:铜 21 mg/kg、铁 1 310 mg/kg、锌 21 mg/kg、锰 1 382 mg/kg、钴 11 mg/kg、钼 0.9 mg/kg、硒 2 mg/kg、氟 361 mg/kg、铬 13 mg/kg。

配合饲料生产常用凹凸棒土(图 3-25)作微量元素载体、稀释剂和畜禽舍净化剂等。在畜禽饲料中应用凹凸棒土,可提高畜禽的抗病力。

图 3-24 海泡石

图 3-25 凹凸棒土

任务考核 3-7

参考答案 3-7

▶ 任务八 饲料添加剂识别与选用 ◀

饲料添加剂与能量饲料、蛋白质饲料和矿物质饲料共同组成配合饲料,它在配合饲料中添加量很少,但作为配合饲料的重要微量活性成分,起着完善配合饲料的营养、提高饲料利用率、促进生长发育、预防疾病、减少饲料养分损失及改善畜产品品质等重要作用。

一、饲料添加剂概述

1. 饲料添加剂概念

饲料添加剂是指为了提高饲料的利用率,保证或改善饲料品质,促进饲养动物生产,保障饲养动物健康而掺入饲料中少量的营养性或非营养性物质。

视频 3-9

2. 饲料添加剂的分类

饲料添加剂的种类繁多,性质各异,用量较少,目前仅单一饲料添加剂产品就达数百种,经常有新的饲料添加剂出现,也有的饲料添加剂品种不时地被淘汰或禁用,因此饲料添加剂的品种经常处于新旧更替中。不同国家、不同地区对饲料添加剂的法定品种数量都不尽相同,分类方法各异,但大多数认可的分类是营养性饲料添加剂和非营养性饲料添加剂。

添加剂原料按其作用可分为营养性饲料添加剂和非营养性饲料添加剂 2 大类(图 3-26)。

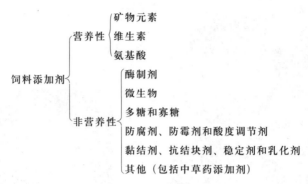

图 3-26   饲料添加剂分类

根据饲料添加剂的加工形态不同,配合饲料可分为粉状、颗粒状、微型胶囊、块状和液状饲料添加剂。根据使用饲料添加剂种类的多少,可分为简单饲料添加剂(即单一饲料添加剂)和复合饲料添加剂(即复方饲料添加剂)。根据饲料添加剂使用对象不同,可将其分为禽用、猪用、乳牛用、鱼用预混合饲料添加剂等。按饲料添加剂使用对象的生产性能或生长阶段,可分为雏鸡用、仔猪用、生长猪用预混合饲料添加剂等。

3. 饲料添加剂的作用

饲料添加剂虽然在配合饲料中添加量极微,但效果十分显著,概括而言,饲料添加剂的作用主要有以下几个方面。

(1)提高饲料利用率   饲料中因为缺乏某些微量营养物质,特别是在集约化生产条件下,畜禽易发生营养缺乏症与营养代谢障碍,影响畜禽的生长发育,从而造成经济损失。在饲料中使用添加剂,可完善饲粮的营养价值,提高饲料利用率,充分发挥畜禽的生产潜能,提高畜禽生产率。

(2)改善饲料适口性   饲料风味剂的应用,对提高饲料适口性、促进畜禽采食有积极的意义。许多国家都用酯类、醚类、脂肪酸类和芳香族醇类等化学物质生产饲用香味剂,广泛应用于仔猪的人工乳和犊牛代乳。饲料调味剂的使用不仅可提高饲料的适口性,还可获得良好的饲养效果。

(3)促进畜禽生长发育   在饲料添加剂产品中,促生长剂有防病保健、促进畜禽生长的功效。这类产品的使用对提高畜禽生产性能发挥了积极的作用。目前主要包括微生物、多糖、寡糖、有机盐等在畜禽生产中得到广泛应用。

(4)改善饲料加工性能   饲料中含有的许多营养成分,如维生素、不饱和脂肪酸等,极易氧化失效或变质。饲料中使用防霉剂、抗氧化剂等饲料保藏剂,可防止饲料养分的损失,避免浪费。

(5)改善畜产品品质   随着人们生活水平的提高,消费者对畜产品的质量要求日益提高,通过饲料添加剂途径,可改善畜产品的外观色泽与内在品质,延长畜产品的货架寿命,提高销售价格。

(6)合理利用饲料资源　配合饲料由多种饲料原料配制而成,使用添加剂后可利用某些尚未利用或未充分利用的饲料资源,生产出营养价值完善的饲粮,从而可扩大利用那些在单一状态无法利用或限量使用的饲料资源,降低配合饲料成本。尤其是某些饲料原料含有抗营养因子,单一使用不利于畜禽健康,进而有可能危及环境或人的健康,但由于配套使用了相应的添加剂,就可使这类饲料资源得以充分利用,获取较高的社会、生态和经济效益。

总之,饲料添加剂在畜禽生产中发挥的作用是多方面的,现代畜牧生产中的每个环节几乎都渗透着饲料添加剂的作用。

4.饲料添加剂的基本条件

安全可靠、经济有效与使用方便是研究、开发饲料添加剂必须遵循的基本原则,作为饲料添加剂必须满足以下基本条件。

(1)安全　长期使用或在添加剂使用期内不会对动物产生急、慢性毒害作用及其他不良影响;不会导致种畜生殖生理的恶变或对其胎儿造成不良影响;在畜产品中无蓄积或残留量在安全标准之内,其残留及代谢产物不影响畜产品的质量及畜产品消费者——人的健康。不得违反国家有关饲料、食品法规定的限用、禁用等规定。

(2)有效　在畜禽生产中使用,有确实的饲养效果和经济效益。

(3)稳定　符合饲料加工生产的要求,在饲料的加工与存储中有良好的稳定性,与常规饲料组分无配伍禁忌,生物学效价好。

(4)适口性好　在饲料中添加使用,不影响畜禽对饲料的采食。

(5)对环境无不良影响　经畜禽消化代谢、排出机体后,对植物、微生物和土壤等环境无有害作用。

二、营养性饲料添加剂

(一)矿物质元素饲料添加剂

矿物质元素饲料添加剂是一类极其重要的营养性添加剂,主要包括无机微量元素添加剂和有机微量元素添加剂,无机微量元素添加剂多为高纯度化工合成产品。有机微量元素添加剂为有机酸盐或氨基酸盐,在饲料添加剂中应用最多的微量元素是铁、铜、锌、锰、碘、钴与硒。

视频 3-10

1.铁源饲料添加剂

主要有硫酸亚铁、氯化亚铁、碳酸亚铁、富马酸亚铁、柠檬酸铁络合物、氨基酸螯合铁等。

(1)生物效价　不同来源铁的生物效价变异很大。无机铁源中硫酸亚铁生物利用率高;氯化亚铁和碳酸亚铁也是良好的铁源。有机铁盐和氨基酸整合铁的生物学效价均比无机铁高。

(2)应用　饲料中常用的是硫酸亚铁,通常认为硫酸亚铁的生物利用率高,成本低。由于七水硫酸亚铁易吸潮、结块,影响其加工性能和流动性,且对维生素有破坏作用,使用前必须进行脱水处理。目前已研制出了包被七个结晶水的硫酸亚铁制剂,其有效性、稳定性好,但价格较高。一水硫酸亚铁不易吸潮变化,加工性能好,与其他成分的配伍好。氧化铁几乎不能被动物吸收,但在某些预混料产品中可用作饲料的着色剂。三氧化二铁和磷酸亚铁,因吸收效果差,应用不多。有机铁能很好地被动物利用,且毒性低,加工性能优于硫酸亚铁,但由于价格昂贵,目前应用于幼畜日粮和疾病治疗等特殊情况下。

2. 铜源饲料添加剂

主要有硫酸铜、醋酸铜、氯化铜、蛋氨酸铜、葡萄糖酸铜、碳酸铜、碱式碳酸铜、氧化亚铜、碘化亚铜等。

(1)生物效价 各种铜盐的生物效价不同。对于猪和鸡而言,硫酸铜最好。对反刍动物,生物效价由高到低的顺序为:氯化铜、硫酸铜、硝酸铜、碳酸铜、粉状氧化铜。有机酸和氨基酸的铜络合物的生物效价均比无机铜源好。

(2)应用 硫酸铜应用最广泛。五水硫酸铜在加工前应进行脱水处理。在液体饲料或代乳料中,均应使用易溶于水的硫酸铜。硫酸铜添加在饲料中还有杀菌和驱虫的作用。氧化铜价格低,对饲料中其他养分的破坏较小,加工方便,但其生物利用率低。碳酸铜不易吸潮,易加工,但其毒性较大,影响了它在饲料添加剂中的使用。甘氨酸铜和蛋氨酸铜利用率很高,对各种家畜的效果都很好,但价格昂贵。

3. 锰源饲料添加剂

主要有硫酸锰、碳酸锰、氯化锰及其他锰盐。

(1)生物效价 有机锰的生物学利用率比无机锰高。无机锰中,硫酸和氧化锰的生物利用率高,是主要的补充锰的原料。鸡对锰的利用以硫酸锰和碳酸锰为佳,猪对硫酸锰、碳酸锰和氧化锰的利用率相同。

(2)应用 饲料中常用的是硫酸锰,且一水硫酸锰应用广泛,其次是氧化锰和碳酸锰,氧化锰的化学性质稳定,有效成分含量高,相对价格低,许多国家逐渐以氧化锰代替硫酸锰。添加到饲料中的氧化锰主要是一氧化锰。市售的碳酸锰多为含一个结晶水的化合物。有机二价锰的生物效价都比较好,尤其是某些氨基酸络合物,但生产成本高。

4. 锌源饲料添加剂

主要有硫酸锌、氧化锌、氯化锌、乳酸锌、碳酸锌、醋酸锌、蛋氨酸锌等。

(1)生物效价 无机锌源中,硫酸锌水溶性好,吸收率高,生物学效价高,是评价其他锌源生物学利用率的参照标准。碳酸锌、氯化锌、氧化锌的效价比较相近。有机锌的利用率比无机锌高。

(2)应用 饲料中使用最普遍的是硫酸锌,其次是氧化锌和碳酸锌。七水硫酸锌在配合使用之前需脱水处理。一水硫酸锌加工过程不需要特殊处理,使用方便。氧化锌的成本低稳定性好,储存时间长,对其他营养物质无影响,加工性能好,近年来用量在增加,但由于其易吸附二氧化碳,在保存和使用时应注意避免接触二氧化碳。氨基酸锌的生物利用率高于无机锌,但价格高。

5. 碘源饲料添加剂

主要有碘化钾、碘酸钾、碘酸钙、乙二胺双氢碘化物、碘化钠、碘化亚铜、二碘水杨酸、碘山嵛酸钙、百里酚酞等。

(1)生物效价 碘化钾、碘酸钙和碘酸钾的生物利用率都很高,但后两种的稳定性更高。EDDI(乙二胺双氢碘)中碘的生物学效价也很高。

(2)应用 在饲料中碘酸钙因稳定性和适口性较好,易被动物吸收,因而使用较普遍,特别是用于生产高碘蛋。碘化钾在饲料中因添加量小,要预先制成预混剂。EDDI较稳定但在一定温度条件下能与硫酸铜、硫酸锌和硫酸亚铁等反应释放出游离碘,故其预混料添加剂不宜存放过久或在日光下暴晒。

6.钴源饲料添加剂

主要有硫酸钴、氯化钴、碳酸钴、硝酸钴、乙酸钴及其四水化合物、葡萄糖酸钴、葡庚糖酸钴、氧化钴等。

(1)生物效价 各种钴盐都易被动物吸收,生物效价相近。

(2)应用 在预混料中常用硫酸钴、碳酸钴和氯化钴,它们的可利用性相同。氯化钴应用最广泛,在生产中必须先制成1%的预混剂,再加到配合饲料中。硫酸钴易吸潮、结块、不易加工。碳酸钴有两种不同的形态,对反刍动物可通过舔砖或"钴丸"形式供给。硫酸钴和氯化钴也可制成"钴丸",直接放到反刍动物的瘤胃中缓慢释放而提供钴源。

7.硒源饲料添加剂

主要有亚硒酸钠、硒酸钠和亚硒酸钙。

(1)生物效价 亚硒酸钠和硒酸钠的生物效价相当,都是优质的补硒原料。

(2)应用 硒酸钠的毒性大,因此在应用时一般用亚硒酸钠,且必须先制成1%预混料,并在配料时调匀备用,以确保安全。

(二)维生素饲料添加剂

维生素添加剂种类很多,按其溶解性可分为脂溶性维生素和水溶性维生素制剂2类。市场上销售的维生素产品有两大类:复合维生素制剂和单项维生素制剂。主要的单项维生素制剂有以下几种。

1.维生素 A 添加剂

维生素 A 容易受许多因素影响而失去活性,其商品形式为维生素 A 醋酸酯。常见的商品为粉剂,每克产品中维生素 A 含量分别为:65 万 IU、50 万 IU、25 万 IU。

2.维生素 D_3 添加剂

常见的商品维生素 D_3 添加剂为粉剂,每克产品中维生素 D_3 的含量为 50 万 IU 或 20 万 IU。也有把维生素 A 和维生素 D_3 混在一起的添加剂,一般产品中每克含 50 万 IU 的维生素 A 和 10 万 IU 的维生素 D_3。

3.维生素 E 添加剂

商品维生素 E 添加剂纯度为 50%。

4.维生素 K_3 添加剂

商品维生素 K_3 添加剂主要有 3 种:第一种是活性成分占 50% 的亚硫酸氢钠甲萘醌(MSB),第二种是活性成分占 25% 的亚硫酸氢钠甲萘醌复合物(MSBC),第三种是活性成分占 22.5% 的亚硫酸嘧啶甲萘醌(MPB)。

5.维生素 B_1 添加剂

维生素 B_1 添加剂商品形式有盐酸硫胺素和硝酸硫胺素 2 种。活性成分一般为 96%,也有经过稀释,活性成分只有 5% 的。

6.维生素 B_2 添加剂

维生素 B_2 添加剂通常含 96% 或 98% 的核黄素,因具有静电作用和附着性,需进行抗静电处理,以保证混合均匀度。

7. 维生素 B_6 添加剂

维生素 B_6 添加剂的商品形式为盐酸吡哆醇制剂,活性成分为 98%,也有稀释为其他浓度的。

8. 维生素 B_{12} 添加剂

维生素 B_{12} 添加剂的商品形式常稀释为 0.1%、1% 和 2% 等不同活性浓度的制品。

9. 泛酸添加剂

泛酸的形式有 2 种:一是 D-泛酸钙,二是 DL-泛酸钙,只有 D-泛酸钙才具有活性。商品添加剂中,活性成分一般为 98%,也有稀释后只含有 66% 或 50% 的制剂。

10. 烟酸添加剂

烟酸的形式有 2 种:一是烟酸(尼克酸),二是烟酰胺,两者的营养效用相同,但在动物体内被吸收的形式为烟酰胺。商品添加剂的活性成分含量为 98%~99.5%。

11. 生物素添加剂

生物素添加剂的活性成分含量为 1% 和 2% 2 种。

12. 叶酸添加剂

叶酸添加剂的活性成分含量一般为 3% 或 4%,也有 95% 的规格。

13. 胆碱添加剂

胆碱添加剂的化学形式是氯化胆碱,氯化胆碱添加剂有 2 种形式:液态氯化胆碱(含活性成分 70%)和固态氯化胆碱(含活性成分 50%)。

14. 维生素 C 添加剂

常用的维生素 C 添加剂有:抗坏血酸钠、抗坏血酸钙以及被包被的抗坏血酸等。

维生素的化学性质一般不稳定,在光、热、空气、潮湿以及微量矿物质元素和酸败脂肪存在的条件下容易氧化或失效。在确定维生素用量时应考虑以下问题:

(1)维生素的稳定性及使用时实存的效价。

(2)在预混合饲料加工过程(尤其是制粒)中的损失。

(3)成品饲料在储存中的损失。

(4)炎热环境可能引起的额外损失。

(三)氨基酸饲料添加剂

目前广泛用作饲料添加剂的是赖氨酸、蛋氨酸、色氨酸等。

1. 赖氨酸

赖氨酸是各种动物所必需的氨基酸,作为饲料添加剂使用的一般为 L-赖氨酸盐酸盐(L-1ysine monohydrochloride)。我国制定的饲料级 L-赖氨酸盐酸盐国家标准,规定 L-赖氨酸盐酸盐(干物质基础)$\geqslant$98.5%。在饲料中的具体添加量,应根据畜禽营养需要量确定,一般添加量为 0.05%~0.3%,即 500~3 000 g/t。但在计算添加量时应注意产品规格,含量 98.5% 的 L-赖氨酸盐酸盐,但 L-赖氨酸盐酸盐中的 L-赖氨酸含量为 80%,而产品中含有的 L-赖氨酸仅为 78.8%。目前赖氨酸添加剂主要用于猪、禽和犊牛饲料。

2. 蛋氨酸

蛋氨酸是饲料最易缺乏的一种氨基酸。蛋氨酸与其他氨基酸不同,天然存在的 L-蛋氨酸

与人工合成的 DL-蛋氨酸(DL-methionine)的生物利用率完全相同,营养价值相等,故 DL-蛋氨酸可完全取代 L-蛋氨酸使用。蛋氨酸的使用可按畜禽营养需要量补充,一般添加量为 $0.05\%\sim0.2\%$,即 $500\sim2\,000$ g/t。蛋氨酸在家禽饲料中使用较为普遍。

3. 蛋氨酸羟基类似物

动物体内存在一系列酶系,可将一些氨基酸的前体或衍生物转化成 L-氨基酸,进而为动物体吸收利用,发挥营养功能。目前已工业生产、作为饲料添加剂使用的氨基酸类似物有蛋氨酸羟基类似物,又称液态羟基蛋氨酸(MHA),化学名称:DL-2-羟基-4-甲硫基丁酸,分子式 $C_5H_{10}O_3S$,相对分子质量 150.2,产品外观为褐色黏液。使用时可用喷雾器将其直接喷入饲料后混合均匀,操作时应避免该产品直接接触皮肤。据报道,MHA 作为蛋氨酸的替代品使用,如其效果按重量比计,相当于蛋氨酸的 $65\%\sim88\%$。

MHA 产品还有 DL-蛋氨酸羟基类似物钙盐(DL-methionine hydroxy analogue calcium,MHA-Ca),又称羟基蛋氨酸钙盐,化学名称:DL-2-羟基-4-甲硫基丁酸钙盐,分子式 $(C_5H_9O_3S)_2Ca$,相对分子质量 338.4。MHA-Ca 是用液态羟基蛋氨酸与氢氧化钙或氧化钙中和,经干燥、粉碎和筛分后制得。据报道,MHA-Ca 作为蛋氨酸的替代品使用,其效果按重量比计,相当于蛋氨酸的 $65\%\sim86\%$。

4. DL-色氨酸

一般情况下,除赖氨酸、蛋氨酸外,色氨酸是畜禽饲养中最易缺乏的必需氨基酸。DL-色氨酸(DL-tryptophan)产品外观为白色至淡黄色粉末,略有特异气味,难溶于水,消旋状态溶解度(30 ℃)为 0.25 g/100 mL,分解点 $285\sim290$ ℃,含氮量 13.7%。DL-色氨酸对猪的相对活性是 L-色氨酸的 80% 左右,对鸡是 $50\%\sim60\%$。雏鸡及仔猪易缺乏色氨酸,色氨酸在仔猪人工乳中应用普遍。在低蛋白质饲料中添加色氨酸,对提高畜禽增重、改善饲料效率十分有效。一般添加量为 $0.02\%\sim0.06\%$。

5. 甘氨酸

甘氨酸(glycine)是所有氨基酸中结构最简单的一种氨基酸,是幼禽极易缺乏的必需氨基酸。甘氨酸产品外观为白色结晶或结晶性粉末,口味略甜,易溶于水。动物性饲料中富含甘氨酸,但植物蛋白质中含量极少。一般甘氨酸可由哺乳动物自行合成,但禽类合成甘氨酸的能力很差,合成量常不能满足需要,因此它被列为家禽的必需氨基酸。尤其在低蛋白质饲粮中添加甘氨酸,对雏鸡的生长发育有很好的促进作用。

6. 苏氨酸

苏氨酸是必需氨基酸,共有 4 个异构体,常用的是 L-苏氨酸。产品外观为无色微黄色晶体,有极弱的特异气味。分解点 $253\sim257$ ℃,溶解度(20 ℃)9 g/100 mL,含氮量 11.7%。在以小麦、大麦等谷物为主的饲粮中,苏氨酸的含量往往不能满足动物需要。在大多数以植物性蛋白质为基础的猪饲料中,苏氨酸与色氨酸均为第二限制性氨基酸,随着猪饲粮中赖氨酸含量的增加,苏氨酸与色氨酸则成为影响猪生产性能的限制性因子。

三、非营养性饲料添加剂

(一)微生物制剂

微生物饲料添加剂或饲用微生物,又称益生素,是将动物肠道细菌进行分　视频 3-11

离和培养所制成的活菌制剂。作为饲料添加剂使用,可抑制肠道有害细菌的繁殖,起到防病保健和促进生长的作用。微生物饲料添加剂主要菌种有乳酸杆菌属、链球菌属、双歧杆菌属等,在我国已有十余年的发展历程。

未来微生态制剂技术发展趋势:一是筛选更多具有直接促生长作用的优良微生物,包括改造菌群遗传基因,选育优良菌种,提升抗酸、抗热等能力。二是应注意从动物营养代谢与微生物代谢关系方面进行益生素的作用机理和方式研究。三是加强剂型加工工艺的研究,例如研究真空冻干技术和微胶囊技术保护产品,采用真空包装或充氮气包装延长产品技术等,提高活菌浓度及其对不良环境的耐受力。

(二)酶制剂

饲料酶制剂包括单一酶制剂和复合酶制剂。中国目前允许使用的单酶品种包括植酸酶、蛋白酶、木聚糖酶、β-甘露聚糖酶、α-半乳糖酶、β-葡聚糖酶、葡萄糖氧化(GOD)酶、淀粉酶、支链淀粉酶、脂肪酶、麦芽糖酶、果胶酶、纤维素酶等。

在改善畜禽生产性能方面,无论是在仔猪、肥育猪还是在肉鸡、蛋鸡以及反刍动物(育肥牛、羔羊、奶牛等)日粮中添加饲用酶制剂都产生了正向效果,可提高动物采食量、平均日增重、产蛋率、改善饲料转化率等;还有研究表明,在泌乳前期奶牛日粮中添加外源非淀粉多糖酶制剂,促进奶牛泌乳和改善乳成分。

目前,新型饲用酶制剂研发重点集中在 3 个方面:一是耐高温酶、耐低温酶和高比活酶的研究,二是复合酶制剂的研发和应用技术,三是淬灭酶、葡萄糖氧化酶等几种新型酶制剂的生产技术和应用方法。

(三)多糖和寡糖

继益生素后,发现许多多糖或寡糖具有通过调节动物肠道微生物生长而影响微生态平衡的作用,将这一类物质称为益生元,受到全球研究者的高度重视。

多糖可作为理想且重要的抗生素替代品,发挥免疫调节、抗病毒、调节肠道微生态及抗细菌等功能。其作用机制能够通过影响细菌对细胞的黏附,抑制肠道有害菌的生长,促进有益菌生长,从而改善动物肠道微生态平衡,抑制细菌对宿主细胞的危害。目前常用的多糖有黄芪多糖、枸杞多糖、茶多糖等。

寡糖具有独特和多样的生理功能及安全、稳定的产品性能,能够促进机体肠道内有益微生物菌群的形成,结合吸收外源性病原菌,调节机体的免疫系统。因此,在饲料添加剂上的应用前景也更为广阔。寡糖能通过促进肠道内有益菌群的形成,改善肠道结构,阻止有害菌定植;改善肠道微生态平衡、改善动物消化吸收功能,提高血清中低密度脂蛋白含量,提高日增重,改善饲料转化效率、降低腹泻率、改善肉品质等。研究较为集中的寡糖主要包括果寡糖、甘露寡糖、半乳寡糖、大豆寡糖、木寡糖、异麦芽寡糖、壳寡糖等。

(四)饲料调制剂和饲料保存剂

1. 抗氧化剂

在配合饲料或某些原料中添加抗氧化剂可防止饲料中的脂肪和某些维生素被氧化变质,添加量 0.01%～0.05%。常用的抗氧化剂有乙氧基喹啉(山道喹)、丁基化羟基甲苯(BHT)。

2. 防腐剂

在饲料储存过程中可防止发霉变质,还可防止青贮饲料霉变。常用的防腐剂成分为丙酸及其钠(钙)盐和苯甲酸钠。

3. 黏结剂

为了减少粉尘损失和制粒过程中压模受损,提高颗粒饲料牢固程度的添加剂,也叫黏合剂或制粒添加剂,是饲料加工工艺上常用的添加剂。常用的黏结剂有木质素磺酸盐、甲基纤维素及其钠盐、陶土、藻酸钠等。某些天然的饲料原料也具有黏结性,如膨润土、α-淀粉、玉米面、动物胶、鱼浆、糖蜜等。

4. 着色剂

着色剂常用于家禽、水产动物和观赏动物日粮中,可改善蛋黄、肉鸡屠体和观赏动物的色泽。用作饲料添加剂的着色剂有两种,一种是天然色素,主要是植物中的类胡萝卜素和叶黄素类;另一种是人工合成的色素,如胡萝卜素醇。当日粮中添加着色剂时,要调整维生素 A 的用量。

5. 食欲增进剂

食欲增进剂是为了增强动物食欲,提高饲料的消化吸收及利用率而添加的非营养性添加剂,包括香料、调味剂及诱食剂 3 种。采食量不足是限制高产动物生产潜力发挥的主要因素之一,加之现代配合饲料中使用微量元素、非常规饲料等适口性较差的原料,使动物采食量降低,因此,目前添加食欲增进剂已相当普遍。饲料香料添加剂有两种来源,一是天然香料,如葱油、大蒜油、橄榄油、橙皮油等,另一类是化学合成的可用于配制香料的物质,如酯类、醚类、酮类、芳香族醇类、内酯类、酚类等。调味剂包括鲜味剂、甜味剂、酸味剂、辣味剂等;生产中可根据不同动物所喜欢的香型不同,生产中有针对不同动物的调味剂产品。诱食剂主要针对水产动物使用,常用的有甜菜碱、某些氨基酸和其他挥发性物质。

6. 流散剂

流散剂使饲料和饲料添加剂具有较好的流动性,以防止饲料在加工及储存过程中结块而添加的非营养性成分,也叫流动剂或抗结块剂。如食盐和尿素最易吸湿结块,使用流散剂可以调整这些性状,使它们容易流动、散开、不黏着。当配合饲料中含有吸湿性较强的乳清粉、干酒糟或动物胶原时均宜加入流散剂。流散剂多系无水硅酸盐,难以消化吸收,用量不宜过高,一般在 $0.5\% \sim 2\%$。常用的流散剂有天然的和人工合成的硅酸化合物和硬脂酸盐类,如硬脂酸钙、硬脂酸钾、硬脂酸钠、硅藻土、脱水硅酸、硬玉和滑石等。

7. 乳化剂

乳化剂是一种分子中具有亲水基和亲油基的物质,它的性状介于油和水之间,能使一方均匀地分布于另一方中间,从而形成稳定的乳浊液。利用这一特性可以改善或稳定饲料的物理性质。常用的乳化剂有动植物胶类、脂肪酸、大豆磷脂、丙二醇、木质素、磺酸盐、单硬脂酸、甘油酯等。

8. 缓冲剂

缓冲剂是用于反刍动物可调整瘤胃 pH、平衡电解质的物质。最常用的是碳酸氢钠,俗称小苏打,还有石灰石、氢氧化铝、氧化镁、磷酸氢钙等,这类物质可增加机体的碱贮备,防治代谢性酸中毒,饲用后可中和胃酸,溶解黏液,促进消化,增加产乳量和提高乳脂率,也可防止产蛋鸡因热应激引起的蛋壳质量下降。一般用量为 $0.1\% \sim 1\%$。

饲料调制剂和饲料保存剂还包括吸水剂(或吸湿剂)、除臭剂、抗静电剂、酸化剂等。

（五）其他

天然植物饲料添加剂是以一种或多种天然植物全株或其部分为原料，经物理、化学或生物等方法加工的具有营养、促生长、提高饲料利用率和改善动物产品品质等功效的饲料添加剂。天然植物提取物因其绿色、无公害与环保等特点被国内外研究人员关注，并成为发展绿色饲料添加剂的主要趋势之一。尤其是饲料禁抗以来，天然植物提取物饲料添加剂作为饲料中抗菌抑菌物的首选替代品。

植物提取物在肉仔鸡上的应用可以降低仔鸡发病率，提高成活率。在蛋种鸡日粮中添加紫苏籽提取物，能提高产蛋率、种蛋合格率、种蛋受精率和孵化率，提高单枚蛋重和饲料转化率。在改善肉蛋品质方面，很多植物提取物具有较强的抗氧化活性，可以提高动物体内的抗氧化能力，对于提高免疫力、抗应激能力、生产性能和肉蛋品质等方面具有良好的作用，比如生产中大蒜素的使用。已有研究表明，植物提取物能提高仔猪的生长速度，降低料重比的作用；对生长肥育猪添加黄芪多糖可提高体液免疫和细胞免疫能力，添加茶多酚可提高细胞总抗氧化能力，降低腹泻率；可提高母猪繁殖性能，预防繁殖系统疾病。反刍动物日粮中添加植物提取物能够提高采食量和饲料消化率的同时，改变瘤胃微生物菌群，抑制瘤胃甲烷产生，不仅降低反刍动物甲烷生成对环境的影响，而且可以减少瘤胃发酵过程中的能量损失，提高饲料的利用率。

四、饲料添加剂使用注意事项

在饲料中合理正确地应用添加剂，可提高畜禽的生产性能，减少饲料消耗，提高畜牧生产的经济效益。不同品种的动物、不同生长阶段或生产目的（产肉、产蛋、产奶或产毛等），动物所需营养物质存在差异，同时生产添加剂所用的各种原料性质及加工工艺也有区别，合理应用饲料添加剂十分重要。

视频 3-12

（一）注意使用对象，重视生物学效价

饲料添加剂的应用效果受动物的种类、饲料加工方法及使用方法等因素影响。如益生素，单胃动物应用的微生态制剂所用菌株一般为乳酸杆菌、芽孢杆菌、酵母等，而反刍动物则是真菌酵母等。在动物处于出生、断乳、转群、外界环境变化等应激时，活菌制剂能保持较高的生物学活性，发挥最佳的饲用效果。

而在制粒或膨化过程中，高温高压蒸汽明显地影响微生物的活性，制粒过程可使 10%～30% 孢子失活，90% 的肠杆菌损失。在 60 ℃ 或更高温度下，乳酸杆菌几乎全部被杀死，酵母菌在 70 ℃ 的制粒过程中活细胞损失达 90% 以上。选择饲料添加剂时还应关注其可利用性，选用生物效价好的添加剂型。

（二）正确选用产品，确定适宜的添加量

饲料添加剂不可滥用，否则会造成严重后果，尤其是有些物质如有超量，可导致动物死亡，造成经济损失。正确选用添加剂，确定合理的添加量十分重要。饲料添加剂品种十分繁多，选用时要注意不同的使用对象（动物）以及当地饲料资源的状况。目前国内外生产添加剂的企业很多，由于各产品的配方不同，所含有效成分的量和生物学效价也不同，应根据所饲养畜禽的不同，以经济有效为原则，选用不同的添加剂产品。由于各地区的自然条件不同，饲料资源状况也不同，因此选用添加剂产品也需因地而异。比如在不缺硒地区，就不要选用加硒的添加

剂。一般在添加剂生产中,为方便配方设计,便于产品的商业流通,往往不考虑各种配合饲料各组分中含有的物质量,而将其作为安全用量,使用时一定要按其标签说明,确定适宜的添加量,而不可随意变换添加量。

(三)注意理化特性,防止配伍拮抗

应用添加剂时,应注意各种物质的理化特性,防止各种活性物质间、化合物间、元素间的相互拮抗。常见的拮抗作用有以下几种。

(1)常量元素与微量元素间的拮抗作用。钙与铜、锰、锌、铁、碘存在拮抗作用;硫与硒有拮抗作用,饲粮中硫酸盐可减轻硒酸盐的毒性,但对亚硒酸盐无效;提高饲粮中钙、磷含量会增加仔猪对锰的需要量;提高铁含量会增加仔猪对磷的需要量;锰和镁有拮抗作用,锰能减轻镁元素过剩时的不良作用。镁在饲粮中过多时,可在消化道中形成磷酸镁,从而阻碍磷的吸收。

(2)微量元素之间的拮抗作用。锌和镉有拮抗作用,锌能拮抗镉的毒性,锌与铁、氟与碘、铜与钼、硒与镉有拮抗作用;铜与锌、锰也有拮抗作用;肠道中钴与铁具有共同的载体物质,两元素通过竞争载体而产生拮抗。

(3)饲料氨基酸平衡性差时会影响铁的吸收,缺锌将导致动物对蛋白质的利用率下降,氨基酸是动物消化道中潜在的具有络合性质的物质,可影响微量元素的吸收。

(4)用含锰量低的玉米、豆饼组成的饲粮饲喂雏鸡时,烟酸利用率下降,易发生滑腱症;硒和维生素 E 均具有抗氧化作用,维生素 E 在一定条件下可替代部分硒的作用,但硒不能代替维生素 E;饲粮中维生素缺乏时能阻碍动物体对碘的吸收;血清铜离子浓度随维生素缺乏症的发生而降低;铜和维生素 A 能促进动物体对锌的吸收和利用;维生素 C 有促进铁在肠道内吸收的作用。如饲粮中铜过量,补喂维生素 C 能减轻因饲粮内铜过量而引起的疾病。

(5)益生素的生物学活性受到 pH、抗生素、磺胺类药物、不饱和脂肪酸、矿物质等因素的影响。抗生素与化学合成的抗菌剂对益生素有较强的杀灭作用,一般不能与这类物质同时使用。

(四)重视配合比例,提高有效利用率

矿物质元素的有效吸收利用受许多因素的影响,矿物质元素之间的比例是否平衡就是其中的一个重要问题,在复配矿物质元素添加剂时,必须重视各元素的配合比例,防止因某种元素的增量而造成另一元素的吸收利用不良。比如饲粮中钙磷比例不适宜、脂肪过多等使钙在动物消化道中形成钙皂,影响钙的吸收与利用;饲粮中铁含量过高会导致牛出现铜、钴、锌、锰、硒的缺乏,而铜、锌、锰、碘等过高可降低羊对饲粮中铁的可利用性,饲粮中铁与铜的比例应维持在 10∶1 左右。

(五)加强技术管理,采用科学生产工艺

饲料添加剂的产品质量直接关系到使用安全性及畜牧生产的经济效益,必须予以重视,采用科学的生产工艺加强技术管理。添加剂的混合均匀度是至关重要的加工质量指标,由于添加的是高浓度的中间产品,在饲喂动物前还要不断扩大混合,如果添加剂本身混合不均匀,经扩大后就可能造成配合饲料中配比的不正确,影响各批加工饲料间养分的平均值,造成畜牧生产的经济损失。特别是有些动物耐受量较低的物质(如硒),混合不均匀,易造成饲喂动物的死亡。因此,加工生产饲料添加剂预混料应选用性能好的混合机组,复配前要有准确的称量系统作保证。

加工细度与添加剂产品的质量关系密切,粉碎细度只有达到一定标准,才便于矿物质元素在饲料中均匀分布,尤其是矿物质元素的比重大,极易在运输中发生分级,只有达到一定细度

要求,才有利于载体承载,防止分级。

(六)注意储运条件,及时使用产品

选用饲料添加剂要考虑价格、饲养对象、适口性、产品理化特性及质量标准。大多添加剂具有吸湿性,不耐久储,在运输及储存过程中要防潮避光,防止产品结块,并在产品的保质期限内使用。有些化合物不稳定,易氧化,有些化合物间会发生化学反应,添加剂的生物学效价或有效物质含量常常随储存时间的延长而下降,因此储存超期的产品禁止使用。如维生素添加剂的稳定性受多种因素的影响,商品维生素制剂对氧化、还原、水分、热、光、金属离子、酸碱度等因素具有不同程度的敏感性。维生素添加剂应在避光、干燥、阴凉、低温环境条件下分类储藏。维生素在全价配合饲料中的稳定性也取决于储存条件。有高剂量矿物质元素、氯化胆碱及高水分存在时,维生素添加剂易受破坏。

使用饲料添加剂时,应根据饲料及饲养对象的具体情况,按产品使用说明要求的添加比例,经充分混合,搅拌均匀后方可饲喂动物。

┃拓展内容 ┃▶--------------------------------------

生产 A 级绿色食品允许使用的饲料添加剂种类见表 3-30。

表 3-30　生产 A 级绿色食品允许使用的饲料添加剂种类(NY/T 471—2023)

一、营养性饲料添加剂

类别	通用名称	适用范围
矿物质元素及其络(螯)合物	氯化钠、硫酸钠、磷酸二氢钠、磷酸氢二钠、磷酸二氢钾、磷酸氢二钾、轻质碳酸钙、氯化钙、磷酸氢钙、磷酸二氢钙、磷酸三钙、乳酸钙、葡萄糖酸钙、硫酸镁、氧化镁、氯化镁、柠檬酸亚铁、富马酸亚铁、乳酸亚铁、硫酸亚铁、氯化亚铁、氯化铁、碳酸亚铁、氯化铜、硫酸铜、碱式氯化铜、氧化锌、氯化锌、碳酸锌、硫酸锌、乙酸锌、碱式氯化锌、氯化锰、氧化锰、硫酸锰、碳酸锰、磷酸氢锰、碘化钾、碘化钠、碘酸钾、碘酸钙、氯化钴、乙酸钴、硫酸钴、亚硒酸钠、钼酸钠、蛋氨酸铜络(螯)合物、蛋氨酸铁络(螯)合物、蛋氨酸锰络(螯)合物、蛋氨酸锌络(螯)合物、赖氨酸铜络(螯)合物、赖氨酸锌络(螯)合物、甘氨酸铜络(螯)合物、甘氨酸铁络(螯)合物、酵母铜、酵母铁、酵母锰、酵母硒、氨基酸铜络合物(氨基酸来源于水解植物蛋白)、氨基酸铁络合物(氨基酸来源于水解植物蛋白)、氨基酸锰络合物(氨基酸来源于水解植物蛋白)、氨基酸锌络合物(氨基酸来源于水解植物蛋白)、氨基酸锌络合物(氨基酸为 L-赖氨酸和谷氨酸)	养殖动物
	蛋白铜、蛋白铁、蛋白锌、蛋白锰	养殖动物(反刍动物除外)
	羟基蛋氨酸类似物络(螯)合锌、羟基蛋氨酸类似物络(螯)合锰、羟基蛋氨酸类似物络(螯)合铜	奶牛、肉牛、家禽和猪
	L-硒代蛋氨酸	断奶仔猪、产蛋鸡
	烟酸铬、酵母铬、蛋氨酸铬、吡啶甲酸铬	猪
	丙酸铬	猪、肉仔鸡
	甘氨酸锌	猪

续表3-30

类别	通用名称	适用范围
矿物质元素及其络（螯）合物	丙酸锌	猪、牛和家禽
	硫酸钾、三氧化二铁、氧化铜	反刍动物
	碳酸钴	反刍动物
	乳酸锌（α-羟基丙酸锌）	生长育肥猪、家禽
	苏氨酸锌螯合物	猪
	碱式氯化锰	肉仔鸡
维生素及类维生素	维生素 A、维生素 A 乙酸酯、维生素 A 棕榈酸酯、β-胡萝卜素、盐酸硫胺（维生素 B_1）、硝酸硫胺（维生素 B_1）、核黄素（维生素 B_2）、盐酸吡哆醇（维生素 B_6）、氰钴胺（维生素 B_{12}）、L-抗坏血酸（维生素 C）、L-抗坏血酸钙、L-抗坏血酸钠、L-抗坏血酸-2-磷酸酯、L-抗坏血酸-6-棕榈酸酯、维生素 D_2、维生素 D_3、天然维生素 E、DL-α-生育酚、DL-α-生育酚乙酸酯、亚硫酸氢钠甲萘醌（维生素 K_3）、二甲基嘧啶醇亚硫酸甲萘醌、亚硫酸氢烟酰胺甲萘醌、烟酸、烟酰胺、D-泛醇、D-泛酸钙、DL-泛酸钙、叶酸、D-生物素、氯化胆碱、肌醇、L-肉碱、L-肉碱盐酸盐、甜菜碱、甜菜碱盐酸盐	养殖动物
	25-羟基胆钙化醇（25-羟基维生素 D_3）	猪、家禽
氨基酸、氨基酸盐及其类似物	L-赖氨酸、液体 L-赖氨酸（L-赖氨酸含量不低于 50%）、L-赖氨酸盐酸盐、L-赖氨酸硫酸盐及其发酵副产物（产自谷氨酸棒杆菌、乳糖发酵短杆菌，L-赖氨酸含量不低于 51%）、DL-蛋氨酸、L-苏氨酸、L-色氨酸、L-精氨酸、L-精氨酸盐酸盐、甘氨酸、L-酪氨酸、L-丙氨酸、天（门）冬氨酸、L-亮氨酸、异亮氨酸、L-脯氨酸、苯丙氨酸、丝氨酸、L-半胱氨酸、L-组氨酸、谷氨酸、谷氨酰胺、缬氨酸、胱氨酸、牛磺酸	养殖动物
	半胱胺盐酸盐	畜禽
	蛋氨酸羟基类似物、蛋氨酸羟基类似物钙盐	猪、鸡、鸭、牛和水产养殖动物
	N-羟甲基蛋氨酸钙、蛋氨酸羟基类似物异丙酯	反刍动物
	α-环丙氨酸	鸡

二、非营养性饲料添加剂

类别	通用名称	适用范围
酶制剂	淀粉酶（产自黑曲霉、解淀粉芽孢杆菌、地衣芽孢杆菌、枯草芽孢杆菌、长柄木霉、米曲霉、大麦芽、酸解支链淀粉芽孢杆菌）	青贮玉米、玉米、玉米蛋白粉、豆粕、小麦、次粉、大麦、高粱、燕麦、豌豆、木薯、小米、大米
	α-半乳糖苷酶（产自黑曲霉）	豆粕

续表3-30

类别	通用名称	适用范围
酶制剂	纤维素酶(产自长柄木霉、黑曲霉、孤独腐质霉、绳状青霉)	玉米、大麦、小麦、麦麸、黑麦、高粱
	β-葡聚糖酶(产自黑曲霉、枯草芽孢杆菌、长柄木霉、绳状青霉、解淀粉芽孢杆菌、棘孢曲霉)	小麦、大麦、菜籽粕、小麦副产物、去壳燕麦、黑麦、黑小麦、高粱
	葡萄糖氧化酶(产自特异青霉、黑曲霉)	葡萄糖
	脂肪酶(产自黑曲霉、米曲霉)	动物或植物源性油脂或脂肪
	麦芽糖酶(产自枯草芽孢杆菌)	麦芽糖
	β-甘露聚糖酶(产自迟缓芽孢杆菌、黑曲霉、长柄木霉)	玉米、豆粕、椰子粕
	果胶酶(产自黑曲霉、棘孢曲霉)	玉米、小麦
	植酸酶(产自黑曲霉、米曲霉、长柄木霉、毕赤酵母)	玉米、豆粕等含有植酸的植物籽实及其加工副产品类饲料原料
	蛋白酶(产自黑曲霉、米曲霉、枯草芽孢杆菌、长柄木霉)、角蛋白酶(产自地衣芽孢杆菌)	植物和动物蛋白
	木聚糖酶(产自米曲霉、孤独腐质霉、长柄木霉、枯草芽孢杆菌、绳状青霉、黑曲霉、毕赤酵母)	玉米、大麦、黑麦、小麦、高粱、黑小麦、燕麦
	饲用黄曲霉毒素 B_1 分解酶(产自发光假蜜环菌)	肉鸡、仔猪
	溶菌酶	仔猪、肉鸡
微生物	地衣芽孢杆菌、枯草芽孢杆菌、两歧双歧杆菌、粪肠球菌、屎肠球菌、乳酸肠球菌、嗜酸乳杆菌、干酪乳杆菌、德式乳杆菌乳酸亚种(原名:乳酸乳杆菌)、植物乳杆菌、乳酸片球菌、戊糖片球菌、产朊假丝酵母、酿酒酵母、沼泽红假单胞菌、婴儿双歧杆菌、长双歧杆菌、短双歧杆菌、青春双歧杆菌、嗜热链球菌、罗伊氏乳杆菌、动物双歧杆菌、黑曲霉、米曲霉、迟缓芽孢杆菌、短小芽孢杆菌、纤维二糖乳杆菌、发酵乳杆菌、德氏乳杆菌保加利亚亚种(原名:保加利亚乳杆菌)	养殖动物
	产酸丙酸杆菌、布氏乳杆菌	青贮饲料、牛饲料
	副干酪乳杆菌	青贮饲料
	凝结芽孢杆菌	肉鸡、生长育肥猪和水产养殖动物

续表3-30

类别	通用名称	适用范围
微生物	侧孢短芽孢杆菌(原名:侧孢芽孢杆菌)	肉鸡、肉鸭、猪、虾
	丁酸梭菌	断奶仔猪、肉仔鸡
多糖和寡糖	低聚木糖(木寡糖)	鸡、猪、水产养殖动物
	低聚壳聚糖	猪、鸡和水产养殖动物
	半乳甘露寡糖	猪、肉鸡、兔和水产养殖动物
	果寡糖、甘露寡糖、低聚半乳糖	养殖动物
	壳寡糖[寡聚 β-(1-4)-2-氨基-2-脱氧-D-葡萄糖]($n=2\sim10$)	猪、鸡、肉鸭、虹鳟鱼
	β-1,3-D-葡聚糖(源自酿酒酵母)	水产养殖动物
	N,O-羧甲基壳聚糖	猪、鸡
	低聚异麦芽糖	蛋鸡、断奶仔猪
	褐藻酸寡糖	肉鸡、蛋鸡
抗氧化剂	乙氧基喹啉、丁基羟基茴香醚(BHA)、二丁基羟基甲苯(BHT)、没食子酸丙酯、特丁基对苯二酚(TBHQ)、茶多酚、维生素 E、L-抗坏血酸-6-棕榈酸酯、L-抗坏血酸钠	养殖动物
	姜黄素	淡水鱼类
防腐剂、防霉剂和酸度调节剂	甲酸、甲酸铵、甲酸钙、乙酸、双乙酸钠、丙酸、丙酸铵、丙酸钠、丙酸钙、丁酸、丁酸钠、乳酸、山梨酸、山梨酸钠、山梨酸钾、富马酸、柠檬酸、柠檬酸钾、柠檬酸钠、柠檬酸钙、酒石酸、苹果酸、磷酸、氢氧化钠、碳酸氢钠、氯化钾、碳酸钠	养殖动物
	乙酸钙	畜禽
	二甲酸钾	猪
	氯化铵	反刍动物
	亚硫酸钠	青贮饲料
黏结剂、抗结块剂、稳定剂和乳化剂	铝酸钠、硫酸钙、硬脂酸钙、甘油脂肪酸酯、聚丙烯酸树脂Ⅱ、山梨醇酐单硬脂酸酯、丙二醇、二氧化硅(沉淀并经干燥的硅酸)、卵磷脂、海藻酸钠、海藻酸钾、海藻酸铵、琼脂、瓜尔胶、阿拉伯树胶、黄原胶、甘露醇、木质素磺酸盐、羧甲基纤维素钠、聚丙烯酸钠、山梨醇酐脂肪酸酯、蔗糖脂肪酸酯、焦磷酸二钠、单硬脂酸甘油酯、聚乙二醇 400、磷脂、聚乙二醇甘油蓖麻酸酯、辛烯基琥珀酸淀粉钠、乙基纤维素、聚乙烯醇、紫胶、羟丙基甲基纤维素	养殖动物
	丙三醇	猪、鸡和鱼
	硬脂酸	猪、牛和家禽

续表3-30

类别	通用名称	适用范围
其他	天然类固醇萨洒皂角苷(源自丝兰)、天然三萜烯皂角苷(源自可来雅皂角树)、二十二碳六烯酸(DHA)	养殖动物
	糖萜素(源自山茶籽饼)	猪和家禽
	乙酰氧肟酸	反刍动物
	苜蓿提取物(有效成分为苜蓿多糖、苜蓿黄酮、苜蓿皂苷)	仔猪、生长育肥猪、肉鸡
	杜仲叶提取物(有效成分为绿原酸、杜仲多糖、杜仲黄酮)	生长育肥猪、鱼、虾
	淫羊藿提取物(有效成分为淫羊藿苷)	鸡、猪、绵羊、奶牛
	共轭亚油酸	仔猪、蛋鸡
	4,7-二羟基异黄酮(大豆黄酮)	猪、产蛋家禽
	地顶孢霉培养物	猪、鸡、泌乳奶牛
	紫苏籽提取物(有效成分为α-亚油酸、亚麻酸、黄酮)	猪、肉鸡和鱼
	植物甾醇(源于大豆油/菜籽油,有效成分为β-谷甾醇、菜油甾醇、豆甾醇)	家禽、生长育肥猪
	藤茶黄酮	鸡
	植物炭黑	养殖动物
	胆汁酸	产蛋鸡、肉仔鸡、断奶仔猪、淡水鱼
	水飞蓟宾	淡水鱼
	吡咯并喹啉醌二钠、三丁酸甘油酯、槲皮万寿菊素	肉仔鸡
	鞣酸蛋白	断奶仔猪
	枯草三十七肽	肉鸡
	腺苷七肽	断奶仔猪

技能七　常用饲草、饲料原料的识别

一、技能目标

正确识别常用饲草、饲料原料,并能描述饲料原料的外观特征,根据其营养特性进行分类。

二、材料设备

1. 饲草标本、幻灯片、瓷盘、镊子、直尺等。

2. 粗饲料、青绿饲料、籽实饲料、矿物质饲料等实物。

(1)苜蓿青干草、燕麦青干草、玉米秸、麦秸、稻草、谷草、花生壳、高粱壳、玉米芯、豆荚、杨树叶和槐树叶等。

（2）紫花苜蓿、草木樨、三叶草、青刈玉米、青刈燕麦、串叶松香草、聚合草、甘蓝、胡萝卜、甜菜、南瓜和水浮莲等。

（3）玉米、禾本科牧草等青贮饲料。

（4）玉米、高粱、大麦、燕麦、小麦麸、稻糠、甘薯、马铃薯等原料。

（5）鱼粉、肉骨粉、血粉、羽毛粉、豆饼粕、棉籽饼粕、菜籽饼粕、花生饼粕、亚麻饼粕、胡麻饼粕和尿素等。

（6）食盐、骨粉、贝壳粉、石粉及硫酸铜、硫酸亚铁等。

（7）维生素 A、维生素 D_3、维生素 B_1、维生素 B_2 等多种维生素。

（8）蛋氨酸、赖氨酸及着色剂、防腐剂等饲料保存剂和保健促生长剂。

三、操作规程

（1）根据饲料的营养特点和来源划分上述饲料，并说出分类依据和各类饲料的营养特点。

（2）同类饲料中根据饲料各自的外观特征（形状、体积大小、植物部位、标签等）、加工方法等区分品种和记忆名称。

（3）结合实际，重点介绍、识别常用的当地饲草饲料。

任务考核 3-8　　　　参考答案 3-8

▶ 项目小结 ◀

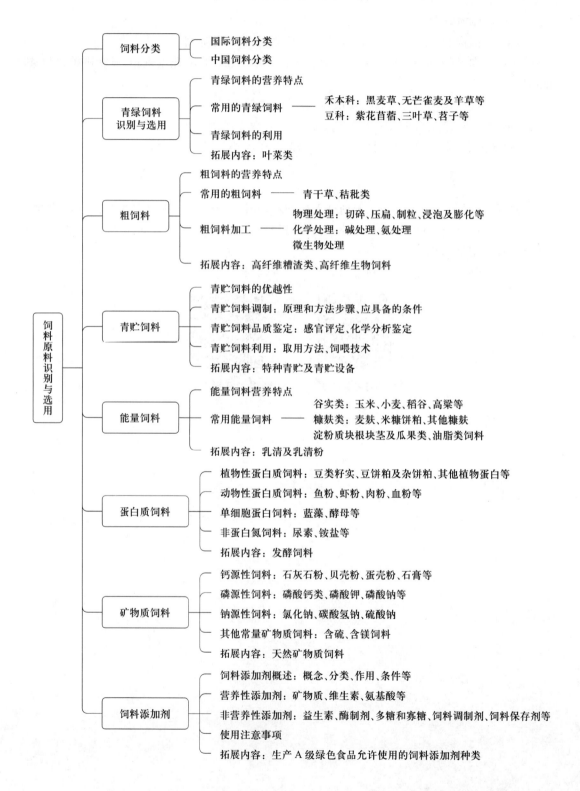

饲料原料识别与选用
- 饲料分类
  - 国际饲料分类
  - 中国饲料分类
- 青绿饲料识别与选用
  - 青绿饲料的营养特点
  - 常用的青绿饲料
    - 禾本科：黑麦草、无芒雀麦及羊草等
    - 豆科：紫花苜蓿、三叶草、苕子等
  - 青绿饲料的利用
  - 拓展内容：叶菜类
- 粗饲料
  - 粗饲料的营养特点
  - 常用的粗饲料 —— 青干草、秸秕类
  - 粗饲料加工
    - 物理处理：切碎、压扁、制粒、浸泡及膨化等
    - 化学处理：碱处理、氨处理
    - 微生物处理
  - 拓展内容：高纤维糟渣类、高纤维生物饲料
- 青贮饲料
  - 青贮饲料的优越性
  - 青贮饲料调制：原理和方法步骤、应具备的条件
  - 青贮饲料品质鉴定：感官评定、化学分析鉴定
  - 青贮饲料利用：取用方法、饲喂技术
  - 拓展内容：特种青贮及青贮设备
- 能量饲料
  - 能量饲料营养特点
  - 常用能量饲料
    - 谷实类：玉米、小麦、稻谷、高粱等
    - 糠麸类：麦麸、米糠饼粕、其他糠麸
    - 淀粉质块根块茎及瓜果类、油脂类饲料
  - 拓展内容：乳清及乳清粉
- 蛋白质饲料
  - 植物性蛋白质饲料：豆类籽实、豆饼粕及杂饼粕、其他植物蛋白等
  - 动物性蛋白质饲料：鱼粉、虾粉、肉粉、血粉等
  - 单细胞蛋白饲料：蓝藻、酵母等
  - 非蛋白氮饲料：尿素、铵盐等
  - 拓展内容：发酵饲料
- 矿物质饲料
  - 钙源性饲料：石灰石粉、贝壳粉、蛋壳粉、石膏等
  - 磷源性饲料：磷酸钙类、磷酸钾、磷酸钠等
  - 钠源性饲料：氯化钠、碳酸氢钠、硫酸钠
  - 其他常量矿物质饲料：含硫、含镁饲料
  - 拓展内容：天然矿物质饲料
- 饲料添加剂
  - 饲料添加剂概述：概念、分类、作用、条件等
  - 营养性添加剂：矿物质、维生素、氨基酸等
  - 非营养性添加剂：益生素、酶制剂、多糖和寡糖、饲料调制剂、饲料保存剂等
  - 使用注意事项
  - 拓展内容：生产A级绿色食品允许使用的饲料添加剂种类

项目四
饲料配方设计

知识目标：

区分配合饲料、饲粮、日粮的概念；

理解配合饲料的分类方法；

熟悉配合饲料配方设计应该遵循的原则。

能力目标：

能阐明各类配合饲料的营养特点及相互关系；

会检查猪、禽、牛、羊等动物的饲料配方。

素质目标：

认识配合饲料种类及正确使用技术；

培养绿色、健康、高效饲养的配方设计理念；

培养学生分析问题、解决问题的综合能力。

▶ 任务一　配合饲料分类 ◀

　　配合饲料指根据动物的不同生长阶段、不同生理要求、不同生产用途的营养需要，以饲料营养价值评定的试验和研究为基础，按科学配方把不同来源的饲料，依一定比例均匀混合，并按规定的工艺流程生产以满足各种动物实际需求的饲料。

项目四导读

　　配合饲料是根据科学试验并经过实践验证而设计和生产的，集中了动物营养和饲料科学的研究成果，并能把各种不同的组分（原料）均匀混合在一起，从而保证有效成分的稳定一致，提高饲料的营养价值和经济效益。

　　配合饲料生产需要根据有关标准、饲料法规和饲料管理条例进行，有利于保证质量，并有利于人类和动物的健康，有利于环境保护和维护生态平衡。

　　配合饲料可直接饲喂或经简单处理后饲喂，方便用户使用，方便运输和保存，减轻了用户劳力。

满足一头动物一昼夜所需各种营养物质而采食的各种饲料总量称为日粮。在畜牧生产实践中,除极少数量动物尚保留个体单独饲粮饲养外,通常均采用群饲。特别是集约化畜牧业,为便于饲料生产工业化及饲料管理操作机械化,常将按群体中"典型动物"的具体营养需要量配合成的饲粮中的各原料组成换算成百分含量,而后配制成满足一定生产水平类群动物要求范围的混合饲料。在饲养业中为区别于日粮,将这种按百分比配合成的混合饲料称为饲粮。依据营养需要量所确定的饲粮中各饲料原料组成的百分比构成,就称为饲料配方。

一、配合饲料的优越性

(一)配合饲料科技含量高,能最大限度发挥动物生产潜力,增加动物生产效益

配合饲料生产是根据动物的营养需要、消化特点及饲料的营养特性配制而成包括百万分之一计量甚至更小单位计量的微量营养成分在内的饲料配方,使饲料中各种养分之间比例适当,能充分满足不同动物的营养需要;配合饲料生产正朝企业化集团化生产方向发展,这些企业、集团一般都拥有一批饲料配方设计、饲料生产和管理的技术人员,为及时应用营养学、饲料学等最新现代科技成果奠定了基础;另外,科学合理地选用各种饲料添加剂,使之具有预防疾病、保健促生长作用,减少了动物各类疾病的发生,从而最大限度地发挥动物的生产潜力,使动物生长快、产品产量高,饲料成本低,饲料消耗少,饲养周期短,最终提高饲料转化效率,增加生产效益。发展和推广使用配合饲料是现代养殖业实现高产、优质、低消耗、高效益的必经之路。

(二)配合饲料能充分、合理、高效地利用各种饲料资源

可作为配合饲料的原料种类多,数量大。既可以是人类可食的谷物,也可以是人类不能利用的其他物质,如榨油工业的下脚料——饼粕类饲料,粮食加工的下脚料——米糠与麸皮,屠宰业的下脚料——血粉与肉骨粉,发酵酿造业、制药业等剩余废物——酒糟与药渣等以及鱼粉、蚯蚓粉、单细胞蛋白、藻类、叶粉、草粉等。这些人类不能利用的物质经过动物的合理转化,最终变成人类可食用的畜产品,避免了动物与人类争夺粮食,扩大了饲料资源,降低了饲料成本,增加了养殖业的经济效益,同时增加了人类赖以生存的食物数量,有助于维持生态平衡,保护环境。

(三)配合饲料产品质量稳定,饲用安全、高效、方便

配合饲料在专门的饲料加工厂生产,采用特定的计量和加工设备,加工工艺科学,计量准确,混合均匀,粒度适宜,质量标准化,保证了产品的质量。同时随着配合饲料质量管理水平的不断提高,饲料生产企业对所生产的产品的饲养效果负有保证责任,对不合格产品负责赔偿损失,极大地提高了配合饲料的质量,保证了饲用的安全性,防止了饲料营养不足、缺乏、过量或中毒等。养殖场(户)可直接饲喂配合饲料,避免了饲料原料的采购、运输、贮藏与加工等环节,节约了设备和劳动力。

(四)使用配合饲料,可减少养殖业的劳动支出,实现机械化养殖,促进现代养殖业的发展

由专门的生产企业集中生产配合饲料,节省了养殖企业或养殖户的大量设备和劳动支出。同时配合饲料具有优质高效、使用方便的特点,通常可以直接饲喂或稍加混合、调制后饲喂,有利于养殖企业采用半机械化、机械化与自动化的饲养方式,加快了动物养殖现代化进程,有利于我国现代养殖业的发展。

二、配合饲料分类

配合饲料的分类方法很多,目前采用的分类方法通常有以下几种:

1. 按营养成分(生产工艺)分类

视频 4-1

按照配合饲料所含营养成分或生产工艺的不同,可将配合饲料分为以下 4 种。

(1)添加剂预混料 又称预混料或预混合饲料,指由一种或多种饲料添加剂与载体或稀释剂按一定比例配制的均匀混合物。实际生产中,为方便用户使用,通常还添加微量元素、维生素、氨基酸等微量营养成分,有时还添加钙、磷、食盐,甚至优质蛋白质饲料。添加剂预混料在配合饲料中所占比例很小,在全价配合饲料中的添加比例一般≤10%。但它是配合饲料的精华部分,是配合饲料的核心。添加剂预混料是一种饲料半成品,不能直接饲喂。

(2)浓缩饲料 指由蛋白质饲料、矿物质饲料和添加剂预混料按一定比例配制的均匀混合物。浓缩饲料也不能直接饲喂,但按一定比例添加能量饲料就可以配制成营养全面的配合饲料,因此又有人将浓缩饲料称为平衡用配合饲料(balancer)。一般情况,浓缩饲料占配合饲料的比例为 20%~40%,其中的蛋白质含量多在 30% 以上。

(3)精料补充料 指为了补充以粗饲料、青绿饲料、青贮饲料为基础的草食动物的营养而用多种饲料原料按一定比例配制的饲料,也称混合精料。主要由能量饲料、蛋白质饲料、矿物质饲料和添加剂预混料组成,主要适合于饲喂牛、羊、兔等草食动物。这种饲料营养不全价,仅组成草食动物日粮的一部分,饲喂时必须与一定比例和种类的粗饲料、青绿饲料或青贮饲料搭配在一起。

(4)配合饲料 指除水分外能满足动物营养需要的饲料。这种饲料所含的各种营养成分均衡全面,能够满足动物的营养需要,不需添加任何成分就可以直接饲喂,并能获得最好的经济效益。它是由能量饲料、蛋白质饲料、矿物质饲料以及各种饲料添加剂组成的。多为家禽、猪、水产动物及其他单胃动物使用。

以上 4 种配合饲料的相互关系见图 4-1。

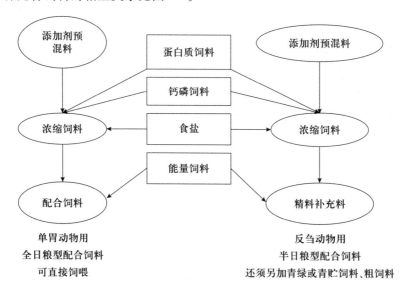

图 4-1 配合饲料的种类及其相互关系

2. 按饲料形状分类

按照饲料物理性状的不同,可将配合饲料分为以下几种:

(1)粉状饲料　粉状饲料是指多种饲料原料的粉状混合物,它是目前最为普遍的一种配合饲料类型。粉状饲料由各种原料粉碎至一定粒度后再称重配料,均匀混合而成。这种饲料的生产设备及工艺比较简单,加工成本低,容易与其他饲料种类搭配使用,应用方便;但易引起动物挑食,造成浪费,加工过程中也容易产生粉尘而造成浪费。

(2)颗粒饲料　指粉状饲料经过颗粒机挤压而成的颗粒状饲料。颗粒饲料的生产是先将所需的饲料原料按要求粉碎到一定的粒度,制成全价粉状配合饲料,然后与蒸汽充分混合均匀,进入制粒机(平模压粒机或环模压粒机),加压处理而成。这种饲料可增加动物采食量,避免挑食,饲料利用率高。颗粒饲料在制作过程中经加热加压处理,破坏了饲料中的部分毒害成分,还可起到杀虫灭菌作用。但这种饲料制作成本较高,在加热加压时还可使一些维生素、酶、赖氨酸等的效价降低。

(3)膨化饲料　指经调质、增压挤出模孔和骤然降压过程制得的膨松颗粒饲料。膨化是对物料进行高温高压处理后突然减压,利用水分瞬时蒸发或物料本身的膨胀特性使物料的某些理化性质改变的一种加工技术。膨化饲料是近几年兴起的优质、高档饲料,不仅具有颗粒饲料的优点,而且还具有适口性好、饲料利用率高、有益健康、经济效益显著等独特的优越性。目前,国内主要利用膨化技术处理饲料原料和加工全价配合饲料。可膨化的饲料原料有大豆、玉米、豆粕、棉籽粕、鱼粉、羽毛粉及肉骨粉等,生产的全价配合饲料有乳猪饲料、肉鸡饲料、鱼虾饲料、宠物饲料等。

(4)压扁饲料　压扁饲料指籽实饲料(如玉米粒、大麦粒等)去皮(反刍动物可不去皮),加入16%的水,通入蒸汽加热到120 ℃左右,然后压成扁片状,经过冷却干燥处理,再加入所需的各种饲料添加剂而制成的扁片状饲料。压扁饲料过去只用于马的饲料加工,近年来已用于猪、牛等动物的籽实饲料加工。这种饲料适口性好,且表面积增大,利于消化酶的作用,可提高饲料的消化利用率。

(5)液体饲料　指液体状的饲料。这类饲料主要包括糖蜜、油脂、矿物油、某些抗氧化剂、某些维生素、液体蛋氨酸、初生幼畜的代乳料等。

(6)块状饲料　块状饲料包括饲料原料和配合饲料。饲料原料主要为各种油饼,如豆饼、花生饼、棉籽饼、菜籽饼等;配合饲料产品通常为牛、羊等反刍动物使用的舔砖,如将糖蜜、矿物盐、非蛋白氮化合物制成的舔砖等,也可将粗饲料混合压制成块状饲料。

3. 按饲喂对象分类

按饲喂对象,可将配合饲料分为鸡用、猪用、牛用、羊用、兔用、水产动物用以及其他动物用配合饲料等。而不同种类动物的配合饲料又可根据经济类型、生长阶段、生理状态和生产性能等条件进行进一步划分。如鸡用配合饲料可以包括肉鸡和蛋鸡2大类,肉鸡配合饲料又通常分为肉小鸡(0～21日龄)、肉中鸡(22～42日龄)、肉大鸡(43日龄后)3种,而蛋鸡饲料又分为育雏期(0～6周龄)、育成前期(7～14周龄)、育成后期(15周龄至5%开产)、产蛋期(产蛋率>80%)、产蛋期(产蛋率65%～80%)、产蛋期(产蛋率<65%)等。

实际生产中,为了更清楚地说明配合饲料的真实属性,也可采用将以上分类联合命名的方法。如肉小鸡颗粒饲料、乳猪膨化饲料等。

任务考核 4-1

参考答案 4-1

▶ 任务二 配合饲料配方设计 ◀

一、配合饲料设计的原则

(一)依据饲养标准确定营养指标

由于动物种类、年龄、生理状况、生活环境及生产水平等不同,对各种营养物质的需要量也不同。因此,设计饲粮配方时,必须选择与畜禽种类、品种、性别、年龄、体重、生产用途及生产水平等相适应的饲养标准,以确定出营养需要指标。在此基础上,再根据短期饲养实践中,畜禽生长与生产性能反映的情况予以适当调整。如果发现日粮(或饲粮)的营养水平偏高,可酌量降低;反之,则可适当予以提高。一般在原饲养标准基础上,调整幅度为 10% 左右,其中某些维生素的应激添加量为饲养标准的 1~2 倍,甚至高于饲养标准的几倍,以保证产品合格及有效。

(二)注意营养的全面与平衡

首先必须满足动物对能量的要求,其次考虑蛋白质、氨基酸、矿物质和维生素等的需要,并注意能量蛋白的比例、能量与氨基酸的比例等应符合饲养标准的要求。尤其是各种营养指标比例的平衡,使全价饲粮配方真正具备全价性、完全性的特点。

满足动物对能量的要求理由有三:其一,能量是动物生活和生产上最迫切需要的,只有在满足能量的基础上,才能考虑蛋白质、氨基酸、矿物质和维生素等的需要;其二,提供能量的养分在配方中所占比例最大,如果设计配方时先从其他养分着手,而后发现能量不足时,就必须对配方的组成进行较大的调整;相反,如果氨基酸、矿物质及维生素不足,则补充少量含这类养分的物质,就可以得到弥补;其三,因为饲料的干物质基本上是由碳水化合物、脂肪和蛋白质这三种含能量的有机物质构成,饲料中可利用能量的多少,可代表这三种有机物利用率的高低。因此,以可供利用的能量作为评定饲料营养价值的单位,也都是以能量为依据,直接使用饲料中的消化能、代谢能和净能。

除了能量外,配合的日粮还应满足动物对蛋白质的需要,并注意能量蛋白的比例应符合饲养标准的要求。低能量高蛋白的日粮(或饲粮)会造成蛋白质饲料的浪费,高能量低蛋白日粮(或饲粮)会降低生产性能。所以,在一定范围内,蛋白质的供应要随着日粮(或饲粮)能量水平的提高而相应增加,随能量水平的降低而相应减少。

从某种程度上讲,营养物质之间的科学比例比每个单一营养物质绝对含量更重要。因此,除了能量与蛋白质的比例关系外,还应考虑能量与氨基酸、矿物质与维生素等营养物质的相互关系,充分重视各营养物质的平衡。

同时,在配方设计时要吸收最新的研究成果,除考虑一般性营养指标及各种微量营养指标外,还应考虑动物因素、环境因素、饲养方式等,以充分发挥动物生产的遗传潜力,最大限度地提高饲料营养的转化利用效率。

(三)控制粗纤维的给量

为了使配合的日粮适合动物的消化生理特点,对各种动物应有区别地控制粗纤维的给量。日粮中粗纤维含量与能量浓度关系密切,但并非决定能量浓度的唯一因素。如燕麦与麦麸的粗纤维含量相近,但能值不同;许多干草与秸秆的能值不与它们的粗纤维含量成正比。另外,由于草食家畜,尤其是牛、羊等反刍家畜,在利用粗纤维上与猪、禽差别很大,所以要针对不同动物,控制日粮中的粗纤维含量。对于鸡,要严格控制粗纤维含量在 4% 以下;对于仔猪,在5% 以下;对于生长猪,在 9% 以下;而牛、羊则可大量利用青、粗饲料。

(四)日粮的体积应与消化道相适应

日粮除应满足动物对各种营养物质的需要外,还需注意干物质的含量,使之有一定的体积。若日粮体积过大,可造成消化道负担过重,影响饲料的消化和吸收;体积过小,即使营养物质已满足需要,但动物仍感饥饿,不利于正常生长。所以,应注意日粮的体积,既要让动物吃得下,又可吃得饱,并能满足营养需要。

各种家畜每日干物质需要量,以每 100 kg 体重计,猪为 2.5～4.5 kg,乳牛 2.5～3.5 kg,役牛 2～3 kg,役马 1.8～2.8 kg,羊 2.5～3.25 kg。应用时,要根据具体饲养实践酌情增减。

(五)考虑日粮的质地及饲喂的安全性

设计饲料配方时,既要满足畜禽营养需要,也要考虑配合日粮或饲粮的适口性与调养性,尤其对种用家畜、繁殖母畜和幼畜。对于含有有毒成分的饲料原料如菜籽粕、棉籽粕等要注意限制用量,要保证选用的饲料品质良好,无毒无害,不含异物,不发霉,无污染等,更应符合我国饲料质量标准和卫生标准。

另外,设计的饲料配方应安全合法,动物食品的安全,很大程度依赖于饲料的安全,而饲料安全必须在配方设计时考虑,要严格禁止使用有害有毒的成分、各种违禁的饲料添加剂、药物和生长促进剂等,对于受微生物污染的原料、未经科学试验验证的非常规饲料原料也不能使用。

(六)饲料要合理搭配,并注意来源稳定

日粮应选用多种饲料进行配合,其具体含义是,能量饲料及蛋白质饲料应分别选用两种或两种以上。其他大宗原料的选用也如此。此外,应充分利用各种添加剂以弥补原料中某些养分的不足,取得营养平衡,并改善养分的保存、气味、消化、吸收及转化。

另外,设计的饲料配方营养特性和产品质量要保持相对稳定,如需调整配方,应有序渐进地调整,不可突然变化,当然,设计饲料配方或开发新的饲料产品应考虑在一定时间内饲料原料保持相对稳定,否则,因配方或饲料产品的变化,将直接影响动物生产性能的稳定性。

(七)饲料成分及营养价值表的选用

为了保证饲料成分及营养价值表能够真实地反映所用原料的营养成分含量,应首先使用本地区饲料营养价值成分表,如有条件最好是本单位实测值,然后查与本地区相邻近或自然条

件相近地区的同一品种原料的分析资料,最后查国内统一制定的饲料成分及营养价值表(如中国饲料数据库情报网中心定期发布的"中国饲料成分及营养价值表"),或育种公司标准、国外的资料。

(八)选用饲料要有经济观点

饲料配方的成本很大程度决定饲料产品的经济效益,作为一种商品,饲料产品必须考虑经济效益。在畜牧生产中,由于饲料费用占很大比例,设计饲料配方时,必须因地因时制宜,精打细算,巧用饲料,尽量选用营养丰富、质量稳定、价格低廉、资源充足的地源性饲料,增加农副产品比例。如利用玉米胚芽饼、粮食酒糟等替代部分玉米等能量饲料;利用脱毒棉仁饼粕、菜籽饼粕、芝麻饼粕和苜蓿粉等替代部分大豆饼粕和鱼粉等价格昂贵的蛋白质饲料,以充分利用饲料资源,降低饲养成本,并获得最佳经济效益。如能建立饲草和饲料基地,全部或部分地解决饲料供应问题,则是一种可取的做法。

因此,配方的质量与成本之间必须合理平衡,既要符合营养标准的要求,又要尽可能降低成本,并综合考虑产品对环境的影响。在饲料配方的设计时,应同时兼顾饲料的饲养效果和生产成本,在保证动物一定生产性能的前提下,尽可能降低饲料配方的成本。

(九)设计的饲料配方应具有良好的市场认同性

饲料产品最终通过市场销售到用户发挥饲养功效,市场既是对产品质量的检验,也是对饲料产品特点、特性和综合效益的检验。配方设计必须明确饲料产品的档次、市场定位、客户范围以及特点需求,预测现在和将来可能的认可接受程度,分析同类竞争产品的特点,使设计的饲料产品占有更大的市场份额。

(十)注意饲料配方的特殊要求

除考虑配合饲料中某些维生素等营养指标的特殊要求外,还要强化动物生长和产品生产的特殊要求,如对于幼龄动物和肉用动物,为了使其生长、增重速度快,常在饲料中添加一些允许使用的生长促进剂、诱食剂、酸化剂、酶制剂等添加剂。为了改善畜产品品质和性状,如使用改善肉鸡肤色、蛋鸡蛋黄颜色的着色剂等添加剂。为了提高动物抗病能力,增强饲料的保健性,可在饲料中使用一些促进动物健康生长、抵御疾病的添加剂,如肉仔鸡饲料用的抗球虫药制剂、仔猪饲料用的抗腹泻用制剂、改善动物消化道内有益微生物的发育而采用的益生素制剂、抗动物应激制剂(如维生素 C 和维生素 E 等)。随着现代科学技术的发展,饲料生物安全和环境生态保护将逐步作为强制性措施实行。饲料配方应根据这些要求作出调整,如禁用一些违禁药物,降低动物氮、磷的排泄等。还在配方中加入防霉剂、抗氧化剂、黏结剂等,以满足配合饲料产品性状有关的附加要求。

总之,饲料配方设计要遵循全价饲粮配方设计的原则,在设计配方时还要考虑动物的品种和性别及年龄、动物的采食量和消化生理特性、动物的生产用途和生产性能、动物的饲养方式和环境条件、动物饲养季节和气候条件、饲料原料的种类和来源及价格、饲料原料的特性和限制条件、饲料加工工艺、生态和环保要求、当地饲养传统和市场习惯等方面的因素。

二、配合饲料配方设计的方法

配合饲料配方设计主要是规划计算各种饲料原料的用量比例。设计配方

视频 4-2

时采用的计算方法分手工计算和计算机规划两大类：①手工计算法，有交叉法、方程组法、试差法，可以借助计算器或计算机数据处理软件（如 Excel 等）计算；②计算机规划法，主要是根据有关数学模型编制专门程序软件进行饲料配方的优化设计，涉及的数学模型主要包括线性规划、多目标规划、模糊规划、概率模型、灵敏度分析、多配方技术等。

（一）交叉法

又称四角法、正方形法、对角线法或图解法。这是一种将简单的作图与计算相结合的运算方法。在饲料原料种类不多及考虑营养指标较少的情况下，可较快地获得比较准确的结果。但其缺点是在饲料种类及营养指标较多的情况下，需反复进行两两组合，计算比较麻烦。

例如：利用粗蛋白质含量为 30％的猪用浓缩饲料与能量饲料玉米（含粗蛋白质 8.5％）混合，为体重 25～60 kg 的生长肥育猪配制粗蛋白质为 16％的饲粮 1 000 kg。

计算方法步骤如下：

1. 算出两种饲料在配合料中应占的比例（％）

先画一方形图，在图中央写上所要配合的配合料中粗蛋白质含量（16％），方形图的左上、下角分别是玉米和浓缩饲料蛋白质含量。如图对角线所示，并标箭头，顺箭头以大数减小数得出的差分别除以两差之和，即得出玉米和浓缩饲料的百分比。其方形图及计算如下：

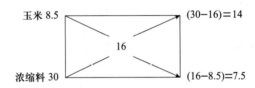

玉米应占比例＝（30－16）÷（14＋7.5）×100％＝65％

浓缩料应占比例＝（16－8.5）÷（14＋7.5）×100％＝35％

2. 计算两种饲料在配合料中所需重量

玉米：1 000 kg×65％＝650 kg

浓缩料：1 000 kg×35％＝350 kg

（二）方程组法（代数法）

方程组法也叫公式法或联立方程组法，即用二元一次方程来计算饲料配方。此法特点是方法简单，适用于饲料原料种类少的情况，而饲料种类多时，计算较为复杂。

例如：已知某猪场现有含粗蛋白质 9.5％的能量饲料（其中玉米占 75％，大麦占 25％）和含粗蛋白质 40％的蛋白质补充料，现要配制含粗蛋白质 15％的配合饲料。

计算方法步骤如下：

(1)配合饲料中能量饲料占 x％，蛋白质补充料占 y％。

$x+y=100$

(2)能量饲料的粗蛋白质含量为 9.5％，蛋白质补充料含粗蛋白质为 40％，要求配合饲料含粗蛋白质为 15％。

$0.095x+0.40y=15$

(3)列联立方程：$\begin{cases} x+y=100 & ① \\ 0.095x+0.40y=15 & ② \end{cases}$

（4）解联立方程

$x = 81.97$

$y = 18.03$

（5）求能量饲料中玉米、大麦在配合饲料中所占的比例

玉米占比例＝81.97％×75％＝61.47％

大麦占比例＝81.97％×25％＝20.50％

（三）试差法

又称为凑数法。这种方法首先根据经验初步拟出各种饲料原料的大致比例，然后用各自的比例去乘该原料所含的各种养分的百分含量，再将各种原料的同种养分之积相加，即得到该配方的每种养分的总量。将所得结果与饲养标准进行对照，若有任一养分超过或不足时，可通过增加或减少相应的原料比例进行调整和重新计算，直至所有的营养指标都基本上满足要求为止。此方法简单，可用于各种配料技术，应用面广。缺点是计算量大，十分烦琐，盲目性较大，不易筛选出最佳配方，相对成本可能较高。

试差法设计饲料配方的步骤如下。

1. 单胃动物全价饲料配方设计

例如，用玉米、麦麸、豆粕、棉籽粕、进口鱼粉、石粉、磷酸氢钙、食盐、维生素预混料和微量元素预混料，配合0～6周龄雏鸡饲粮。

（1）第一步，确定饲养标准。从我国蛋鸡饲养标准中查得0～6周龄雏鸡饲粮的营养水平为代谢能11.92 MJ/kg，粗蛋白质18％，钙0.8％，总磷0.7％，赖氨酸、蛋氨酸、胱氨酸分别为0.85％、0.30％、0.30％。

（2）第二步，根据饲料成分表查出或化验分析所用各种饲料的养分含量（表4-1）。

表 4-1　饲料的养分含量

项目	代谢能/（MJ/kg）	粗蛋白质/％	钙/％	磷/％	赖氨酸/％	蛋氨酸/％	胱氨酸/％
玉米	13.47	7.8	0.02	0.27	0.23	0.15	0.15
麦麸	6.82	15.7	0.11	0.92	0.58	0.13	0.26
豆粕	9.83	44.0	0.33	0.62	2.66	0.62	0.68
棉籽粕	8.49	43.5	0.28	1.04	1.97	0.58	0.68
鱼粉	12.18	62.5	3.96	3.05	5.12	1.66	0.55
磷酸氢钙	—	—	23.30	18.00	—	—	—
石粉	—	—	36.00	—	—	—	—

（3）第三步，按能量和蛋白质的需求量初拟配方。

根据实践经验，初步拟定饲粮中各种饲料的比例。雏鸡饲粮中各类饲料的比例一般为：能量饲料65％～70％，蛋白质饲料25％～30％，矿物质饲料等3％～3.5％（其中维生素和微量元素预混料一般各为0.5％），据此先拟定蛋白质饲料用量（按占饲粮的26％估计）；棉籽粕适口性差并含有毒物质，饲粮中用量有一定限制，可设定为3％；鱼粉价格较贵，一般不希望多用，根据鸡的采食习性，可定为4％；则豆粕可拟定为19％（26％－3％－4％）。矿物质饲料等拟按3％后加。能量饲料中麦麸暂设为7％，玉米则为64％（100％－3％－7％－26％），计算初拟配方结果（表4-2）。

表 4-2　初拟配方

项目	饲粮组成/% ①	ME/(MJ/kg)		CP/%	
		饲料原料中 ②	饲粮中 ①×②	饲料原料中 ③	饲粮中 ①×③
玉米	64	13.47	8.621	7.8	4.99
麦麸	7	6.82	0.477	15.7	1.10
豆粕	19	9.83	1.868	44.0	8.36
鱼粉	4	12.18	0.487	62.5	2.50
棉籽粕	3	8.49	0.255	43.5	1.31
合计	97		11.71		18.26
标准	100		11.92		18.00

（4）第四步，调整配方，使能量和粗蛋白质符合饲养标准规定量。采用方法是降低配方中某一饲料的比例，同时增加另一饲料的比例，二者的增减数相同，即用一定比例的某一种饲料代替另一种饲料。计算时可先求出每代替 1% 时，饲粮能量和蛋白质改变的程度，然后结合第三步中求出的与标准的差值，计算出应该代替的百分数。

上述配方经计算可知，饲粮中代谢能浓度比标准低 0.21 MJ/kg，粗蛋白质高 0.26%。用能量高和粗蛋白质低的玉米代替麦麸，每代替 1% 可使能量升高 0.066 MJ/kg[即（13.47－6.82）×1%]，粗蛋白质降低 0.08[即（15.7－7.8）×1%]。可见，以 3% 玉米代替 3% 麦麸则饲粮能量和粗蛋白质均与标准接近（分别为 11.91 MJ/kg 和 18.02%），而且蛋能比与标准相符合。则配方中玉米改为 67%，麦麸改为 4%。

（5）第五步，计算矿物质饲料和氨基酸用量。调整后配方的钙、磷、赖氨酸、蛋氨酸含量计算结果（表 4-3）。

表 4-3　配方已满足钙、磷和氨基酸程度　　　　　　　　　　　　　　　%

原料	饲粮组成	钙	磷	赖氨酸	蛋氨酸	胱氨酸
玉米	67	0.013	0.181	0.154	0.100	0.100
麦麸	4	0.004	0.037	0.023	0.005	0.010
豆粕	19	0.063	0.118	0.505	0.118	0.129
鱼粉	4	0.158	0.122	0.205	0.066	0.022
棉籽粕	3	0.001	0.031	0.059	0.017	0.020
合计	97	0.239	0.489	0.95	0.306	0.281
标准		0.80	0.70	0.85	0.30	0.30
与标准比较		−0.561	−0.211	+0.10	+0.006	−0.019

根据配方计算结果知，饲料中钙比标准低 0.561%，磷低 0.211%。因磷酸氢钙中含有钙和磷，所以先用磷酸氢钙来满足磷，需磷酸氢钙 0.211%÷18%＝1.17%。1.17% 磷酸氢钙可

为饲粮提供钙 23.3% × 1.17% = 0.271%,钙还差 0.561% − 0.271% = 0.29%,可用含钙 36% 的石粉补充,约需 0.29% ÷ 36% = 0.81%。

赖氨酸含量超过标准 0.1%,说明不需另加赖氨酸。蛋氨酸和胱氨酸比标准低 0.013%,可用蛋氨酸添加剂来补充。

食盐用量可设定为 0.30%,维生素预混料(多维)用量设为 0.2%,微量元素预混料用量设为 0.5%。

原估计矿物质饲料和添加剂约占饲粮的 3%。现根据设定结果,计算各种矿物质饲料和添加剂实际总量:磷酸氢钙 + 石粉 + 蛋氨酸 + 食盐 + 维生素预混料 + 微量元素预混料 = 1.17% + 0.81% + 0.013% + 0.20% + 0.3% + 0.5% = 2.993%,比估计值低 3% − 2.993% = 0.007%,像这样的结果不必再算,可在玉米或麦麸中增加 0.007% 即可。一般情况下,在能量饲料调整不大于 1% 时,对饲粮中能量、粗蛋白质等指标引起的变化不大,可忽略不计。

(6)第六步,列出配方及主要营养指标。0~6 周龄产蛋雏鸡饲粮配方及其营养指标(表 4-4)。

表 4-4 饲料配方

原料	配比/%	成分	含量
玉米	67.007	代谢能/(MJ/kg)	11.91
麦麸	4.00	粗蛋白质/%	18.02
豆粕	19.00	钙/%	0.80
鱼粉	4.00	磷/%	0.67
棉籽粕	3.00	赖氨酸/%	0.85
石粉	0.81	蛋氨酸+胱氨酸/%	0.60
磷酸氢钙	1.17		
食盐	0.30		
蛋氨酸	0.013		
维生素预混料	0.20		
微量元素预混料	0.50		
合计	100.00		

视频 4-3

视频 4-4

2. 反刍动物 TMR 日粮设计

反刍动物在饲料配方设计上最大的特点是:青粗饲料是反刍动物饲粮的主要成分,饲喂青粗饲料后,不足的养分则由精料补充。在生产中,反刍动物特别是牛的配合饲料,通常大致分为代乳料、精料补充料两种类型,代乳料的设计方法与猪类似。

例题:某乳牛场成年乳牛(3胎次以上)平均体重为500 kg,日产奶量20 kg,乳脂率3.5%,该场有东北羊草、玉米青贮、玉米、豆饼、麸皮、磷酸氢钙、食盐和1%奶牛用复合预混料等饲料,试调配全混合日粮(TMR)。

(1)查饲养标准,计算乳牛营养需要量(表4-5)。

表4-5　乳牛总营养需要量

营养需要	可消化粗蛋白/g	产奶净能/MJ	Ca/g	P/g	胡萝卜素/mg
体重500 kg维持需要	317	37.57	30	22	95
日产奶20 kg乳脂率3.5%	1 040	58.6	84	56	24.4
合计	1 357	96.17	114	78	119.4

(2)查饲料成分及营养价值表如表4-6所示。

表4-6　饲料营养成分含量

饲料名称	可消化粗蛋白/(g/kg)	产奶净能/(MJ/kg)	Ca/%	P/%	胡萝卜素/(mg/kg)
东北羊草	35	3.7	0.48	0.04	4.8
玉米青贮	4	1.26	0.1	0.05	13.71
玉米	67	8.61	0.01	0.32	2.36
豆饼	395.1	8.90	0.24	0.48	0.17
麸皮	103	6.76	0.34	1.15	—
磷酸氢钙			21.0	16.00	

(3)先满足牛青粗饲量需要,按乳牛体重的1%～2%计算,每日可给5～10 kg干草或相当于一定数量的其他粗饲料,现取中等用量7.5 kg,东北羊草2.5 kg,3 kg青贮折合1 kg干草,计算东北羊草、玉米青贮饲料的营养成分如表4-7所示。

表4-7　青粗饲料营养成分

饲料	可消化粗蛋白/g	产奶净能/MJ	Ca/g	P/g	胡萝卜素/mg
2.5 kg东北羊草	87.5	9.25	12	1	12
15 kg玉米青贮	60	18.9	15	7.5	205.7
合计	147.5	28.15	27	8.5	217.7

(4)将青粗饲料可供给的营养成分与总的营养需要量比较后(表4-8),不足的养分再由混合粗饲料来满足。

表 4-8　饲养标准与粗饲料营养成分对比

对比内容	可消化粗蛋白/g	产奶净能/MJ	Ca/g	P/g	胡萝卜素/mg
饲养标准	1 357	96.17	114	78	119.4
全部青粗饲料	147.5	28.15	27	8.5	217.7
差数	1209.5	68.02	87	69.5	−98.3(已超过)

(5)先用含 70% 玉米和 30% 麸皮组成的能量混合精饲料(每千克混合精料含产奶净能(NE)8.055 MJ),即 68.02/8.055＝8.44 kg,其中玉米为 8.44×0.7＝5.91 kg,麸皮为 8.44×0.3＝2.53 kg。补充后 NE 满足需要,可消化粗蛋白、Ca、P 分别缺 552.94 g、61.26 g、32.72 g。

(6)用含蛋白高的豆饼替代部分玉米,每千克豆饼与玉米可消化粗蛋白之差为 395.1−67＝328.1(g),则豆饼替代量为 552.94÷328.1＝1.69(kg),可用 1.69 kg 豆饼替代等量玉米,其混合精饲料提供养分如表 4-9 所示。

表 4-9　混合精料提供养分

精料	可消化粗蛋白/g	产奶净能/MJ	Ca/g	P/g	胡萝卜素/mg
4.22 kg 玉米	282.74	36.33	0.42	13.44	9.96
2.53 kg 麸皮	260.59	17.10	8.60	29.10	—
1.69 kg 豆饼	667.72	15.04	4.06	8.11	0.29
合计	1 211.05	68.47	13.08	50.65	10.25

经计算,尚缺钙 73.92 g,磷 18.85 g,用磷酸氢钙补充磷:18.85÷16%＝118 g。添加磷酸氢钙后还缺钙:73.92−118×21%＝49.14 g,用石粉补钙,则石粉用量为 49.14÷36%＝137 g。补充食盐每 100 kg 体重给 3 g,每产 1 kg 乳脂率 4% 标准乳给 1.2 g,故需补充食盐 37.2 g(3×5＋1.2×18.5)。

标准乳重量＝0.4×20＋15(20×0.035)＝18.5 kg

(7)乳牛日粮组成见表 4-10。

表 4-10　乳牛日粮组成

日粮组成	可消化粗蛋白/g	产奶净能/MJ	Ca/g	P/g	胡萝卜素/mg
2.5 kg 东北羊草	87.5	9.25	12	1	12
15 kg 玉米青贮	60	18.9	15	7.5	205.7
4.22 kg 玉米	282.74	36.33	0.42	13.44	9.96
2.53 kg 麸皮	260.59	17.10	8.6	29.10	—
1.69 kg 豆饼	667.72	15.04	4.06	8.11	0.29
118 g 磷酸氢钙			24.78	18.85	
137 g 细石粉			49.14		
37.2 g 食盐					
162 g 的 1% 奶牛复合预混料					
合计	1 358.55	96.62	114	78.0	227.95
占需要量/%	100.1	100.5	100	100.0	190.9

(四)计算机设计饲料配方

运用计算机设计配合饲料配方方法较多,包括线性规划法、多目标规划法、参数规划法、专家系统法等,用得最普遍的是线性规划法,目前国内外许多饲料配方软件也采用此方法。

1. 运用计算机设计饲料配方的优点

运用计算机设计配合饲料配方可克服手工法设计配方时指标的局限性,简化设计人员的计算过程,全面合理平衡饲料营养、成本和经济效益的关系,最大限度降低饲料成本,大大地提高配方设计的工作效率和配方准确性。另外应用计算机设计饲料配方还能够提供更多的参考信息,保证生产、经营、决策的科学性。

2. 运用计算机设计配合饲料配方时应注意的事项

(1)合理地选择饲料配方软件　饲料配方软件较多,具体操作各异,初学者应选择操作简便、易学的饲料配方软件,运用时要先阅读使用手册,循序渐进,多实践,不断积累经验。

(2)科学地建立数学模型　只有为计算机提供了数学模型,计算机才能运算。建立数学模型时,要认真研究营养知识,明确设计目标,合理地制定约束条件和目标函数。

(3)正确处理"无解"情况　运用计算机设计饲料配方常出现"无解"情况,造成这种情况的主要原因包括原料营养成分含量间相互矛盾;饲养标准定得过高,而原料选择太差;约束条件过多,且互相冲突等。初学者运用计算机设计配方时,不要过多给出约束条件,同时根据经验合理选择饲料原料种类,不能太少太单调,并且合理地运用饲养标准。也可以先试算,然后根据结果调整对原料用量的限制。

(4)认真做好善后调整工作　运用计算机计算出配方后,并非工作已经完成,还要认真研究配方,必要时还要做适当调整,以更加适应当地生产和市场情况,更加符合设计目标。

3. 线性规划法

线性规划法又简称LP法,是最早采用运筹学有关数学原理来进行饲料配方优化设计的一种方法。该法将饲料配方中的有关因素和限制条件转化为线性数学函数、求解一定约束条件下的目标值(最小值或最大值)。

采用线性规划法解决饲料配方设计问题时一般要求如下情况成立:①饲料原料的价格、营养成分数据是相对固定的,基本决策变量(x)为饲料配方中各种饲料原料的用量,饲料原料用量可以在指定的用量范围波动;②饲料原料的营养成分和营养价值数据具有可加性,规划过程不考虑各种营养成分或化学成分的相互作用关系;③特定情况下动物对各种养分需要量为基本约束条件,并可转化为决策变量的线性函数,每一线性函数为一个约束条件,所有线性函数构成线性规划的约束条件集;④只有一个目标函数,一般指配方成本的极小值,也可以是配方收益的最大值,目标函数是决策变量的线性函数,各种原料所提供的成分与其使用量呈正比;⑤最优配方为不破坏约束条件的最低成本配方或最大收益配方。

线性规划法多采用专门的计算机软件求解,用于饲料配方设计的计算机机型和线性规划软件很多,但优化的原理是一样的,方法和步骤也差别不大,具体操作见各个饲料配方软件的操作说明书。

4. 多目标规划法

饲料配方设计也是个多目标规划问题,常常需要在多种目标之间进行优化。线性规划模型得出的最优解,是追求成本最低的结果,难以兼顾其他目标的满足,实际上是数学模型的最优解,而不一定是实际问题的满意解。线性规划缺乏弹性,在优化时必须绝对优先满足约束条件,从而有可能丢失价格和营养平衡两个方面都比较满意的解,且只能提供一个解,使我们无法进行优化筛选,也不能提供足够的参考数据,以便进一步改进配方。

对于上述问题,采用多目标规划技术,既可有效地处理约束条件和目标函数之间的矛盾,又可解决多目标的优化问题。多目标规划,可把所有约束条件均作为处理目标,目标之间可以依据权重的变化而相互破坏,给配方设计带来更大的灵活性。

饲料配方计算的多目标规划模型有着坚实的数学理论基础与行之有效的计算方法,用于各种动物饲料配方计算是可行的。它不再把价格作为唯一的目标绝对优先地考虑,可以在规定配方价格的基础上求最优解。

▌拓展内容 ▶------------------------------

一、动物营养需要特点

动物营养需要指的是每天每头(只)畜禽对能量、蛋白质、矿物质和维生素等养分的需要,包括维持营养需要和生产营养需要两方面。营养需要量测定方法有综合法和析因法。维持是指动物体重不增不减,不进行生产,体内各种养分处于收支平衡的状态。维持需要是动物处于维持状态下对能量、蛋白质、矿物质、维生素等的最低需要。

(一)维持

维持需要是全部非生产性活动所消耗的养分总和,在经济上没有收益,属于无效需要,但是动物只有在维持需要得到满足之后,多余的营养物质才会用于生产,可见维持需要是动物进行生产的前提条件,是必需的。生产需要是动物在生产状态下对各种营养物质的需要量。维持需要的量不是固定不变的,生理状态、生产性能及生活环境等许多因素对维持需要量都有影响,例如在低温环境中动物就要消耗较多的能量来保持体温,所以用于维持支出的能量就要多。又如高产动物维持的营养消耗相对较少,1头体重500 kg日产奶20 kg的母牛,其维持能量需要占总能量需要的1/3,而日产奶10 kg时其维持需要增至1/2。由此看来,用于维持消耗的营养物质的比例越大,饲料转化率就越低,反之,用于生产的营养物质的比例越大,畜禽产品、产量及饲料转化率也就越高。因此,我们研究畜禽维持需要的主要目的在于尽可能减少维持营养需要量的份额,增大生产需要量的比例,最有效地利用饲料能量和各种营养物质,以提高生产的经济效益。例如在畜禽生产潜力允许范围内,增加饲料投入,可相对降低维持需要,从而增加生产效益,另外,减少不必要的自由活动,加强饲养管理和注意保温等措施,也是减少维持营养需要提高经济效益的有效方法。

(二)生产

1. 生长

生长期是指从出生到性成熟为止,包括哺乳和育成2个阶段。在这段时间内,家畜的物质代谢十分旺盛,同化作用大于异化作用。根据家畜生长发育规律,提供适宜的营养水平,是促进幼畜生长,培养出体型发育和成年后生产性能均良好的后备家畜的重要条件之一。

家畜在生长过程中,前期生长速度较快,随着年龄的增长,生长速度逐渐转缓,生长速度由快向慢有一转折点,称为生长转缓点。根据动物的生长规律,在饲养实践中应充分利用动物的生长前期,即利用动物达到生长转缓点前生长速度快的特点,加强饲养促进其生长发育,以获得较大的生产效益。其次,应根据公、母畜生长率不同的特点,在饲养上自幼龄时期开始即应区别对待,即公畜的营养水平应略高于母畜。

　　体组织,如骨骼、肌肉和脂肪的增长与沉积具有一定规律性,即生长初期以骨骼生长为主,其后肌肉生长加快,接近成熟时脂肪沉积增多乃至生长后期则以沉积脂肪为主。动物体内肌肉、骨骼、脂肪三者的增长阶段并非截然划分,而是相互重叠,同时增长,只是在不同生长阶段其生长重点不同。根据这一规律,在生长早期重点保证供给幼畜生长骨骼所需要的矿物质;生长中期则满足生长肌肉所需要的蛋白质;生长后期必须供给沉积脂肪所需要的碳水化合物。因此,畜体骨骼、肌肉与脂肪的增长和沉积尽管同时并进,但在不同阶段各有侧重(图4-2)。传统畜牧业的"肥育"概念,意指动物体内脂肪的沉积,然而,近代畜牧业的主要任务是生产动物蛋白。例如:肉鸡与瘦肉型猪即是以增长蛋白质为主,应适当限制碳水化合物的供给,并在蛋白质沉积高峰过后屠宰。

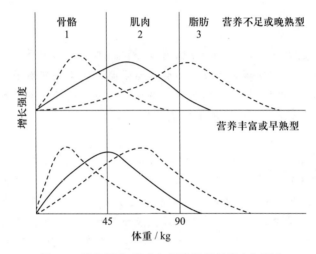

图 4-2　猪的骨骼、肌肉与脂肪的增长顺序与强度

　　动物在生长期间,各部位的生长速度并不一致,某些部位在生长早期生长速度较快,而某些部位则在晚期生长速度较快。各种动物各部位的生长均有一定的转移规律,例如:头、腿因属于早熟部位,故年龄越幼小所占比重越大,且结束发育的时期也越早。所以,初生动物表现为头大、腿高。胸、臀部位快速生长的时期开始较晚,而腰部更晚。

　　动物内脏器官的生长发育亦具有一定规律。幼龄动物的各种内脏器官生长发育速度不尽相同。例如:犊牛瘤胃和大肠在开始采食植物性饲料后即迅速增大,其速度远较皱胃与小肠为快。

　　因此,在饲养中幼龄反刍家畜提早开始采食粗料,有利于消化器官的发育及其机能的锻炼,增强对粗饲料的消化能力,然而种用和役用家畜,则不宜使胃肠早发育,以免形成"草腹"而失去种用价值。

　　(1)生长的能量需要　生长动物能量的需要包括维持需要和生长需要。

　　(2)生长的蛋白质需要　生长对蛋白质的需要量由体内蛋白质的沉积量和饲料蛋白质的利用效率所决定。

　　如果用粗蛋白表示需要则:需要量=体蛋白质沉积量÷(消化率×生物学价值)

　　如果用可消化粗蛋白表示需要则:需要量=体蛋白质沉积量÷生物学价值

（3）生长的矿物质需要　畜、禽在生长期间，由于骨骼生长最快，对钙、磷的需要也最迫切，对铁、铜、锰、碘、钴、锌、硫等必需矿物质元素也需要较多。这期间，饲养不合理极易引起营养缺乏症和生长发育不良等。

（4）生长的维生素需要　注意维生素 A、维生素 D 及 B 族维生素的供应。

2. 繁殖

动物的繁殖过程中包括两性动物的性成熟、性欲与性机能的形成、维持精子与卵子的形成、受精过程、妊娠及雌性动物哺养和产前准备等许多环节，任何一个环节都可因营养不适而受到影响。很多繁殖障碍诸如性成熟期延迟、发情不正常、配种能力差、精液数量少、质量低、排卵少、受胎率低、流产、胚胎发育受阻等都可由营养问题而起。所以，提供适宜的营养条件，是保证和提高动物繁殖能力的基础。

（1）种公畜营养需要　正确饲养的种公畜应保持良好的种用体况及较强的配种能力，即精力充沛性欲旺盛，能产生量多质优的精液。日粮中各种营养物质的含量，无论对幼年公畜的培育或成年公畜的配种能力都有重要作用。

种公畜能量需要：可按 $398\ W^{0.75}\ kJ/kg$ 估算。通常，种公畜的能量需要大致按其维持需要量的基础上增加 20% 左右。

种公畜蛋白质的需要：日粮中缺乏蛋白质，会影响公畜精子的形成，致使射精量减少，但日粮中蛋白质过多，会不利于精液品质的提高。合理的蛋白质应是在维持需要基础上增加 60%～100%。

种公畜矿物质的需要：种公畜日粮中不但要满足能量、蛋白质的需要，同时还要供给各种矿物质元素，影响种公畜精液品质的矿物质元素有钙、磷、钠、氯、锌、锰、碘、钴、铜等，特别应注意铜、锌的供给。

种公畜维生素的需要：影响繁殖的维生素有维生素 A、维生素 D、维生素 E。种公牛每 100 kg 体重每日需供给维生素 A 4 200～4 300 IU 或胡萝卜素 11 mg；维生素 D 则每月供给 5 000～6 000 IU。种公猪每千克风干饲料中应含维生素 A 3 500 IU 或胡萝卜素 14 mg、维生素 D 177 IU。

（2）繁殖母畜的营养需要　对配种前的母畜的基本要求是身体健康、按期发情、正常排卵和受胎率高。

①后备母畜。后备母畜处于生长阶段，容易因营养不良引起生长缓慢和初情期延迟，从而影响繁殖力的发挥。而高营养水平，可使初情期出现较早，但受胎率低，不育淘汰率较高。

②经产母畜。经产母畜在配种前应根据不同情况调节营养水平，对于在前一繁殖期中产仔多，泌乳量高，干奶后体况较差的母畜，在配种前可采用"短期优饲"的方法饲养，即在配种前的较短时期内（1～20 d）提高饲粮能量水平（至少给母畜以高于维持 50%～100% 的能量）。以提高其排卵数。对于体况较好的经产母畜，在配种前可按维持需要的营养水平饲养。避免过肥，因为过于肥胖也会降低其繁殖力。

妊娠动物营养需要特点有：

①妊娠合成代谢。母体妊娠后，甲状腺和脑下垂体等一些内分泌腺的分泌机能加强，胎儿的生长发育对养分的需要量不断增加，从而使母体的物质和能量代谢明显提高。在整个妊娠期间，母体的代谢率平均增加 11%～14%，妊娠后期增加的幅度更大，可达 30%～40%。

妊娠母体内具有较强的贮积营养物质的能力。在饲喂同样饲粮条件下，妊娠母体的增重高于空怀母体这种现象称为妊娠期合成代谢。

②增重内容。动物妊娠期的增重内容包括胎儿生长、子宫及其内容物、乳腺及母体增生等。

胎儿的生长系非均衡性生长,即妊娠前期胎儿生长缓慢,中期生长逐渐加快,后期生长最快。胎儿重量主要在妊娠后 1/3 或 1/4 时期所增长。子宫及其内容物的增长速率与胎儿生长速率同步,也是前期慢,后期快。

③妊娠动物各种养分的需要。

能量:从母体的能量沉积和代谢变化看,妊娠动物的能量需要应随妊娠期的延长而逐渐增加,但目前关于妊娠动物的能量需要标准规定的颇为精确,并且变化很大。我国猪饲养标准将妊娠期分为前后两个阶段分别对待,日本也是如此。一般前期可在维持需要基础上增加 20% 左右,后期每天增加 1.4 MJ 消化能。妊娠母牛的能量给量在妊娠期的后几个月予以增加,我国奶牛饲养标准是在妊娠的第 6、7、8 月和 9 月时,每天应在维持需要基础上增加 4.8 MJ、7.11 MJ、12.55 MJ 和 20.92 MJ 产奶净能。

蛋白质:妊娠期蛋白质的需要也随妊娠的延长而增加,对于体重在 120～150 kg 的母猪,妊娠前期每天应需 210 g 粗蛋白,妊娠后期每天增加 80 g。母牛在妊娠期的第 6、7、8、9 月时,每天应在维持基础上分别增加 77 g、145 g、255 g 和 403 g 可消化粗蛋白。

矿物质和维生素:妊娠动物对矿物质和维生素的需要量也有所增加。

3. 泌乳的营养需要

(1)能量 泌乳动物的能量需要应是维持和泌乳需要的总和。泌乳期间,动物的代谢率增高,所以其维持需要比干乳期高,美国 NRC 提出的需要量为每千克代谢体重 77 kcal 净能。产奶的能量需要可根据奶的含能量和动物将饲粮中的代谢能或消化能转化为产奶净能的利用效率来计算。

乳脂率 4% 的标准牛乳的热能值为 740～750 kcal/kg。猪乳的乳脂率较高,含能约 1 300 kcal/kg。牛将代谢能转化为乳能的效率一般按 62% 计,消化能转化为代谢能的转化率为 82%,由此推算,产 1 kg 标准乳所需要的代谢能为 1 194～1 210 kcal,消化能为 1 456～1 475 kcal。猪将消化能转化为乳能的效率为 65%,所以产 1 kg 奶所需的消化能为 2 000 kcal。

(2)蛋白质 乳中蛋白质的含量是确定泌乳对蛋白质需要量的依据,根据乳蛋白质含量和动物将可消化粗蛋白形成乳蛋白的利用率,可估算出产奶的日消化粗蛋白的需要量,再根据粗蛋白的消化率又可估计出粗蛋白的需要量。

奶牛对可消化粗蛋白的利用率在 60%～70%,1 kg 乳脂率为 4% 的标准乳含粗蛋白为 32 g,按此计算,1 kg 标准乳所需可消化粗蛋白 50 g,我国奶牛饲养标准中将该值增加 10% 的安全量,规定每千克标准乳的蛋白质需要量为 55 g 可消化粗蛋白或 85 g 粗蛋白。

猪乳中蛋白质含量 6% 左右,可消化粗蛋白的利用率在 70% 左右,故每千克猪乳需可消化粗蛋白 86 g。

(3)矿物质 奶牛钙、磷的维持需要分别为每 100 kg 体重 6 g 和 4.5 g,每千克标准乳的钙、磷需要分别为 4.5 g 和 3 g。

食盐的维持需要每 100 kg 体重 3 g,产奶需要每千克标准乳 1.2 g。

哺乳母猪的泌乳量很难测定,其矿物质需要量也难以估计准确,按我国饲养标准,1 头中等体重(150～180 kg)的泌乳母猪每头钙和磷的需要量分别为 33.3 g 和 23.9 g,食盐含量为 0.44%。

（4）维生素　奶牛可在瘤胃中合成 B 族维生素和维生素 K、维生素 C 可在体内合成,所以奶牛的维生素需要主要是维生素 A、维生素 D。

牛每 100 kg 体重 19 mg 胡萝卜素即可满足牛对维生素 A 的需要,维生素 D 的需要量为 5 000~6 000 IU/(头·d),维生素 E 需要 100 IU/(头·d)。而且还需要维生素 K 及各种 B 族维生素。

（5）水　动物的乳中水含量占 80% 以上,可见,泌乳动物从乳汁中排出大量的水分,所以,水对泌乳动物显得尤为重要。

4. 产蛋的营养需要

（1）能量　产蛋禽的能量需要主要包括维持需要和产蛋需要,维持需要取决于体重和环境温度,产蛋能量需要与产蛋水平有关。

据试验测定,母鸡的基础代谢（净能 kJ/d）等于 $350 W^{0.75}$,每千克代谢体重能量消耗为 350 kJ,母鸡将代谢能用于维持的利用效率一般按 80% 计算,每千克代谢体重需要代谢能 440 kJ。

鸡用于自由活动的能量,通常为基础代谢的 37%~50%,笼养 37%,平养 50%。

笼养:维持净能 $=350 W^{0.75}×1.37$ 或维持净能 $=440 W^{0.75}×1.37$

平养:维持净能 $=350 W^{0.75}×1.50$ 或维持净能 $=440 W^{0.75}×1.50$

温度对蛋鸡维持能量需要的影响颇大,蛋鸡在气温 27 ℃ 以下,温度每下降 1 ℃,则维持需要的代谢能要相应增加 1.4%。

母鸡产蛋的能量需要,主要取决于蛋中的能量及饲料能量用于产蛋的效率。每枚重量 50~60 g 的蛋,含能量 290~380 kJ,故平均每克含能量 6 kJ,饲料代谢能用于产蛋的效率平均为 65%,所以母鸡生产 1 枚蛋,需代谢能 445~585 kJ。

母鸡具有根据自身能量需要而调节采食量的本能,在环境温度相同条件下对高能日粮采食较少,对低能日粮采食较多,而在日粮能量浓度相同条件下,高温采食较少,低温采食较多,为保证母鸡具有正常产蛋率,其日粮浓度应不低于代谢能,必需 11 MJ/kg,寒冷季节则不应低于 11.5 MJ/kg。

（2）蛋白质　产蛋禽的蛋白质需要量取决于产蛋量和体重,对于产蛋鸡其蛋白质需要可综合考虑维持与产蛋两方面因素。产蛋家禽的蛋白质需要量 1/3 用于满足维持需要,2/3 用于满足产蛋需要,产蛋率越高的家禽对蛋白质的需要量越高。

产蛋家禽对蛋白质不仅有量的需要,而且有质的要求,所谓质的要求基本上是指对饲粮蛋白质氨基酸组成的要求。

蛋鸡对氨基酸的需要,通常是指 10 种必需氨基酸,尤其是蛋氨酸、赖氨酸。

（3）矿物质　蛋鸡需要多种矿物质元素,其中钙、磷和钠的需要量很大。

（4）维生素　在正常情况下,标准中规定的维生素需要量可用添加剂形式如数给足,而自然饲料中原有的各种维生素则作为安全用量来对待。

产毛、劳役、产绒、育肥动物的营养需要详见有关动物的营养需要或饲养标准。

二、饲养标准指标体系

饲养标准是指根据科学试验结果,结合实践饲养经验,规定的每头动物在不同生产水平或不同生理阶段时对各种养分的需要量。饲养标准中除了公布营养需要外,还包括动物常用饲料营养成分表。这些都是配制动物日粮的科学依据和指南。只有按饲养标准中规定的量平衡各种养分,动物对饲料的利用率才能提高。然而,由于饲养标准中规定的指标是在试验条件下所得结果的平均值,并没有考虑饲养实践中的具体情况。因此,实际应用时应根据最新研究结果酌情调整。

随着营养学理论研究的不断深入,新的营养素不断被发现。因此,不但饲养标准中各种养分的需要量会不断调整,各养分之间的比例关系也会日趋合理,而且还需要随时考虑新的营养素。

饲养标准中所涉及的养分种类因动物而异。猪、禽的饲养标准中所涉及的养分种类比牛、羊要多一些。这是因为对猪、禽来说,必须由饲料提供的养分如氨基酸、水溶性维生素等,牛、羊可借助瘤胃微生物的合成使其变为非必需养分。

（一）干物质或风干物质

干物质或风干物质采食量（DMI）是一个综合性指标,用千克（kg）表示。干物质或风干物质的采食量一般占体重的 3%～5%。动物年龄越小,生产性能越高,DMI 占体重的百分比越高。DMI 越高要求日粮的养分浓度也越高。若日粮养分浓度过高,可能因为能量等主要指标的需要量已经满足,而造成 DMI 不足。若饲料条件太差,养分浓度低,可能因受 DMI 的限制（吃不进去）而造成主要养分摄入不足。因此,配制动物日粮时应正确协调 DMI 与养分浓度的关系。

（二）能量

能量是动物的第一需要,净能可与产品直接挂钩,我们可以净能的食入量准确预测畜产品的产量。因此,用净能衡量动物的能量需要是营养学发展的必然趋势。由于净能难以测定,目前,对奶牛用净能、鸡用代谢能、猪用消化能或代谢能表示其能量需要,单位是兆焦（MJ）。我国在奶牛饲养标准中为了突出实用性,用奶牛能量单位（NND）表示奶牛的能量需要,对肉牛用肉牛能量单位（RND）表示肉牛的能量需要。

（三）蛋白质及氨基酸

猪、禽用粗蛋白,牛用粗蛋白或可消化粗蛋白来表示其蛋白质的需要,单位是克（g）,配合饲粮时用百分数表示。

非反刍动物（尤其是禽）对日粮中的氨基酸有着特殊的需要,平衡供给氨基酸,可在降低日粮粗蛋白浓度的情况下（减少蛋白质的浪费）,提高动物的生产性能和经济效益。必需氨基酸是猪、禽饲养标准中不可缺少的营养指标。用总的氨基酸、表观可消化或真可消化氨基酸表示饲料蛋白质的营养价值或动物对蛋白质的需要量是总的发展趋势。

随着反刍动物蛋白质营养研究的深入,为了更加准确地评定牛、羊的蛋白质需要,预计将来会用降解蛋白（RDP）和非降解蛋白（UDP）来衡量牛、羊的蛋白质需要。

（四）矿物质

钙、磷、钠是各种动物饲养标准中的必需营养元素,用克（g）表示,对于猪和禽（尤其是禽）还应强调有效磷的需要量。我国饲养标准中还规定了猪和禽对铁、铜、锌、锰、硒、碘等微量元素的需要量。

微量元素是近来动物营养研究最活跃的内容,在过去被认为非必需甚至有毒或剧毒的元素如砷、氟、铅等,现在也认为是动物生产所必需的。因此,动物所需的微量元素种类还将增加,但实际添加时应十分慎重,严格掌握用法和用量。

（五）维生素

猪、禽所需的维生素应全部由饲料提供，年龄越小，生产性能越高，所需维生素的种类与数量越多。一般情况下，反刍动物仅需由饲料提供维生素 A，有时还需考虑维生素 D 和维生素 E。水溶性维生素的单位是毫克(mg)，脂溶性维生素的单位是国际单位(IU)或毫克(mg)。

（六）亚油酸

亚油酸已经作为家禽的必需脂肪酸被列入饲养标准，其单位是克(g)。家禽亚油酸需要一般占日粮的 1%，对种用家禽可能更高些。对猪而言，亚油酸占日粮的 0.1% 即可。

任务考核 4-2

参考答案 4-2

▷▷ 项目小结 ◁◁

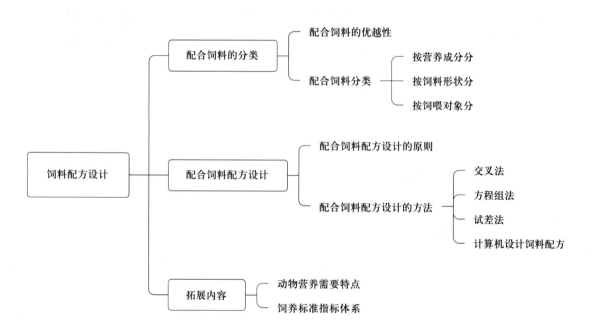

项目五
配合饲料生产

知识目标：

掌握饲料加工的工序流程；

了解饲料加工相关工艺设备。

能力目标：

能正确选择、合理设计饲料加工的工艺流程、工序设备；

能明确指出饲料加工工序中关键控制点，提出质量控制要点。

素质目标：

培养学生根据动物营养特点及饲料厂的具体情况，因地制宜，合理地、科学地设计饲料加工生产方案；

强自信、兴牧业、爱环境，做知法守法的高技能畜牧从业人员。

项目五导读

▶ 任务一　配合饲料加工设备 ◀

一、饲料生产工序

饲料厂生产过程一般包括下列工序：原料接收和贮存、清理（除杂）、粉碎、配料、混合、制粒、冷却、碎粒、分级、成品包装贮存及发放。

（一）原料清理

收到散装原料玉米和豆粕后，清理工序是将通过原料检验员检验合格的玉米和豆粕放入筒仓的所有作业单元。在这个过程中，首先使用除杂设备将原料中的杂质除去，然后通过接收设备和除磁设备按计划输送到筒仓。生产线设备包括接收装置（如卸料坑、平台等）、输送设备、初清筛、磁选装置（如永磁筒、永磁滚筒等）。对于袋装原材料的接收，是指装卸人员将检验员检验合格的原材料接收，并整齐地存放在仓库中。

在收货过程中要做到四点：准确清点数量；确保原材料无质量问题；接收路径正确；接收环境干净。

（二）配料过程

配料过程是将配料仓内的原料按配方要求从各配料仓下的给料机称重到配料。每种原料经配料秤称重后，将原料输送至粉料储料仓。配料从料仓中称量出来，这些称量好的原料进入粉料仓，加入少量的物料和预混料，直接人工称量，再放入料仓混合。配料过程的质量直接影响产品配料的精度。

（三）粉碎工艺

粉碎工艺是指将待粉碎的原料送入粉碎机粉碎，经配料混合后方可使用，目的是控制饲料的粒度。该工艺中粉碎机的设计效率决定了该工艺设备的产能，也是粉料生产中能耗最大的工艺，应随时监控和确认锤片、筛片、电流、噪声与粉碎路径等工作状态。

（四）混合工艺

在混合过程中，粉碎后的各种原料从混合仓中排入混合机，根据需要可通过加液系统向混合机内加入油脂，使各组混合均匀，确保饲料混合均匀度。混合机排出的物料即为成品，直接送至成品包装工序。生产颗粒饲料时，将混合好的粉料送入制粒工艺。为保证混合机的效率，维修人员必须定期检查和维修设备，定期测试混合机的工作效率。

（五）造粒工艺

混合后的物料从制粒缓冲仓经磁选、调质后，送入制粒机压缩室，压缩成颗粒饲料，经冷却塔冷却，经筛分设备筛分，得到标准颗粒。磁选设备必须定期清洗，防止铁杂质对制粒机造成损坏。调质时应根据颗粒饲料要求调整蒸汽量，根据颗粒工艺质量要求选择环模（孔径、压缩比、材质等），冷却时应根据品种、室内温湿度、季节等因素调整冷却塔，达到合格的颗粒温度与湿度。

（六）成品包装过程

饲料从成品仓库通过包装秤称重，装入包装袋，然后由包装工插入标签并封口，或经自动打包，由运输车运至仓库进行堆垛。

二、饲料加工设备

根据工艺流程，饲料加工设备包括原料接收与清理设备、输送设备、粉碎设备、配料设备、混合设备、制粒设备、膨化设备、液体喷涂设备、通风除尘设备、包装设备和中心控制系统。

视频 5-1

原料接收与清理设备主要有地磅、筛选机、圆筒仓等；输送设备常用的有螺旋输送机、斗式提升机、刮板输送机、皮带式输送机和气力输送设备；粉碎设备包括磁选器、喂料器、粉碎机等，其中粉碎机的种类很多，常用的有锤片式和爪式粉碎机，以及需要粉碎粒度更细的微粉碎机；配料设备一般采用电子自动配料秤，使用电脑进行自动化控制；混合设备是饲料生产的核心，常用的混合设备类型有卧式双轴（单轴）桨叶混合机、卧式螺旋混合机、立式混合机和生产预混合料的腰鼓式混合机；制粒设备包括蒸汽锅炉、调质器、制粒机、冷却机、分级筛和破碎机等；膨化设备包括调质器和膨化机；液体喷涂设备包括储液灌、真空泵和流量计；通风除尘设备包括风机、除尘器等；包装设备包括打包秤、封口机等；中心控制系统则是整个饲料加工过程的大脑，各种设备的控制系统都集中于此。

(一)输送设备

输送设备工作流程见图 5-1,饲料加工各工艺段连接均需相应的输送设备。

图 5-1　输送设备工作流程

散装原料的接收:以散装汽车、火车运输的,用自卸汽车经地磅称量后将原料卸到卸料坑。

包装原料的接收:分为人工搬运和机械接收两种。

液体原料的接收:瓶装、桶装,可人工搬运入库。

相关设备有:刮板输送机、斗式提升机、螺旋输送机、带式输送机、计量秤及附属设备。

1. 带式输送机(图 5-2)

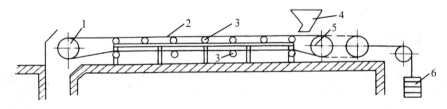

图 5-2　带式输送机

1. 驱动轮;2. 输送带;3. 托辊;4. 进料斗;5. 张紧轮;6. 张紧用重物

(1)类型　固定式、移动式。

(2)工作方式　水平和倾斜度<35°向上输送。

(3)特点　具有结构简单、操作方便、噪声小、工作平稳、输送量大、动力消耗小、输送距离较长、输送过程中物料不易受到破坏等优点。但带式输送机占地面积大、胶带易磨损、密封性差、输送粉状物料时易产生扬尘现象。

(4)用途　主要用于散粒料输送、成品打包和成品包装袋装车。

2. 刮板式输送机(图 5-3)

(1)工作方式　可水平、倾斜<35°,长度<50 m。

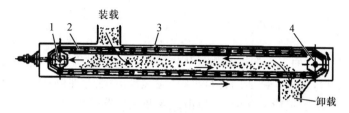

图 5-3　刮板式输送机

1. 从动链轮与张紧装置;2. 刮板链条;3. 料槽;4. 驱动链轮

（2）特点　刮板输送机结构简单,安装、使用及维护都很方便,密封性好,并且可以多点进料和卸料。缺点是物料易破损,刮板与槽底磨损大,且不宜输送湿度大的物料。

（3）用途　粉状、粒状、块状物料原料输送,配料仓上方饲料分配、饲料混合后输送。

3. 螺旋式输送机（图 5-4）

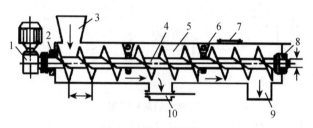

图 5-4　螺旋式输送机

1. 驱动装置;2. 端轴承;3. 料斗;4. 转轴;5. 料槽;

6. 悬挂轴承;7. 中间进料口;8. 端轴承;9. 卸料口;10. 闸门

（1）工作方式　水平、倾斜、垂直输送。

（2）特点　结构简单、紧凑、密封性好、可多点进料和卸料,在输送过程中对物料还有搅拌、混合及冷却作用。输送距离不宜过长,一般水平输送距离在 20 m 以内,垂直输送高度不超过 5 m。

（3）用途　粉状、粒状、块状等干、湿料输送。

4. 斗式（垂直）提升机（图 5-5）

（1）工作方式　垂直输送。

（2）特点　占地面积小、提升高度大、密封性好、输送量大、能耗小。对过载较为敏感、易堵塞、料斗易磨损、维护、维修不方便,需停车检修。

（3）用途　松散的粉状、粒状、块状物料输送。

（二）清理设备

饲料原料中的杂质,不仅影响到饲料产品质量,而且直接关系到饲料加工设备及人身安全,严重时可导致整台设备遭到破坏,影响饲料生产的顺利进行,故应及时清除。饲料厂的清理设备以筛选和磁选为主,筛选设备除去原料中的石块、泥块、麻袋片等大而长的杂物,磁选设备主要去

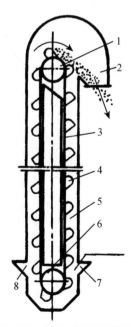

图 5-5　斗式（垂直）提升机

1. 驱动轮;2. 卸料口;3. 牵引带;4. 料斗;

5. 提升管;6. 张紧轮;7、8. 进料口

除铁质杂质。

1. 圆筒初清筛

圆筒初清筛(图 5-6)的工作原理是物料从进料机构落入滑槽,穿过运转圆筛,被圆筛筛出的粗杂由专门的出料口流出。筛净的物料再经磁栏以清除混合在物料的铁磁性杂物。被磁选过的物料经过吸风系统吸走粉尘和细杂,经由绞龙和关风器带出。

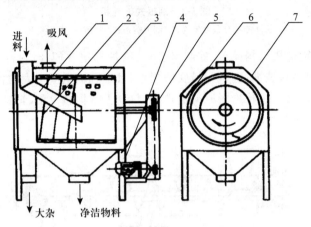

图 5-6　圆筒初清筛

1. 喂入槽;2. 导向螺旋;3. 圆筒筛;4. 电动机;5. 传动装置;6. 清理筛;7. 机架

2. 磁选设备

饲料厂常用的磁选设备有永磁筒式磁选器(图 5-7)、篦式磁选器(图 5-8)和溜管磁选器(图 5-9),利用磁吸除去铁杂,影响磁选效率的因素有料流速度、料层厚度、物料的湿度与黏结度等。

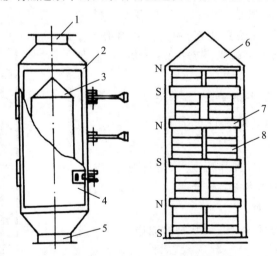

图 5-7　永磁筒式磁选器

1. 进料口;2. 筒体;3. 内筒;4. 筒门;5. 出料口;6. 不锈钢外罩;7. 导磁板;8. 永久磁铁

(三)粉碎设备

粉碎机是通过撞击、剪切、研磨或其他方法(图 5-10)使饲料颗粒变小的机器。常用的粉碎机有水滴形锤片式粉碎机(图 5-11)、爪式粉碎机(图 5-12)、对辊式粉碎机(图 5-13)。

图 5-8　篦式磁选器

图 5-9　溜管磁选器

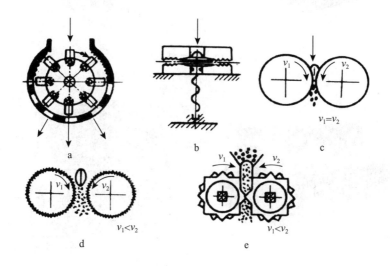

图 5-10　粉碎方法

a. 击碎；b. 磨碎；c. 压碎；d、e. 锯切碎

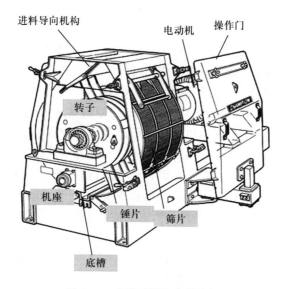

图 5-11　水滴形锤片式粉碎机

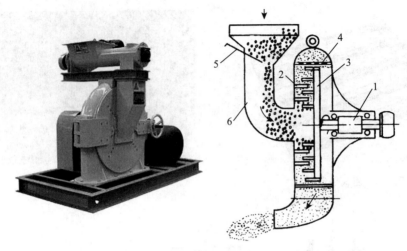

图 5-12   爪式粉碎机

1. 主轴；2. 定齿盘；3. 动齿盘；4. 筛片；5. 进料控制插门；6. 喂入管

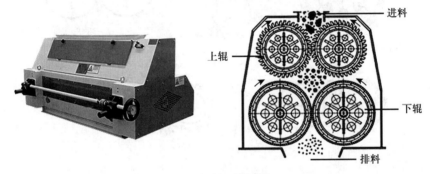

图 5-13   对辊式粉碎机

粉碎的目的是增大饲料的比表面积,提高动物对饲料的消化利用率;改善配料、混合、制粒等后续工序的质量,提高这些工序的工作效率。

(四)配料设备

配料系统由配料仓、供料器、电子配料秤、电器(电脑)控制系统等组成。通过重量传感器(电阻应变片)把重量的变化变成电阻值的变化,经过桥式电路输出信号,通过二次仪表(称重仪表)将信号放大并显示输出,到电脑中进行各种控制。

电子配料秤称重速度快、配料精度高、性能稳定、控制显示功能好、工作可靠,对提高劳动生产率、减轻劳动强度、降低生产成本以及提高管理水平有着重要意义。缺点是设备投资大、控制系统复杂。

电子配料秤(图 5-14)接通电源给出启动信号,此后整个配料过程全自动进行典型工作顺序为:首先是首号仓开始给料,给料量达到设定料柱量时,转为慢给料,仅剩空中料时,停止慢加料。第二号仓开始给料,直到所有料仓给料完毕,检测混合机中是否有料、混合机门是否关闭到位。

如无料且料门关闭到位,则打开秤斗门,物料进入混合机。在物料进入混合机过程中,如需加入添加剂,则报警提示添加剂加入,添加剂加完后人工给信号,添加剂门关上。可根据秤斗关闭或添加剂门关闭信号开始计算混合时间。

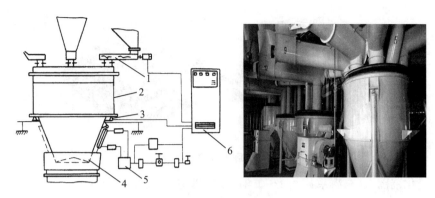

图 5-14　电子配料秤

1. 螺旋供料器；2. 秤斗；3. 重量传感器；4. 卸料门机构；5. 气控系统；6. 控制柜

秤斗门关闭后,下一批料的配料周期又可开始。当第一批料的混合时间达到,混合机开门放料,放料完毕混合机门关闭,此时第一批料就已经配料混合完毕。

(五)混合设备

常用的混合设备有：

1. 卧式螺带混合机

卧式螺带混合机(图 5-15)由转子、机壳、内螺带、外螺带、进料口、卸料门、电机、传动系统等组成。

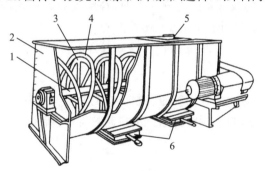

图 5-15　卧式螺带混合机

1. 转子；2. 机壳；3. 内螺带；4. 外螺带；5. 进料口；6. 卸料门

工作过程：外螺带将物料从一端推向另一端,内螺带则推动物料向与外螺带推动物料方向相反的方向运动,里层物料被推到一侧后由里向外翻滚,外层物料被推到另一侧后由外向里翻滚。物料在混合机内不断地翻滚、对流、相互渗透从而对物料进行混合。

特点：以对流混合为主,混合周期 4～6 min/批,混合均匀度变异系数 CV≤10%,装料量变化范围大,排料迅速,残留量少,液体添加量大。

2. 卧式双桨叶混合机

卧式双桨叶混合机(图 5-16)由转子、桨叶、机壳、出料系统、电机、传动系统等结构组成。电机带动两个主轴以相同的速度反向转动,桨叶推动物料作轴向流动进行对流混合,物料受桨叶左右翻动抛洒,在两转子的交叉重叠处形成失重区进行扩散混合,达到快速、柔和地混合均匀的效果。

卧式双桨叶混合机：混合周期 30～120 s/批,混合均匀度变异系数 CV≤5%,不易产生偏

图 5-16　卧式双桨叶混合机

析,装料量变化范围大(充满系数 0.4~0.8),排料迅速,残留量少,液体添加量大。

3. 立式混合机

立式混合机(图 5-17)是混合机筒内两只非对称螺旋自转将物料向上提升,转臂慢速公转运动使螺旋外的物料全方位更新扩散,是一种高精度混合设备,适合于预混料配制混合。

混合机的使用要注意几个方面:

(1)装料应适宜,充满系数 0.6~0.8。

(2)控制好混合时间,过长、过短都易导致混合不均匀。

(3)注意操作顺序,一般配比量大的组分先加入,然后加入量少的或微量的组分在上面;粒度大的先加入,粒度小的后加入;先加入比重小的,后加入比重大的。

(4)经常清洗和检修混合机。

图 5-17　立式混合机

(六)成型设备

成型设备是把混合均匀的配合饲料通过制粒机的高温蒸汽调质和强烈的挤压制成颗粒,然后经过冷却、破碎和筛分,制成颗粒成品。饲料制粒设备:待制粒仓、饲料制粒机、冷却器、碎粒机、分级筛、喷涂设备等。

1. 卧式环模制粒机

卧式环模制粒机(图 5-18)由供料器、调制器、电动机、环模、压辊等主要部件构成。已经调质好的物料进入制粒室,由于离心及环模和压辊相对挤压,从环模中挤出料柱,由外侧的切刀(图 5-19)运动,形成长短均一的颗粒料。

图 5-18　卧式环模制粒机

1. 供料器;2. 调制器;3. 蒸汽进口;4. 主轴;5. 电动机;6. 环模;7. 压辊;8. 下料斜槽

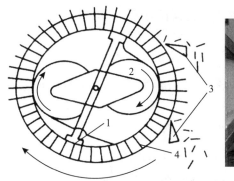

图 5-19　制粒机压粒机构

1. 分配器；2. 压辊；3. 切刀；4. 环模

2. 双螺杆膨化机

膨化一般是对一些植物类原料进行强化调质膨胀处理，冷却粉碎再配料。双螺杆膨化机（图 5-20）内部变径变螺距将物料置于挤压机高温高压下，挤出膨化机的瞬间释放至常温常压，使物料内部水分蒸发，体积膨大，表面富微孔。膨化饲料可以改善适口性、提高饲料消化率、消灭病原菌和抗营养因子；质地蓬松的颗粒有良好的飘浮性，有利于水产动物摄食。

图 5-20　双螺杆膨化机

3. 逆流冷却器

冷却是使从制粒机中生产出来的温度高达 70～90 ℃、水分高达 16％～18％的颗粒饲料，冷却到比室温略高的温度（一般不高于室温 3～5 ℃），水分达到国家标准要求的安全水分以下（南方不大于 12.5％，北方不大于 14％）。颗粒饲料加工中，常用的冷却设备为逆流冷却器（图 5-21）。

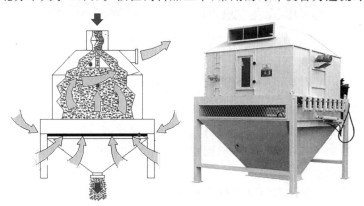

图 5-21　逆流冷却器

冷却后的颗粒增加了颗粒硬度,防止霉变,便于颗粒饲料的运输与储存。

4. 对辊式破碎机

幼龄动物颗粒料需破碎,便于个体采食。常用的设备为对辊式破碎机(图5-22),需破碎的颗粒料经压力门落入两辊之间,两辊相向转动进行挤压破碎,不需破碎的物料则通过压力门,经旁流状态进入振动分级。

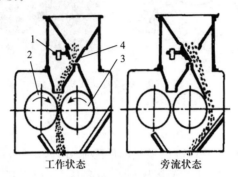

图 5-22　对辊式破碎机

1. 压力门;2. 快辊;3. 慢辊;4. 翻板

5. 振动分级筛

对制粒后或破碎后的碎粒进行筛分,常用的设备为回转振动分级筛(图5-23),通过筛体高频振动和回转运动,筛除过大或过小的颗粒,获得合格的颗粒饲料,将不合格的大颗粒送入碎粒机重新破碎,过小的颗粒返回重新制粒。

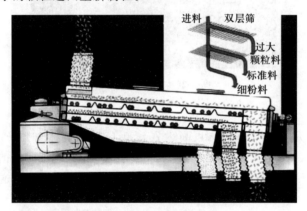

图 5-23　回转振动分级筛

6. 表面喷涂机

为保证颗粒饲料产品的品质,将筛分合格的物料进行外表面喷涂。常用的设备为表面喷涂机(图5-24),喷涂的添加剂可以是油脂,也可以是热敏组分氨基酸、益生菌等,还可以是抗氧化剂、色素等非营养性添加剂,可以采用的工艺有热喷涂和冷喷涂两种工艺。

热喷涂工艺:投料→初清筛→初粉碎配料→混合→超微粉碎→调质膨化制粒→烘干→喷涂→冷却→筛分→打包。

冷喷涂工艺:投料→初清筛→初粉碎配料→混合→超微粉碎→调质膨化制粒→烘干→冷却喷涂→打包。

图 5-24　表面喷涂机

(七)成品打包设备

打包工段主要有机械打包和人工打包两种方法。

机械打包秤有全自动和半自动之分,可根据生产规模而选择,有电子量包装秤、缝包机、机器人码包线等设备。

包装机(图 5-25)用途广泛,饲料、食品、化工、医药行业都在使用(机械行业相对较少)。包装机使用方便,一次可完成多道工序:拉袋、制袋、充料、打码、计数、计量、封口、送出产品。可自动化,设定后无人操作。中国市场的包装机产量可接近 120～240 包/min,替代 20 世纪80 年代的手工打包,工作效率高。

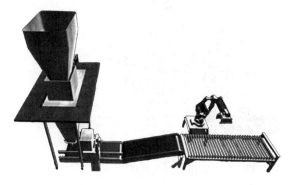

图 5-25　包装机

(八)除尘设备

除尘吸风系统(图 5-26)分布在投料、粉碎、配料、打包、输送等加工过程的各个主要环节。目的是减少加工中产生的粉尘、净化生产环境和避免粉尘爆炸。

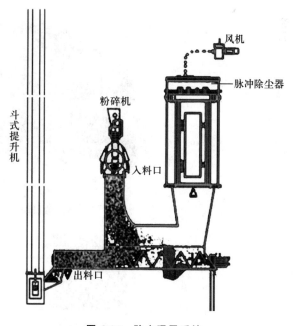

图 5-26　除尘吸风系统

拓展内容 ▶ - •

饲料集成设备

　　饲料集成设备是集饲料粉碎、提升、搅拌、进料功能于一身(图 5-27 至图 5-29),并且可以在生产过程中随时添加各种有效添加剂,20 min 即可完成全部加工。其饲料加工效率为 1～2 t/h。整机为全封闭生产,因此加工过程无粉尘污染,并能有效保证添加剂不受损失,1～2 人即可操作,大大减少了繁重的体力劳动,较传统加工方式提高效率 10 倍以上。饲料集成生产线具有自动送料、进料迅速、出料顺畅和饲料调和均匀的显著特点,可以随时加工各种配合饲料。

图 5-27　浓缩饲料生产线

图 5-28　自动配料系统

图 5-29　全自动饲料成套系统

任务考核 5-1　　　　　**参考答案 5-1**

任务二　配合饲料加工工艺

一、确定配合饲料工艺依据

(一)确定配合饲料生产工艺流程的主要依据

由于饲喂对象和产品类型的不同,原料又多种多样,再加上设备种类规格繁多,所以可以安排各种不同的排列组合形式,构成不同的工艺流程。

1. 产品类型

饲喂对象采食要求决定饲料产品类型。

2. 生产能力

生产能力小且产品单一时,选用设备简单的饲料生产工艺;生产规格大且产品多样化时,选用设备完善的饲料生产工艺。

3. 饲料配方

设备型号与饲料配方要求相符。

4. 出厂方式

饲料成品出库包括袋装和散装等。

(二)配合饲料生产工艺流程要求

(1)应具有很好的适应性和一定的灵活性,能满足生产不同配方、不同原料和不同成品的要求。

(2)采用先进的工艺流程和相应的工艺设备,以提高产品的产量和质量。

(3)尽量采用系列化、标准化和零部件通用化的设备。

(4)设备配套,运转可靠,耗能少,成本低。

(5)合理布置各种设备和装置,紧凑安排,便于操作、维修和管理。

(6)要创造对工作人员的有利条件,有效地治理噪声和粉尘,减轻劳动强度,符合卫生和防火要求,保证人机安全。

二、配合饲料生产加工工艺

加工工艺流程是决定饲料产品质量和生产效率的重要因素之一,只有先进合理的工艺流程才能生产出优质产品,工作效率高,因此,配置合理的工艺流程极为重要。

视频 5-2

(一)工艺设计的原则

(1)保证达到产品质量和产量要求,充分考虑生产效率、经济效益、最初建设投资,以及对原料的适应性、配方更换的灵活性、扩大生产能力、增加产品品种等多方面综合因素。

(2)工艺流程应流畅、完整而简单,不得出现工序重复。除一般生产配合粉料的工艺过程外,根据需要,当生产特种饲料或预混合料时,相应增加制粒、挤压膨化、液体添加、压片、压块、前处理等工艺过程。

（3）选择技术先进、经济合理的新工艺、新设备，采用合理的设备定额，以提高生产效率，保证产量、质量，节约能耗，降低生产成本和劳动强度。

（4）设备选择时，尽可能采用适用、成熟、经济、系列化、标准化、零部件通用化和技术先进的设备。设备布置应紧凑，按工艺流程顺序进行；尽量利用建筑物的高度，使物料自流输送，减少提升次数，节约能源；减少占地面积，但又要有足够的操作空间，以便操作、维修和管理。

（5）设计中应充分考虑建立对工作人员有益的工作环境，减轻劳动强度，采取有效的除尘、降噪、防火、防爆、防震措施，达到劳动保护、安全生产的目的。

（6）设备布置不仅需要考虑建筑面积大小，还要考虑单位面积的造价，应充分利用楼层的有效空间，在保证安装、操作及维护方便的前提下尽量减少建筑面积，并注意设备的整体性。

（7）为保证投产后的生产能力，设计的工艺生产能力应比实际生产能力大 15%～20%。

(二)工艺设计的方法

工艺设计的方法不是千篇一律的，但有以下共同点：

（1）工艺流程设计时，应以混合机为设计核心，先确定其生产能力和型号规格，再分别计算混合机前后的工段生产能力，通常要根据原料的粒料和粉料之比、饲料成品中粉料与颗粒之比来计算各工段的生产能力。

（2）在工艺流程布置时，一般以配料仓为核心，先确定其所在楼层，然后根据配置原则，合理布置加工设备和输送设备，某些功能相同的设备可布置在同一层楼内（应注意，布置在同一层楼内不等于在同一水平面上），以便统一管理和操作。

（3）为保证工艺流程的连续性，相邻设备间没有缓冲设备时，后续设备生产能力应比前序设备生产能力大 10%～15%。

此外，在工艺设计中还要注意以下具体事项：不需粉碎的物料不要进粉碎机；粉碎机出料应采用负压机械吸送；饼、块状料应先用碎饼机粗粉碎，然后再进行二次粉碎；分批混合时，在混合机前后均应设置缓冲仓；应在粉碎、制粒、膨化等重要设备前段设置磁选装置；尽量减少物料提升次数，缩减各种输送设备的运输距离和提升高度；采用粉碎机回风管，以降低除尘器的阻力。

(三)工艺流程设计

工艺流程由单个设备和装置按一定的生产程序和技术要求排列组合而成。饲料产品的原料种类、成品类型、饲喂对象多种多样，且设备种类规格繁多，因此各个设备与装置之间有多种不同的排列组合形式。设备选择的主要依据是生产能力、匹配功率和结构参数，同时也要考虑安装、使用、维修等方面的要求，可用最小费用法和盈亏平衡分析法进行选优。在工艺流程设计时，应综合考虑多种因素（如产品、类型、生产能力、投资限额等），确定最佳方案。

1. 原料接收工艺

接收工段是饲料厂生产的第一道工序，由于原料种类多、进料瞬时、流量大，因此接收工段工艺流程应具备承载进料高峰量的能力。饲料厂原料分为主原料和副原料2大类。主原料指谷物，副原料指谷物以外的其他原料。原料又有散装和包装2种形式。根据原料之间物理性状差异、包装形式不同，以及饲料厂规模大小的不同，原料有以下不同的接收工艺：

（1）大型饲料厂颗粒原料的接收工艺流程　大型饲料厂产量大、原料用量多，在厂区内均建有立筒仓来贮藏常用大宗原料。散装原料易于机械化作业且可节约包装材料费用，因此大宗原料应尽可能采用散装运输。对于散装原料,其接收工艺流程为:原料由自卸汽车运输到厂区,经地中衡称重后,卸到下料坑内,然后提升至工作塔顶层,再经初清、磁选、计量后送入立筒仓内储藏。对于包装原料,通常采用皮带输送机或叉车运输,进入厂区后经人工拆包,倒入下料坑内,提升后,再经初清、磁选、计量后送入立筒仓内储藏。

(2)中小型饲料厂粒状原料的接收工艺流程 中小型饲料厂原料多采用包装的形式运输,原料一般存放在房式仓内。原料由汽车运输到厂区后,由人工用手推车或者是用皮带输送机、叉车运到房式仓内存放,再由人工拆包,倒入下料坑内,经初清、磁选后进入待粉碎仓。

(3)粉状原料的接收工艺流程 粉状原料一般不需要粉碎,用量相对主原料而言要少,故常采用包装的形式运输、房式仓储藏。

(4)液态原料的接收工艺流程 液态原料接收采用离心泵或齿轮泵(适用于长距离输送黏性大的液体)输送,用流量计进行计量。寒冷气候条件下,液体原料储罐必须进行保暖,并配备加热装置用于升温、降低黏度,以便于输送。

总之,无论采用何种接收工艺,接收及清理设备的生产能力通常为车间生产能力的2~3倍,主要取决于原料供应情况、运输工具和条件、调度均衡性等因素。大型饲料厂通常设置3条接收线,分别用于玉米、饼粕原料和粉状料;中型饲料厂可设置主料、副料接收线各1条;小型饲料厂的主、副料可共用一条接收线。

2.原料粉碎工艺

(1)一次粉碎工艺 一次粉碎工艺中,对饲料只采用一道粉碎工序进行加工。待粉碎的物料可以是单种饲料原料,也可以是多种饲料原料的混合物。该工艺简单,设备少,是最普通、最常用的一种工艺,其缺点是成品粒度不均、电耗较高。为了提高粉碎效果、避免过度粉碎、降低粉碎能耗和成本,可以采用将分级筛与粉碎机组合的一次粉碎工艺。这类组合通常有先分级后粉碎工艺和先粉碎后分级工艺2种形式(图5-30)。

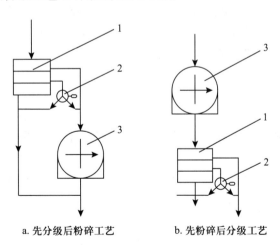

a.先分级后粉碎工艺   b.先粉碎后分级工艺

图5-30 一次粉碎工艺
1.分级筛;2.三通分配器;3.锤片粉碎机

先分级后粉碎工艺(图5-30a)是先将待粉碎原料中粒度小于要求的部分筛分出来,直接送到粉碎之后的工序进行加工,再将粒度大于要求的部分筛选出来送入粉碎机粉碎,由此降低粉碎能耗和提高粉碎产量。该种工艺适用于含有不同粒度的粉状原料。

先粉碎后分级工艺(图5-30b)是先用粉碎机对原料进行粉碎,再用分级筛将粉碎物料按粒度要求筛分成两种粒度,分别用于不同的饲料产品,这样就可在降低粉碎能耗、提高粉碎产量的同时,获得粒度要求不同的两种产品。

(2)二次粉碎工艺　二次粉碎工艺用于弥补一次粉碎工艺的不足,是在第一次粉碎后,将粉碎物进行筛分,对筛上物进行第二次或多次粉碎的工艺。饲料二次粉碎可以在满足营养及后续加工要求的前提下,减少粉碎物料的粒度分布范围,提高粉碎效率,降低粉碎能耗,提高粉碎产量。其不足是要增加分级筛、提升机、粉碎机等,使建厂投资成本增加。

二次粉碎工艺典型组合方式见图5-31。

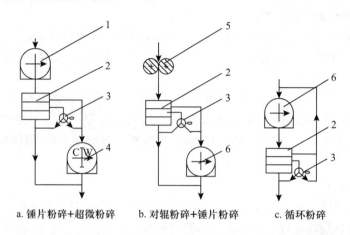

a.锤片粉碎+超微粉碎   b.对辊粉碎+锤片粉碎   c.循环粉碎

图5-31　二次粉碎工艺的典型组合方式

1、6.锤片粉碎机;2.分级筛;3.三通分配器;4.超微粉碎机;5.对辊式粉碎机

图5-31a所示的粉碎工艺中,两台锤片粉碎机中间使用了分级方筛。第一道粉碎机采用较大孔径的筛片,经第一道粉碎机粉碎后的物料进入分级筛筛分后,粒度大于要求的筛上物被送入第二道微粉碎机或超微粉碎机进行再次粉碎。第二道粉碎机可采用小孔径的筛片或无筛超微粉碎机,使粉碎物的粒度满足产品要求。

图5-31b所示的粉碎工艺中,第一道粉碎机为对辊式粉碎机。对辊式粉碎机的粉碎方式为有支撑粉碎,粉碎效率高,噪声低,主要适用于谷物原料用量比较大的大型畜禽饲料加工厂。与锤片粉碎机相比,对辊式粉碎机进行的粗粉碎在节能、增产方面更有优势。由对辊式粉碎机进行第一次粗粉碎,锤片粉碎机对物料进行第二次粉碎,可降低产品的粉碎能耗。

图5-31c所示的循环粉碎工艺是指经粉碎机粉碎的物料进入分级筛筛分后,筛下物进入下道加工工序,筛上物被送回粉碎机再次粉碎,形成部分循环的粉碎工艺。普通粉碎、微粉碎及超微粉碎系统均可采用循环粉碎工艺,但需要根据产品粒度的不同要求选用不同类型的粉碎机及分级筛。

饲料二次粉碎工艺中,使用的分级筛通常有两种或两种以上不同筛孔尺寸的筛面。最上层筛筛上物进粉碎机粉碎,最下层筛筛下物进入下道加工工序,其余筛筛上物根据产品粒度要求决定是否需要再次粉碎。

总之,设计粉碎工段工艺流程时,都应注意以下几点:

①应设待粉碎仓,容量保证粉碎机能连续工作2~4 h及以上。保证调换原料满足配料工序的要求,如工艺采用1台粉碎机,待粉碎仓不宜少于2台;如果有多台粉碎机,待粉碎仓数量

则应不少于粉碎机台数。

②一般性综合饲料厂粉碎机产量可取生产能力的 1～1.2 倍；鱼虾饵料厂粉碎机产量应为工厂生产能力的 1.2 倍以上；如有微粉碎工段，其产量要专门考虑。

③原料粉碎前必须经过磁选处理，以避免磁性金属杂质损坏粉碎设备。

④粉碎后的物料机械输送应进行辅助吸风，可提高粉碎机产量 15%～20%；经微粉碎的物料通常采用气力输送。

⑤粉碎机因为功率大、震动大，应尽可能布置在底层或地下室。为降低粉碎机产生的噪声，也可将它布置在单独的隔音间内。

3. 粉碎与配料工艺

配料工艺与粉碎工艺有着密切的联系。按粉碎与配料工艺的组合形式，可分为先粉碎后配料和先配料后粉碎两大工艺。常规畜禽饲料加工多采用先粉碎后配料工艺，部分水产饲料生产采用先配料后粉碎工艺。

(1)先粉碎后配料工艺　先粉碎后配料工艺是先将原料仓中的粒状饲料原料逐一粉碎，使其成为单一品种的粉料原料，再分别输送到相应的配料仓，不需要粉碎的饲料原料则直接输送到相应配料仓；然后根据饲料配方，将所需原料经配料仓下方的计量装置计量后，进入混合机混合。

该工艺特点是粒状饲料逐一粉碎，粉碎品种单一，容易设定统一参数，粉碎机利用充分，工作稳定，磨损小，粉碎效率高；粉碎不直接影响其他饲料加工工序，在粉碎机保养、维修期间，不会影响其他工序的进行；各种饲料原料可以分别控制粉碎粒度，容易控制成品料感官性状，进而提高成品饲料质量；便于粉碎机控制，粉碎机能耗低、产量高。其缺点是由于所粉碎单一原料都需要配料仓导致配料仓增多，则要增加建厂设备的投资和以后的维修费用；在更换配方时，特别是在原料品种增多时，易受配料仓数量的限制；由于粉碎后的粉料需进配料仓存放，增加了物料在仓内结拱的可能性，从而会增加配料仓管理上的困难。该工艺适用于需要粉碎的饲料原料所占比例较小的饲料配方，以及生产规模大、产品品种多、产品质量要求高的企业。我国大中型饲料生产企业生产的饲料品种多，其中浓缩料、预混料占产品的比重大，因此该工艺适合我国大中型饲料生产企业使用。

(2)先配料后粉碎工艺　先配料后粉碎工艺是将各种饲料原料按照饲料配方要求的比例分别计量，混合后进行粉碎。该工艺特点是配料、粉碎、混合等工序连续性好，便于进行自动化控制；因先初步混合，再粉碎，所以需要粉碎的饲料原料占用的配料仓数量少，减少了设备投资和设备占地面积；降低了配料仓结拱概率，便于配料仓管理。其缺点是装机容量高，能耗大。先配后粉比先粉后配工艺装机容量高 20%，能耗高 5% 以上；因粉碎在配料等工序之后，所以在粉碎机保养、维修期间，会直接影响其他工序的进行；因多种粒状原料混合粉碎，粒度大小、软硬程度不同，导致粉碎机控制难度较大，磨损严重。该工艺适用于需粉碎的原料品种多且占配方中的比例较小的饲料生产；一般中小企业，建厂资金少、场地面积受限制时可采用该工艺；该工艺也适合水产饲料生产企业使用。

4. 配料工艺

合理的配料工艺流程可以提高配料精度，改善生产管理，保证营养配方精确实现。配料工艺流程组成的关键是正确选择配料装置及其与配料仓、混合机的配套协调。目前常用配料工艺流程有一仓一秤配料、多仓一秤配料和多仓数秤配料等。

（1）一仓一秤配料　一仓一秤配料是在每个配料仓下各配置一台重量式单料配料秤。各配料秤的量程可以不同。作业时各配料秤独立完成进料、称量和卸料这一周期动作。其特点是可同时称量多种物料，从而缩短配料周期，减少称量过程，速度快、进度高。但由于计量装置形式、称量范围上的差异，因而使用的配料装置多，投资费用也相应增多，难以实现自动控制，不利于维修、调试和管理等。该工艺以往多用于小厂，现多用于添加剂预混合料的生产。某种原料应固定用某一配料仓和配料秤，以减少原料的互混。

（2）多仓一秤配料　多仓一秤配料是在多个配料仓下仅配置一台电子配料秤。其特点是工艺简单，配料计量设备少，设备的调节、维修、管理等较方便，易于实现自动化。其缺点是各种物料依次称量，配料周期相对较长；累次称量过程中对各种物料产生的称量误差不易控制，从而导致配料精度不稳定。

（3）多仓数秤配料　多仓数秤配料是在多个配料仓的下方设置多台配料秤。该配料工艺应用极为广泛，大部分饲料厂，特别是预混合饲料厂、浓缩饲料厂，都用这种配料工艺形式。目前该工艺中应用较多的是多仓双秤配料与多仓三秤配料工艺形式。它将各种被称物料按照各自的特性或称量差异划分，并采用相应的分批、分档次称量的称量设备。一般大配比物料用大秤，配比小或微量组分用小秤，因此配料绝对误差小，从而经济、精确地完成整个配料过程。当然，同时配用多台自动化较高的配料秤将增加一次性投资和以后的维修管理费用。但该配料工艺较好地解决了一仓一秤和多仓一秤配料工艺形式存在的问题，是一种比较合理的配料工艺流程。

5. 混合工艺

混合工艺是指将饲料配方中各组分原料经称重配料后，放入混合机进行均匀混合加工的方法和过程。按混合工艺来分，混合操作可分为分批混合工艺和连续混合工艺两种。

（1）分批混合工艺　分批混合工艺又称批量混合工艺，是将各种混合组分根据配方的比例配合在一起，并将它们送入周期性工作的"批量混合机"分批地进行混合。混合一个周期，即生产出一批混合好的饲料，这就是分批混合工艺。分批混合工艺的每个周期包括配料（称重）、混合机装载、混合、混合机卸载及空转时间，流程见图5-32。分批混合工艺的循环时间是以上每个操作时间的总和，包括进料时间、混合时间、卸料时间及空转时间。混合机的进料、混合与卸料三个工作过程不能同时进行。这三个工作过程组成一个完整的混合周期。混合周期应与配

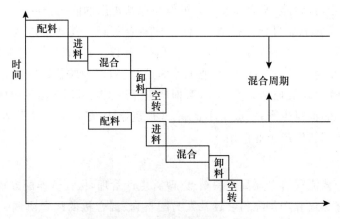

图 5-32　分批混合工艺流程示意图

料周期相适应,以获得相同的生产节拍。这种混合方式改换配方比较方便,混合质量一般较好,易于控制,每批之间的相互混杂较少,是目前普遍应用的一种混合工艺。但这种混合工艺的称量给料设备启闭操作比较频繁,因此大多采用自动程序控制。

(2)连续混合工艺　连续混合工艺是将各种饲料组分同时、分别地连续计量,并按比例配合成一股含有各种组分的料流进入连续混合机连续混合。这种工艺的优点是可以连续地进行,前后工段容易衔接,操作简单。但是在换配方时,流量的调节比较麻烦,而且在连续输送和连续混合设备中的物料残留较多,所以两批饲料之间的互混问题比较严重。目前连续混合仅用于混合质量要求不高的场合。连续混合工艺流程如图 5-33 所示。

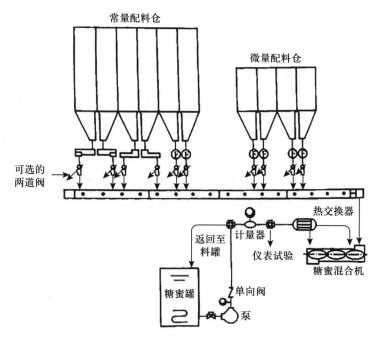

图 5-33　连续混合工艺流程示意图

连续混合工艺由喂料器、集料输送机和连续混合机 3 部分组成。喂料器使每种物料连续地按配方比例,由集料输送机均匀地输送到连续混合机,完成连续混合操作。随着畜牧业的发展、微量元素的添加以及饲料品种的增多,连续配料、连续混合工艺的配合饲料厂日趋少见。一般均以自动化程序不同的批量混合进行生产。

配合饲料加工必须有混合工序,严禁以粉碎或输送工序代替。大中型饲料厂可将混合工序分为预混合、主混合两级。混合机生产能力应等于或略大于饲料厂的生产能力,并与配料秤相匹配。混合机下方必须设缓冲斗,容积为存放混合机一批次的物料量,以防后续输送设备超载。

三、饲料厂生产加工工艺实例

工艺设计之前应尽可能多地收集工艺设计的有关资料。可以通过对当地饲料原料供应、饲养业情况、饲料生产技术水平进行调查;对国内外同等规模和相近规模的饲料厂进行调查,查询有关科技资料,了解国家有关工艺设计的标准、规范,调查国内外饲料加工设备的规格、性能、价格等。

(1)产品类型　产品类型决定于饲喂要求。按层次分预混料、浓缩料、全价配合料等。按形态有粉状、粒状、膨化状、液态、片(块)状等。应该确定各种产品在近期和今后的生产中所占比例。如果只生产配合饲料,可采用较简单的工艺流程;若生产颗粒饲料,则需增加制粒工段;若同时生产预混料、浓缩料及全价配合料,则要求较高的工艺水平和先进设备。

(2)饲料配方　配方中的原料一般有粒料、粉料、块状料和液态料等,其种类和比例是设计中确定原料仓、副料仓、配料仓的数量和仓容,主、副料的接收工艺,配料操作顺序与配料系统的技术参数,粉碎机的台数和生产能力的重要依据之一。如果配方中粉状原料的种类很多,可按其比例大小归类、合并以减少配料仓数目。饲料配方还应提出粒度要求,以便确定粉碎机筛孔直径大小及与之相匹配的产量的供料和出料系统。

(3)生产能力　生产能力小且产品单一时,可采用较简单的工艺流程;如果生产能力大且产品多样时,可采用较完备的工艺流程,如一次粉碎和二次粉碎兼备,粉料和颗粒料兼有,自动配料微机控制,机械化和自动化较高。某些生产规模大、技术力量雄厚、设备完善的饲料厂还可在生产配合饲料的同时生产浓缩饲料或预混合饲料。

(4)原料接收与成品发放形式　一般有两种形式:散装和袋装。这两种形式的原料运输方式和存储库房形式不同,使原料接收工序有所不同。同样,成品发放也有两种形式:预混合料必须采用袋装;浓缩饲料两者皆可;配合饲料尽可能采用散装,但目前国内多采用袋装。

(5)投资限额　投资多少对设计有很大限制,一般先进设备和控制系统及完善的工艺需要耗用较多的资金。限额确定后,应根据限额来设计和选择恰当的工艺和设备。

(6)电气控制方式和自动化程度。

(7)人员素质等。

根据拟建厂生产规模、产品情况进行流程的组织,主要设备的选择、计算,经过多方案比较,择优选定。如图5-34为时产10 t配合饲料厂工艺流程,图5-35为添加剂预混合料生产工艺流程。

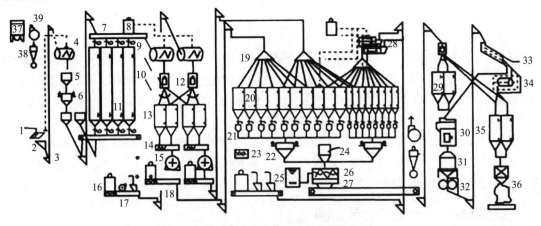

图 5-34　时产 10 t 配合饲料厂工艺流程

1. 卸料栅筛;2. 粒料卸料口;3. 斗式提升机;4. 圆筒初清筛;5. 缓冲仓;6. 自动秤;7. 分配输送器;8. 袋式除尘器;9. 料阀;
10. 立筒仓;11. 料位器;12. 去铁机;13. 粉碎仓;14. 给料器;15. 锤片粉碎机;16. 袋式除尘器;17. 碎饼机;18. 粉料进料口;
19. 分配器;20. 配料器;21. 给料器;22. 配料秤;23. 预混合机;24. 人工投料口;25. 预混合料进料口;26. 混合机;
27. 刮板输送机;28. 粉料仓;29. 制粒仓;30. 制粒机;31. 冷却机;32. 破碎机;33. 分级筛;34. 喷涂机;
35. 成品仓;36. 打包机;37. 脉冲除尘器;38. 离心除尘器;39. 风机

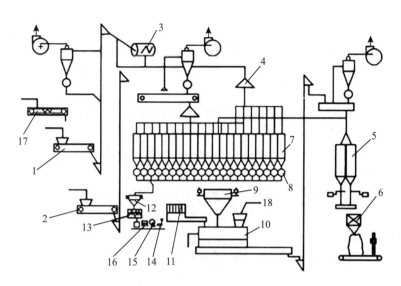

图 5-35　添加剂预混合料生产工艺流程

1、2. 刮板输送机；3. 初清筛；4. 分配器；5. 成品仓；6. 计量打包机；7. 配料仓；8. 螺旋喂料器；9. 自动配料秤；10. 2 t 混合机；11. 微量配料秤；12. 200 kg 计量秤；13. 100 kg 混合机；14. 计量台秤；15. 预混合料；16. 秤车；17. 烘干机；18. 人工投料口

拓展内容 ▶

一、饲料中控

(一)内容

适用于饲料生产中控操作岗位。

(二)职责

(1)负责操作中央控制室,含微机的主控制台(或控制箱)及相关仪器、仪表;

(2)根据生产计划,进行生产品种顺序的合理安排;

(3)根据料仓库存及设备工况对相关岗位进行调度;

(4)操作生产设备,全程监控工况;

(5)认真执行产品配方,保证配料准确;

(6)收集、整理、分析相关报表数据,做好生产原始记录;

(7)工作结束必须对工作场所进行打扫,搞好"6S"管理工作,即整理(SEIRI)、整顿(SEITON)、清扫(SEISO)、清洁(SEIKETSU)、素养(SHITSUKE)和安全(SAFETY)。

(三)具体操作

1. 开机前的准备工作

(1)微机配料软件启动:接通电源,开启微机,打开微机配料软件系统。

(2)配方核对:按生产计划调取生产配方,检查、核对生产配方是否提取正确。

(3)设定参数,明确各料仓的存料状态。

(4)确认生产设备控制灵敏可靠、电力供应正常、配料秤、中间仓排空。

(5)通知各工序按品种生产要求做好检查工作,包括粉碎工序筛片锤片的检查、制粒膨化工序模具的检查、包装工序分级筛的检查等,以确保产品质量符合工艺标准要求。

2. 作业过程中

(1)根据生产计划及仓容量的情况,向投料组发出投料指令。

(2)根据生产计划和配方要求填写小料投料与复核记录单,并电话通知小料添加工领取记录单,要求小料添加工按记录单和小料添加指令正确作业。

(3)设备开启原则:按"先开后路,再开前路,先通风除尘辅助设备,再开作业设备"的顺序依次启动各工段生产设备。

(4)混合时间设置:按照工艺参数标准设置好物料混合时间:一次混合时间 120 s,二次混合时间 120 s,且不得随意更改。

(5)进仓原料核实:与投料工、巡视工保持良好沟通,对进仓原料进行核实,确保所投原料与需求原料品种、规格一致,所投原料质量符合工艺要求;与巡视工保持良好沟通,确保所投原料、所粉碎的原料进入对应的料仓。

(6)配料误差核查:配料过程中随时核查配料误差,如超出工艺参数标准 0.3% 应立即进行调整;

配料误差调整:首先总控需根据物料特性、重量设置好下料顺序,随后设定好变频值和提前量,方可进行配料。如果在配料过程中,动态配料误差超过 0.3%,需配合电脑自动补偿系统,物料相差较大的原料可进行人工间接点动添加补足,物料较小的可随时调节变频值和提前量,直到满足配料精度要求方可。如果超过误差标准时,通知车间质检按不合格品处理程序进行;中控每配完一批料时,需正确填写"中控作业记录"和"大料配料记录"。

(7)设备关闭原则:按"先关前路,再关后路,先关作业设备,再关通风除尘辅助设备"的顺序依次关闭各工段生产设备(与启动顺序相反);上一道工序关闭 3~5 min 后再关闭下一道工序;下班时切断总电源。

3. 注意事项

(1)与各工序保持良好沟通,合理安排,保证生产过程连续顺畅,产品质量符合工艺标准要求。

(2)作业过程中必须严格遵守操作规程,严格遵照设备的开启与关闭原则开启和关闭设备,核实配方输入是否正确,混合时间等参数是否设置正确;在设备运行时,不得接触运动部件;工作时间不得擅自离开工作岗位。

(3)配料过程中随时监控所有设备的电流、电压等运行变化情况,并判断是否异常;如有异常,应及时关闭对应设备,并通知巡视、机电工检查处理。

(4)当巡视、机电工等相关人员在清理、维修设备时,中控应将相应设备的电源断开,并挂上"正在维修,禁止合闸"的警示标牌;待清理、维修完毕,接到清理、维修人本人通知后,方可取下警示标牌并开机。

(5)报警信息的处理:"宁可信其真",急停信息果断执行;配料报警仔细辨别;紧急外部报警,可以急停。

4. 现场清洁卫生

(1)在中控作业过程中,随时保持作业场所清洁卫生,显示器、鼠标、键盘、各类记录本等定置摆放,整洁有序。

(2)工作结束后,彻底清扫作业场所,做好"6S"工作,要求责任区域地面、墙面、设备设施无积尘、蛛网和污渍,所有工器具、设备设施等物资定置摆放,整洁有序。

(3)检查其他岗位的清洁卫生情况。

5.相关工作记录

"中控作业记录""大料配料记录"。

(四)操作流程

饲料生产中控岗位操作流程见表 5-1。

表 5-1　饲料生产中控岗位操作流程

作业项目	工作内容及程序	工作要求及标准
班前准备	(1)现场交接班 (2)预热微机、电子配料秤 (3)检验配料秤 (4)根据本班任务查找配方 (5)与核算员核对配方 (6)核对微机储存配方 (7)检查配料仓料位 (8)检查各仓门、秤门及混合机门的开关状态 (9)确认小料、加油、粉碎岗位的工作准备情况 (10)确认成品仓是否空仓	(1)核对配方,输入准确无误 (2)熟悉微机操作 (3)能处理微机操作中的常见故障 (4)熟悉操作模拟屏的各键位及其控制设备情况 (5)懂得设备运行、操作的基本原理 (6)各种班前检查准确,工作安排及时
开机生产	(1)按操作规程、工艺要求顺序启动设备,严禁负载启动 (2)注意各仪表显数是否正常 (3)合理安排投料顺序、数量,保持设备最佳运行状态 (4)更换配方时应与各岗位沟通,发现问题及时解决 (5)检查核对配料时油脂添加、小料添加信号准确无误 (6)换品种时确认成品仓是否空仓 (7)及时、准确、有效与各岗位沟通,发现问题及时参与解决 (8)根据料号要求,确认应粉碎粒度并监督制粒工更换环模及筛片 (9)仔细分析配料精度并及时调整 (10)每生产完一个品种及时与小料添加、液体添加核对 (11)检查微机及设备运行状态并做好生产纪录 (12)履行员工保密职责,禁止无关人员进入微机室	(1)设备空载并按顺序启动 (2)电子秤灵敏度好,示数准确 (3)检查模拟屏显示是否正常,粉碎机空转电流值是否正常 (4)液体、小料添加及信号发出准确无误 (5)投料顺序和投料数量能满足配料秤连续生产要求 (6)与各岗位随时保持联系,及时处理各岗位反映的问题 (7)粉碎粒度和成品粒度与料号一致 (8)随时观察,发现问题及时记录并报告带班长 (9)更换生产品种时,成品仓一定要空仓 (10)监督环模与分级筛更换及时无误 (11)生产纪录准确无误 (12)操作中无人为失误发生 (13)随时整理,保持微机室的经常性整洁 (14)除生产主管,带班长与中控工其他人员进入微机室须经带班长批准
紧急事故处理	(1)紧急事故及时采取措施,将损失降到最低程度同时报告班长 (2)做好事故纪录,分析查找原因,制定相应措施	(1)及时发现问题,积极采取措施 (2)无失误性事故发生 (3)报告及时 (4)原因查找准确,事故纪录详细,防范措施制定得当

续表 5-1

作业项目	工作内容及程序	工作要求及标准
现场管理	(1)操作台干净无灰尘 (2)微机及各仪表清洁 (3)门窗、地面干净 (4)确保室内无老鼠 (5)配电柜、控制柜内无灰尘 (6)组织非有关人员进入,做好配方等保密工作 (7)5S的其他规定	(1)室内无与工作无关物品 (2)门窗、地面及设备清洁,符合5S规定 (3)保证用电安全 (4)维护保养严格按照操作规程操作
停机	(1)与各岗位联系,确认生产是否完毕 (2)与小料、油脂添加人员核对批数 (3)统计投入、产出比 (4)清扫卫生 (5)关闭门窗、空调 (6)与下一班人员交接	(1)按规定顺序停机 (2)与各岗位生产参数核对准确 (3)卫生清扫干净 (4)交接工作无失误

二、配合饲料质量指标

配合饲料的质量是配合饲料生产厂家的生命,直接反映了企业的技术水平、管理水平和整体素质。产品质量不仅关系到配合饲料生产厂家的信誉和市场竞争力,更主要的是将直接影响广大养殖户的生产效益,影响养殖业的发展。因此,保证和不断提高配合饲料产品的质量是饲料企业赖以生存和发展的基础。质量管理是企业管理的中心,贯穿了原料验收、配方设计、生产、产品质量检测、产品包装和销售服务整个过程。

衡量配合饲料质量指标主要包括感官指标、水分指标、加工质量指标、营养指标和卫生质量指标等。

(一)感官指标

感官指标主要指配合饲料的色泽、气味、口味和手感、杂质、霉变、结块、虫蛀等,通过这些指标可对配合饲料和一些原料进行初步的质量鉴定。配合饲料的感官检查是养殖户选用配合饲料时首先需要鉴定的,并由此判断配合饲料优劣的比较容易的鉴定方法。配合饲料的饲喂效果与其色泽、气味、口味、手感的轻微变化没有必然的联系。这是因为饲料原料的产地和生产工艺不同,生产的配合饲料的感官有所不同,使用香味素的种类和香型的差异会影响到气味,而这些差异在饲料生产企业之间确实存在。所以养殖户选择配合饲料最主要的是看配合饲料的饲喂效果和经济效益。但同一企业的同一品种的饲料产品应保持一定的感官特征。

(二)水分指标

水分含量是判断配合饲料质量的重要指标之一。如果配合饲料的水分含量太高,不仅降低了配合饲料的营养价值,更重要的是容易引起配合饲料的发霉变质。配合饲料的水分含量一般北方不高于14%,南方不高于12.5%。复合预混料水分不高于10%。浓缩饲料的水分含量,一般北方不高于12%,南方不高于10%。

（三）加工质量指标

加工质量指标是指为了保证配合饲料质量，满足动物营养需要，平衡供给养分，而确定的必须达到的质量要求。主要有配合饲料的粉碎粒度、混合均匀度、杂质含量以及颗粒饲料的硬度、粉化率、糊化度等。

（四）营养指标

营养指标是配合饲料质量的最主要指标，主要包括粗蛋白质、粗脂肪、粗灰分、钙、磷、食盐、氨基酸以及维生素、微量元素等。另外消化能、代谢能虽不易测定，也是一项重要的营养指标。氨基酸主要指必需氨基酸的含量，通常主要考虑的是赖氨酸和蛋氨酸。营养指标更直接地影响到畜禽的生长和生产，更直接地影响饲料的转化效率和经济效益。

（五）卫生质量指标

卫生质量指标主要是指配合饲料中所含的有毒有害物质及病原微生物等，如砷、氟、铅、汞等有毒金属元素的含量，农药残留、黄曲霉毒素、游离棉酚、大肠杆菌数等。

技能一　配合饲料厂加工工艺分析

一、技能目标

通过参观饲料厂，初步了解配合饲料的原料组成、配合饲料的种类、配合饲料的生产工艺与流程、配合饲料的质量管理与经营策略等。

二、实训内容

请饲料企业有关人员介绍建厂情况、生产规模、生产任务、设计与设备等。

三、操作规程

（1）厂区参观，了解饲料厂的厂址选择、施工、安装及工艺设计等情况。

（2）原料仓库参观，熟悉配合饲料的原料种类及原料存放原则与要求。

（3）了解饲料加工工艺流程和生产设备的配套情况，如先粉碎后配合的工艺流程及生产过程中产品质量控制措施。

（4）主、副原料的接收形式、过磅、检验等工艺设备。

（5）主、副原料的贮备情况。

（6）了解电子计算机在配合饲料生产中的应用情况，如控制系统与组件、作业内容与操作技术。

（7）与厂领导、技术管理人员和销售人员交流，了解产品质量管理、生产管理和销售管理的措施与经营策略。

四、实训报告

通过参观饲料厂，绘制配合饲料生产的工艺流程图，提出提高饲料产品质量的环节与措施。

技能二　配合饲料混合均匀度测定

一、执行标准

《饲料产品混合均匀度测定》(GB/T 5918—2008)。

二、技能目标

通过本实验,掌握甲基紫法测定配合饲料混合均匀度的方法。本法是我国国家标准 GB/T 5918—2008 所推荐的方法。国家标准规定,配合饲料混合均匀度的 $CV \leqslant 10\%$,浓缩料与预混料的 $CV \leqslant 5\%$。

三、实训原理

本法以甲基紫色素作为示踪物,将其与添加剂一道加入,预先混合于饲料中,然后以比色法测定样品中的甲基紫含量,以饲料中甲基紫含量的差异来反映饲料的混合均匀度。

四、仪器与试剂

(1)分光光度计:带 1 cm 的比色皿。

(2)标准筛:筛孔净孔尺寸 100 μm。

(3)分析天平,感量 0.000 1 g。

(4)漏斗。

(5)烧杯 100 mL,250 mL。

(6)甲基紫(生物染色剂)。

(7)无水乙醇。

五、操作步骤

1. 示踪物的制备与添加

将测定用的甲基紫混合并充分研磨,使其全部通过 100 μm 的标准筛,按照配合饲料成品量十万分之一的用量,在加入添加剂的工段投入甲基紫。

2. 样品的采集与制备

本法所需样品应单独采取。每一批饲料产品抽取 10 个有代表性的原始样品,每个样品的采集量约为 200 g。取样点的确定应考虑各方位的深度、袋数或料流的代表性,但每一个样品应由一点集中取样。取样时不允许有任何翻动或混合。将每个样品在实验室内充分混合,颗粒饲料样品需粉碎通过 1.4 mm 筛孔。

3. 测定步骤

从原始样品中准确称取 10 g 化验样,放在 100 mL 的小烧杯中,加入 30 mL 乙醇,不时地加以搅动,烧杯上盖一表面皿。30 min 后用中速定性滤纸过滤,以乙醇液作空白调节零点,用分光光度计,在 590 nm 的波长下测定滤液的吸光度。

六、结果分析

以各次测定的吸光度为 X_1、X_2、X_3、……、X_{10}，其平均值 $\overline{X}$，标准差 S 和变异系数 CV 按下述公式计算。

$$\overline{X} = \frac{X_1 + X_2 + X_3 + \cdots\cdots + X_{10}}{10}$$

$$S = \sqrt{\frac{(X_1 - \overline{X})^2 + (X_2 - \overline{X})^2 + (X_3 - \overline{X})^2 + \cdots\cdots + (X_{10} - \overline{X})^2}{10 - 1}}$$

$$CV = \frac{S}{\overline{X}} \times 100\%$$

七、注意事项

(1)同一批饲料的 10 个样品测定时应尽量保持操作的一致性，以保证测定值的稳定性和重复性。

(2)出厂的各批甲基紫的甲基化程度不同，色调可能有差别，因此，测定混合均匀度所用的甲基紫，必须用同一批次的并加以混匀，才能保证同一批饲料中各样品测定值的可比性。

(3)配合饲料中若添加苜蓿粉、槐叶粉等含有叶绿素的组分时，则不能用甲基紫法测定混合均匀度。

技能三　颗粒饲料粉化率测定

一、技能目标

通过本实验，学会粉化仪的使用；掌握筛分法测定颗粒饲料含粉率和回转箱法测定颗粒饲料粉化率的方法，评价所测颗粒饲料含粉率与粉化率是否合格。

二、实训原理

含粉率是指颗粒饲料中所含粉料重量占其总重量的百分比。颗粒饲料粉化率是指颗粒饲料在粉化仪对颗粒饲料翻转摩擦后产生粉末的重量占其总重量的百分比。而 100% 减去粉化率就是颗粒饲料的坚实度。本方法适用于一般硬颗粒饲料的含粉率和粉化率的测定。

三、仪器设备

(1)粉化仪；

(2)标准筛一套；

(3)振筛机；

(4)天平，感量 0.01 g；

(5)颗粒饲料。

四、操作步骤

1. 试样选取与制备

颗粒饲料冷却 1 h 后测定,从各批颗粒饲料中取出有代表性的原始样品 1.5 kg 左右。四分法缩样后,取一定数量样品检验颗粒饲料粉化率。

2. 粉化率的测定

将称好的颗粒料平行样 2 份分别装入粉化仪的回转箱内,盖紧箱盖,开动机器,使箱体回转 10 min(500 r/min)。停止后取出试样,用规定筛孔尺寸(表 5-2)的筛子在振筛机上筛理 1 min,分别称取筛上物和筛下物的重量,并做好记录。

表 5-2 不同直径颗粒饲料采用的筛孔尺寸 mm

颗粒直径	1.50	2.00	2.50	3.00	3.50	4.00	4.50	5.00	6.00	8.00	10.00	12.00
筛孔尺寸	1.00	1.40	2.00	2.36	2.80	2.80	3.35	4.00	4.00	5.60	8.00	8.00

五、结果分析

按公式计算 2 份试样测定结果,并求平均值。

$$粉化率 = 1 - \frac{筛上物重量}{样品重} \times 100\%$$

根据计算结果评定合格与否。颗粒饲料生产中规定颗粒粉化率≤10%,超过指标 1.5%,即为不合格。

技能四 动物饲养效果检查

一、技能目标

能够通过具体的饲养效果反映客观、正确分析日粮配方效果的好坏及饲养效果,并能进行现场营养诊断。

二、检查依据

目前对饲养效果的检查可从动物的食欲、健康状况、繁殖性能、生产(包括动物产品的数量、质量、体重、饲料利用效率)等诸方面来进行。

(一)动物的食欲表现

动物有旺盛的食欲,才能达到期望的采食量。而一定的采食量是维持其生长发育速度或高产的基本保证。食欲的好坏既是健康的标志,也在一定程度上反映了配合日粮的综合质量,即配方技术、原料种类的选择及其品质直至加工质量和保存质量。诸如饲料中含有适口性较差的成分(如某些药物、异味成分或毒素等),霉变原料或饲料的物理性状不适应特定动物的生物学特性(如蛋鸡料过细)以及病原体污染等因素,都会影响食欲。表现为大量剩料或槽外浪费。

异食癖是食欲不正常的表现,潜藏着一定的内在原因。生产实践中所见的异食癖,大多是由日粮中长期缺乏某些养分引起。当畜禽体内某些养分不能满足生长发育或生产需要时,它们能在一定程度上本能地啃食或啄食那些可能含有自身急需养分的物体。如日粮缺钙使蛋鸡啄食蛋壳和石灰等；生长猪舔食泥土和石头等则可能与钙、磷、食盐等缺乏有关。

(二)动物的健康状况

动物的健康状况是反映饲养效果的重要指标之一，而良好的营养状况为动物的健康提供了保证，精神状态在一定程度上又反映了畜禽的健康情况。因此，生产中应通过对动物群体状态和个体状态的观察，了解其营养状况和健康状况。动物群体状态是指动物群体静态和动态的一般表现。这种表现具有直观性，并在一定程度上反映畜禽的健康和生产力以及饲养管理技术的质量。基于这一点，才能进行由此及彼、由表及里的进一步分析。

1. 营养状况

(1)体重　畜禽群体是否达到预期体重范围，种用动物的体况是否过肥或过瘦，生长发育群体的整齐度如何。

(2)被毛　主要观察被毛是否光亮、平滑，皮肤和黏膜有无不正常表征等。如有不正常现象，则应考虑对日粮中蛋白质、能量、维生素以及微量元素等含量加以适当调整，饲料的内在和外在质量都不可忽视，注意应用适当的添加剂，并辅之以其他管理措施的改进。

2. 健康状态

良好的健康状态主要表现在以下几方面：

(1)动物保持良好的精神状态和行为状态。表现为眼明有神，警觉性高，对周围的异常变化反应敏锐。

(2)生长发育正常，生产水平达到特定品种的要求。

(3)对疾病的抵抗能力较强。

在饲养实践中，往往由于个体生理状态、优胜序列、采食机会、采食量、日粮混合均匀度及其组分的品质和物理性状以及管理等原因，部分个体可能出现散发性营养缺乏或亚临床症状。如维生素 B_1 和维生素 B_2 缺乏症；再如蛋白质和维生素 A 及维生素 E 不足，明显降低畜禽的抗病力。另外，在观察动物健康状况时，还应考虑病原体对动物已经或正在造成的危害。

(三)体重变化

在各类动物的饲养中，称重是一项经常性的工作。所谓正常体重，即标准体重，对于动物的生长发育、繁殖性能以及经济效益都十分重要。一定周龄或年龄的个体，如果实际体重偏离正常体重范围，则意味着过瘦或过肥，体型过大或过小。这对其当前或日后的利用价值均有不利影响。实际上，正常体重是在良好的状态下，平衡日粮与合理的饲养技术完美结合的体现。因此，定期称重可对此做出客观的评价。另外，体重作为原始数据，有助于代谢体重、饲料转化率和日增重等饲养参数的获得。这些资料可作为对日粮进行微调、饲养技术改进的依据。

(四)繁殖情况

种公畜的性欲、精液品质，母畜的发情、排卵、受胎、妊娠、产仔数、初生重和泌乳量等，均与饲料和营养组成，尤其蛋白质和维生素密切有关。如早春时节，母畜发情排卵不正常及公畜精液品质不理想，可通过补饲优质蛋白质和维生素或鲜苜蓿等优质青绿饲料加以克服。

(五)生产性能及饲料转化率

1. 动物个体生产性能

奶牛个体产奶量、蛋鸡的个体产蛋量等是标志畜禽遗传进展的重要指标。能否使动物发

挥出其生产潜力,也是检查饲养效果的重要尺度。但是,在追求个体单产时必须考虑饲料转化率以至于最终的经济效益。应该注意:

(1)短期内日粮营养不平衡或采食量不足,机体可动用自身贮备,从而在一定时间内维持较高产量。泌乳初期的母畜出现这一现象是不可避免的。然而对于产蛋家禽,如果在产蛋前期饲喂不平衡日粮,往往引起产蛋高峰持续期缩短和体重减轻等现象。

(2)某些动物采食不平衡日粮,虽能维持较高产量,却以增加采食量为代价,这势必降低饲料转化率。

2. 饲料转化率

饲料转化率是指生产 1 kg 动物产品或增重 1 kg 所需要的配合饲料量。它是衡量养殖业生产水平和经济效益的一个重要指标。而经济效益是制约畜牧业发展的直接因素。在生产中,不同种类动物,甚至同一品种的不同群体间饲料转化率存在较大的差异,是一个普遍的现象。这与多种因素有关,应着重通过调整日粮结构和合理使用添加剂以及正确的饲养,达到提高饲料转化率的目的。其他影响因素如体重是生产中应注意的方面。在生产水平和增重相同时,体重越大,用于维持的养分在摄取的养分总量中占的比例越大,因而饲料转化率也越低。此外,疾病或滥用抗生素类等药物严重危害动物健康,也是影响饲料转化率的重要方面。

3. 畜禽产品的质量

畜禽的种质是影响其产品质量的主要因素,而饲养因素同样是不容忽视的。后者影响诸如产品的组成、风味以及其他感观性状等内在和外在质量指标。当畜禽产品的质量因不合理的饲养受到影响时,其商品等级和市场竞争力下降,有时可造成更为严重的经济损失。鉴于此,从饲养过程的各个要素上,探讨如何在提高饲料转化率的同时,改善产品的内在和外在质量,以增强其市场竞争力,将是今后畜禽饲养的基本目标。近年来,国内外已经使用某些添加剂(如着色剂),按照人们的愿望改变畜禽产品的某些质量指标,并取得满意效果。

(六)饲养效益分析

饲养效益是养殖业的全部产出与全部投入之差,是饲养效果的集中表现。在投入部分中,饲料及饲养技术占一半以上。对于养殖业,盈利是生产的直接动机。在生产组织形式合理、动物品种优良、饲料原料和畜禽产品价格有利,以及成活率和生产水平等要素正常的条件下,如果计划进一步提高饲养的效益,则应主要在饲料及饲养技术方面进行探讨,寻求突破。实际上,养殖业经济效益的持续提高是饲养技术不断投入,饲料转化率不断提高和饲养管理成本不断降低的结果。

对于各类畜禽,在饲养后期(接近出栏或淘汰),应特别关注每天的实际经济效益。如果一天的全部投入接近或等于当天产出产品或增重的价值,应立即出栏或淘汰(产品价格提升除外),继续饲养则是一种低效益甚至负效益饲养。由此可见,饲养过程中经常性的效益分析与评估是十分必要的。

此外,技术人员应把深入现场观察和巡视这一基本工作经常化、制度化。不应放弃或忽略任何一个细节。因为这些细节都是饲养因素在一定条件下的具体反映。如粪便状况,饲养不合理可引起粪便多种异常变化。如过于稀软,则是青绿饲料采食过多的表现;粗糙和含有未消化成分,则反映了饲料中粗纤维类物质含量过多。不仅如此,粪便状况与消化机能和健康密切相关。总之,要善于综合运用本课程的知识和技能,发现隐藏在深处的问题和不足并加以解决。

三、操作规程

(1)了解日粮配方,核算日粮中营养成分是否符合饲养标准。

(2)了解饲料原料,感官鉴定原料的品质。

(3)了解配合饲料产品,感官鉴定产品的品质,必要时取样带回实验室化验检测。

(4)观察动物群,感官鉴定动物生产情况,进行现场营养诊断,尤其要注意生长、生产异常的动物,并提出初步改进措施。

(5)与技术人员及生产管理人员座谈,了解养殖场过去、现在的饲养情况,包括动物生长速度、生产效益、饲料转化效率和管理措施等。

四、结果分析

根据养殖场饲养效果检查的内容,核算日粮营养成分是否符合饲养标准;分析养殖场的饲养效果,发现问题,从养分供给查找原因,进行营养诊断,并提出解决的方案。

任务考核 5-2　　　　参考答案 5-2

▶▶ 项目小结 ◀◀

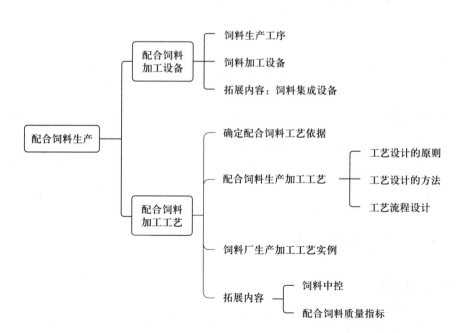

项目六
配合饲料出厂指标检测

知识目标：

掌握饲料采样与制样的方法；

掌握饲料物理学鉴定方法及原理；

掌握饲料常规成分分析原理与方法。

能力目标：

能正确进行饲料的采样制样；

能熟练使用和操作常规分析仪器设备；

能准确地测定饲料常规成分，并能分析试验误差的影响因素。

项目六导读

素质目标：

培养规范操作意识、独立思考能力以及团队协作精神；

具备积极探索、开拓进取、实事求是的学风；

加强职业道德意识，培养爱岗敬业、勇于奉献的精神。

技能一　饲料样市的采集与制备

一、执行标准

《饲料采样》(GB/T 14699.1—2005)

《动物饲料试样的制备》(GB/T 20195—2006)

视频 6-1

二、技能目标

通过实训，了解饲料样品的采集与制备的概念、原理及注意事项，并在规定时间内，完成某饲料样本的采集与制备。

三、实训原理

饲料的化学成分因饲料的品种、生长阶段、栽培技术、土壤、气候条件以及加工调制和贮存方法等因素不同而有很大的差异，甚至在同一植株的不同部位差异也很大。但在一般情况下，均以少量样本的分析结果评定大量饲料的营养价值,所以,采集的饲料样本必须具有代表性。采集具有代表性样本的原则是,尽可能地考虑采取被检饲料的各个不同部分,并把它们磨碎至相当程度,以便增加其均匀性和便于溶解。

四、试验设备与试剂

饲料样品,粉碎机,探针采样器,秤,多样筛(孔径 1~0.45 mm),广口瓶,标签,天平(0.019),刀或料铲,剪刀,方形塑料布(150 cm×150 cm),小铜刀,搪瓷盘(20 cm×15 cm×3 cm),坩埚钳,鼓风烘箱(60~70 ℃),普通天平(0.001 g 感量)等。

五、方法步骤

(一)样本的类型

1. 原始样本

由生产现场如田间、牧地、仓库、青贮窖、试验场等大量分析对象中采集的样本叫原始样本。原始样本应尽量从大批(或大数量)饲料或大面积牧场上,按照不同的部位即深度和广度来采取,保证每一小部分的成分与其全部的成分完全相同。

2. 初级样本

从大量的饲料中,在不同的位置(点)和深度(层次)所取样本的总和。对于均匀物料,原始样本与初级样本无明显区别。

3. 次级样本

初级样本经充分混匀后,按一定的方法缩减为少量,以供实验室分析用的样本,即为次级样本。其量因饲料而异,风干后一般应有 120~200 g。

4. 分析样本

分析样本是指次级样本经剪短、切碎等初步处理后,测定湿样中干物质并制成风干样,然后经粉碎、装瓶,被做分析用的样本。其量应不小于 120 g。

5. 分析称样

从分析样本中称取一定量,供测定分析用。其量根据分析项目而定。

(二)取样方法

1. 四分法取样

多用于将初级样本缩减为次级样本,或将次级样本缩减为分析样本。用于粉状、粒状或切短的粗饲料的缩减。具体做法:将原始样本置于一块塑料布,提起塑料布的一角,使饲料反复多动混合均匀,然后将饲料展平,用分样板或药铲从中以十字或对角线连接,将样本分成四等份,除去对角的两份。将剩余的两份,如前述混合均匀后,再分成四等份,重复上述过程,直到剩余样本数量与测定所需的用量相接近时为止,如图 6-1 所示。

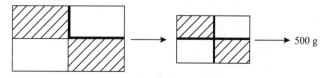

500 g

图 6-1　四分法取样

2. 等格分取法取样

适用于青绿饲料的初级样本的缩减,将初级样本迅速切碎,混匀,铺成正方形,划分为若干小块,取出的样品为次级样本。

(三)样本的采集

分析饲料成分,取有代表性的样品是关键的步骤之一。无论采取多么先进的化验设备,采用严格的分析标准,执行严格的操作规程,分析结果只能代表所取的样品本身。样品能否代表分析的饲料总体,取样是十分关键的。取样的关键有三点:一是否从分析的饲料中取出足够的样品;二是取样的角度、位置和数量是否能够代表整批饲料;三是取出的样品是否搅拌均匀。

不同饲料样品的采集因饲料原料或产品的性质、状态、颗粒大小或包装方式不同而不同。

1. 原始样本的采集

对于不均匀的饲料(粗饲料、块根、块茎饲料、家畜屠体等)或成大批量的饲料。为使取样有代表性,应尽可能取到被检饲料的各个部分,最常采用的方法是"几何法"。

(1)粉状和颗粒饲料

①散装:散装的原料应在机械运输过程中的不同场所(如滑运道、传送带等处)取样。如果在机械运输过程中未能取样,则可用探管取样,但应避免因饲料原料不匀而造成的错误取样。

取样时,用探针从距边缘 0.5 m 的不同部位分别取样,然后混合即得原始样品。取样点的分布和数目取决于装载的数量,也可在卸车时用长柄勺、自动选样器或机器选样器等,间隔相等时间,截断落下的料流取样,然后混合得原始样品。

②袋装:用抽样锥随意从不同袋中分别取样,然后混合得原始样品。每批采样的袋数取决于总袋数、颗粒大小和均匀度,有不同的方案,取样袋数至少为总袋数的 10%。中小颗粒饲料如玉米、大麦等取样的袋数不少于总袋数的 5%。粉状饲料取样袋数不少于总袋数的 3%。总袋数在 100 袋以下,取样不少于 10 袋,每增加 100 袋需增加 1 袋。

取样时,用口袋探针从口袋的上下两个部位采样,或将袋平放,将探针的槽口向下,从袋口的一角按对角线方向插入袋中,然后转动器柄使槽口向上,抽出探针,取出样品。

③仓装:原始样品在饲料进入包装车间或成品库的流水线或传送带上、贮塔下、料斗下、秤上或工艺设备上采集。具体方法:用长柄勺、自动或机械式选样器,间隔时间相同,截断落下的饲料流。间隔时间应根据产品移动的速度来确定,同时要考虑每批选取的原始样品的总量。对于饲料级磷酸盐、动物性饲料粉和鱼粉应不少于 2 kg,而其他饲料产品则不低于 4 kg。

圆仓可按高度分层,每层分内(中心)、中(半径的一半处)、外(距仓边 30 cm 左右)3 圈,圆仓直径在 8 m 以下时,每层按内、中、外分别采 1,2,4 个点,共 7 个点;直径在 8 m 以上时,每层按内、中、外分别采 1,4,8 个点,共 13 个点。将各点样品混匀即得原始样品。如图 6-2 所示。

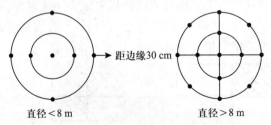

图 6-2　圆仓采样

方仓可按面积分区，按高度分层，每区不超过 50 m²，分为 5 个采样点。料层＞0.75 m，取 3 层，上（表面以下 10～20 cm）、中（料堆中间）、下（距底部 20 cm），料层＜0.75 m，取 2 层，上（表面以下 10～20 cm）、下（距底部 20 cm）。如图 6-3 所示。

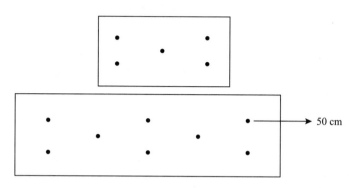

图 6-3　方仓采样

（2）液体或半固体饲料

①液体饲料：桶或瓶装的植物油等液体饲料应从不同的包装单位（桶或瓶）中分别取样，然后混合。取样的桶数如下：

7 桶以下，取样桶数不少于 5 桶；10 桶以下，取样桶数不少于 7 桶；10～50 桶，取样桶数不少于 10 桶；51～100 桶，取样桶数不少于 15 桶；101 桶以上，按不少于总桶数的 15% 抽取。

取样时，将桶内饲料搅拌均匀（或摇匀），然后将空心探针缓慢地自桶口插至桶底，然后堵压上口提出探针，将液体饲料注入样品瓶内混匀。

对散装（大池或大桶）的液体饲料按散装液体高度分上、中、下 3 层分层布点取样。上层距液面约 40 cm 处，中层设在液体中间，下层距池底 40 cm 处，3 层采样数量的比例为 1：3：1（卧式液池、车槽为 1：8：1）。采样时，用液体取样器在不同部位采样，并将各部位采集的样品进行混合，即得原始样品。原始样品的数量取决于总量，总量为 500 t 以下，应不少于 1.5 kg；501～1 000 t，不少于 2.0 kg；1 001 t 以上，不少于 4.0 kg。原始样品混匀后，再采集 1 kg 作次级样品备用。

②固体油脂：对在常温下呈固体的动物性油脂的采样，可参照固体饲料采样方法，但原始样品应通过加热熔化混匀后，才能采集次级样品。

③黏性液体：黏性浓稠饲料如糖蜜，可在卸料过程中采用抓取法，即定时用勺等器具随机采样。原始样品数量应为总量 1 t 至少采集 1 L。原始样品充分混匀后，即可采集次级样品。

（3）块饼类　块饼类饲料的采样依块饼的大小而异。

大块状饲料从不同的堆积部位选取不少于 5 大块，然后从每块中切取对角的小三角形，将全部小三角形块捶碎混合后得原始样品，然后用四分法取分析样品 200 g 左右。

小块的油粕，要选取具有代表性者数十片（25～30 片），粉碎后充分混合得原始样品，再用四分法取分析样品约 200 g。

（4）副食及酿造加工副产品　此类饲料包括酒糟、醋糟、粉渣和豆渣等。取样方法是：在贮藏池、木桶或贮堆中分上、中、下 3 层取样。视池、桶或堆的大小每层取 5～10 个点，每点取 100 g 放大瓷桶内充分混合得原始样品，然后从中随机取分析样品约 1 500 g，用 200 g 测定其初水分，其余放入大瓷盘中，在 60～65 ℃恒温干燥箱中干燥供制风干样品用。

对豆渣和粉渣等含水较多的样品,在采样过程中应注意避免汁液损失。

(5)块根、块茎和瓜类 这类饲料的特点是含水量大,由不均匀的大体积单位组成。采样时,通过采集多个单独样品来消除个体间的差异。样品个数的多少,根据样品的种类和成熟的均匀与否,以及所需测定的营养成分而定,一般块根、块茎 10～20 个,马铃薯 50 个,胡萝卜 20 个,南瓜 10 个。

采样时,从田间或贮藏窖内随机分点采取原始样品 15 kg,按大、中、小分堆称重求出比例,按比例取 5 kg 次级样品。先用水洗干净,洗涤时注意勿损伤样品的外皮,洗涤后用布拭去表面的水分。然后,从各个块根的顶端至根部纵切具有代表性的对角 1/4,1/8 或 1/16……,直至适量的分析样品,迅速切碎后混合均匀,取 300 g 左右测定初水分,其余样品平铺于洁净的瓷盘内或用线串联置于阴凉通风处风干 2～3 d,然后在 60～65 ℃的恒温干燥箱中烘干备用。

(6)新鲜青绿饲料及水生饲料 新鲜青绿饲料包括天然牧草、蔬菜类、作物的茎叶和藤蔓等。一般取样是在天然牧地或田间,在大面积的牧地上应根据牧地类型划区分点采样。每区选 5 个以上的点,每点为 1 m² 的范围,在此范围内离地面 3～4 cm 处割取牧草,除去不可食草,将各点原始样品剪碎,混合均匀得原始样品。然后,按四分法取分析样品 500～1 000 g,取 300～500 g 用于测定初水,一部分立即用于测定胡萝卜素等,其余在 60～65 ℃的恒温干燥箱中烘干备用。

栽培的青绿饲料应视田块的大小,按上述方法等距离分点,每点采 1 至数株,切碎混合后取分析样品。该方法也适用于水生饲料,但注意采样后应晾干样品外表游离水分,然后切碎取分析样品。

(7)青贮饲料 青贮饲料的样品一般在圆形窖、青贮塔或长形壕内采样。取样前应除去覆盖的泥土、秸秆以及发霉变质的青绿饲料。原始样品质量为 500～1 000 g,长形青贮壕的采样点视青贮壕长度大小分为若干段,每段设采样点分层取样,如图 6-4 所示。

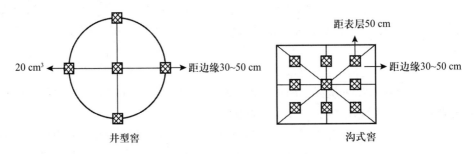

图 6-4 青贮窖采样

(8)粗饲料 这类饲料包括秸秆及干草类。取样方法为在存放秸秆或干草的堆垛中选取 5 个以上不同部位的点采样(即采用几何法取样),每点采样 200 g 左右,采样时应注意因为干草的叶子极易脱落,影响其营养成分的含量,故应尽量避免叶子的脱落,采取完整或具有代表性的样品,保持原料中茎叶的比例。然后将采取的原始样品放在纸或塑料布上,剪成 1～2 cm 长度,充分混合后取分析样品约 300 g,粉碎过筛。少量难粉碎的秸秆渣应尽量捶碎弄细,并混入全部分析样品中,充分混合均匀后装入样品瓶中,切记不能丢弃。

2. 分析样品的采集

原始样品充分混匀后,通常再按"四分法"缩小原始样品的数量,直到样品数量剩余 1 kg

左右。

(四)样品的制备

样品的制备指将原始样品或次级样品经过一定的处理成为分析样品的过程。样品制备方法包括烘干、粉碎和混匀,制备成的样品可分为半干样品和风干样品。

1. 风干样品的制备

风干饲料是指自然含水量不高的饲料,一般含水在15%以下,如玉米、小麦等作物籽实、糠麸、青干草、配合饲料等。

对不均匀的原始样品如干草、秸秆等,应经过一定处理(剪碎或捶碎、混匀)后,按"四分法"采得次级样品;对均匀的样品如玉米、粉料等,可直接"四分法"采得次级样品,粉碎,过筛(孔径为1.00~0.25 mm),即得分析样品。主要分析指标样品粉碎粒度要求见表6-1。不易粉碎的粗饲料如秸秆渣等在粉碎机中会剩留极少量难以通过筛孔,这部分不可抛弃,应尽力弄碎,如用剪刀仔细剪碎后一并均匀混入样品中,避免引起分析误差。将粉碎完毕的样品200~500 g装入磨口广口瓶保存备用,并注明样品名称、制样日期和制样人等。

表 6-1　主要分析指标样品粉碎粒度的要求

指　　标	分析筛规格/目	筛孔直径/mm
水、粗蛋白、粗脂肪、粗灰分、钙、磷、盐	40	0.42
粗纤维、体外胃蛋白酶消化率	18	1.10
氨基酸、微量元素、维生素、脲酶活性、蛋白质溶解度	60	0.25

2. 半干样品的制备

半干样品是由新鲜的青绿饲料、青贮饲料等制备而成的。这些新鲜样品含水分高,占样品质量的70%~90%,不易粉碎和保存。除少数指标如胡萝卜素的测定可直接使用新鲜样品外,一般在测定饲料的初水含量后制成半干样品,以便保存,供其余指标分析备用。

初水是指新鲜样品在60~65 ℃的恒温干燥箱中烘8~12 h,除去部分水分,然后回潮使其与周围环境条件的空气湿度保持平衡,在这种条件下所失去的水分称为初水分。去掉初水分之后的样品为半干样品。

半干样品的制备包括烘干、回潮和称恒重3个过程。最后,半干样品经粉碎机磨细,通过1.00~0.25 mm孔筛,即得分析样品。将分析样品装入磨口广口瓶中,在瓶上贴上标签,注明样品名称、采样地点、采样日期、制样日期、分析日期和制样人,然后保存备用。

3. 初水分的测定步骤

(1)瓷盘称重。在普通天平上称取瓷盘的质量。

(2)称样品重。用已知质量的瓷盘在普通天平上称取新鲜样品200~300 g。

(3)灭酶。将装有新鲜样品的瓷盘放入120 ℃烘箱中烘10~15 min。目的是使新鲜饲料中存在的各种酶失活,以减少对饲料养分分解造成的损失。

(4)烘干。将瓷盘迅速放在60~70 ℃烘箱中烘一定时间,直到样品干燥容易磨碎为止。烘干时间一般为8~12 h,取决于样品含水量和样品数量。含水低、数量少的样品也可能只需5~6 h即可烘干。

(5)回潮和称重。取出瓷盘,放置在室内自然条件下冷却 24 h,然后用普通天平称重。

(6)再烘干。将瓷盘再次放入 60～70 ℃烘箱中烘 2 h。

(7)再回潮和称重。取出瓷盘,同样在室内自然条件下冷却 24 h,然后用普通天平称重。如果两次质量之差超过 0.5 g,则将瓷盘再放入烘箱,重复(6)和(7)步骤,直至两次称重之差不超过 0.5 g 为止。以最低的质量即为半干样品的质量。将半干样品粉碎至一定细度即为分析样品。

(8)计算公式与结果表示:

$$初水分 = \frac{m_1 - m_2}{m_1} \times 100\%$$

式中,m_1 为新鲜样品,g;m_2 为半干样品,g。

(五)样品的登记与保管

1. 样品的登记

制备好的风干样品或半干样品均应装在洁净、干燥的磨口广口瓶内作为分析样品备用。瓶外贴有标签,标明样品名称、采样和制样时间、采样和制样人等。此外,分析实验室应有专门的样品登记本,系统的详细记录与样品相关的资料,要求登记的内容:

(1)样品名称(一般名称、学名和俗名)和种类(必要时需注明品种、质量等级);

(2)生长期(成熟程度)、收获期、茬次;

(3)调制和加工方法及贮存条件;

(4)外观性状及混杂度;

(5)采样地点和采集部位;

(6)生产厂家、批次和出厂日期;

(7)等级、重量;

(8)采样人、制样人和分析人的姓名。

2. 样品的保管

样品应避光保存,并尽可能低温保存,并做好防虫措施。

样品保存时间的长短应有严格规定,主要取决于原料更换的快慢及买卖饲料分析,以及双方谈判情况(如水分含量过高,蛋白质含量是否合乎要求)。此外,对某些饲料在饲喂后能出现问题,故该饲料样品应长期保存,备做复检用。但一般条件下原料样品应保留 2 周,成品样品应保留 1 个月(与对客户的保险期相同)。有时为了特殊目的饲料样品需保管 1～2 年。对需长期保存的样品可用锡铝纸软包装,经抽真空充氮气后(高纯氮气)密封,在冷库中保存备用。专门从事饲料质量检验监督机构的样品保存期一般为 3～6 个月。

饲料样品应由专人采集、登记、粉碎与保管。

六、试验注意事项

(1)饲料样品初水分测定过程中,样品充分回潮称重后两次称重之差要小于 0.5 g。

(2)制备好的样本应置于干燥且洁净的磨口广口瓶内,作为化验样本,并在样本瓶上登记相关信息内容。

(3)样本保存或送检过程中,须保持样本原有的状态和性质,减少样本离开总体后发生各种可能的变化,如污染、损失、变质等。

任务考核 6-1　　　　参考答案 6-1

技能二　饲料原料显微镜检查方法

一、执行标准

《饲料原料显微镜检查方法》(GB/T 14698—2017)

二、技能目标

通过实训了解饲料显微镜检查饲料的方法和原理,并能够进行某饲料的显微镜检查。

三、测定原理

借助显微镜扩展检查者的视觉功能,参照各饲料原料标准样品和杂质样品的外形、色泽、硬度、组织结构、细胞形态及染色特征等,对样品的种类、品质进行鉴别和评价。

四、试验设备与试剂

1. 仪器

(1)立体显微镜。放大 7～40 倍,可变倍,配照明装置(可用阅读台灯)。

(2)生物显微镜。三位以上换镜旋座,放大 40～500 倍、斜式接目镜、机械载物台,配照明装置(可用阅读台灯)。

(3)放大镜。3 倍。

(4)标准筛。可套在一起的孔径 0.42 mm、0.25 mm、0.177 mm 的筛及底盘。

(5)研钵。

(6)点滴板。黑色和白色。

(7)培养皿、载玻片、盖玻片。

(8)尖头镊子、尖头探针等。

(9)电热干燥箱、电炉、酒精灯及实验室常用仪器。

2. 试剂及溶液

除特殊规定外,本标准所用试剂均为化学纯,水为蒸馏水。

(1)四氯化碳。ρ(密度)为 1.589 g/mL。

(2)石油醚。沸点 30～60 ℃。

(3)丙酮(3+1)。3 体积的丙酮(ρ 为 0.788 g/mL)与 1 体积的水混合。

(4)盐酸溶液(1+1)。1 体积盐酸(ρ 为 1.18 g/mL)与 1 体积的水混合。

(5)硫酸溶液(1+1)。1 体积硫酸(ρ 为 1.84 g/mL)与 1 体积的水混合。

(6)硝酸溶液(1+2.5)。1 体积硝酸与 2.5 体积的水混合。

(7)碘溶液。0.75 g 碘化钾和 0.1 g 碘溶于 30 mL 水中,贮存于棕色瓶内。

(8)茚三酮溶液 5 g/L。称取 0.5 g 茚三酮溶解于 100 mL 水中,贮存于棕色瓶内,现用现配。

(9)硝酸铵溶液。10 g 硝酸铵溶于 100 mL 水中。

(10)钼酸盐溶液。20 g 三氧化钼溶于 30 mL 氨水与 50 mL 水的混合液中,将此液缓慢倒入 320 mL 硝酸溶液(6)中,微热溶解,冷却后与 100 mL 硝酸铵溶液(9)混合。

(11)悬浮剂Ⅰ。称取 10 g 水合氯醛溶解于 10 mL 水中,加入 10 mL 甘油,混匀,贮存在棕色瓶中。

(12)悬浮剂Ⅱ。称取 160 g 水合氯醛溶解于 100 mL 水中,并加入 10 mL 盐酸溶液(4)。

(13)硝酸银溶液。称取 10 g 硝酸银于 100 mL 水中。

(14)间苯三酚溶液 20 g/L。称取 2 g 间苯三酚溶解于 100 mL 95％的乙醇中,置于棕色瓶内。

3．对照样品

(1)饲料原料样品。按国家有关实物标准执行。

(2)掺杂物样品。收集稻谷壳粉、木屑、花生壳粉、皮革粉等可能被用于充当掺杂物或掺假物样品。

(3)杂草种子。收集常与谷物混杂的杂草种子,大多可在谷物加工厂清理工序下脚料中找到,贮存于编号的玻璃瓶中。

五、方法步骤

1．直接感官检查

首先以检查者的视觉、嗅觉、触觉直接检查试样。

将样品摊放于白纸上,在充足的自然光或灯光下对试样进行观察。可利用放大镜,必要时以比照样品在同一光源下对比。观察目的在于识别试样标示物质的特征,注意掺杂物、热损、虫蚀、活昆虫等。检查有无杂草种子及有害微生物感染。

嗅气味时应避免环境中其他气味干扰。嗅觉检查的目的在于判断被检样品标示物质的固有气味。并确定有无腐败、氨臭、焦煳等其他不良气味。

手捻试样的目的在于判断样品硬度等手感特征。

2．试样制备

(1)分样　按 GB/T 14699.1 采样,抽取有代表性的饲料样品,用四分法缩减取样分取到检查所需量。试样在常温条件下储于具塞玻璃瓶中或密闭的样品袋内。

(2)筛分　根据试样粒度情况,选用适当标准筛,将最大孔径筛置最上面,最小孔径筛置下面,最下面是筛底盘。将四分法分取的试样置于套筛上充分振摇后,用小勺从每层筛面及筛底各取部分试样,分别平摊于培养皿中。必要时试样可先经石油醚、丙酮、四氯化碳处理后再筛分。

(3)石油醚脱脂处理　油脂含量高或黏附有大量细颗粒试样(如鱼粉、肉骨粉、膨化大豆等饲料原料样品),取约 5 g 试样置于 100 mL 高型烧杯中,加入 50 mL 石油醚,搅拌 10 s,静置沉降,小心倾析出石油醚,待样品表面石油醚挥发后,置于干燥箱中在约 70 ℃开门烘 10 min 或在通风柜内吹干,取出冷却至室温后将样品置于培养皿内待检。

(4)丙酮处理 因有糖蜜而形成团块结构或水分偏高模糊不清的试样,可先用此法处理。取约 10 g 试样置 100 mL 高型烧杯中,加入约 70 mL 丙酮溶液搅拌数分钟以溶解糖蜜,静置沉降。小心倾析,用丙酮溶液重复洗涤、沉降、倾析两次。稍挥干后置 60 ℃干燥箱中 20 min,取出于室温下冷却。

(5)四氯化碳浮选处理 取约 10 g 试样置于 100 mL 高型烧杯中,加入约 90 mL 四氯化碳,搅拌约 10 s,静止 2~5 min。待上下分层清晰后,将漂浮在上层的物质用勺捞出或采用倾析过滤法分离出,待表面浮选剂挥发后,置于干燥箱中在(70±2)℃烘 10~20 min,取出冷却至室温后将样品置于培养皿内待检。另将沉淀物倒出放入培养皿内,待表面浮选剂挥发后,置于干燥箱中在(70±2)℃烘 10~20 min,取出冷却至室温后将样品置于培养皿内待检。必要时可将漂浮物、沉淀物过筛。

(6)颗粒或团粒试样处理 取数粒于研钵中,用研杆碾压使其分散成各组分,但不应将组分本身研碎。初步研磨后过孔径为 0.42 mm 筛。根据研磨后饲料试样的特征,依照(3)(4)和(5)进行处理。

3. 立体显微镜检查

将上述摊有试样的培养皿置体式显微镜下观察,光源可采用充足的散射自然光或用阅读台灯(要注意用比照样品在同一光源下对比观察),用台灯时入照光与试样平面以 45°角为好。

立体显微镜上载台的衬板选择要考虑试样色泽,一般检查深色颗粒时用白色衬板;查浅色颗粒时用黑色衬板。检查一个试样可先用白色衬板看一遍,再用黑色衬板看。

检查时先看粗颗粒,再看细颗粒。先用较低放大倍数,再用较高放大倍数。

观察时用尖镊子拨动,翻转,并用探针触探试样颗粒。系统地检查培养皿中的每一组分。

为便于观察可对试样进行茚三酮试验、间苯三酚试验、碘试验等。在检查过程中以比照样品在相同条件下,与被检试样进行对比观察。

记录观察到的各种成分,对不是试样所标示的物质,若量小称为杂质,若量大,则称为掺杂物。应特别注意有害物质。

4. 生物显微镜检查

将体式显微镜下不能确切鉴定的试样颗粒及试样制备时筛面上及筛底盘中的试样分别取少许,置于载玻片上,加两滴悬浮液Ⅰ,用探针搅拌分散,浸透均匀,加盖玻片,在生物显微镜下观察,先在较低倍数镜下搜索观察,然后对各目标进一步加大倍数观察,与比照样品进行比较。取下载玻片,揭开盖玻片,加一滴碘溶液搅匀,再加盖玻片,置镜下观察。此时淀粉被染成蓝色到黑色,酵母及其他蛋白质细胞呈黄色至棕色。如试样粒透明度低不易观察时,可取少量试样,加入约 5 mL 悬浮液Ⅱ,煮沸 1 min,冷却,取 1~2 滴底部沉淀物置载玻片上,加盖玻片镜检。

5. 主要无机组分的鉴别

将干燥后的沉淀物置于孔径 0.42 mm、0.25 mm、0.177 mm 筛及底盘之组筛上筛分,将筛出的四部分分别置于培养皿中,用体式显微镜检查,动物和鱼类的骨、鱼鳞、软体动物的外壳一般是易于识别的。盐通常呈立方体;石灰石中的方解石呈菱形六面体。

6. 鉴别试验用

镊子将未知颗粒放在点滴板上,轻轻压碎,以下工作均在立体显微镜下进行,将颗粒彼此分开,使之相距 2.5 cm,每个颗粒周围滴 1 滴有关试剂,用细玻棒推入液体,并观察界面处的变化。此试验也可在黑色点滴板上进行。

(1)硝酸银试验　夹取未知可疑物颗粒 2~5 粒置于点滴板上,滴加 2 滴硝酸银溶液,观察现象:

①如果生成白色结晶,并慢慢变大,说明未知颗粒是氯化物;

②如果生成黄色结晶,并生成黄色针状,说明未知颗粒为磷酸盐;

③如果生成能略为溶解的白色针状,说明是硫酸盐;

④如果颗粒慢慢变暗,说明未知颗粒是骨。

(2)盐酸试验　夹取未知可疑颗粒 2~5 粒置于点滴板上,滴加 2 滴盐酸溶液,或夹取可疑物 3~5 粒置于 50 mL 烧杯中加入 5 mL 盐酸溶液,观察现象:

①如果剧烈起泡,说明未知可疑颗粒为碳酸盐;

②如果慢慢起泡或不起泡,则该试样还应进行钼酸盐试验和硫酸试验。

(3)钼酸盐试验　夹取未知可疑颗粒 2~5 粒置于点滴板上,滴加 2 滴钼酸盐溶液,观察现象。如果在接近未知可疑颗粒的地方生成微小黄色结晶,说明未知可疑颗粒为磷酸盐、磷矿石或骨(所有磷酸盐均有此反应,但磷酸二氢盐和磷酸氢二盐可用硝酸银鉴别)。

(4)硫酸试验　夹取未知可疑颗粒 2~5 粒置于点滴板上,滴加 2 滴盐酸溶液后,再滴入 2 滴硫酸溶液,如慢慢形成细长的白色针状物,说明未知可疑颗粒为钙盐。

(5)茚三酮试验　夹取未知可疑颗粒 2~5 粒置于 50 mL 烧杯内,滴加 5~7 滴茚三酮溶液浸润未知可疑颗粒,水浴加热到(80±5)℃,如未知颗粒显蓝紫色,说明未知可疑颗粒含蛋白质。

(6)间苯三酚试验　取试样 1~2 g 于 50 mL 烧杯内,滴加 10~20 滴间苯三酚溶液浸润样品,放置 5 min,滴加 5~10 滴盐酸溶液,若呈深红色,则试样中含有木质素。

(7)碘试验　夹取未知可疑颗粒 2~5 粒置于点滴板上,滴加 2 滴碘溶液到可疑颗粒上,如呈蓝紫色,则可疑颗粒含有淀粉;也可取样品 0~5 g 置于 100 mL 烧杯中,加入 80 mL 水,电炉上煮沸后取下,静止 2 min 后滴加 5 mL 碘溶液,若溶液变呈蓝或蓝紫色,则样品中含淀粉类物质。

六、结果分析

结果表示应包括试样的外观、色泽及显微镜下所见到的物质,并给出所检试样是否与送检名称相符合的判定意见。

七、注意事项

(1)石油醚脱脂处理、丙酮处理试验中对样品进行干燥时需在通风环境或通风柜内操作,注意防爆炸、防燃烧;

(2)注意显微镜的安全使用及设备维护。

任务考核 6-2　　　参考答案 6-2

技能三　饲料中水分的测定

一、执行标准

《饲料中水分的测定》(GB/T 6435—2014)

视频 6-2

二、技能目标

通过试验,掌握饲料水分的测定原理、方法步骤,并在规定的时间内测定某饲料水分的含量。

三、实训原理

根据样品性质选择特定条件对试样进行干燥,通过试样干燥损失的质量计算水分的含量。

四、试验设备

1. 仪器设备

(1)实验室用样品粉碎机或研钵。

(2)分析筛:孔径 0.45 mm(40 目)。

(3)分析天平:感量 0.000 1 g。

(4)电热式恒温烘箱:可控制温度为(105±2)℃。

(5)称样皿:玻璃或铝质,直径 40 mm 以上,高 25 mm 以下。

(6)干燥器:用氯化钙(干燥试剂)或变色硅胶作干燥剂。

(7)电热真空干燥箱:温度可控制在(80±2)℃,真空度可达 13 kPa。

(8)砂:经酸洗。

2. 试样的选取和制备

(1)按 GB/T 14699.1 采样。样品应具有代表性,在运输和贮存过程中避免发生损坏和变质。

(2)按 GB/T 20195 制备试样。

五、方法步骤

1. 试样

(1)液体、黏稠饲料和以油脂为主要成分的饲料　称量瓶内放一薄层砂和一根玻璃棒。将称量瓶及内容物和盖一并放入 103 ℃的干燥箱内干燥(30±1)min。盖好称量瓶盖,从干燥箱中取出,放在干燥器中冷却至室温。称量其质量,准确至 1 mg。称取 10 g 试样于称量瓶中,准确至 1 mg。用玻璃棒将试样与砂充分混合,玻璃棒留在称量瓶中,按"测定"步骤操作。

(2)其他饲料　将称量瓶放入 103 ℃的干燥箱内干燥(30±1)min 后取出,放入干燥器中冷却至室温。称量其质量,准确至 1 mg。称取 5 g 试样于称量瓶中,准确至 1 mg,并摊匀。

2. 测定

(1)直接干燥法

①固体样品　将洁净的称量瓶放入(103±2)℃干燥箱中,取下称量瓶盖并放在称量瓶的边上。干燥(30±1)min 后盖上称量瓶盖,将称量瓶取出,放在干燥器中冷却至室温。称量其质量(m_1),准确至 1 mg。

称取 5 g 试料(m_2)于称量瓶内,准确至 1 mg,并摊平。将称量瓶放入(103±2)℃干燥箱内,取下称量瓶盖并放在称量瓶的边上,建议平均每立方分米干燥箱空间最多放一个称量瓶。

当干燥箱温度达(103±2)℃后,干燥(4±0.1)h。盖上称量瓶盖,将称量瓶取出放入干燥器冷却至室温。称量其质量(m_3),准确至 1 mg。再于(103±2)℃干燥箱中干燥(30±1)min,从干燥箱中取出,放入干燥器冷却至室温。称量其质量,准确至 1 mg。

如果两次称量值的变化小于等于试料质量的 0.1%,以第一次称量的质量(m_3)按式计算水分含量;若两次称量值的变化大于试料质量的 0.1%,将称量瓶再次放入干燥箱中于(103±2)℃干燥(2±0.1)h,移至干燥器中冷却至室温,称量其质量,准确至 1 mg。若此次干燥后与第二次称量值的变化小于等于试料质量的 0.2%,以第一次称量的质量(m_3)按式计算水分含量;大于 0.2%时按减压干燥法测定水分。

②半固体、液体或含脂肪高的样品　在洁净的称量瓶内放一薄层砂和一根玻璃棒。将称量瓶放入(103±2)℃干燥箱内,取下称量瓶盖并放在称量瓶的边上,干燥(30±1)min。盖上称量瓶盖,将称量瓶从干燥箱中取出,放在干燥器中冷却至室温。称量其质量(m_1),准确至 1 mg。

称取 10 g 试料(m_2)于称量瓶内,准确至 1 mg。用玻璃棒将试料与砂混匀并摊平,玻璃棒留在称量瓶内。将称量瓶放入干燥箱中,取下称量瓶盖并放在称量瓶的边上。建议平均每立方分米干燥箱空间最多放一个称量瓶。

当干燥箱温度达(103±2)℃后,干燥(4±0.1)h。盖上称量瓶盖,将称量瓶从干燥箱中取出,放入干燥器冷却至室温。称量其质量(m_3),准确至 1 mg。再于(103±2)℃干燥箱中干燥 30 min±1 min,从干燥箱中取出,放入干燥器冷却至室温。称量其质量,准确至 1 mg。

如果两次称量值的变化小于等于试料质量的 0.1%,以第一次称量的质量(m_3)按式计算水分含量;若两次称量值的变化大于试料质量的 0.1%,将称量瓶再次放入干燥箱中于(103±2)℃干燥(2±0.1)h,移至干燥器中冷却至室温,称量其质量,准确至 1 mg。若此次干燥后与第二次称量值的变化小于等于试料质量的 0.2%,以第一次称量的质量(m_3)按式计算水分含量;大于 0.2%时按减压干燥法测定水分。

(2)减压干燥法　按直接干燥法干燥称量瓶,称其质量(m_1),准确至 1 mg。

按直接干燥法称取试料(m_2)。将称量瓶放入真空干燥箱中,取下称量瓶盖并放在称量瓶的边上,减压至约 13 kPa。通入干燥空气或放置干燥剂。在放置干燥剂的情况下,当达到设定的压力后断开真空泵。在干燥过程中保持所设定的压力。当干燥箱温度达到(80±2)℃后,加热(4±0.1)h。干燥箱恢复至常压,盖上称量瓶盖,将称量瓶从干燥箱中取出,放在干燥器中冷却至室温。称量其质量,准确至 1 mg。将试料再次放入真空干燥箱中干燥(30±1)min,直至连续两次称量值的变化之差小于试样质量的 0.2%,以最后一次干燥称量值(m_3)计算水分的含量。

六、结果分析

1. 试验原始记录(表 6-2)

表 6-2　饲料中水分含量测定原始记录表

样品名称:_____　　分析日期:_____　　分析人姓名:_____

专业班级:_____　　组别:_____　　学生学号:_____

样品编号	1#	2#
称量瓶的编号(盖/身)		
称量瓶质量 m_1/g		
烘干前称量瓶及样品质量 m_4/g		
样品的质量 $m_2=m_4-m_1$/g		
烘干后称量瓶及样品的质量 m_3/g		
再次烘干后称量瓶及样品的质量 m_3/g		
两次烘干后称量相差占样品质量的百分数/%		
第三次烘干后称量瓶及样品的质量 m_3/g		
第二次烘干后与第三次烘干后称量值相差占样品质量的百分数/%		
样品水分含量 w_1/%		
样品含水量平均值 w/%		
相对偏差/%(样品含水量≥15%时)		
含水量绝对相差/%(样品含水量小于 15%时)		
检验结论或备注栏		

检验员签名:　　　　　　　　　　核对人签名:

2. 测定结果的计算

试样中水分以质量分数 w_1 计,数值以%表示,按式计算:

$$w_1=\frac{m_2-(m_3-m_1)}{m_2}\times100\%$$

式中:m_1 为称量瓶的质量,如使用砂和玻璃棒,也包括砂和玻璃棒,g;

　　m_2 为试料的质量,g;

　　m_3 为称量瓶和干燥后试料的质量,如使用砂和玻璃棒,也包括砂和玻璃棒,g。

3. 测定结果的表示

取两次平行测定的算术平均值作为结果。结果精确至 0.1%。

直接干燥法：两个平行测定结果，水分含量＜15％的样品绝对差值不大于 0.2％。水分含量≥15％的样品相对偏差不大于 1.0％。

减压干燥法：两个平行测定结果，水分含量的绝对差值不大于 0.2％。

4. 精密度

（1）重复性　在同一实验室内，由同一操作人员使用相同设备，按照同一测定方法，在短时间内，对同一被测试样相互独立进行测定，获得的两个测定结果之间的绝对差值，超过表 6-3 中所列出的重复性限 r 的情况不大于 5％。

（2）再现性　在不同的实验室内，由不同的操作人员使用不同的设备，按相同的测定方法，对同一被测试样相互独立进行测定，获得的两个测定结果之间的绝对差值，超过表 6-3 中列出的再现性限 R 的情况不大于 5％。

表 6-3　饲料水分测定重复性限（r）与再现性限（R）

样品	水分及其他挥发性物质含量/％	重复性限/％	再现性限/％
配合饲料	11.43	0.71	1.99
浓缩饲料	10.20	0.55	1.27
糖蜜饲料	7.92	1.49	2.46
干牧草	11.77	0.78	3.00
甜菜渣	86.05	0.95	3.50
苜蓿（紫花苜蓿）	80.30	1.17	2.91

七、注意事项

（1）多汁的鲜饲料样品，应先测定初水分。

$$\omega(\mathrm{H_2O}) = \frac{m_1 - m_2}{m} \times 100\%$$

式中：$\omega(\mathrm{H_2O})$ 为饲料初水分的质量百分数，％；

　　m_1 为鲜样质量，g；

　　m_2 为 65℃烘干后干物质质量，g。

（2）奶制品和动植物油脂样品中水分的测定，多采用减压蒸馏法。

（3）脂肪含量高的样品，烘干时间长反而增重，是脂肪氧化所致。

（4）含糖分高、脂肪高、易氧化或焦化样品，应使用减压干燥法或冷冻干燥法测定水分。

（5）含水量相差很大的样品不应该放在同一个烘箱中干燥。

任务考核 6-3　　　　　　参考答案 6-3

技能四 饲料中粗灰分的测定

视频 6-3

一、执行标准

《饲料中粗灰分的测定》(GB/T 6438—2007)

二、技能目标

通过实训,熟悉饲料粗灰分的测定原理及注意事项,在规定时间内,完成某饲料中粗灰分的测定。

三、测定原理

在本规定的条件下,试样中的有机物质经灼烧(550℃灼烧后所得残渣)分解,对所得的粗灰分称量,用质量分数表示。

四、试验设备与试剂

1. 仪器与设备

(1)实验室用样品粉碎机或研钵。

(2)分样筛。孔径 0.45 mm(40 目)。

(3)分析天平。感量为 0.001 g。

(4)高温炉。有高温计且可控制炉温在(550±20)℃。

(5)瓷坩埚。容积 50 mL。

(6)干燥器。用氯化钙(干燥试剂)或变色硅胶作干燥剂。

(7)干燥箱。温度可控制在(103±2)℃。

(8)电热板或煤气喷灯。

(9)煅烧盘。铂或铂合金(如 10％铂,90％金)或在实验室条件下不受影响的其他物质(如瓷质材料),表面积为 20 cm²,高为 2.5 cm 的长方形容器;对易于膨胀的碳水化合物的样品,灰化盘的表面积为 30 cm²,高为 3.0 cm 的容器。

2. 试样的选取和制备

取具有代表性试样,粉碎至 40 目。用四分法缩减至 200 g,装于密封容器。防止试样的成分变化或变质。

五、方法步骤

将瓷坩埚/煅烧盘放入高温炉,在(550±20)℃下灼烧 30 min,放入干燥器中冷却至室温,称量,准确至 0.001 g。称取约 5 g 试样(精确至 0.001 g)于瓷坩埚/煅烧盘中。

将盛有试样的瓷坩埚/煅烧盘放在电热板或煤气喷灯上小心加热至试样炭化,转入预先加热的 550 ℃高温炉中灼烧 3 h,观察是否有炭粒,如无炭粒,继续于高温炉中灼烧 1 h,如果有炭粒或怀疑有炭粒,将瓷坩埚/煅烧盘冷却并用蒸馏水润湿,在(103±2)℃干燥箱中仔细蒸发至干,再将瓷坩埚/煅烧盘置于高温炉中灼烧 1 h,取出于干燥器中,冷却至室温迅速称量,准确至 0.001 g。

对同一试样取两份试料进行平行测定。

六、结果分析

1. 试验原始记录(表 6-4)

表 6-4 饲料中粗灰分含量测定原始记录表

样品名称:＿＿＿＿＿ 分析日期:＿＿＿＿＿ 分析人姓名:＿＿＿＿＿

专业班级:＿＿＿＿＿ 组别:＿＿＿＿＿ 学生学号:＿＿＿＿＿

样品编号	$1^{\#}$	$2^{\#}$
瓷坩埚的编号(盖/身)		
灼烧后空瓷坩埚的质量 m_0/g		
瓷坩埚＋样品的质量 m_1/g		
样品的质量 $m=(m_1-m_0)$/g		
高温灰化后瓷坩埚及灰分的质量 m_2/g		
样品粗灰分含量/%		
样品脂肪含量平均值/%		
相对偏差/%		
检验结论或备注栏		

检验员签名: 核对人签名:

2. 分析结果计算

粗灰分 W 用质量分数(%)表示,按下式计算:

$$W=\frac{m_2-m_0}{m_1-m_0}\times100\%$$

式中:m_0 为空瓷坩埚/煅烧盘质量,g;

m_1 为装有试样的瓷坩埚/煅烧盘质量,g;

m_2 为灰化后粗灰分加瓷坩埚/煅烧盘的质量,g。

取两次测定的算术平均值作为测定结果,重复性限满足要求,结果表示至 0.1%(质量分数)。

3. 精密度

(1)重复性 用同一方法,对相同试验材料,在同一实验室内,由同一操作人员使用同一设备获得的两个独立试验结果之间的绝对差值超过表 6-5 中列出的或由表 6-5 得出的重复性限 r 的情况不大于 5%。

(2)再现性 用相同的方法,对同一试验,在不同的实验室内,由不同的操作人员,用不同的设备得到的两个独立试验结果之差的绝对值超过表 6-5 中列出的或由表 6-5 导出的再现性限 R 的情况不大于 5%。

表 6-5　饲料中粗灰分测定重复性限（r）与再现性限（R）

样品	粗灰分/(g/kg)	r/%	R/%
鱼粉	179.8	2.7	4.4
木薯	59.1	2.4	3.6
肉粉	175.6	2.4	5.6
仔猪饲料	50.2	2.1	3.3
仔鸡饲料	42.7	0.9	2.2
大麦	20.0	1.0	1.9
糖浆	119.9	3.6	9.1
挤压桐粕	35.8	0.7	1.6

七、试验注意事项

（1）取坩埚时必须用坩埚钳。

（2）瓷坩埚烧热后必须用烧热的坩埚钳才能夹取。

（3）高温灼烧时取瓷坩埚要待炉温降到 200 ℃以后再夹取。

（4）用电炉炭化时应小心，以防止炭化过快，试料飞溅。

（5）灼烧残渣颜色与试样中各元素含量有关，含铁高时为红棕色，含锰高时为淡蓝色。灰化后如果还能观察到炭粒，需加蒸馏水或过氧化氢进行处理。

任务考核 6-4　　　　　参考答案 6-4

技能五　饲料中粗蛋白的测定

一、执行标准

《饲料中粗蛋白的测定》(GB/T 6432—2018)

二、技能目标

通过实训，熟悉饲料中粗蛋白测定的方法、原理及注意事项，并在规定的时间内，测定某一饲料粗蛋白的含量。

三、实训原理

凯氏法测定试样中的含氮量，即在催化剂作用下，用硫酸破坏有机物，使含氮物转化成硫酸铵。加入强碱进行蒸馏使氨逸出，用硼酸吸收后，再用酸滴定，测出氮含量，将结果乘以换算系数 6.25，计算出粗蛋白含量。

四、试验设备与试剂

1. 试剂

(1)硫酸　化学纯,含量为 98%,无氮。

(2)混合催化剂　0.4 g 硫酸铜,5 个结晶水,6 g 硫酸钾或硫酸钠,均为化学纯,磨碎混匀。

(3)氢氧化钠　化学纯,40% 水溶液(m/V)。

(4)硼酸　化学纯,2% 水溶液(m/V)。

(5)混合指示剂　甲基红 0.1% 乙醇溶液,溴甲酚绿 0.5% 乙醇溶液,两溶液等体积混合,在阴凉处保存期为 3 个月。

(6)盐酸标准溶液　按 GB 601 制备。

①盐酸标准溶液:$c(HCl)=0.5$ mol/L。45 mL 盐酸,注入 1 000 mL 蒸馏水中。

②盐酸标准溶液:$c(HCl)=0.1$ mol/L。8.3 mL 盐酸,注入 1 000 mL 蒸馏水中。

③盐酸标准溶液:$c(HCl)=0.02$ mol/L。1.67 mL 盐酸,注入 1 000 mL 蒸馏水中。

(7)盐酸标准滴定液的标定　按照表 6-6 的规定称取于 270~300 ℃高温炉中灼烧至恒重的工作基准试剂无水碳酸钠,溶于 50 mL 水中,加 10 滴溴甲酚绿—甲基红指示液,用配制好的盐酸溶液滴定至溶液由绿色变为暗红色,煮沸 2 min,冷却后继续滴定至溶液再呈暗红色。同时做空白试验。

表 6-6　不同浓度盐酸标准滴定溶液标定时无水碳酸钠的称取量

盐酸标准滴定溶液的浓度[$c(HCl)$]/(mol/L)	工作基准试剂无水碳酸钠的质量(m)/g
0.5	0.95
0.1	0.19
0.02	0.05~0.06

盐酸标准滴定溶液的浓度[$c(HCl)$],数值以摩尔每升(mol/L)表示,按下式计算:

$$c(HCl)=\frac{m\times 1\,000}{(V_1-V_2)M}$$

式中:m 为无水碳酸钠的质量的准确数值,g;

V_1 为盐酸标准滴定溶液的体积的数值,mL;

V_2 为空白试验盐酸溶液的体积的数值,mL;

M 为无水碳酸钠的摩尔质量的数值,g/mol;$[M(\frac{1}{2}Na_2CO_3)=52.994]$。

(8)蔗糖　分析纯。

(9)硫酸铵　分析纯,干燥。

(10)硼酸吸收液　1% 硼酸水溶液 1 000 mL,加入 0.1% 溴甲酚绿乙醇溶液 10 mL,0.1% 甲基红乙醇溶液 7 mL,4% 氢氧化钠水溶液 0.5 mL,混合,置阴凉处保存期为 1 个月(全自动程序用)。

2. 仪器设备

(1)实验室用样品粉碎机或研钵。

(2)分样筛。孔径 0.45 mm(40 目)。

(3)分析天平。感量 0.000 1 g。

(4)消煮炉或电炉。

(5)滴定管。酸式,10 mL,25 mL。

(6)凯氏烧瓶。250 mL。

(7)凯氏蒸馏装置。常量直接蒸馏式或半微量水蒸气蒸馏式。

(8)锥形瓶。150 mL,250 mL。

(9)容量瓶。100 mL。

(10)消煮管。250 mL。

(11)定氮仪。以凯氏定氮原理制造的各类型半自动、全自动蛋白质测定仪。

3. 试样的选取和制备

选取具有代表性的试样用四分法缩减至 200 g,粉碎后全部通过 40 目筛,装于密封容器中,防止试样成分的变化。

五、试验操作步骤

1. 仲裁法

(1)试样的消煮　称取试样 0.5~2 g(含氮量 5~80 mg)准确至 0.000 1 g,放入凯氏烧瓶中,加入 6.4 g 混合催化剂,与试样混合均匀,再加入 12 mL 硫酸和 2 粒玻璃珠,将凯氏烧瓶置于电炉上加热,开始小火,待样品焦化,泡沫消失后,再加强火力(360~400 ℃)直至呈透明的蓝绿色,然后继续加热,至少 2 h。

(2)氨的蒸馏

①常量蒸馏法:将试样消煮液冷却,加入 60~100 mL 蒸馏水,摇匀,冷却。将蒸馏装置的冷凝管末端浸入装有 35 mL 20 g/L 硼酸吸收液和 2 滴混合指示剂的锥形瓶内。然后小心地向凯氏烧瓶中加入 50 mL 400 g/L 氢氧化钠溶液(至溶液颜色变黑,再加少许),轻轻摇动凯氏烧瓶,使溶液混匀后再加热蒸馏,直至流出液体积为 150 mL。降下锥形瓶,使冷凝管末端离开液面,继续蒸馏 1~2 min,并用蒸馏水冲洗冷凝管末端,洗液均需流入锥形瓶内,然后停止蒸馏。

②半微量蒸馏法:将试样消煮液冷却,加入 20 mL 蒸馏水,转入 100 mL 容量瓶中,冷却后用水稀释至刻度,摇匀,作为试样分解液。将半微量蒸馏装置的冷凝管末端浸入装有 20 mL 20 g/L 硼酸吸收液和 2 滴混合指示剂的锥形瓶内。蒸汽发生器的水中应加入甲基红指示剂数滴、硫酸数滴,在蒸馏过程中保持此液为橙红色,否则需补加硫酸。准确移取试样分解液 10~20 mL 注入蒸馏装置的反应室中,用少量蒸馏水冲洗进样入口,塞好入口玻璃塞,再加 10 mL 400 g/L 氢氧化钠溶液,小心提起玻璃塞使之流入反应室,将玻璃塞塞好,且在入口处加水密封,防止漏气。蒸馏 4 min 降下锥形瓶使冷凝管末端离开吸收液面,再蒸馏 1 min,用蒸馏水冲洗冷凝管末端,洗液均流入锥形瓶内,然后停止蒸馏。

③蒸馏步骤的检验:精确称取 0.2 g 硫酸铵,代替试样,按上述两种步骤进行操作,测得硫酸铵含氮量为 21.19%±0.20%,否则应检查加碱、蒸馏和滴定各步骤是否正确。

(3)滴定　用常量蒸馏法或半微量蒸馏法蒸馏后的吸收液立即用 0.1 mol/L 或 0.02 mol/L 盐酸标准溶液滴定,溶液由蓝绿色变成灰红色为终点。

2. 推荐法

视频 6-4

（1）试样的消煮　称取 0.5～2 g 试样（含氮量 5～80 mg）准确至 0.000 1 g，放入消化管中，加 2 片消化片（仪器自备）或 6.4 g 混合催化剂，12 mL 硫酸，于 420 ℃ 在消煮炉上消化 1 h，至澄清透亮的蓝绿色液体，取出放凉后加入 30 mL 蒸馏水。

（2）氨的蒸馏　采用全自动定氮仪时，按仪器本身常量程序进行测定。

采用半自动定氮仪时，将带消化液的管子插在蒸馏装置上，以 25 mL 硼酸为吸收液，加入 2 滴混合指示剂，蒸馏装置的冷凝管末端要浸入装有吸收液的锥形瓶内，然后向消煮管中加入 50 mL 氢氧化钠溶液进行蒸馏。蒸馏时间以吸收液体积达到 100 mL 时为宜。降下锥形瓶，用蒸馏水冲洗冷凝管末端，洗液均需流入锥形瓶内。

（3）滴定　用 0.1 mol/L 的标准盐酸溶液滴定吸收液，溶液由蓝绿色变成灰红色为终点。

3. 空白测定

称取蔗糖 0.5 g，代替试样，进行空白测定，消耗 0.1 mol/L 盐酸标准溶液的体积不得超过 0.2 mL。消耗 0.02 mol/L 盐酸标准溶液体积不得超过 0.3 mL。

六、结果分析

1. 试验原始记录（表 6-7）

表 6-7　饲料中粗蛋白含量测定原始记录表

样品名称：＿＿＿＿＿　　分析日期：＿＿＿＿＿　　分析人姓名：＿＿＿＿＿

专业班级：＿＿＿＿＿　　组别：＿＿＿＿＿　　学生学号：＿＿＿＿＿

样品编号	1#	2#
消化管的编号		
样品的称样质量 m/g		
100 mL 容量瓶的编号		
试样分解液总体积 V/mL		
蒸馏时试样分解液所取的体积 V'/mL		
三角瓶的编号		
空白滴定时消耗盐酸标准液的体积数 V_2/mL		
样品滴定时滴定管初始数值/mL		
样品滴定时滴定管最终的数值/mL		
样品滴定时消耗盐酸标准液的体积数 V_1/mL		
盐酸标准滴定液的浓度 c/(mol/L)		
样品粗蛋白含量/%		
样品粗蛋白含量平均值/%		
相对偏差/%		
检验结论或备注栏		

检验员签名：　　　　　　　　　　　　核对人签名：

2. 计算公式

$$\text{粗蛋白} = \frac{(V_2 - V_1) \times c \times 0.014\,0 \times 6.25}{m \times \dfrac{V'}{V}} \times 100\%$$

式中：V_2 为滴定试样时所需标准酸溶液体积，mL；

　　V_1 为滴定空白时所需标准酸溶液体积，mL；

　　c 为盐酸标准溶液浓度，mol/L；

　　m 为试样质量，g；

　　V 为试样分解液总体积，mL；

　　V' 为试样分解液蒸馏用体积，mL；

　　0.014 0 为与 1.00 mL 盐酸标准溶液[$c(\text{HCl}) = 1.000$ mol/L]相当的、以 g 表示的氮的质量；

　　6.25 为氮换算成蛋白质的平均系数。

3. 重复性

每个试样取两个平行样进行测定，以其算术平均值为结果。当粗蛋白质含量在 25% 以上时，允许相对偏差为 1%。当粗蛋白含量在 10%～25% 时，允许相对偏差为 2%。当粗蛋白含量在 10% 以下时，允许相对偏差为 3%。

七、试验注意事项

(1) 每次测定样品时必须做试剂空白试验。

(2) 凯氏蒸馏在排废液和冲洗反应室时，切断气源的时间不要太长，否则，会造成蒸汽发生器中压力过大，产生不良的后果。

(3) 在使用蒸馏器时必须进行检查。检查的方法是：吸取 5 mL 0.005 mol/L 的硫酸铵标准溶液，放入反应室中，加饱和氢氧化钠溶液，然后进行蒸馏，过程和样品消化相同。滴定硫酸铵蒸馏液所需 0.01 mol/L 盐酸标准量减去空白样消耗标准盐酸的量是 5 mL，这个蒸馏装置才合标准。

(4) 消化时如果有黑炭粒不能全部消失，烧瓶冷却后加少量的浓硫酸继续加热，直到溶液澄清为止。

任务考核 6-5　　　　　参考答案 6-5

技能六　饲料中粗脂肪的测定

一、执行标准

《饲料中粗脂肪的测定》(GB/T 6433—2006)

二、技能目标

通过实训,熟悉饲料粗脂肪的测定方法、原理及注意事项,并在规定时间内,测定某一饲料中粗脂肪的含量。

三、实训原理

脂肪含量较高的样品(至少 200 g/kg)预先用石油醚提取。B 类样品用盐酸加热水解,水解溶液冷却、过滤,洗涤残渣并干燥后用石油醚提取,蒸馏、干燥除去溶剂,残渣称量。A 类样品用石油醚提取,通过蒸馏和干燥除去溶剂,残渣称量。

四、试验设备与试剂

1. 试剂

(1)水。GB/T 6682 规定的三级水。

(2)硫酸钠,无水。

(3)石油醚,主要由具有 6 个碳原子的碳氢化合物组成,沸点范围为 40~60 ℃。溴值应低于 1,挥发残渣应小于 20 mg/L。也可以使用挥发残渣低于 20 mg/L 的工业乙烷。

(4)金刚砂或玻璃细珠。

(5)丙酮。

(6)盐酸。$c(HCl)=3$ mol/L。

(7)滤器辅料。例如硅藻土,在盐酸[$c(HCl)=6$ mol/L]中消煮 30 min,用水洗至中性,然后在 130 ℃条件下干燥。

本标准所用试剂,未注明要求时,均指分析纯试剂。

2. 仪器设备

(1)实验室用样品粉碎机或研钵。

(2)分样筛。孔径 0.45 mm。

(3)分析天平。感量 0.000 1 g。

(4)电热恒温水浴锅。室温至 100 ℃。

(5)干燥箱。温度能保持在(103±2)℃。

(6)索氏脂肪提取器(带球形冷凝管)。100 mL 或 150 mL。

(7)索氏脂肪提取仪。

(8)滤纸或滤纸筒。中速、脱脂。

(9)干燥器。用氯化钙(干燥级)或变色硅胶为干燥剂。

(10)电热真空箱。温度能保持在(80±2)℃,并减压至 13.3 kPa 以下,配有引入干燥空气的装置,或内盛干燥剂,例如氧化钙。

(11)提取套管,无脂肪和油,用乙醚洗涤。

3. 试样的选取

选取有代表性的试样,用四分法将试样缩减至 500 g,粉碎至 40 目,再用四分法缩减至 200 g 于密封容器中保存。按 GB/T 14699.1 采样、GB/T 20195 试样制备。

五、方法步骤

1. 分析步骤的选择

如果试样不易粉碎,或因脂肪含量高(超过 200 g/kg)而不易获得均质的缩减的试样,按"预先提取"步骤处理。在所有其他情况下,则按"试料"步骤处理。

(1)预先提取　称取至少 20 g 制备的试样,准确至 1 mg,记为 m_0。与 10 g 无水硫酸钠混合,转移至一提取套管,并用一小块脱脂棉覆盖。将一些金刚砂转移至一干燥烧瓶,如果随后将对脂肪定性,则使用玻璃细珠取代金刚砂。将烧瓶与提取器连接,收集石油醚提取物。将套管置于提取器中,用石油醚提取 2 h。如果使用索氏提取器,则调节加热装置使每小时至少循环 10 次。如果使用一个相当设备,则控制回流速度每秒至少 5 滴(10 mL/min)。用 500 mL 石油醚稀释烧瓶中的石油醚提取物,充分混合。对一个盛有金刚砂或玻璃细珠的干燥烧瓶进行称量,准确至 1 mg,记为 m_1。吸取 50 mL 石油醚溶液移入烧瓶中。

蒸馏除去溶剂,直至烧瓶中几乎无溶剂,加 2 mL 丙酮至烧瓶中,转动烧瓶并在加热装置上缓慢加温以除去丙酮,吹去痕量丙酮。残渣在 103 ℃ 干燥箱内干燥(10 ± 0.1)min,在干燥器中冷却,称量,准确至 0.1 g,记为 m_2。也可以采取下列步骤:蒸馏除去溶剂,烧瓶中残渣在 80 ℃电热真空箱中干燥 1.5 h,在干燥器中冷却,称量准确至 0.1 mg。

取出套管中提取的残渣在空气中干燥,除去残余的溶剂,干燥残渣称量,准确至 0.1 mg,记为 m_3。将残渣粉碎成 1 mm 大小的颗粒,按"试料"步骤处理。

(2)试料　称取 5 g 制备试样,准确至 1 mg,记为 m_4。

对 B 类样品(纯动物性饲料,包括乳制品)按"水解"步骤处理。对 A 类样品(除 B 类以外的动物性饲料),将试料移至提取套管并用一小块脱脂棉覆盖,按"提取"步骤处理。

(3)水解　将试料转移至一个 400 mL 烧杯或一个 300 mL 锥形瓶中,加 100 mL 盐酸和金刚砂,用表面皿覆盖,或将锥形瓶与回流冷凝器连接,在火焰上或电热板上加热混合至微沸,保持 1 h,每 10 min 旋转摇动一次,防止产物黏附于容器壁上。

在环境温度下冷却,加一定量的滤器辅料,放置过滤时脂肪丢失,在布氏漏斗中通过湿润的无脂的双层滤纸抽吸过滤,残渣用冷水洗涤至中性。

小心取出滤器并将含有残渣的双层滤纸放入一个提起套管中,在 80 ℃电热真空箱中于真空条件下干燥 60 min,从电热真空箱中取出套管并用一小块脱脂棉覆盖。

2. 提取

将一些金刚砂转移至一个干燥烧瓶,称量,准确至 1 g,记为 m_5。如果随后将要对脂肪定性,则使用玻璃细珠取代金刚砂。将烧瓶与提取器连接,收集石油醚提取物。

将套管置于提取器中,用石油醚提取 6 h。如果使用索氏提取器,则调节加热装置是每小时至少循环 10 次,如果使用一个相当设备,则控制回流速度每秒至少 5 滴(约 10 mL/min)。

蒸馏除去溶剂,直至烧瓶中几乎无溶剂,加 2 mL 丙酮至烧瓶中,转动烧瓶并在加热装置上缓慢加温以除去丙酮。残渣在 103 ℃干燥箱内干燥(10 ± 0.1)min,在干燥器中冷却,称量,准确至 0.1 mg,记为 m_6。也可采取下列步骤:蒸馏除去溶剂,烧瓶中残渣在 80 ℃电热真空箱中干燥 1.5 h,在干燥器中冷却,称量准确至 0.1 mg,记为 m_6。

六、结果分析

1. 试验原始记录(表 6-8)。

表 6-8　饲料中粗脂肪含量测定原始记录表

样品名称:＿＿＿＿＿　　分析日期:＿＿＿＿＿　　分析人姓名:＿＿＿＿＿

专业班级:＿＿＿＿＿　　组别:＿＿＿＿＿　　学生学号:＿＿＿＿＿

样品编号	1#	2#
预先提取称取的试样质量(m_0)/g		
装有金刚砂烧瓶的质量(m_1)/g		
装有金刚砂烧瓶和干燥的石油醚提取残渣的质量(m_2)/g		
干燥提取残渣的质量(m_3)/g		
试样的质量(m_4)/g		
装有金刚砂烧瓶的质量(m_5)/g		
装有金刚砂的烧瓶和干燥石油醚残渣的质量(m_6)/g		
样品粗脂肪含量/(g/kg)		
样品粗脂肪含量平均值/(g/kg)		
相对偏差/%		
检验结论或备注栏		

检验员签名:＿＿＿＿＿　　　　　　核对人签名:＿＿＿＿＿

2. 测定结果的计算

(1)预先提取测定法计算公式:试样中脂肪的含量 w_1,单位 g/kg。

$$w_1 = \left[\frac{10(m_2-m_1)}{m_0} + \frac{m_6-m_5}{m_4} \times \frac{m_3}{m_0} \right] \times f$$

式中:m_0 为称取的试样质量,g;

　　m_1 为装有金刚砂的烧瓶的质量,g;

　　m_2 为带有金刚砂的烧瓶和干燥的石油醚提取残渣的质量,g;

　　m_3 为获得的干燥提取残渣的质量,g;

　　m_4 为试样的质量,g;

　　m_5 为使用的盛有金刚砂的烧瓶的质量,g;

　　m_6 为盛有金刚砂的烧瓶和获得的干燥石油醚提取残渣的质量,g;

　　f 为校正因子单位,g/kg,$f=1\,000$ g/kg。

（2）无预先提取测定法计算公式：试样中脂肪的含量 w_2，g/kg。

$$w_2 = \frac{m_6 - m_5}{m_4} \times f$$

式中：m_4 为试样的质量，g；

m_5 为使用的带有金刚砂的烧瓶的质量，g；

m_6 为盛有金刚砂的烧瓶和获得的石油醚提取干燥残渣的质量，g；

f 为校正因子单位，g/kg，$f=1\ 000$ g/kg。

3．精密度

（1）重复性 用同一方法，对相同试验材料，在同一实验室内，由同一操作人员使用同一设备，在短时间内获得的两个独立试验结果之间的绝对差值超过表 6-9 中列出的或由表 6-9 得出的重复性限 r 的情况不大于 5%。

（2）再现性 用同一方法，对相同的试验材料，在不同的实验室内，由不同的操作人员使用不同的设备获得的两个独立试验结果之间的绝对差值超过表 6-9 中列出的或由表 6-9 得出的再现性限 R 的情况不大于 5%。

表 6-9 重复性限（r）与再现性限（R）

样品	r	R	样品	r	R
B 类（需要水解）	5.0	12.0[①]	A 类（不需要水解）	2.5	7.7[②]

注：①鱼粉和肉粉除外。②椰子粉除外。

七、试验注意事项

（1）本方法适用于油籽和油籽残渣以外的动物饲料。

（2）乙醚易挥发，易燃、易爆，整个操作过程注意安全，特别是烘干含有醚的样品时，在开始要打开烘箱门防止醚积累过多发生爆炸。整个操作过程室内不能有明火。

（3）样品必须烘干，醚应无水状态，否则，影响测定和准确性。

（4）烘干时防止脂肪氧化而不溶于醚中，最好在惰性气体条件下烘干。

（5）整个操作过程应戴橡胶或白纱手套进行。

（6）估计样本中含脂肪 20% 以上时浸提时间需 16 h；5%～20% 需 12 h；5% 以下时需 8 h。

视频 6-5

任务考核 6-6

参考答案 6-6

技能七　饲料中粗纤维的测定

一、执行标准

《饲料中粗纤维的含量测定　过滤法》(GB/T 6434—2006)

视频 6-6

二、技能目标

通过实训,熟悉饲料中粗纤维含量的测定方法、原理及注意事项,在规定时间内,独立完成某一饲料粗纤维的测定。

三、测定原理

用固定量的酸和碱,在特定条件下消煮样品,再用醚、丙酮除去醚溶物,经高温灼烧扣除矿物质的量,所余量称为粗纤维(试样用沸腾的稀释硫酸处理,过滤分离残渣,洗涤,然后用沸腾的氢氧化钾溶液处理,过滤分离残渣,洗涤,干燥称重,然后灰化。因灰化而失去的质量相当于试样中的粗纤维质量)。它不是一个确切的化学实体,只是在公认强制规定的条件下,测出的概略养分。其中以纤维素为主,还有少量半纤维素和木质素。

四、试验设备与试剂

1. 试剂

本方法试剂使用分析纯,水至少为 GB/T 6682—2008 规定的三级水。

(1)盐酸溶液。$c(\text{HCl})=0.5$ mol/L。约 45 mL 浓盐酸加水至 1 000 mL,摇匀。

(2)硫酸溶液。$c(\text{H}_2\text{SO}_4)=(0.13\pm0.005)$ mol/L。约 4 mL H_2SO_4 缓缓注入 1 000 mL 水中,冷却,摇匀。

(3)氢氧化钾溶液。$c(\text{KOH})=(0.23\pm0.005)$ mol/L。称取 13.8 g 氢氧化钾溶于 1 000 mL 蒸馏水中,摇匀。

(4)丙酮。

(5)滤器辅料。海砂,或硅藻土,或质量相当的其他材料。使用前,海砂用沸腾盐酸 $[c(\text{HCl})=4$ mol/L]处理,用水洗至中性,在(500 ± 25)℃条件下至少加热 1 h。

(6)防泡剂。如正辛醇。

(7)石油醚。沸点范围 40～60 ℃。

2. 仪器设备

(1)实验室用样品粉碎机。

(2)分样筛。孔径 1 mm(18 目)。

(3)分析天平。感量 0.1 mg。

(4)滤坩。石英的、陶瓷的或硬质玻璃的,带有烧结的滤板,滤板孔径 40～100 μm。在初次使用前,将新滤坩小心地逐步加温,温度不超过 525 ℃,并(500 ± 25)℃下保持数分钟。也可使用具有同样性能特性的不锈钢坩埚,其不锈钢筛板的孔径为 90 μm。

(5)陶瓷筛板。

（6）灰化皿。

（7）烧杯或锥形瓶。容量 500 mL,带有一个适当的冷却装置,如冷却器或一个盘。

（8）干燥箱。用电加热,能通风,能保持温度在(130±2)℃。

（9）高温炉。用电加热,能通风,温度可调控,在 475～525 ℃条件下,保持滤埚周围温度至 ±25 ℃。

（10）干燥器。盛有蓝色硅胶干燥剂,内有厚度为 2～3 mm 的多孔板,最好由铝或不锈钢制成。

（11）冷却装置。附有一个滤埚,一个装有至真空和液体排出孔旋塞的排放管、连接滤埚的连接环。

（12）加热装置(手工操作方法)。带有一个适当的冷却装置,在沸腾时能保持体积恒定。

（13）加热装置(半手工操作方法)。用于酸和碱消煮。附有:一个滤埚支架;一个装有至真空和液体排出孔的旋塞的排放管;一个容积至少 270 mL 的圆筒,供消煮用,带有回流冷凝器;将加热装置与滤埚及消煮圆筒连接的连接环;可选择性地提供压缩空气;使用前,设备用沸水预热 5 min。

3. 试样制备

将样品用四分法缩减至 200 g,粉碎,全部通过 1 mm 筛,充分混匀,放入密封容器。

五、方法步骤

1. 手工操作法分析步骤

（1）试料　称取约 1 g 制备的试样,准确至 0.1 mg (m_1)。如果试样脂肪含量超过 100 g/kg,或试样中脂肪不能用石油醚直接提取,则将试样装移至一滤埚,并按"预先脱脂"步骤处理。如果试样脂肪含量不超过 100 g/kg,则将试样移至一烧杯。如果其碳酸盐(碳酸钙形式)超过 50 g/kg,按"除去碳酸盐"步骤处理;如果碳酸盐不超过 50 g/kg,则按"酸消煮"步骤处理。

（2）预先脱脂　在冷提取装置中,在真空条件下,试样用石油醚脱脂 3 次,每次用石油醚 30mL,每次洗涤后抽吸干燥残渣,将残渣移至一烧杯。

（3）除去碳酸盐　将 100 mL 盐酸倾注在试样上,连续振摇 5 min,小心将此混合物倾入一滤埚,滤埚底部覆盖一薄层滤器辅料。用水洗涤两次,每次用水 100 mL,细心操作最终使尽可能少的物质留在滤器上。将滤埚内容物转移至原来的烧杯中并按"酸消煮"步骤处理。

（4）酸消煮　将 150 mL 硫酸倾注在试样上。尽快使其沸腾,并保持沸腾状态(30±1)min。在沸腾开始时,移动烧杯一段时间,如果产生泡沫,则加数滴防泡剂。在沸腾期间使用一个适当的冷却装置保持体积恒定。

（5）第一次过滤　在滤埚中铺一层滤器辅料,其厚度约为滤埚高度的 1/5,滤器辅料上面可盖一滤板以防溅起。当消煮结束时,将液体通过一个搅拌棒滤至滤埚中,用弱真空抽滤,使 150 mL 几乎全部通过。如果滤器堵塞,则用一个搅拌棒小心地移去覆盖在滤器辅料上的粗纤维。残渣用热水洗涤 5 次,每次约用 10 mL 水,要注意使滤埚的过滤板始终有滤器辅料覆盖,使粗纤维不接触滤板。停止抽真空,加一定体积的丙酮,刚好能覆盖残渣,静置数分钟后,慢慢抽滤排出丙酮,连续抽真空,使空气通过残渣,使之干燥。

（6）脱脂　在冷提取装置中,在真空条件下,试样用石油醚脱脂 3 次,每次用石油醚 30 mL,

每次洗涤后抽吸干燥。

(7)碱消煮　将残渣定量转移至酸消煮用的同一烧杯中。加 150 mL 氢氧化钾溶液,尽快使其沸腾保持沸腾状态(30±1)min,在沸腾期间用一适当的冷却装置使溶液体积保持恒定。

(8)第二次过滤　烧杯内容物通过滤埚过滤,滤埚内铺有一层滤器辅料,其厚度约为滤埚高度的 1/5,上盖一筛板以防溅起。残渣用热水洗至中性。残渣在真空条件下,用丙酮洗涤 3 次,每次用丙酮 30 mL,每次洗涤后抽吸干燥残渣。

(9)干燥　将滤埚置于灰化皿中,灰化皿及其内容物在 130 ℃ 干燥箱中至少干燥 2 h。在灰化或冷却过程中,滤埚的烧结滤板可能有些部分变得松散,从而可能导致分析结果错误,因此将滤埚置于灰化皿中。滤埚和灰化皿在干燥器中冷却,从干燥器中取出后,立即对滤埚和灰化皿进行称量(m_2),准确至 0.1 mg。

(10)灰化　将滤埚和灰化皿置于高温炉中,其内容物在(500±25)℃ 下灰化 2 h,直至冷却后连续 2 次称重的差值不超过 2 mg。每次灰化后,让滤埚和灰化皿初步冷却,在尚温热时置于干燥器中,使其完全冷却,然后称重(m_3),准确至 0.1 mg。

(11)空白测定　用大约相同数量的滤器辅料,按以上步骤进行空白测定,但不加试样。灰化引起的质量损失不应超过 2 mg。

2. 半自动操作法分析步骤

(1)试料　称取约 1 g 制备的试样准确至 0.1 mg(m_1)。转移至一带有滤器辅料的滤埚中。如果试样脂肪含量超过 100 g/kg,或试样中脂肪不能用石油醚直接提取,则将按"预先脱脂"步骤处理。如果试样脂肪含量不超过 100 g/kg,其碳酸盐(碳酸钙形式)超过 50 g/kg,按"除去碳酸盐"步骤处理;如果碳酸盐不超过 50 g/kg,则按"酸消煮"步骤进行。

(2)预先脱脂　将滤埚与冷提取装置连接,试样在真空条件下,试样用石油醚洗涤 3 次,每次用石油醚 30 mL,每次洗涤后抽吸干燥残渣。

(3)除去碳酸盐　将滤埚与加热装置连接,试样用盐酸洗涤 3 次,每次用盐酸 30 mL,在每次加盐酸后在过滤之前停留约 1 min。约用 30 mL 水洗涤一次。按"酸消煮"步骤进行。

(4)酸消煮　将消煮圆筒与滤埚连接,将 150 mL 沸硫酸转移至带有滤埚的圆筒中,如果出现泡沫,则加数滴防泡剂,使硫酸尽快沸腾,并保持剧烈沸腾(30±1)min。

(5)第一次过滤　停止加热,打开排放管旋塞,在真空条件下通过滤埚将硫酸滤出,残渣用热水至少洗涤 3 次,每次用水 30 mL,洗涤至中性,每次洗涤后抽吸干燥残渣。如果过滤发生问题,建议小心吹气排出滤器堵塞。如果样品所含脂肪不能用石油醚提取,按"脱脂"步骤进行,否则按"碱消煮"步骤进行。

(6)脱脂　将滤埚与冷提取装置连接,残渣在真空条件下用丙酮洗涤 3 次,每次用丙酮 30 mL,然后,残渣在真空条件下用石油醚洗涤 3 次,每次用石油醚 30 mL,每次洗涤后抽吸干燥残渣。

(7)碱消煮　关闭排出孔旋塞,将 150 mL 沸腾的氢氧化钾溶液转移至带有滤埚的圆筒,加数滴防泡剂,使溶液尽快沸腾,并保持剧烈沸腾(30±1)min。

(8)第二次过滤　停止加热,打开排放管旋塞,在真空条件下通过滤埚将氢氧化钾溶液滤去,用热水至少洗涤 3 次,每次约用水 30 mL,洗至中性,每次洗涤后抽吸干燥残渣。如果过滤发生问题,建议小心吹气排出滤器堵塞。将滤埚与冷提取装置连接,残渣在真空条件下用丙酮洗涤 3 次,每次用丙酮 30 mL,每次洗涤后抽吸干燥残渣。

(9)干燥　将滤埚置于灰化皿中,灰化皿及其内容物在 130 ℃ 干燥箱中至少干燥 2 h。在灰化或冷却过程中,滤埚的烧结滤板可能有些部分变得松散,从而可能导致分析结果错误,因此将滤埚置于灰化皿中。滤埚和灰化皿在干燥器中冷却,从干燥器中取出后,立即对滤埚和灰化皿进行称量(m_2),准确至 0.1 mg。

(10)灰化　将滤埚和灰化皿置于高温炉中,其内容物在(500±25)℃下灰化 2 h,直至冷却后连续 2 次称重的差值不超过 2 mg。每次灰化后,让滤埚和灰化皿初步冷却,在尚温热时置于干燥器中,使其完全冷却,然后称重(m_3),准确至 0.1 mg。

(11)空白测定　用大约相同数量的滤器辅料,按以上步骤进行空白测定,但不加试样。灰化引起的质量损失不应超过 2 mg。

六、结果分析

1. 试验原始记录(表 6-10)

表 6-10　饲料中粗纤维含量测定原始记录表

样品名称:＿＿＿＿＿　　分析日期:＿＿＿＿＿　　分析人姓名:＿＿＿＿＿

专业班级:＿＿＿＿＿　　组别:＿＿＿＿＿　　学生学号:＿＿＿＿＿

样品编号	1#	2#
消煮器或烧杯的编号		
样品的质量(m_1)/g		
干燥后灰化盘或滤埚及残渣的质量(m_2)/mg		
第一次高温灰化后灰化盘或滤埚及残渣的质量(m_3)/mg		
第二次高温灰化后灰化盘或滤埚及残渣的质量(m_3)/mg		
样品粗纤维含量/(g/kg)		
样品粗纤维含量平均值/(g/kg)		
相对偏差/%		
检验结论或备注栏		

检验员签名:　　　　　　　核对人签名:

2. 测定结果的计算

粗纤维 X 表示,按下式计算:

$$X = \frac{m_2 - m_3}{m_1}$$

式中:X 为试样中粗纤维的含量,g/kg;

　　m_1 为试料的质量,g;

　　m_2 为灰化盘、滤埚以及在 130 ℃干燥后的残渣的质量,mg;

　　m_3 为灰化盘、滤埚以及在(550±25)℃灰化后获得的残渣的质量,mg。

结果四舍五入,准确至 1 g/kg;也可用质量分数(%)表示。

3. 精密度

(1)重复性　用同一方法,对相同试验材料,在同一实验室内,由同一操作人员使用同一设备,在短时间内获得的两个独立试验结果之间的绝对差值超过表 6-11 中列出的或由表 6-11 得出的重复性限 r 的情况不大于 5%。

（2）再现性 使用同一方法,对相同的试验材料,在不同的实验室内,由不同的操作人员使用不同的设备获得的两个独立试验结果之间的绝对差值超过表 6-11 中列出的或由表 6-11 得出的再现性限 R 的情况不大于 5%。

表 6-11 重复性限(r)与再现性限(R)

样品	粗纤维含量	r	R
向日葵仁饼粕粉	223.3	8.4	16.1
棕榈仁饼粕	190.3	19.4	42.5
牛颗粒饲料	115.8	5.3	13.8
玉米谷蛋白饲料	73.3	5.8	9.1
木薯	60.2	5.6	8.8
犬粮	30.0	3.2	8.9
猫粮	22.8	2.7	6.4

七、试验注意事项

（1）粗纤维的测定进行酸或碱消煮时需加热蒸馏水保持原来的浓度。

（2）清洗滤布时要用玻璃棒清去残渣,不要用手。

（3）用真空抽气机抽滤时控制好压力,压力过大易造成样损测定失败。

任务考核 6-7   参考答案 6-7

技能八 饲料中钙的测定

一、执行标准

《饲料中钙的测定》(GB/T 6436—2018)

二、技能目标

通过实训,熟悉饲料中钙的测定的方法、原理及注意事项,并在规定时间内,测定某饲料中钙的含量。

三、测定原理

1. 高锰酸钾法(仲裁法)

将试样中的有机物破坏,钙变成溶于水的离子,用草酸铵定量滴定,用高锰酸钾法间接测定钙含量。

2. 乙二胺四乙酸二钠(EDTA)络合滴定法(快速法)

将试样中有机物破坏,钙变成溶于水的离子,用三乙醇胺、乙二胺、盐酸羟胺和淀粉溶液消除干扰离子的影响,在碱性溶液中以钙黄绿素为指示剂,用乙二胺四乙酸二钠标准溶液络合滴定钙,可快速测定钙的含量。

四、试验设备与试剂

(一)高锰酸钾法(仲裁法)

1. 试剂和溶液

除非另有说明,本标准所有试剂均为分析纯和符合 GB/T 6682 规定的三级水。

(1)浓硝酸。

(2)高氯酸:70%~72%。

(3)盐酸溶液(1+3)。

(4)硫酸溶液(1+3)。

(5)氨水溶液(1+1)。

(6)氨水溶液(1+50)。

(7)草酸铵溶液(42 g/L):称取 4.2 g 草酸铵溶于 100 mL 水中。

(8)高锰酸钾标准溶液$[c(1/5KMnO_4)=0.05 \text{ mol/L}]$的配制按 GB/T 601 规定,具体配制方法如下:

①配制　称取 1.65 g 高锰酸钾,溶于 1 050 mL 水中,缓缓煮沸 15 min,冷却,于暗处放置 2 周,用已处理过的 4 号玻璃滤埚过滤。贮存于棕色瓶中。玻璃滤埚的处理是指玻璃滤埚在同样浓度的高锰酸钾溶液中缓缓煮沸 5 min。

②标定　准确称取 0.12 g 左右于 105~110 ℃电烘箱中干燥至恒重的工作基准试剂草酸钠,溶于 100 mL 硫酸溶液(8+92,$V+V$)中,用配制好的高锰酸钾溶液滴定,近终点时加热至约 65 ℃,继续滴定至溶液呈粉红色,并保持 30 s。同时做空白试验。

高锰酸钾标准滴定溶液的浓度$\left[c\left(\dfrac{1}{5}KMnO_4\right)\right]$,数值以摩尔每升(mol/L)表示,按下式计算:

$$c\left(\frac{1}{5}KMnO_4\right)=\frac{m\times 1\ 000}{(V_1-V_2)M}$$

式中:m 为草酸钠的质量的准确数值,g;

V_1 为滴定时高锰酸钾溶液的体积的数值,mL;

V_2 为空白试验滴定时高锰酸钾溶液的体积的数值,mL;

M 为草酸钠的摩尔质量的数值,g/mol,$[M(1/2Na_2C_2O_4)=66.999]$。

(9)甲基红指示剂(1 g/L):称取 0.1 g 甲基红溶于 100 mL 95％乙醇中。

(10)有机微孔滤膜:0.45 mm。

(11)定量滤纸:中速,7～9 cm。

2. 仪器设备

(1)实验室用样品粉碎机或研钵。

(2)分析天平:感量 0.000 1 g。

(3)高温炉:可控温度在(550±20)℃。

(4)坩埚:瓷质 50 mL。

(5)容量瓶:100 mL。

(6)滴定管:酸式,25 mL 或 50 mL。

(7)玻璃漏斗:直径 6 cm。

(8)移液管:10 mL,20 mL。

(9)烧杯:200 mL。

(10)凯氏烧瓶:250 mL 或 500 mL。

(二)乙二胺四乙酸二钠(EDTA)络合滴定法(快速法)

1. 试剂和溶液

除非另有说明,本标准所有试剂均为分析纯和符合 GB/T 6682 规定的三级水。

(1)盐酸羟胺。

(2)三乙醇胺。

(3)乙二胺。

(4)盐酸溶液(1+3)。

(5)氢氧化钾溶液(200 g/L):称取 20 g 氢氧化钾溶于 100 mL 水中。

(6)淀粉溶液(10 g/L):称取 1 g 可溶性淀粉于 200 mL 烧杯中,加 5 mL 水润湿,加 95 mL 沸水搅拌,煮沸,冷却备用(现用现配)。

(7)孔雀石绿溶液(1 g/L)。

(8)钙黄绿素-甲基百里香草酚蓝指示剂:0.10 g 钙黄绿素与 0.10 g 甲基麝香草酚蓝与 0.03 g 百里香酚酞、5 g 氯化钾研细混匀,贮存于磨口瓶中备用。

(9)钙标准溶液(0.001 0 g/mL):称取 2.497 4 g 于 105～110 ℃干燥 3 h 的基准物碳酸钙,溶于 40 mL 盐酸溶液中,加热赶除二氧化碳,冷却,用水移至 1 000 mL 容量瓶中,定容至刻度。

(10)乙二胺四乙酸二钠(EDTA)标准滴定溶液:称取 3.8 g EDTA 于 200 mL 烧杯中,加 200 mL 水,加热溶解冷却后转至 1 000 mL 容量瓶中,用水定容至刻度。

①EDTA 标准滴定溶液的标定:准确吸取钙标准溶液 10.0 mL 按试样测定法进行滴定。

②EDTA 滴定溶液对钙的滴定度按下式计算:

$$T = \frac{\rho \times V}{V_0}$$

式中:T 为 EDTA 标准滴定溶液对钙的滴定度,g/mL;

　　　ρ 为钙标准溶液的质量浓度,g/mL;

V 为所取钙标准溶液的体积,mL;

V_0 为 EDTA 标准滴定溶液的消耗体积,mL。

所得结果应表示至 0.000 1 g/mL。

2. 仪器设备

(1)实验室用样品粉碎机或研钵。

(2)分析天平:感量 0.000 1 g。

(3)高温炉:可控温度在(550±20)℃。

(4)坩埚:瓷质 50 mL。

(5)容量瓶:100 mL。

(6)滴定管:酸式,25 mL 或 50 mL。

(7)玻璃漏斗:直径 6 cm。

(8)移液管:10 mL,20 mL。

(9)烧杯:200 mL。

(10)凯氏烧瓶:250 mL 或 500 mL。

五、方法步骤

(一)高锰酸钾法(仲裁法)

1. 试样制备

按 GB/T 4699.1 的规定,抽取有代表性的饲料样品,用四分法缩减取样,按 GB/T 20195 制备试样。粉碎至全部过 0.45 mm 孔筛,混匀装于密封容器,备用。

2. 测定步骤

(1)试样分解方法

①干法:称取试样 0.5～5 g 于坩埚中,精确至 0.000 1 g,在电炉上小心炭化,再放入高温炉于 550 ℃下灼烧 3 h,在坩埚中加入盐酸溶液 10 mL 和浓硝酸数滴,小心煮沸,将此溶液转入 100 mL 容量瓶中,冷却至室温,用水稀释至刻度,摇匀,为试样分解液。

②湿法:称取试样 0.5～5 g 于 250 mL 凯氏烧瓶中,精确至 0.000 2 g,加入浓硝酸 10 mL,小火加热煮沸,至二氧化氮黄烟逸尽,冷却后加入高氯酸 10 mL,小心煮沸至溶液无色,不得蒸干,冷却后加水 50 mL,且煮沸驱逐二氧化氮,冷却后移入 100 mL 容量瓶中,用水定容至刻度,摇匀,为试样分解液。

(2)试样的测定　准确移取试样分解液 10～20 mL(含钙量 20 mg 左右)于 200 mL 烧杯中,加水 100 mL,甲基红指示剂 2 滴,滴加氨水溶液至溶液呈橙色,若滴加过量,可加盐酸溶液调至橙色,再多加 2 滴使其呈粉红色(pH 为 2.5～3.0),小心煮沸,慢慢滴加热草酸铵溶液 10 mL,且不断搅拌,如溶液变橙色,则应补加盐酸溶液使其呈红色,煮沸 2～3 min,放置过夜使沉淀陈化(或在水浴上加热 2 h)。

用定量滤纸过滤,用氨水溶液洗沉淀 6～8 次,至无草酸根离子,接滤液数毫升加硫酸溶液数滴,加热至 80 ℃,再加高锰酸钾标准溶液 1 滴,呈微红色,且 30 s 不褪色。

将沉淀和滤纸转入原烧杯中,加硫酸溶液 10 mL,水 50 mL,加热至 75～80 ℃,用高锰酸钾标准溶液滴定,溶液呈粉红色且 30 s 不褪色为终点。同时进行空白溶液的测定。

(二)乙二胺四乙酸二钠(EDTA)络合滴定法(快速法)

1. 试样制备

按 GB/T 4699.1 的规定,抽取有代表性的饲料样品,用四分法缩减取样,按 GB/T 20195 制备试样。粉碎至全部过 0.45 mm 孔筛,混匀装于密封容器,备用。

视频 6-7

2. 测定步骤

(1)试样分解方法

①干法:称取试样 0.5～5 g 于坩埚中,精确至 0.000 1 g,在电炉上小心炭化,再放入高温炉于 550 ℃下灼烧 3 h,在坩埚中加入盐酸溶液 10 mL 和浓硝酸数滴,小心煮沸,将此溶液转入 100 mL 容量瓶中,冷却至室温,用水稀释至刻度,摇匀,为试样分解液。

②湿法:称取试样 0.5～5 g 于 250 mL 凯氏烧瓶中,精确至 0.000 2 g,加入浓硝酸 10 mL,小火加热煮沸,至二氧化氮黄烟逸尽,冷却后加入高氯酸 10 mL,小心煮沸至溶液无色,不得蒸干,冷却后加水 50 mL,且煮沸驱逐二氧化氮,冷却后移入 100 mL 容量瓶中,用水定容至刻度,摇匀,为试样分解液。

(2)试样的测定 准确移取试样分解液 5～25 mL(含钙量 2～25 mg)。加水 50 mL,加淀粉溶液 10 mL、三乙醇胺 2 mL、乙二胺 1 mL、1 滴孔雀石绿溶液,滴加氢氧化钾溶液至无色,再过量 10 mL,加 0.1 g 盐酸羟胺(每加入一种试剂后都需要摇匀),加钙黄绿素-甲基百里香草酚蓝指示剂少许,在黑色背景下立即用乙二胺四乙酸二钠(EDTA)标准溶液滴定至绿色荧光消失,溶液呈现紫红色且 30 s 不褪色为滴定终点。同时做空白试验。

六、结果分析

1. 试验原始记录(表 6-12)

表 6-12 饲料中钙含量测定原始记录表(高锰酸钾法)

样品名称:＿＿＿＿＿   分析日期:＿＿＿＿＿   分析人姓名:＿＿＿＿＿

专业班级:＿＿＿＿＿   组别:＿＿＿＿＿   学生学号:＿＿＿＿＿

样品编号	1[#]	2[#]
样品的质量 m,g		
滴定时移取样品分解液体积 V',mL		
烧杯的编号		
样品滴定时高锰酸钾标准液的消耗体积 V,mL		
空白滴定时高锰酸钾标准液的消耗体积 V_0,mL		
高锰酸钾标准滴定液的浓度 c,mol/L		
样品钙含量,%		
样品钙含量平均值,%		
相对偏差,%		
检验结论或备注栏		

检验员签名:　　　　　　　　核对人签名:

2. 测定结果的计算

(1)高锰酸钾法(仲裁法)　试样中钙的含量 X,以质量分数表示(%),按下式计算:

$$X = \frac{(V-V_0) \times c \times 0.02}{m \times \dfrac{V'}{100}} \times 100\%$$

式中:V 为试样消耗高锰酸钾标准溶液的体积,mL。

　　V_0 为空白消耗高锰酸钾标准溶液的体积,mL;

　　c 为高锰酸钾标准溶液的浓度,mol/L;

　　V' 为滴定时移取试样分解液体积,mL;

　　m 为试样的质量,g;

　　0.02 为与 1.00 mL 高锰酸钾标准溶液 $[c(1/5\ KMnO_4)=1.000\ mol/L]$ 相当的以克表示的钙的质量。

测定结果用平行测定的算术平均值表示,结果保留 2 位有效数字。

(2)乙二胺四乙酸二钠(EDTA)络合滴定法(快速法)　试样中钙的含量 X,以质量分数表示(%),按下式计算:

$$X = \frac{T \times V_2}{m \times \dfrac{V_1}{V_0}} \times 100\%$$

式中:T 为 EDTA 标准滴定溶液对钙的滴定度,g/mL;

　　V_0 为试样分解液的总体积,mL;

　　V_1 为分取试样分解液的体积,mL;

　　V_2 为试样实际消耗 EDTA 标准滴定溶液的体积,mL;

　　m 为试样的质量,g。

测定结果用平行测定的算术平均值表示,结果保留三位有效数字。

3. 重复性

含钙量 10% 以上时,在重复性条件下获得的两次独立测定结果的绝对差值不大于这两个测定值的算术平均值的 39%;

含钙量 5%~10% 时,在重复性条件下获得的两次独立测定结果的绝对差值不大于这两个测定值的算术平均值的 5%;

含钙量 1%~5% 时,在重复性条件下获得的两次独立测定结果的绝对差值不大于这两个测定值的算术平均值的 9%;

含钙量 1% 以下时,在重复性条件下获得的两次独立测定结果的绝对差值不大于这两个测定值的算术平均值的 18%。

七、试验注意事项

(1)高锰酸钾溶液浓度不稳定,应至少每月标定一次。

（2）每种滤纸的空白值不同，消耗高锰酸钾的体积也不同，所以，至少每盒滤纸应做一次空白测定。

任务考核 6-8　　　　参考答案 6-8

技能九　饲料中总磷的测定

一、执行标准

《饲料中总磷的测定》（GB/T 6437—2018）

视频 6-8

二、技能目标

通过实训，熟悉饲料中磷的测定原理及注意事项，并在规定时间内，测定某饲料中总磷量的含量。

三、测定原理

将试样中的有机物破坏，使磷元素游离出来，在酸性溶液中，用钒钼酸铵处理，生成黄色的$(NH_4)_3PO_4NH_4VO_3 \cdot 16MoO_3$络合物，在波长 400 nm 下进行比色测定。

四、试验设备与试剂

1. 试剂

实验室用水应符合 GB/T 6682 中三级水的规格，本标准中所用试剂，除特殊说明外，均为分析纯。

（1）盐酸溶液（1＋1）。

（2）硝酸。

（3）高氯酸。

（4）钒钼酸铵显色剂。称取偏钒酸铵 1.25 g，加水 200 mL 加热溶解，冷却后再加入 250 mL 硝酸，另称取钼酸铵 25 g，加水 400 mL 加热溶解，在冷却条件下，将两种溶液混合，用水定容至 1 000 mL，避光保存，若生成沉淀，则不能继续使用。

（5）磷标准溶液。将磷酸二氢钾在 105 ℃干燥 1 h，在干燥器中冷却后称取 0.219 5 g 溶解于水，定量转入 1 000 mL 容量瓶中，加硝酸 3 mL，用水稀释至刻度，摇匀，即为 50 μg/mL 的磷标准溶液。

2. 仪器和设备

(1)实验室用样品粉碎机或研钵。

(2)分样筛。孔径 0.42 mm(40 目)。

(3)分析天平。感量 0.000 1 g。

(4)分光光度计。可在 400 nm 下测定吸光度。

(5)比色皿。1 cm。

(6)高温炉。可控温度在(550±20)℃。

(7)瓷坩埚。50 mL。

(8)容量瓶。50 mL,100 mL,1 000 mL。

(9)移液管。1.0 mL,2.0 mL,5.0 mL,10.0 mL。

(10)三角瓶。250 mL。

(11)凯氏烧瓶。125 mL,250 mL。

(12)可调温电炉。1 000 W。

五、试验操作步骤

1. 试样制备

取有代表性试样 2 kg,用四分法将试样缩减至 200 g,粉碎过 0.42 mm 孔筛,装入样品瓶中,密封保存备用。

视频 6-9

2. 测定步骤

(1)试样的分解

①干灰化法。称取试样 2~5 g,精确到 1 mg,置于坩埚中,在电炉上小心炭化,再放入高温炉,在 550 ℃灼烧 3 h(或测粗灰分继续进行),取出冷却,加盐酸溶液 10 mL 和硝酸数滴,小心煮沸约 10 min,冷却后转入 100 mL 容量瓶中,加水稀释至刻度,摇匀,为试样溶液。

②湿法消解法。称取试样 0.5~5 g,精确到 1 mg,置于凯氏烧瓶中,加入硝酸 30 mL,小心加热煮沸至黄烟逸尽,稍冷,加入高氯酸 10 mL,继续加热至高氯酸冒白烟(不得蒸干),溶液基本无色,冷却,加水 30 mL,加热煮沸,冷却后用水转入 100 mL 容量瓶中并稀释至刻度,摇匀,为试样溶液。

③盐酸溶解法。称取试样 0.2~1 g,精确到 1 mg,置于 100 mL 烧杯中,缓缓加入盐酸溶液 10 mL,使其全部溶解,冷却后转入 100 mL 容量瓶中,加水稀释至刻度,摇匀,为试样溶液。

(2)工作曲线的绘制　准确移取磷标准贮备液 0 mL、1 mL、2 mL、5 mL、10 mL、15 mL 于 50 mL 容量瓶中(即相当于含磷量为 0 μg、50 μg、100 μg、250 μg、500 μg、750 μg),于各容量瓶中分别加入钒钼酸铵显色剂 10 mL,用水稀释至刻度,摇匀,常温下放置 10 min 以上,以 0 mL 磷标准溶液为参比,用 1 cm 比色皿,在 400 nm 波长下用分光光度计测各溶液的吸光度。以磷含量为横坐标,吸光度为纵坐标,绘制工作曲线。

（3）试样的测定　准确移取试样溶液 1～10 mL（含磷量 50～750 μg）于 50 mL 容量瓶中，加入钒钼酸铵显色剂 10 mL，用水稀释至刻度，摇匀，常温下放置 10 min 以上，用 1 cm 比色皿，在 400 nm 波长下用分光光度计测定试样溶液的吸光度，通过工作曲线计算试样溶液的磷含量。若试样溶液磷含量超过磷标准工作曲线范围，应对试样溶液进行稀释。

六、结果分析

1. 试验原始记录（表 6-13）

表 6-13　饲料中磷含量测定原始记录表（分光光度法）

样品名称：_____　　分析日期：_____　　分析人姓名：_____

专业班级：_____　　组别：_____　　学生学号：_____

样品编号	1#	2#
样品的质量 m ,g		
样品分解液总体积 V ,mL		
测定时样品分解液所取得体积 V_1 ,mL		
50 mL 容量瓶的编号		
样品的吸光度 A		
由磷标准曲线回归方程计算出的样品中磷含量 m_1 ,μg/50 mL		
样品总磷含量,%		
样品总磷含量平均值,%		
相对偏差,%		
检验结论或备注栏		

检验员签名：　　　　　　　　核对人签名：

2. 测定结果的计算

$$w = \frac{m_1 \times V}{m \times V_1 \times 10^6} \times 100\%$$

式中：w 为试样中磷的含量,%；

m_1 为通过工作曲线计算出试样溶液中磷的含量,μg；

V 为试样溶液的总体积,mL；

m 为试样质量,g；

V_1 为试样测定时移取试样溶液的体积,mL；

10^6 为换算系数。

3. 结果表示

每个试样称取两个平行样进行测定，以其算术平均值为测定结果，所得到的结果应表示至小数点后两位。

4. 精密度

在同一实验室,由同一操作者使用相同设备,按相同的测试方法,并在短时间内对同一饲料样品相互独立进行测试获得的两次独立测试结果的绝对差值,当试样中总磷含量小于或等于0.5%时,不得大于这两次测定值的算术平均值的10%;当试样中总磷含量大于0.5%时,不得大于这两次测定值的算术平均值的3%。以大于这两次测定值的算术平均值的百分数的情况不超过5%为前提。

七、试验注意事项

(1)比色时,待测试样溶液中磷含量不宜过高,最好控制在每毫升含磷0.5 mg以下。

(2)待测液在加入显色剂后需要静置10 min,再进行比色,但也不能静置过久。

任务考核 6-9　　　　　参考答案 6-9

技能十　饲料中水溶性氯化物的测定

一、执行标准

《饲料中水溶性氯化物的测定》(GB/T 6439—2007)

二、技能目标

通过实训,了解饲料中水溶性氯化物的测定原理,并在规定时间内,测定某饲料中食盐的含量。

三、测定原理

试样中的氯离子溶解于水溶液中,如果试样含有有机物质,需将溶液澄清,然后用硝酸稍加酸化,并加入硝酸银标准溶液使氯化物形成氯化银沉淀,过量的硝酸银溶液用硫氰酸铵或硫氰酸钾标准溶液滴定。

四、试验设备与试剂

1. 试剂

所用试剂均为分析纯。实验室用水应符合GB/T 6682中三级用水的要求。

(1)丙酮。

(2)正己烷。

(3)硝酸。$\rho_{20}(HNO_3)=1.38$ g/mL。

(4)活性炭。不含有氯离子,也不能吸收氯离子。

(5)硫酸铁铵饱和溶液:用硫酸铁铵[$NH_4Fe(SO_4)_2 \cdot 12H_2O$]制备。

(6)Carrez I。称取 10.6 g 亚铁氰化钾[$K_4Fe(CN)_6 \cdot 3H_2O$],溶解并用水定容至 100 mL。

(7)Carrez II。称取 21.9 g 乙酸锌[$Zn(CH_3COO)_2 \cdot 2H_2O$],加 3 mL 冰醋酸,溶解并用水定容至 100 mL。

(8)硫氰酸钾标准溶液。$c(KSCN)=0.1$ mol/L。具体方法如下:

①配置。取 9.7 g 硫氰酸钾,溶于 1 000 mL 水中,摇匀。

②标定。方法一:称取 0.6 g 于硫酸干燥器中干燥至恒量的工作基准试剂硝酸银,溶于 90 mL 水中,加 10 mL 淀粉溶液(10 g/L)及 10 mL 硝酸溶液(25%),以 216 型银电极作指示电极,217 型双盐桥饱和甘汞电极作参比电极,用配置的硫氰酸钾溶液滴定,按 GB/T 9725—2007 规定计算 V_0。硫氰酸钾标准滴定溶液的浓度[$c(KSCN)$]按下式计算:

$$c(KSCN)=\frac{m \times 1\,000}{V_0 \times M}$$

式中:m 为硝酸银质量,g;

$\quad V_0$ 为硫氰酸钾溶液体积,mL;

$\quad M$ 为硝酸银的摩尔质量,g/mol,[$M(AgNO_3)=169.87$];

方法二:量取 35.00~40.00 mL 硝酸银标准滴定溶液[$c(AgNO_3)=0.1$ mol/L],加 60 mL 水,10 mL 淀粉溶液(10 g/L)及 10 mL 硝酸溶液(25%),以 216 型银电极作指示电极,217 型双盐桥饱和甘汞电极作参比电极,用配制的硫氰酸钾溶液滴定,按 GB/T 9725—2007 的规定计算 V_0。硫氰酸钾标准滴定溶液的浓度[$c(KSCN)$]按下式计算:

$$c(KSCN)=\frac{V_0 \times c_1}{V}$$

式中:V_0 为硝酸银标准滴定溶液体积,mL;

$\quad c_1$ 为硝酸银标准滴定溶液浓度,mol/L;

$\quad V$ 为硫氰酸钾溶液体积,mL。

(9)硫氰酸铵标准溶液。$c(NH_4SCN)=0.1$ mol/L。具体方法如下:

①配置。取 7.9 g 硫氰酸铵,溶于 1 000 mL 水中,摇匀。

②标定。方法一:称取 0.6 g 于硫酸干燥器中干燥至恒量的工作基准试剂硝酸银,溶于 90 mL 水中,加 10 mL 淀粉溶液(10 g/L)及 10 mL 硝酸溶液(25%),以 216 型银电极作指示电极,217 型双盐桥饱和甘汞电极作参比电极,用配置的硫氰酸铵溶液滴定,按 GB/T 9725—2007 规定计算 V_0。硫氰酸铵标准滴定溶液的浓度[$c(NH_4SCN)$]按下式计算:

$$c(NH_4SCN)=\frac{m \times 1\,000}{V_0 \times M}$$

式中:m 为硝酸银质量,g;

$\quad V_0$ 为硫氰酸铵溶液体积,mL;

M 为硝酸银的摩尔质量,g/mol,[$M(AgNO_3)=169.87$]。

方法二:量取 35.00～40.00 mL 硝酸银标准滴定溶液[$c(AgNO_3)=0.1$ mol/L],加 60 mL 水,10 mL 淀粉溶液(10 g/L)及 10 mL 硝酸溶液(25%),以 216 型银电极作指示电极,217 型双盐桥饱和甘汞电极作参比电极,用配制的硫氰酸铵溶液滴定,按 GB/T 9725—2007 的规定计算 V_0。硫氰酸铵标准滴定溶液的浓度[$c(NH_4SCN)$]按下式计算:

$$c(NH_4SCN)=\frac{V_0 \times c_1}{V}$$

式中:V_0 为硝酸银标准滴定溶液体积,mL;

c_1 为硝酸银标准滴定溶液浓度,mol/L;

V 为硫氰酸铵溶液体积,mL。

(10)硝酸银标准溶液滴定。$c(AgNO_3)=0.1$ mol/L。具体方法如下:

①配置。称取 17.5 g 硝酸银,溶于 1 000 mL 水中,摇匀。溶液贮存于密闭的棕色瓶中。

②标定。称取 0.22 g 于 500～600 ℃ 的高温炉中灼烧至恒量的工作基准试剂氯化钠,溶于 70 mL 水中,加 10 mL 淀粉溶液(10 g/L),以 216 型银电极作指示电极,217 型双盐桥饱和甘汞电极作参比电极,用配制的硝酸银溶液滴定,按 GB/T 9725—2007 规定计算 V_0。硝酸银标准滴定溶液的浓度[$c(AgNO_3)$]按下式计算:

$$c(AgNO_3)=\frac{m \times 1\ 000}{V_0 \times M}$$

式中:m 为氯化钠质量,g;

V_0 为硝酸银溶液体积,mL;

M 为氯化钠的摩尔质量,g/mol,[$M(NaCl)=58.442$]。

2. 仪器设备

(1)实验室用样品粉碎机或研钵。

(2)分样筛。孔径 0.45 mm (40 目)。

(3)分析天平。感量 0.000 1 g。

(4)刻度移液管。10 mL,2 mL。

(5)移液管。50 mL,25 mL。

(6)滴定管。酸式,25 mL。

(7)容量瓶。250 mL,500 mL。

(8)烧杯。250 mL。

(9)中速定量滤纸。

(10)回旋振荡器。35～40 r/min。

五、试验操作步骤

1. 样品的选取和制取

选取有代表性的样品,粉碎至 40 目,用四分法缩减至 200 g,密封保存,以防止样品组分的变化或变质。如样品是固体,则粉碎样品(通常 500 g)使之全部通过 1 mm 的筛孔的样品筛。

2. 测定步骤

(1)不同样品的制备

①不含有机物试样的制备:称取不超过 10 g 试样,精确至 0.001 g,试样所含氯化物不超过 3 g,转移至 500 mL 容量瓶中,加入 400 mL 温度约 20 ℃的水和 50 mL Carrez Ⅰ 溶液,搅拌,然后加入 5 mL Carrez Ⅱ 溶液混合,在振荡器中振荡 30 min,用水稀释至刻度,混匀,过滤,滤液供滴定用。

②含有机物试样的制备:称取 5 g 试样(质量 m),精确至 0.001 g,转移至 500 mL 容量瓶中,加入 1 g 活性炭,加入 400 mL 温度约 20 ℃的水和 5 mL Carrez Ⅰ 溶液,搅拌,然后加入 5 mL Carrez Ⅱ 溶液混合,在振荡器中振荡 30 min,用水稀释至刻度(V_1),混匀,过滤,滤液供滴定用。

③熟化饲料、亚麻饼粉或富含亚麻粉的产品和富含黏性或胶体物质(例如膨化淀粉)试样试液的制备:称取 5 g 试样,精确至 0.001 g,转移至 500 mL 容量瓶中,加入 1 g 活性炭,加入 400 mL 温度约 20 ℃的水和 5 mL Carrez Ⅰ 溶液,搅拌,然后,加入 5 mL Carrez Ⅱ 溶液混合,在振荡器中振荡 30 min,用水稀释至刻度(V_1),混匀。轻轻倒出(必要时离心),用移液管吸取 100 mL 上清液至 200 mL 容量瓶中,加丙酮混合,稀释至刻度,混匀并过滤,滤液供滴定用。

(2)滴定　用移液管吸取一定体积滤液至三角瓶中,20～100 mL(V_a),其中氯化物含量不超过 150 mg。必要时(移取的滤液少于 50 mL),用水稀释到 50 mL 以上,加 50 mL 硝酸、2 mL 硫酸铁铵饱和溶液,并从加满硫氰酸铵或硫氰酸钾标准滴定溶液至刻度的滴定管中滴定 2 滴硫氰酸铵或硫氰酸钾溶液。剩余的硫氰酸铵或硫氰酸钾标准滴定溶液用于滴定过量的硝酸银溶液。

用硝酸银标准溶液滴定直至红棕色消失,再加入 5 mL 过量的硝酸银溶液(V_{s1}),剧烈摇动使沉淀凝聚,必要时加入 5 mL 正己烷,以助沉淀凝聚。

用硫氰酸铵或硫氰酸钾溶液滴定过量的硝酸银溶液,直至产生红棕色能保持 30 s 不褪色,滴定体积为 V_{t1}。

(3)空白试验　空白试验需与测定平行进行,用同样的方法和试剂,但不加试料。

六、结果分析

1. 测定结果的计算

试样中水溶性氯化物的含量 W_{wc}(以氯化钠计),数值以百分数表示,按下式进行计算:

$$W_{wc} = \frac{M \times [(V_{s1} - V_{s0}) \times c_s - (V_{t1} - V_{t0})] \times c_t}{m} \times \frac{V_i}{V_a} \times f \times 100\%$$

式中:M 为氯化钠的摩尔质量,$M = 58.44$ g/mol;

V_{s1} 为测试溶液滴加硝酸银溶液体积,mL;

V_{s0} 为空白溶液滴加硝酸银溶液体积，mL；

c_s 为硝酸银标准溶液浓度，mol/L；

V_{t1} 为测试溶液滴加测硫氰酸铵或硫氰酸钾溶液体积，mL；

V_{t0} 为空白溶液滴加测硫氰酸铵或硫氰酸钾溶液体积，mL；

c_t 为硫氰酸铵或硫氰酸钾溶液浓度，mol/L；

M 为试样质量，g；

V_i 为试液的体积，mL；

V_a 为移出液的体积，mL；

f 为稀释因子，$f=2$，用于熟化饲料、亚麻饼粉或富含亚麻粉的产品和富含黏性或胶体物质；$f=1$，用于其他饲料。

结果表示为质量分数（%），报告的结果中，水溶性氯化物含量小于 1.5%，精确到 0.05%；水溶性氯化物含量大于或等于 1.5%，精确到 0.10%。

2. 精密度

（1）重复性　在同一实验室由同一操作人员，用同样的方法和仪器设备，在很短的时间间隔内对同一样品测定获得的两次独立测试结果的绝对差值，大于下式：

$$r=0.314(\overline{W}_{wc})^{0.521}$$

式中：r 为重复性，%；括弧中符号为二次测定结果的平均值，%。计算得到的重复性的概率不超过 5%。

（2）再现性　在不同实验室由不同操作人员，用同样的方法和不同的仪器设备，对同一样品测定获得的两次独立测试结果的绝对差值，大于下式：

$$R=0.552\%+0.135\overline{W}_{wc}$$

式中：R 为再现性，%；W_{wc} 为二次测定结果的平均值，%。计算得到的再现性的概率不超过 5%。

七、试验注意事项

（1）快速测定水溶性氯化钠时对盐分含量过高的样品可减少试样的称量，或增加硝酸银的用量。

（2）测定过程中要防止瓶壁上残留试样，影响测定结果。

▌拓展内容▶------------------------------------•

饲料中水溶性氯化物快速测定

一、测定原理

在中性溶液中，银离子能分别与氯离子和铬酸根离子形成溶解度较小的白色氯化银沉淀和溶解度比较大的砖红色铬酸银沉淀，因此，在滴入硝酸银标准滴定溶液的过程中，只要溶液中有适量的铬酸钾，首先析出的是溶解度较小的氯化银，而当快达到等当量点时，银离子浓度随着氯离子的减少而迅速增加，当增加到铬酸银沉淀所需要的银离子浓度时，便析出铬酸银沉

淀,使溶液呈浅砖红色。其反应如下:

$$Ag^+ + Cl^- = AgCl\downarrow（白色）$$

$$2Ag^+ + CrO_4^{2-} = Ag_2CrO_4\downarrow（砖红色）$$

视频 6-10

二、仪器设备

(1)滴定管:酸式,棕色,25 mL 或 50 mL。

(2)三角瓶:150 mL。

(3)烧杯:400 mL。

三、试剂及配制

(1)硝酸银标准溶液:$[c(AgNO_3)=0.1\ mol/L]$。称取 2.4 g 硝酸银溶于蒸馏水并定容至 1 000 mL,用氯化钠标准溶液进行滴定。

(2)铬酸钾指示剂。称取 10 g 铬酸钾,溶于 100 mL 水中。

四、测定步骤

称取试样 5～10 g,准确至 0.001 g,于 400 mL 烧杯中,准确加水 200 mL,搅拌 15 min,放置 15 min,准确移取上清液 20 mL 于 150 mL 三角瓶中,加水 50 mL,铬酸钾指示剂 1 mL,用硝酸银标准滴定溶液滴定,呈现砖红色,且 30 s 不褪色为终点。同时做空白测定。

五、结果计算

试样中氯化钠的质量分数计算。

$$\omega(NaCl)=\frac{(V-V_0)\times c\times 200\times 0.058\ 45}{m\times 20}$$

式中:m 为试样的质量,g;

V 为滴定时试样溶液消耗的硝酸银标准滴定溶液体积,mL;

V_0 为滴定时空白溶液消耗的硝酸银标准滴定溶液体积,mL;

c 为硝酸银标准滴定溶液浓度,mol/L;

200 为试样溶液的总体积,mL;20 为滴定时移取的试样溶液体积,mL;0.058 45 为与 1.00 mL 硝酸银标准滴定溶液 $[c(AgNO_3)=1.000\ 0\ mol/L]$ 相当的、以 g 表示的氯化钠的质量。

所得结果应表示 2 位小数。

六、注意事项

(1)快速测定水溶性氯化钠时对盐分含量过高的样品可减少试样的称量,或增加硝酸银的用量。

(2)测定过程中要防止瓶壁上残留试样,影响测定结果。

任务考核 6-10　　　　　　参考答案 6-10

▶ 项目小结 ◀

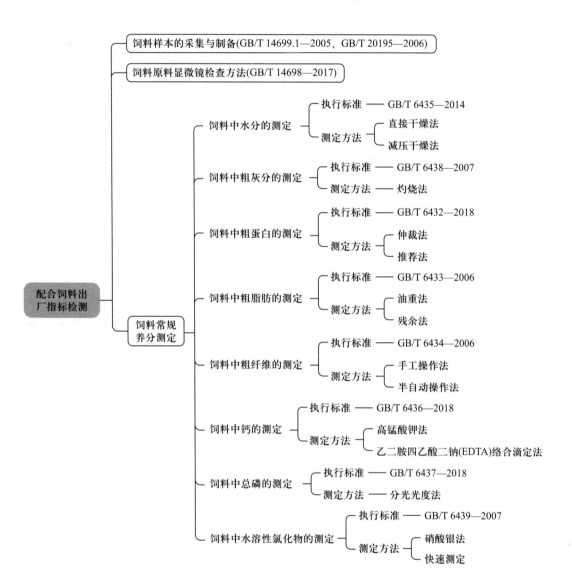

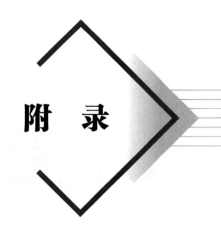

附　录

▶ 附录一　饲料、饲料添加剂卫生标准 ◀

饲料有害物质及微生物允许量见附表1。

附表1　饲料有害物质及微生物允许量

序号	卫生指标项目	产品名称	指标	试验方法	备注
1	砷（以总砷计）的允许量（每千克产品中）/mg	石粉	≤2.0	GB/T 13079	不包括国家主管部门批准使用的有机砷制剂中的砷含量
		硫酸亚铁、硫酸镁			
		磷酸盐	≤20.0		
		沸石粉、膨润土、麦饭石	≤10.0		
		硫酸铜、硫酸锰、硫酸锌、碘化钾、碘酸钙、氯化钴	≤5.0		
		氧化锌	≤10.0		
		鱼粉、肉粉、肉骨粉	≤10.0		
		家禽、猪配合饲料	≤2.0		
		牛、羊精料补充料	≤10.0		
		猪、家禽浓缩饲料			以在配合饲料中20%的添加量计
		猪、家禽添加剂预混合饲料			以在配合饲料中1%的添加量计

续附表1

序号	卫生指标项目	产品名称	指标	试验方法	备注
2	铅(以 Pb 计)的允许量(每千克产品中)/mg	生长鸭、产蛋鸭、肉鸭配合饲料、鸡配合饲料、猪配合饲料	≤5	GB/T 13080	
		奶牛、肉牛精料补充料	≤8		
		产蛋鸡、肉用仔鸡浓缩饲料、仔猪、生长肥育猪浓缩饲料	≤13		以在配合饲料中20%的添加量计
		骨粉、肉骨粉、鱼粉、石粉	≤10		
		磷酸盐	≤30		
		产蛋鸡、肉用仔鸡复合预混合饲料、仔猪、生长肥育猪复合预混合饲料	≤40		以在配合饲料中1%的添加量计
3	氟(以 F 计)的允许量(每千克产品中)/mg	鱼粉	≤500	GB/T 13083	高氟饲料用HG 2636—1994 中4.4条
		石粉	≤2 000		
		磷酸盐	≤1 800	HG 2636	
		肉用仔鸡、生长鸡配合饲料	≤250	GB/T 13083	
		产蛋鸡配合饲料	≤350		
		猪配合饲料	≤100		
		骨粉、肉骨粉	≤1 800		
		生长鸭、肉鸭配合饲料	≤200		
		产蛋鸭配合饲料	≤250		
		牛(奶牛、肉牛)精料补充料	≤50		
		猪、禽添加剂预混合饲料	≤1 000		以在配合饲料中1%的添加量计
		猪、禽浓缩饲料	按添加比例折算后,与相应猪、禽配合饲料规定值相同	GB/T 13083	
4	霉菌的允许量(每克产品中)霉菌数×10³ 个	玉米	≤40	GB/T 13092	限量饲用:40~100 禁用:>100
		小麦麸、米糠			限量饲用:40~80 禁用:>80
		豆饼(粕)、棉籽饼(粕)、菜籽饼(粕)	≤50		限量饲用:50~100 禁用:>100
		鱼粉、肉骨粉	≤20		限量饲用:20~50 禁用:>50
		鸭配合饲料	≤35		
		猪、鸡配合饲料 猪、鸡浓缩饲料 奶牛、肉牛精料补充料	≤45		

续附表1

序号	卫生指标项目	产品名称	指标	试验方法	备注
5	黄曲霉毒素 B_1 允许量（每千克产品中）/μg	玉米、花生饼（粕）、棉籽饼（粕）、菜籽饼（粕）	≤50	GB/T 17480 或 GB/T 8381	
		豆粕	≤30		
		仔猪配合饲料及浓缩饲料	≤10		
		生长肥育猪、种猪配合饲料及浓缩饲料	≤20		
		肉用仔鸡前期、雏鸡配合饲料及浓缩饲料	≤10		
		肉用仔鸡后期、生长鸡、产蛋鸡配合饲料及浓缩饲料	≤20		
		肉用仔鸡前期、雏鸡配合饲料及浓缩饲料	≤10		
		肉用仔鸭后期、生长鸭、产蛋鸭配合饲料及浓缩饲料	≤15		
		鹌鹑配合饲料及浓缩饲料	≤20		
		奶牛精料补充料	≤10		
		肉牛精料补充料	≤50		
6	铬（以 Cr 计）的允许量（每千克产品中）/mg	皮革蛋白粉	≤200	GB/T 13088	
		鸡、猪配合饲料	≤10		
7	汞（以 Hg 计）的允许量（每千克产品中）/mg	鱼粉	≤0.5	GB/T 13081	
		石粉	≤0.1		
		鸡配合饲料，猪配合饲料			
8	镉（以 Cd 计）的允许量（每千克产品中）/mg	米糠	≤1.0	GB/T 13082	
		鱼粉	≤2.0		
		石粉	≤0.75		
		鸡配合饲料、猪配合饲料	≤0.5		
9	氰化物（以 HCN 计）的允许量（每千克产品中）/mg	木薯干	≤100	GB/T 13084	
		胡麻饼（粕）	≤350		
		鸡配合饲料、猪配合饲料	≤50		
10	亚硝酸盐（以 $NaNO_2$ 计）的允许量（每千克产品中）/mg	鱼粉	≤60	GB/T 13085	
		鸡配合饲料、猪配合饲料	≤15		

续附表1

序号	卫生指标项目	产品名称	指标	试验方法	备注
11	游离棉酚的允许量（每千克产品中）/mg	棉籽饼（粕）	≤1 200	GB/T 13086	
		肉用仔鸡、生长鸡配合饲料	≤100		
		产蛋鸡配合饲料	≤20		
		生长肥育猪配合饲料	≤60		
12	异硫氰酸酯（以丙烯基异硫氰酸酯计）的允许量（每千克产品中）/mg	菜籽饼（粕）	≤4 000	GB/T 13087	
		鸡配合饲料	≤500		
		生长肥育猪配合饲料			
13	噁唑烷硫酮的允许量（每千克产品中）/mg	肉用仔鸡、生长鸡配合饲料	≤1 000	GB/T 13089	
		产蛋鸡配合饲料	≤800		
14	六六六的允许量（每千克产品中）/mg	米糠	≤0.05	GB/T 13090	
		小麦麸			
		大豆饼（粕）			
		鱼粉			
		肉用仔鸡、生长鸡配合饲料	≤0.3		
		产蛋鸡配合饲料			
		生长肥育猪配合饲料	≤0.4		
15	滴滴涕的允许量（每千克产品中）/mg	米糠	≤0.02	GB/T 13090	
		小麦麸			
		大豆饼（粕）			
		鱼粉			
		鸡配合饲料、猪配合饲料	≤0.2		
16	沙门氏杆菌	饲料	不得检出	GB/T 13091	
17	细菌总数的允许量（每克产品中），细菌总数×10^{6}个	鱼粉	<2	GB/T 13093	限量饲用：2～5 禁用：>5

注：1. 所列允许量均为以干物质含量为88%的饲料为基础计算；
　　2. 浓缩饲料、添加剂预混合饲料添加比例与本标准备注不同时，其卫生指标允许量可进行折算。

▶ 附录二　瘦肉型猪饲养标准 ◀

本标准引自中华人民共和国农业行业标准(NY/T 65—2004),规定了瘦肉型猪对能量、蛋白质、氨基酸、矿物元素和维生素的需要量。适用于配合饲料厂、养猪专业户饲养瘦肉型猪的饲粮配制。

1. 生长肥育猪饲养标准(附表 2、附表 3)

附表 2　生长肥育猪每千克饲粮养分含量[a](自由采食,88%干物质)

	体重 BW/kg	3~8	8~20	20~35	35~60	60~90
	平均体重/kg	5.5	14.0	27.5	47.5	75.0
	日增重 ADG/kg	0.24	0.44	0.61	0.69	0.80
	采食量 ADFI/kg	0.30	0.74	1.43	1.90	2.50
	饲料/增重(F/G)	1.25	1.59	2.34	2.75	3.13
	饲粮消化能含量 DE/[MJ/kg(kcal[①]/kg)]	14.02(3 350)	13.60(3 250)	13.39(3 200)	13.39(3 200)	13.39(3 200)
	饲粮代谢能含量 ME/[MJ/kg(kcal/kg)][b]	13.46(3 215)	13.06(3 120)	12.86(3 070)	12.86(3 070)	12.86(3 070)
	粗蛋白质 CP/%	21.0	19.0	17.8	16.4	14.5
	能量蛋白比 DE/CP/[kJ/%(kcal/%)]	668(160)	716(170)	752(180)	817(195)	923(220)
	赖氨酸能量比 Lys/DE/[g/MJ(g/Mcal)]	1.01(4.24)	0.85(3.56)	0.68(2.83)	0.61(2.56)	0.53(2.19)
氨基酸[c]/%	赖氨酸 Lys	1.42	1.16	0.90	0.82	0.70
	蛋氨酸 Met	0.40	0.30	0.24	0.22	0.19
	蛋氨酸＋胱氨酸 Met＋Cys	0.81	0.66	0.51	0.48	0.40
	苏氨酸 Thr	0.94	0.75	0.58	0.56	0.48
	色氨酸 Trp	0.27	0.21	0.16	0.15	0.13
	异亮氨酸 Ile	0.79	0.64	0.48	0.46	0.39
	亮氨酸 Leu	1.42	1.13	0.85	0.78	0.63
	精氨酸 Arg	0.56	0.46	0.35	0.30	0.21
	缬氨酸 Val	0.98	0.80	0.61	0.57	0.47
	组氨酸 His	0.45	0.36	0.28	0.26	0.21
	苯丙氨酸 Phe	0.85	0.69	0.52	0.48	0.40
	苯丙氨酸＋酪氨酸 Phe＋Tyr	1.33	1.07	0.82	0.77	0.64

①cal 为非法定计量单位,1 cal＝4.184 J

续附表 2

体重 BW/kg		3～8	8～20	20～35	35～60	60～90
矿物元素[d]（%或每千克饲粮含量）	钙 Ca/%	0.88	0.74	0.62	0.55	0.49
	总磷 Total P/%	0.74	0.58	0.53	0.48	0.43
	非植酸磷/%	0.54	0.36	0.25	0.20	0.17
	钠 Na/%	0.25	0.15	0.12	0.10	0.10
	氯 Cl/%	0.25	0.15	0.10	0.09	0.08
	镁 Mg/%	0.04	0.04	0.04	0.04	0.04
	钾 K/%	0.30	0.26	0.24	0.21	0.18
	铜 Cu/mg	6.00	6.00	4.50	4.00	3.50
	碘 I/mg	0.14	0.14	0.14	0.14	0.14
	铁 Fe/mg	105	105	70	60	50
	锰 Mn/mg	4.00	4.00	3.00	2.00	2.00
	硒 Se/mg	0.30	0.30	0.30	0.25	0.25
	锌 Zn/mg	110	110	70	60	50
维生素和脂肪酸[e]（%或每千克饲粮含量）	维生素 A/IU[f]	2 000	1 800	1 500	1 400	1 300
	维生素 D_3/IU[g]	220	200	170	160	150
	维生素 E/IU[h]	16	11	11	11	11
	维生素 K/mg	0.50	0.50	0.50	0.50	0.50
	硫胺素/mg	1.50	1.00	1.00	1.00	1.00
	核黄素/mg	4.00	3.50	2.50	2.00	2.00
	泛酸/mg	12.00	10.00	8.00	7.50	7.00
	烟酸/mg	20.00	15.00	10.00	8.50	7.50
	吡哆醇/mg	2.00	1.50	1.00	1.00	1.00
	生物素/mg	0.08	0.05	0.05	0.05	0.05
	叶酸/mg	0.30	0.30	0.30	0.30	0.30
	维生素 B_{12}/μg	20.00	17.50	11.00	8.00	6.00
	胆碱/g	0.60	0.50	0.35	0.30	0.30
	亚油酸/%	0.10	0.10	0.10	0.10	0.10

注：a. 瘦肉率高于 56% 的公母混养猪群（阉公猪和青年母猪各一半）。

b. 假定代谢能为消化能的 96%。

c. 3～20 kg 猪的赖氨酸百分比是根据试验和经验数据的估测值，其他氨基酸需要量是根据其与赖氨酸的比例（理想蛋白质）的估测值；20～90 kg 猪的赖氨酸需要量是结合生长模型、试验数据和经验数据的估测值，其他氨基酸需要量是根据其与赖氨酸的比例（理想蛋白质）的估测值。

d. 矿物质需要量包括饲料原料中提供的矿物质量，对于发育公猪和后备母猪，钙、总磷和有效磷的需要量应提高 0.05%～0.1%。

e. 维生素需要量包括饲料原料中提供的维生素量。

f. 1 IU 维生素 A＝0.344 μg 维生素 A 醋酸酯。

g. 1 IU 维生素 D_3＝0.025 μg 胆钙化醇。

h. 1 IU 维生素 E＝0.067 mg *D*-α-生育酚或 1 mg *DL*-α-生育酚醋酸酯。

附表 3　生长育肥猪每日每头养分需要量[a]（自由采食,88%干物质）

体重 BW/kg	3～8	8～20	20～35	35～60	60～90
平均体重/kg	5.5	14.0	27.5	47.5	75.0
日增重 ADG/kg	0.24	0.44	0.61	0.69	0.80
采食量 ADFI/(kg/d)	0.30	0.74	1.43	1.90	2.50
饲料/增重（F/G）	1.25	1.59	2.34	2.75	3.13
饲粮消化能摄入量 DE/[MJ/d(kcal/d)]	4.21(1 005)	10.06(2 405)	19.15(4 575)	25.44(6 080)	33.48(8 000)
饲粮代谢能摄入量 ME/[MJ/d(kcal/d)][b]	4.04(965)	9.66(2 310)	18.39(4 390)	24.43(5 835)	32.15(7 675)
粗蛋白质 CP/(g/d)	63	141	255	312	363

氨基酸[c]/(g/d)		3～8	8～20	20～35	35～60	60～90
	赖氨酸 Lys	4.3	8.6	12.9	15.6	17.5
	蛋氨酸 Met	1.2	2.2	3.4	4.2	4.8
	蛋氨酸＋胱氨酸 Met＋Cys	2.4	4.9	7.3	9.1	10.0
	苏氨酸 Thr	2.8	5.6	8.3	10.6	12.0
	色氨酸 Trp	0.8	1.6	2.3	2.9	3.3
	异亮氨酸 Ile	2.4	4.7	6.7	8.7	9.8
	亮氨酸 Leu	4.3	8.4	12.2	14.8	15.8
	精氨酸 Arg	1.7	3.4	5.0	5.7	5.5
	缬氨酸 Val	2.9	5.9	8.7	10.8	11.8
	组氨酸 His	1.4	2.7	4.0	4.9	5.5
	苯丙氨酸 Phe	2.6	5.1	7.4	9.1	10.0
	苯丙氨酸＋酪氨酸 Phe＋Tyr	4.0	7.9	11.7	14.6	16.0

矿物元素[d]/(g 或 mg/d)		3～8	8～20	20～35	35～60	60～90
	钙/g	2.64	5.48	8.87	10.45	12.25
	总磷/g	2.22	4.29	7.58	9.12	10.75
	非植酸磷/g	1.62	2.66	3.58	3.80	4.25
	钠/g	0.75	1.11	1.72	1.90	2.50
	氯/g	0.75	1.11	1.43	1.71	2.00
	镁/g	0.12	0.30	0.57	0.76	1.00
	钾/g	0.90	1.92	3.43	3.99	4.50
	铜/mg	1.80	4.44	6.44	7.60	8.75
	碘/mg	0.04	0.10	0.20	0.27	0.35
	铁/mg	31.50	77.70	100.10	114.00	125.00
	锰/mg	1.20	2.96	4.29	3.80	5.00
	硒/mg	0.09	0.22	0.43	0.48	0.63
	锌/mg	33.00	81.40	100.10	114.00	125.00

续附表3

体重 BW/kg		3～8	8～20	20～35	35～60	60～90
维生素和脂肪酸[e]/(IU、g、mg 或 μg/d)	维生素 A/IU[f]	660	1 330	2 145	2 660	3 250
	维生素 D₃/IU[g]	66	148	243	304	375
	维生素 E/IU[h]	5	8.5	16	21	28
	维生素 K/mg	0.15	0.37	0.72	0.95	1.25
	硫胺素/mg	0.45	0.74	1.43	1.90	2.50
	核黄素/mg	1.20	2.59	3.58	3.80	5.00
	泛酸/mg	3.60	7.40	11.44	14.25	17.5
	烟酸/mg	6.00	11.10	14.30	16.15	18.75
	吡哆醇/mg	0.60	1.11	1.43	1.90	2.50
	生物素/mg	0.02	0.04	0.07	0.10	0.13
	叶酸/mg	0.09	0.22	0.43	0.57	0.75
	维生素 B₁₂/μg	6.00	12.95	15.73	15.20	15.00
	胆碱/g	0.18	0.37	0.50	0.57	0.75
	亚油酸/%	0.30	0.74	1.43	1.90	2.50

注:a. 瘦肉率高于 56% 的公母混养猪群(阉公猪和青年母猪各一半)。

b. 假定代谢能为消化能的 96%。

c. 3～20 kg 猪的赖氨酸每日的需要量是用附表 1 中的百分率乘以采食量的估测值,其他氨基酸需要量是根据其与赖氨酸的比例(理想蛋白质)的估测值;20～90 kg 猪的赖氨酸需要量是根据生长模型的估测值,其他氨基酸需要量是根据其与赖氨酸的比例(理想蛋白质)的估测值。

d. 矿物质需要量包括饲料原料中提供的矿物质量,对于发育公猪和后备母猪,钙、总磷和有效磷的需要量应提高0.05%～0.1%。

e. 维生素需要量包括饲料原料中提供的维生素量。

f. 1 IU 维生素 A＝0.344 μg 维生素 A 醋酸酯。

g. 1 IU 维生素 D₃＝0.025 μg 胆钙化醇。

h. 1 IU 维生素 E＝0.67 mg D-α-生育酚或 1 mg DL-α-生育酚醋酸酯。

2. 母猪饲养标准(附表 4、附表 5)

附表 4 妊娠母猪每千克饲粮养分含量[a](自由采食,88% 干物质)

妊娠期	妊娠前期			妊娠后期		
配种体重/kg[b]	120～150	150～180	＞180	120～150	150～180	＞180
预期窝产仔数	10	11	11	10	11	11
采食量/(kg/d)	2.10	2.10	2.00	2.60	2.80	3.00
饲料消化能含量/[MJ/kg(kcal/kg)]	12.75(3 050)	12.35(2 950)	12.15(2 950)	12.75(3 050)	12.55(3 000)	12.55(3 000)
饲料代谢能含量/[MJ/kg(kcal/kg)][c]	12.25(2 930)	11.85(2 830)	11.65(2 830)	12.25(2 930)	12.05(2 880)	12.05(2 880)
粗蛋白质(%)[d]	13.0	12.0	12.0	14.0	13.0	12.0
能量蛋白比/[kJ/%(kcal/%)]	981(235)	1 029(246)	1 013(246)	911(218)	965(231)	1 045(250)
赖氨酸能量比/[g/MJ(g/Mcal)]	0.42 (1.74)	0.40(1.67)	0.38(1.58)	0.42(1.74)	0.41(1.70)	0.38(1.60)

续附表4

妊娠期		妊娠前期			妊娠后期		
氨基酸/%	赖氨酸	0.53	0.49	0.46	0.53	0.51	0.48
	蛋氨酸	0.14	0.13	0.12	0.14	0.13	0.12
	蛋氨酸＋胱氨酸	0.34	0.39	0.31	0.34	0.33	0.32
	苏氨酸	0.40	0.32	0.37	0.40	0.40	0.38
	色氨酸	0.10	0.28	0.09	0.10	0.09	0.09
	异亮氨酸	0.29	0.09	0.26	0.29	0.29	0.27
	亮氨酸	0.45	0.41	0.37	0.45	0.42	0.38
	精氨酸	0.06	0.32	0.00	0.06	0.02	0.00
	缬氨酸	0.35	0.02	0.30	0.35	0.33	0.31
	组氨酸	0.17	0.16	0.15	0.17	0.17	0.16
	苯丙氨酸	0.29	0.27	0.25	0.29	0.28	0.26
	苯丙氨酸＋酪氨酸	0.49	0.45	0.43	0.49	0.47	0.44
	钙/%	0.68					
	总磷/%	0.54					
矿物元素°（%或每千克饲粮含量）	非植酸磷/%				0.32		
	钠/%				0.14		
	氯/%				0.11		
	镁/%				0.04		
	钾/%				0.18		
	铜/mg				5.0		
	碘/mg				0.13		
	铁/mg				75.0		
	锰/mg				18.0		
	硒/mg				0.14		
	锌/mg				45.0		

续附表4

妊娠期	妊娠前期		妊娠后期
维生素和脂肪酸[f]（%或每千克饲粮含量）	维生素 A/IU[g]		3 620
	维生素 D_3/IU[k]		180
	维生素 E/IU[i]		40
	维生素 K/mg		0.50
	硫胺素/mg		0.90
	核黄素/mg		3.40
	泛酸/mg		11
	烟酸/mg		9.05
	吡哆醇/mg		0.90
	生物素/mg		0.19
	叶酸/mg		1.20
	维生素 B_{12}/μg		14
	胆碱/g		1.15
	亚油酸/%		0.10

注：a. 消化能、氨基酸是根据国内实验报告、企业经验数据和 NRC(1998)妊娠模型得到的。

b. 妊娠前期指妊娠前 12 周，妊娠后期指妊娠后 4 周；120～150 kg 阶段适用于初产母猪和因泌乳期消耗过度的经产母猪，150～180 kg 阶段适用于自身尚有生长潜力的经产母猪，180 kg 以上指达到标准成年体重的经产母猪，其对养分的需要不随体重增长而变化。

c. 假定代谢能为消化能的 96%。

d. 以玉米-豆粕型日粮为基础确定的。

e. 矿物质需要量包括饲料原料中提供的矿物质。

f. 维生素需要量包括饲料原料中提供的维生素量。

g. 1 IU 维生素 A＝0.344 μg 维生素 A 醋酸酯。

h. 1 IU 维生素 D_3＝0.025 μg 胆钙化醇。

i. 1 IU 维生素 E＝0.67 mg D-α-生育酚或 1 mg DL-α-生育酚醋酸酯。

附表5　泌乳母猪每千克饲粮养分含量[a]（自由采食，88%干物质）

分娩体重/kg	140～180		180～204	
泌乳期体重变化/kg	0.0	−10.0	−7.5	−15
哺乳窝仔数/头	9	9	10	10
采食量/(kg/d)	5.25	4.65	5.65	5.20
饲粮消化能含量/[MJ/kg(kcal/kg)]	13.80(3 300)	13.80(3 300)	13.80(3 300)	13.80(3 300)
饲粮代谢能含量/[MJ/kg(kcal/kg)][b]	13.25(3 170)	13.25(3 170)	13.25(3 170)	13.25(3 170)
粗蛋白质/%[c]	17.5	18.0	18.0	18.5
能量蛋白比/[kJ/%(kcal/%)]	789(189)	767(183)	767(183)	746(178)
赖氨酸能量比/[g/MJ(g/Mcal)]	0.64(2.67)	0.67(2.82)	0.66(2.76)	0.68(2.85)

续附表5

分娩体重/kg		140~180		180~204	
氨基酸/%	赖氨酸	0.88	0.93	0.91	0.94
	蛋氨酸	0.22	0.24	0.23	0.24
	蛋氨酸＋胱氨酸	0.42	0.45	0.44	0.45
	苏氨酸	0.56	0.59	0.58	0.60
	色氨酸	0.16	0.17	0.17	0.18
	异亮氨酸	0.49	0.52	0.51	0.53
	亮氨酸	0.95	1.01	0.98	1.02
	精氨酸	0.48	0.48	0.47	0.47
	缬氨酸	0.74	0.79	0.77	0.81
	组氨酸	0.34	0.36	0.35	0.37
	苯丙氨酸	0.47	0.50	0.48	0.50
	苯丙氨酸＋酪氨酸	0.97	1.03	1.00	1.04
矿物元素[d]（%或每千克饲粮含量）	钙/%	0.77			
	总磷/%	0.62			
	非植酸磷/%	0.36			
	钠/%	0.21			
	氯/%	0.16			
	镁/%	0.04			
	钾/%	0.21			
	铜/mg	5.0			
	碘/mg	0.14			
	铁/mg	80.0			
	锰/mg	20.5			
	硒/mg	0.15			
	锌/mg	51.0			
维生素和脂肪酸[e]（%或每千克饲粮含量）	维生素 A/IU[f]	2 050			
	维生素 D_3/IU[g]	205			
	维生素 E/IU[h]	45			
	维生素 K/mg	0.5			
	硫胺素/mg	1.00			
	核黄素/mg	3.85			
	泛酸/mg	12			
	烟酸/mg	10.25			
	吡哆醇/mg	1.00			
	生物素/mg	0.21			

续附表5

分娩体重/kg	140～180	180～204
叶酸/mg	1.35	
维生素 B_{12}/μg	15.0	
胆碱/g	1.00	
亚油酸/%	0.10	

注：a. 由于国内缺乏哺乳母猪的试验数据，消化能和氨基酸是根据国内一些企业的经验数据和 NRC(1998)泌乳模型得到的。

　　b. 假定代谢能为消化能的 96%。

　　c. 以玉米-豆粕型日粮为基础确定的。

　　d. 矿物质需要量包括饲料原料中提供的矿物质。

　　e. 维生素需要量包括饲料原料中提供的维生素量。

　　f. 1 IU 维生素 A＝0.344 μg 维生素 A 醋酸酯。

　　g. 1 IU 维生素 D_3＝0.025 μg 胆钙化醇。

　　h. 1 IU 维生素 E＝0.067 mg D-α-生育酚或 1 mg DL-α-生育酚醋酸酯。

3. 种公猪饲养标准(附表 6)

附表 6　配种公猪每千克饲粮和每天每头养分需要量[a]（自由采食，88% 干物质）

项目	需要量
饲粮消化能含量[MJ/kg(kcal/kg)]	12.95(3 100)
饲粮代谢能含量[MJ/kg(kcal/kg)][b]	12.45(2 975)
消化能摄入量[MJ/kg(kcal/kg)]	21.70(6 820)
饲粮代谢能含量[MJ/kg(kcal/kg)]	20.85(6 545)
采食量(kg/d)[c]	2.2
粗蛋白质(%)[d]	13.50
能量蛋白比[kJ/%(kcal/%)]	959(230)
赖氨酸能量比[g/MJ(g/Mcal)]	0.42(1.78)

项目			每千克饲粮中含量	每日需要量
需要量	氨基酸	赖氨酸	0.55%	12.1 g
		蛋氨酸	0.15%	3.31 g
		蛋氨酸＋胱氨酸	0.38%	8.4 g
		苏氨酸	0.46%	10.1 g
		色氨酸	0.11%	2.4 g
		异亮氨酸	0.32%	7.0 g
		亮氨酸	0.47%	10.3 g
		精氨酸	0.00%	0.0 g
		缬氨酸	0.36%	7.9 g
		组氨酸	0.17%	3.7 g
		苯丙氨酸	0.30%	6.6 g
		苯丙氨酸＋酪氨酸	0.52%	11.4 g

续附表6

项目			每千克饲粮中含量	每日需要量
需要量	矿物元素e	钙	0.70%	15.4 g
		总磷	0.55%	12.1 g
		有效磷	0.32%	7.04 g
		钠	0.14%	3.08 g
		氯	0.11%	2.42 g
		镁	0.04%	0.88 g
		钾	0.20%	4.40 g
		铜	5 mg	11.0 mg
		碘	0.15 mg	0.33 mg
		铁	80 mg	176.00 mg
		锰	20 mg	44.00 mg
		硒	0.15 mg	0.33 mg
		锌	75 mg	165 mg
	维生和脂肪酸f	维生素Ag	4 000 IU	8 800 IU
		维生素D$_3$h	220 IU	485 IU
		维生素Ei	45 IU	100 U
		维生素K	0.50 mg	1.10 mg
		硫胺素	1.0 mg	2.20 mg
		核黄素	3.5 mg	7.70 mg
		泛酸	12 mg	26.4 mg
		烟酸	10 mg	22 mg
		吡哆醇	1.0 mg	2.20 mg
		生物素	0.20 mg	0.44 mg
		叶酸	1.30 mg	2.86 mg
		维生素（B$_{12}$）	15 μg	33 μg
		胆碱	1.25 g	2.75 g
		亚油酸	0.1%	2.2 g

注：a. 需要量的制定以每日采食2.2 kg饲粮为基础,采食量需要公猪的体重和期望的增重进行调整。

　　b. 假定代谢能为消化能的96%。

　　c. 配种前一个月采食量增加20%～25%,冬季严寒期采食量增加10%～20%。

　　d. 以玉米-豆粕型日粮为基础确定的。

　　e. 矿物质需要量包括饲料原料中提供的矿物质。

　　f. 维生素需要量包括饲料原料中提供的维生素量。

　　g. 1 IU维生素A＝0.344 μg维生素A醋酸酯。

　　h. 1 IU维生素D$_3$＝0.025 μg胆钙化醇。

　　i. 1 IU维生素E＝0.067 mg D-α-生育酚或1 mg DL-α-生育酚醋酸酯。

▶▶ 附录三　鸡的饲养标准 ◀◀

　　本标准引自中华人民共和国农业行业标准(NY/T 33—2004),适用于专业化养鸡场和配合饲料场,蛋用鸡营养需要适用于轻型和中型的蛋鸡,肉用鸡营养需要适用于专门化培育的品系。

　　1. 蛋用鸡的营养需要(附表 7 至附表 9)

附表 7　生长蛋鸡营养需要

营养指标	单位	0～8 周龄	9～18 周龄	19 周龄至开产
代谢能	MJ/kg(Mcal/kg)	11.91 (2.85)	11.70(2.80)	11.50(2.75)
粗蛋白质	%	19.0	15.5	17.00
蛋白能量比	g/MJ(g/Mcal)	15.95(66.67)	13.25(55.30)	14.78(61.82)
赖氨酸能量比	g/MJ(g/Mcal)	0.84 (3.51)	0.58(2.43)	0.61(2.55)
赖氨酸	%	1.00	0.68	0.70
蛋氨酸	%	0.37	0.27	0.34
蛋氨酸＋胱氨酸	%	0.74	0.55	0.64
苏氨酸	%	0.66	0.55	0.64
色氨酸	%	0.20	0.18	0.19
精氨酸	%	1.18	0.98	1.02
亮氨酸	%	1.27	1.01	1.07
异亮氨酸	%	0.71	0.59	0.60
苯丙氨酸	%	0.64	0.53	0.54
苯丙氨酸＋酪氨酸	%	1.18	0.98	1.00
组氨酸	%	0.31	0.26	0.27
脯氨酸	%	0.50	0.34	0.44
缬氨酸	%	0.73	0.60	0.62
甘氨酸＋丝氨酸	%	0.82	0.68	0.71
钙	%	0.90	0.80	2.00
总磷	%	0.70	0.60	0.55
非植酸磷	%	0.40	0.35	0.32
氯	%	0.15	0.15	0.15
钠	%	0.15	0.15	0.15
铁	mg/kg	80	60	60

续附表7

营养指标	单位	0~8周龄	9~18周龄	19周龄至开产
铜	mg/kg	8	6	8
锰	mg/kg	60	40	60
锌	mg/kg	60	40	80
碘	mg/kg	0.35	0.35	0.35
硒	mg/kg	0.30	0.30	0.30
亚油酸	%	1	1	1
维生素 A	IU/kg	4 000	4 000	4 000
维生素 D	IU/kg	800	800	800
维生素 E	IU/kg	10	8	8
维生素 K	mg/kg	0.5	0.5	0.5
硫胺素	mg/kg	1.8	1.3	1.3
核黄素	mg/kg	3.6	1.8	2.2
泛酸	mg/kg	10	10	10
烟酸	mg/kg	30	11	11
吡哆醇	mg/kg	3	3	3
生物素	mg/kg	0.15	0.10	0.10
叶酸	mg/kg	0.55	0.25	0.25
维生素 B_{12}	mg/kg	0.010	0.003	0.004
胆碱	mg/kg	1 300	900	500

注:根据中型体重鸡制定。轻型鸡可酌减10%;开产日龄按5%产蛋率计算。

附表8 产蛋鸡营养需要

营养指标	单位	开产至高峰期(>85%)	高峰期(<85%)	种鸡
代谢能	MJ/kg(Mcal/kg)	11.29(2.70)	10.87(2.65)	11.29(2.70)
粗蛋白质	%	16.5	15.5	18.0
蛋白能量比	g/MJ(g/Mcal)	14.61(61.11)	14.26(58.49)	15.94(66.67)
赖氨酸能量比	g/MJ(g/Mcal)	0.64(2.67)	0.61(2.54)	0.63(2.63)
赖氨酸	%	0.75	0.70	0.75
蛋氨酸	%	0.34	0.32	0.34
蛋氨酸+胱氨酸	%	0.65	0.56	0.65
苏氨酸	%	0.55	0.5	0.55
色氨酸	%	0.16	0.15	0.16
精氨酸	%	0.76	0.69	0.76

续附表8

营养指标	单位	开产至高峰期(＞85％)	高峰期(＜85％)	种鸡
亮氨酸	％	1.02	0.98	1.02
异亮氨酸	％	0.72	0.66	0.72
苯丙氨酸	％	0.58	0.52	0.58
苯丙氨酸＋酪氨酸	％	1.08	1.06	1.08
组氨酸	％	0.25	0.23	0.25
缬氨酸	％	0.59	0.54	0.59
甘氨酸＋丝氨酸	％	0.57	0.48	0.57
可利用赖氨酸	％	0.66	0.60	—
可利用蛋氨酸	％	0.32	0.30	—
钙	％	3.5	3.5	3.5
总磷	％	0.60	0.60	0.60
非植酸磷	％	0.32	0.32	0.32
钠	％	0.15	0.15	0.15
氯	％	0.15	0.15	0.15
铁	mg/kg	60	60	60
铜	mg/kg	8	8	6
锰	mg/kg	60	60	60
锌	mg/kg	80	80	60
碘	mg/kg	0.35	0.35	0.35
硒	mg/kg	0.30	0.30	0.30
亚油酸	％	1	1	1
维生素 A	IU/kg	8 000	8 000	10 000
维生素 D	IU/kg	1 600	1 600	2 000
维生素 E	IU/kg	5	5	10
维生素 K	mg/kg	0.5	0.5	1.0
硫胺素	mg/kg	0.8	0.8	0.8
核黄素	mg/kg	2.5	2.5	3.8
泛酸	mg/kg	2.2	2.2	10
烟酸	mg/kg	20	20	30
吡哆醇	mg/kg	3.0	3.0	4.5
生物素	mg/kg	0.10	0.10	0.15
叶酸	mg/kg	0.25	0.25	0.35
维生素 B_{12}	mg/kg	0.004	0.004	0.004
胆碱	mg/kg	500	500	500

附表 9　生长蛋鸡体重和消耗量

周龄	周末体重/(g/只)	耗料量/(g/只)	累计耗料量/(g/只)
1	70	84	84
2	130	119	203
3	200	154	357
4	275	189	546
5	360	224	770
6	445	259	1 029
7	530	294	1 323
8	615	329	1 652
9	700	357	2 009
10	785	385	2 394
11	875	413	2 807
12	965	441	3 248
13	1 055	469	3 717
14	1 145	497	4 214
15	1 235	525	4 739
16	1 325	546	5 285
17	1 415	567	5 852
18	1 505	588	6 440
19	1 595	609	7 049
20	1 670	630	7 679

注:0~8周龄为自由采食,9周龄开始结合光照进行限饲。

2. 肉用鸡营养需要(附表 10 至附表 14)

附表 10　肉用仔鸡营养需要之一

营养指标	单位	0~3 周龄	4~6 周龄	7 周龄以后
代谢能	MJ/kg(Mcal/kg)	12.54(3.00)	12.96(3.10)	13.70(3.15)
粗蛋白质	%	21.5	20.0	18.0
蛋白能量比	g/MJ(g/Mcal)	17.14(71.67)	15.43(64.52)	13.67(57.14)
赖氨酸能量比	g/MJ(g/Mcal)	0.92(3.83)	0.77(3.23)	0.67(2.81)
赖氨酸	%	1.15	1.00	0.87
蛋氨酸	%	0.50	0.40	0.34
蛋氨酸+胱氨酸	%	0.91	0.76	0.65
苏氨酸	%	0.81	0.72	0.68
色氨酸	%	0.21	0.18	0.17

续附表10

营养指标	单位	0～3周龄	4～6周龄	7周龄以后
精氨酸	%	1.20	1.12	1.01
亮氨酸	%	1.26	1.05	0.94
异亮氨酸	%	0.81	0.75	0.63
苯丙氨酸	%	0.71	0.66	0.58
苯丙氨酸＋酪氨酸	%	1.27	1.15	1.00
组氨酸	%	0.35	0.32	0.27
脯氨酸	%	0.58	0.54	0.47
缬氨酸	%	0.85	0.74	0.64
甘氨酸＋丝氨酸	%	1.24	1.10	0.96
钙	%	1.0	0.9	0.8
总磷	%	0.68	0.65	0.60
非植酸磷	%	0.45	0.40	0.35
氯	%	0.20	0.15	0.15
钠	%	0.20	0.15	0.15
铁	mg/kg	100	80	80
铜	mg/kg	8	8	8
锰	mg/kg	120	100	80
锌	mg/kg	100	80	80
碘	mg/kg	0.70	0.70	0.70
硒	mg/kg	0.30	0.30	0.30
亚油酸	%	1	1	1
维生素 A	IU/kg	8 000	6 000	2 700
维生素 D	IU/kg	1 000	750	400
维生素 E	IU/kg	20	10	10
维生素 K	mg/kg	0.5	0.5	0.5
硫胺素	mg/kg	2.0	2.0	2.0
核黄素	mg/kg	8	5	5
泛酸	mg/kg	10	10	10
烟酸	mg/kg	35	30	30
吡哆醇	mg/kg	3.5	3.0	3.0
生物素	mg/kg	0.18	0.15	0.10
叶酸	mg/kg	0.55	0.55	0.50
维生素 B_{12}	mg/kg	0.010	0.010	0.007
胆碱	mg/kg	1 300	1 000	750

注：根据中型体重鸡制定，轻型鸡可酌减 10％。

附表 11 肉用仔鸡营养需要之二

营养指标	单位	0～2 龄	3～6 周龄	7 周龄以后
代谢能	MJ/kg(Mcal/g)	12.75(3.05)	12.96(3.10)	13.17(3.15)
粗蛋白质	%	22.0	20.0	17.0
蛋白能量比	g /MJ(g/Mcal)	17.25(72.13)	15.43(64.52)	12.91(53.97)
赖氨酸能量比	g /MJ(g/Mcal)	0.88(3.67)	0.77(3.23)	0.62(2.60)
赖氨酸	%	1.20	1.00	0.82
蛋氨酸	%	0.52	0.40	0.32
蛋氨酸＋胱氨酸	%	0.92	0.76	0.63
苏氨酸	%	0.84	0.72	0.64
色氨酸	%	0.21	0.18	0.16
精氨酸	%	1.25	1.12	0.95
亮氨酸	%	1.32	1.05	0.89
异亮氨酸	%	0.84	0.75	0.59
苯丙氨酸	%	0.74	0.66	0.55
苯丙氨酸＋酪氨酸	%	1.32	1.15	0.98
组氨酸	%	0.36	0.32	0.25
脯氨酸	%	0.60	0.54	0.44
缬氨酸	%	0.90	0.74	0.72
甘氨酸＋丝氨酸	%	1.30	1.10	0.93
钙	%	1.05	0.95	0.80
总磷	%	0.68	0.65	0.60
非植酸磷	%	0.50	0.40	0.35
氯	%	0.20	0.15	0.15
钠	%	0.20	0.15	0.15
铁	mg/kg	120	80	80
铜	mg/kg	10	8	8
锰	mg/kg	120	100	80
锌	mg/kg	120	80	80
碘	mg/kg	0.70	0.70	0.70
硒	mg/kg	0.30	0.30	0.30
亚油酸	%	1	1	1
维生素 A	IU/kg	10 000	6 000	2 700

续附表11

营养指标	单位	0～2龄	3～6周龄	7周龄以后
维生素 D	IU/kg	2 000	1 000	400
维生素 E	IU/kg	30	10	10
维生素 K	mg/kg	1.0	0.5	0.5
硫胺素	mg/kg	2	2	2
核黄素	mg/kg	10	5	5
泛酸	mg/kg	10	10	10
烟酸	mg/kg	45	30	30
吡哆醇	mg/kg	4.0	3.0	3.0
生物素	mg/kg	0.20	0.15	0.10
叶酸	mg/kg	1.00	0.55	0.50
维生素 B_{12}	mg/kg	0.010	0.010	0.007
胆碱	mg/kg	1 500	1 200	750

注:根据中型体重鸡制定,轻型鸡可酌减10%。

附表 12　肉用仔鸡体重与耗料量

周龄	周末体重/(g/只)	消耗量/(g/只)	累计耗料量/(g/只)
1	126	113	113
2	317	273	386
3	558	473	859
4	900	643	1 502
5	1 309	867	2 369
6	1 696	954	3 323
7	2 117	1 164	4 487
8	2 457	1 079	5 566

附表 13　肉用种鸡营养需要

营养指标	单位	0～6周龄	7～18周龄	19周龄至开产	开产至高峰期(产蛋率>65%)	高峰期后(产蛋率<65%)
代谢能	MJ/kg (Mcal/kg)	12.12(2.90)	11.91(2.85)	11.70(2.80)	11.70(2.80)	11.70(2.80)
粗蛋白质	%	18.0	15.0	16.0	17.0	16.0

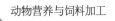

续附表13

营养指标	单位	0～6周龄	7～18周龄	19周龄至开产	开产至高峰期（产蛋率>65%）	高峰期后（产蛋率<65%）
蛋白能量比	g/MJ (g/Mcal)	14.85(62.07)	12.59(52.63)	13.68(57.14)	14.53(60.71)	13.68(57.14)
赖氨酸能量比	g/MJ (g/Mcal)	0.76(3.17)	0.55(2.28)	0.64(2.68)	0.68(2.68)	0.64(2.68)
赖氨酸	%	0.92	0.65	0.75	0.80	0.75
蛋氨酸	%	0.34	0.30	0.32	0.34	0.30
蛋氨酸＋胱氨酸	%	0.72	0.56	0.62	0.64	0.60
苏氨酸	%	0.52	0.48	0.50	0.55	0.50
色氨酸	%	0.20	0.17	0.16	0.17	0.16
精氨酸	%	0.90	0.75	0.90	0.90	0.88
亮氨酸	%	1.05	0.81	0.86	0.86	0.81
异亮氨酸	%	0.66	0.58	0.58	0.58	0.58
苯丙氨酸	%	0.52	0.39	0.42	0.51	0.48
苯丙氨酸＋酪氨酸	%	1.00	0.77	0.82	0.85	0.80
组氨酸	%	0.26	0.21	0.22	0.24	0.21
脯氨酸	%	0.50	0.41	0.44	0.45	0.42
缬氨酸	%	0.62	0.47	0.50	0.66	0.51
甘氨酸＋丝氨酸	%	0.70	0.53	0.56	0.57	0.54
钙	%	1.00	0.90	2.0	3.30	3.50
总磷	%	0.68	0.65	0.65	0.68	0.65
非植酸磷	%	0.45	0.40	0.42	0.45	0.42
氯	%	0.18	0.18	0.18	0.18	0.18
钠	%	0.18	0.18	0.18	0.18	0.18
铁	mg/kg	60	60	80	80	80
铜	mg/kg	6	6	8	8	8
锰	mg/kg	80	80	100	100	100
锌	mg/kg	60	60	80	80	80
碘	mg/kg	0.70	0.70	1.00	1.00	1.00

续附表13

营养指标	单位	0～6周龄	7～18周龄	19周龄至开产	开产至高峰期（产蛋率>65%）	高峰期后（产蛋率<65%）
硒	mg/kg	0.30	0.30	0.30	0.30	0.30
亚油酸	%	1	1	1	1	1
维生素 A	IU/kg	8 000	6 000	9 000	12 000	12 000
维生素 D	IU/kg	1 600	12 000	1 800	2 400	2 400
维生素 E	IU/kg	20	10	10	30	30
维生素 K	mg/kg	1.5	1.5	1.5	1.54	1.5
硫胺素	mg/kg	1.8	1.5	1.5	2.0	2.0
核黄素	mg/kg	8	6	6	9	9
泛酸	mg/kg	12	10	10	12	12
烟酸	mg/kg	30	20	20	35	35
吡哆醇	mg/kg	3.0	3.0	3.0	4.5	4.5
生物素	mg/kg	0.15	0.10	0.10	0.20	0.20
叶酸	mg/kg	1.0	0.5	0.5	1.2	1.2
维生素 B_{12}	mg/kg	0.010	0.006	0.008	0.012	0.012
胆碱	mg/kg	1 300	900	500	500	500

附表 14　肉用仔鸡体重与耗料量

周龄	周末体重/(g/只)	耗料量/(g/只)	累计耗料量/(g/只)
1	90	100	100
2	185	168	268
3	340	231	499
4	430	266	765
5	520	287	1 052
6	610	301	1 353
7	700	322	1 675
8	795	336	2 011
9	890	357	2 368
10	985	378	2 746
11	1 080	406	3 152
12	1 180	434	3 586
13	1 280	462	4 048

续附表14

周龄	周末体重/(g/只)	耗料量/(g/只)	累计耗料量/(g/只)
14	1 380	497	4 545
15	1 480	518	5 063
16	1 595	553	5 616
17	1 710	588	6 204
18	1 840	630	6 834
19	1 970	658	7 492
20	2 100	707	8 199
21	2 250	749	8 948
22	2 400	798	9 746
23	2 550	847	10 593
24	2 710	896	11 489
25	2 870	952	12 441
29	3 477	1 190	13 631
33	3 603	1 169	14 800
43	3 608	1 141	15 941
58	3 782	1 064	17 005

附录四　奶牛的饲养标准(节选)

本标准引自中华人民共和国农业行业的标准(NY/T 34—2004),适用于奶牛饲料厂、国营、集体、个体奶牛配合饲料和日粮(附表15至附表20)

附表15　成母牛维持的营养需要

体重/kg	日粮干物质/kg	奶牛能量单位/NND	产奶净能/Mcal	产奶净能/MJ	可消化粗蛋白质/g	小肠道消化粗蛋白质/g	钙/g	磷/g	胡萝卜素/mg	维生素A/kIU
350	5.02	9.17	6.88	28.79	243	202	21	16	63	25 000
400	5.55	10.13	7.60	31.80	268	224	24	18	75	30 000
450	6.06	11.07	8.30	34.73	293	244	27	20	85	34 000
500	6.56	11.97	8.98	37.57	317	264	30	22	95	38 000
550	7.04	12.88	9.65	40.38	341	284	33	25	105	42 000
600	7.52	13.73	10.30	43.10	364	303	36	27	115	46 000

续附表15

体重/kg	日粮干物质/kg	奶牛能量单位/NND	产奶净能/Mcal	产奶净能/MJ	可消化粗蛋白质/g	小肠道消化粗蛋白质/g	钙/g	磷/g	胡萝卜素/mg	维生素A/kIU
650	7.98	14.59	10.94	45.77	386	322	39	30	123	49 000
700	8.44	15.43	11.57	48.41	408	340	42	32	133	53 000
750	8.89	16.24	12.18	50.96	430	358	45	34	143	57 000

注:1. 对第一个泌乳期的维持需要按附表15基础上增加20%,第二个泌乳期增加10%。

2. 如第一个泌乳期的年龄和体重过小,应按生长牛的需要计算实际增重的营养需要。

3. 放牧运动时,需在附表15基础上增加能量需要量。

4. 在环境温度低的情况下,维持能量消耗增加,需在附表15基础上增加需要量。

5. 泌乳期间,每增重1 kg体重需增加8 NND和325 g可消化粗蛋白;每减重1 kg需扣除6.56 NND和250 g可消化粗蛋白质。

附表16 成母牛生产的营养需要

乳脂率/g	日粮干物质/kg	奶牛能量单位/NND	产奶净能*/Mcal	产奶净能/MJ	可消化粗蛋白质/g	小肠道消化粗蛋白质/g	钙/g	磷/g	胡萝卜素/mg	维生素A/kIU
2.5	0.31～0.35	0.80	0.60	2.51	49	42	3.6	2.4	1.05	420
3.0	0.34～0.38	0.87	0.65	2.72	51	44	3.9	2.6	1.13	452
3.5	0.37～0.41	0.93	0.70	2.93	53	46	4.2	2.8	1.22	486
4.0	0.40～0.45	1.00	0.75	3.14	46	47	4.5	3.0	1.26	502
4.5	0.43～0.49	1.06	0.80	3.35	48	49	4.8	3.2	1.39	556
5.0	0.46～0.52	1.13	0.84	3.52	51	51	5.1	3.4	1.46	584
5.5	0.49～0.55	1.19	0.89	3.72	53	53	5.4	3.6	1.55	619

附表17 母牛妊娠最后四个月的营养需要

体重/kg	怀孕月份	日粮干物质/kg	奶牛能量单位/NND	产奶净能/Mcal	产奶净能/MJ	可消化粗蛋白质/g	小肠道消化粗蛋白质/g	钙/g	磷/g	胡萝卜素/mg	维生素A/kIU
350	6	5.78	10.51	7.88	32.97	293	245	27	18	67	27
	7	6.28	11.44	8.58	35.90	327	275	31	20		
	8	7.23	13.17	9.88	41.34	375	317	37	22		
	9	8.70	15.84	11.84	49.54	437	370	45	25		
400	6	6.30	11.47	8.60	35.99	318	267	30	20	76	30
	7	6.81	12.40	9.30	38.92	352	297	34	22		
	8	7.76	14.13	10.60	44.36	400	339	40	24		
	9	9.22	16.80	12.60	52.72	462	392	48	27		

续附表17

体重/kg	怀孕月份	日粮干物质/kg	奶牛能量单位/NND	产奶净能/Mcal	产奶净能/MJ	可消化粗蛋白质/g	小肠道消化粗蛋白质/g	钙/g	磷/g	胡萝卜素/mg	维生素A/kIU
450	6	6.81	12.40	9.30	38.92	343	287	33	22	86	34
	7	7.32	13.33	10.00	41.84	377	317	37	24		
	8	8.27	15.07	11.30	47.28	425	359	43	26		
	9	9.73	17.73	13.30	55.65	487	412	51	29		
500	6	7.31	13.32	9.99	41.80	367	307	36	25	95	38
	7	7.82	14.25	10.69	44.73	401	337	40	27		
	8	8.78	15.99	11.99	50.17	449	379	46	29		
	9	10.24	18.65	13.99	58.54	511	432	54	32		
550	6	7.80	14.20	10.65	44.56	391	327	39	27	105	42
	7	8.31	15.13	11.35	47.49	425	357	43	29		
	8	9.26	16.87	12.65	52.93	473	399	49	31		
	9	10.72	19.53	14.65	61.30	535	452	57	34		
600	6	8.27	15.07	11.30	47.28	414	346	42	29	114	46
	7	8.78	16.00	12.00	50.21	448	376	46	31		
	8	9.73	17.73	13.30	55.65	496	418	52	33		
	9	11.20	20.40	15.30	64.02	558	471	60	36		
650	6	8.74	15.92	11.94	49.96	436	365	45	31	124	50
	7	9.25	16.85	12.64	52.89	470	395	49	33		
	8	10.21	48.59	13.94	58.33	518	437	55	35		
	9	11.67	21.25	15.94	66.70	580	490	63	38		
700	6	9.22	16.76	12.57	52.60	458	383	48	34	133	53
	7	9.71	17.69	13.27	55.53	492	413	52	36		
	8	10.67	19.43	14.57	60.97	540	455	58	38		
	9	12.13	22.09	16.57	69.33	602	508	66	41		
750	6	6.65	17.57	13.13	55.15	480	401	51	36	143	57
	7	10.16	18.51	13.88	58.08	514	431	55	38		
	8	11.11	20.24	15.18	63.52	562	473	61	40		
	9	12.58	22.91	17.18	71.86	624	526	69	43		

注:1. 怀孕牛干奶期间按附表17计算营养需要。

2. 怀孕期间如干奶,除按附表17计算营养需要外,还应加产奶的营养需要。

附表 18　生长母牛的营养需要

体重/kg	日增重/g	日粮干物质/kg	奶牛能量单位/NND	产奶净能/Mcal	产奶净能/MJ	可消化粗蛋白质/g	小肠道消化粗蛋白质/g	钙/g	磷/g	胡萝卜素/mg	维生素A/kIU
40	0	—	2.20	1.65	6.90	41	—	2	2	4.0	1.6
	200	—	2.67	2.00	8.37	92	—	6	4	4.1	1.6
	300	—	2.93	2.20	9.21	117	—	8	5	4.2	1.7
	400	—	2.23	2.42	10.13	141	—	11	6	4.3	1.7
	500	—	3.52	2.64	11.05	164	—	12	7	4.4	1.8
	600	—	3.84	2.86	12.05	188	—	14	8	4.5	1.8
	700	—	4.19	3.14	13.14	210	—	16	10	4.6	1.8
	800	—	4.56	3.42	14.13	231	—	18	11	4.7	1.9
50	0	—	2.56	1.92	8.04	49	—	3	3	5.0	2.0
	300	—	3.32	2.49	10.42	124	—	9	5	5.3	2.1
	400	—	3.60	2.70	11.30	148	—	11	6	5.4	2.2
	500	—	3.92	2.94	12.31	172	—	13	8	5.5	2.2
	600	—	4.24	3.18	13.31	194	—	15	9	5.6	2.2
	700	—	4.60	3.45	14.44	216	—	17	10	5.7	2.3
	800	—	4.99	3.75	15.65	238	—	19	11	5.8	2.3
60	0	—	2.89	2.17	9.08	56	—	4	3	6.0	2.4
	300	—	3.67	2.75	11.51	131	—	10	5	6.3	2.5
	400	—	3.96	2.97	12.43	154	—	12	6	6.4	2.6
	500	—	4.28	3.21	13.44	178	—	14	8	6.5	2.6
	600	—	4.63	3.47	14.52	199	—	16	9	6.6	2.6
	700	—	4.99	3.74	15.65	221	—	17	10	6.7	2.7
	800	—	5.37	4.03	16.8	243	—	20	11	6.8	2.7
70	0	1.22	3.21	2.41	10.09	63	—	4	4	7.0	2.8
	300	1.67	4.01	3.01	12.60	142	—	10	6	7.9	3.2
	400	1.85	4.32	3.24	13.56	168	—	12	7	8.1	3.2
	500	2.03	4.64	3.48	14.56	193	—	14	8	8.3	3.3
	600	2.21	4.99	3.74	15.65	215	—	16	10	8.4	3.4
	700	2.39	5.36	4.02	16.82	239	—	18	11	8.5	3.4
	800	3.61	5.76	4.32	18.08	262	—	20	12	8.6	3.4
80	0	1.35	3.15	2.63	11.01	70	—	5	4	8.0	3.2
	300	1.80	1.80	3.24	13.56	149	—	11	6	9.0	3.6
	400	1.98	4.64	3.48	14.57	174	—	13	7	9.1	3.6
	500	2.16	4.96	3.72	15.57	198	—	15	8	9.2	3.7
	600	2.34	5.32	3.99	16.70	222	—	17	10	9.3	3.7
	700	2.57	5.71	4.28	17.91	245	—	19	11	9.4	3.8
	800	2.79	6.12	4.59	19.21	268	—	21	12	9.5	3.8

续附表18

体重/kg	日增重/g	日粮干物质/kg	奶牛能量单位/NND	产奶净能/Mcal	产奶净能/MJ	可消化粗蛋白质/g	小肠道消化粗蛋白质/g	钙/g	磷/g	胡萝卜素/mg	维生素A/kIU
90	0	1.45	3.80	2.85	11.93	76	—	6	5	9.0	3.6
	300	1.84	4.64	3.48	14.57	154	—	12	7	9.5	3.8
	400	2.12	4.96	3.72	15.57	197	—	14	8	9.7	3.9
	500	2.30	5.29	3.97	16.62	203	—	16	9	9.9	4.0
	600	2.48	5.65	4.24	17.75	226	—	18	11	10.1	4.0
	700	2.70	6.06	4.54	19.00	249	—	20	12	10.3	4.1
	800	2.93	6.48	4.86	20.34	272	—	22	13	10.5	2.2
100	0	1.62	4.08	3.06	12.81	82	—	6	5	10.5	4.0
	300	2.07	4.93	3.07	15.49	173	—	13	7	10.5	4.2
	400	2.25	5.27	3.95	16.53	202	—	14	8	10.7	4.3
	500	2.43	5.61	4.21	17.62	231	—	16	9	11.0	4.4
	600	2.66	5.99	4.49	18.79	258	—	18	11	11.2	4.4
	700	2.84	6.39	4.79	20.05	285	—	20	12	11.4	4.5
	800	3.11	6.81	5.11	21.39	311	—	22	13	11.6	4.6
125	0	1.89	4.73	3.55	14.86	97	82	8	6	12.5	5.0
	300	2.39	5.64	4.23	17.70	186	164	14	7	13.0	5.2
	400	2.57	5.96	4.47	18.71	215	190	16	8	13.2	5.3
	500	2.79	6.35	4.76	19.92	243	215	18	10	13.4	5.4
	600	3.02	6.75	5.06	21.18	268	239	20	11	13.6	5.4
	700	3.24	7.17	5.38	22.51	295	264	22	12	13.8	5.5
	800	3.15	6.63	5.72	23.94	322	288	24	13	14.0	5.6
	900	3.74	8.12	6.09	25.48	347	311	26	14	14.2	5.7
	1 000	4.05	8.67	6.50	27.20	370	332	28	16	14.4	5.8
150	0	2.21	5.35	4.01	16.78	111	94	9	8	15.0	6.0
	300	2.70	6.31	4.73	19.80	201	175	15	9	15.7	6.3
	400	2.88	6.67	5.00	20.92	226	200	17	10	16.0	6.4
	500	3.11	7.05	5.29	22.14	254	225	19	11	16.3	6.5
	600	3.33	7.47	5.60	23.44	279	248	21	12	16.6	6.6
	700	3.60	7.92	5.94	24.86	305	272	23	13	17.0	6.8
	800	3.83	8.40	6.30	26.36	331	296	25	14	17.3	6.9
	900	4.10	8.92	6.69	28.00	356	319	27	16	17.6	7.0
	1 000	4.41	9.49	7.12	29.80	378	339	29	17	18.0	7.2

续附表18

体重/kg	日增重/g	日粮干物质/kg	奶牛能量单位/NND	产奶净能/Mcal	产奶净能/MJ	可消化粗蛋白质/g	小肠道消化粗蛋白质/g	钙/g	磷/g	胡萝卜素/mg	维生素A/kIU
175	0	2.48	2.48	5.93	4.45	18.62	125	106	11	9	7.0
	300	3.02	3.02	7.05	5.29	22.14	210	184	17	10	7.3
	400	3.20	3.20	7.48	5.61	23.48	238	210	19	11	7.4
	500	3.42	3.42	7.95	5.69	24.94	266	235	22	12	7.5
	600	3.65	3.65	8.43	6.32	26.45	290	257	23	13	7.6
	700	3.92	3.92	8.96	6.72	28.12	316	281	25	14	7.8
	800	4.19	4.19	9.53	7.15	29.92	341	304	27	15	7.9
	900	4.50	4.50	10.15	7.16	31.85	365	326	29	16	8.0
	1 000	4.82	4.82	10.81	8.11	33.94	387	346	31	17	8.1
200	0	2.70	6.48	4.86	20.34	160	133	12	10	20.0	8.0
	300	3.29	7.65	5.74	24.02	244	210	18	11	21.0	8.4
	400	3.15	8.11	6.08	25.44	271	235	20	12	21.5	8.6
	500	3.74	8.59	6.44	26.95	297	259	22	13	22.0	8.8
	600	3.96	9.11	6.83	28.58	322	282	24	14	22.5	9.0
	700	4.23	9.67	7.25	30.34	347	305	26	15	23.0	9.2
	800	4.55	10.25	7.69	32.18	372	327	28	16	23.5	9.4
	900	4.86	10.91	8.18	34.23	396	349	30	17	24.0	9.6
	1 000	5.18	11.60	8.70	36.41	417	368	32	18	24.5	9.8
250	0	3.20	7.53	5.65	23.64	189	157	15	13	25.0	10.0
	300	3.83	8.83	6.62	27.70	270	231	21	14	26.0	10.6
	400	4.05	9.31	6.98	29.21	296	255	23	15	27.0	10.8
	500	4.32	9.83	7.37	30.84	323	279	25	16	27.5	11.0
	600	4.59	10.40	7.80	32.64	345	300	27	17	28.0	11.2
	700	4.86	11.01	8.26	34.56	370	323	29	18	28.5	11.4
	800	5.18	11.65	8.74	34.57	394	345	31	19	29.0	11.6
	900	5.54	12.37	9.28	38.83	417	365	33	20	29.5	11.8
	1 000	5.90	13.13	9.83	41.13	437	385	35	21	30.0	12.0
300	0	3.69	8.51	6.38	26.70	216	180	18	15	30.0	12.0
	300	4.37	10.08	7.56	31.64	295	253	26	16	31.5	12.6
	400	4.59	10.68	8.01	33.52	321	276	24	17	32.0	12.8
	500	4.91	11.31	8.48	35.49	346	299	28	18	32.5	13.0
	600	5.18	11.99	8.99	37.62	368	320	30	19	33.0	13.2
	700	5.49	12.72	9.54	39.92	392	342	32	20	33.5	13.4
	800	5.85	13.51	10.13	42.39	415	362	34	21	34.0	13.6
	900	6.21	14.36	10.77	45.07	438	383	36	22	34.5	13.8
	1 000	6.62	15.29	11.47	48.00	458	402	38	23	35.0	14.0

续附表18

体重/kg	日增重/g	日粮干物质/kg	奶牛能量单位/NND	产奶净能/Mcal	产奶净能/MJ	可消化粗蛋白质/g	小肠道消化粗蛋白质/g	钙/g	磷/g	胡萝卜素/mg	维生素A/kIU
350	0	4.14	9.43	7.07	29.59	243	202	21	18	35.0	14.0
	300	4.86	11.11	8.33	34.86	321	273	27	19	36.8	14.7
	400	5.13	11.76	8.82	36.91	345	296	29	20	37.4	15.0
	500	5.45	12.44	9.33	39.04	369	318	31	21	38.0	15.2
	600	5.76	13.17	9.88	41.34	392	338	33	22	38.6	15.4
	700	6.08	13.96	10.47	43.81	415	360	35	23	39.2	15.7
	800	6.39	14.83	11.12	46.53	442	381	37	24	39.8	15.9
	900	6.84	15.75	11.81	49.42	460	401	39	25	40.4	16.1
	1 000	7.29	16.75	12.56	52.56	480	419	41	26	41.0	16.4
400	0	4.55	10.32	7.74	32.39	268	224	24	20	40.0	16.0
	300	5.36	12.38	9.21	38.54	344	294	30	21	42.0	16.8
	400	5.63	13.30	9.77	40.88	368	316	32	22	43.0	17.2
	500	5.94	13.81	10.36	43.35	393	338	34	23	44.0	17.6
	600	6.30	14.65	10.99	45.99	415	359	36	24	45.0	18.0
	700	6.66	15.57	11.68	48.87	438	380	38	25	46.0	18.4
	800	7.07	16.56	12.42	51.97	460	400	40	26	47.0	18.8
	900	7.47	17.64	13.24	55.40	482	420	42	27	48.0	19.2
	1 000	7.97	18.80	14.10	59.00	501	437	44	28	49.0	19.6
450	0	5.00	11.16	8.37	35.03	293	244	27	23	45.0	18.0
	300	5.80	13.25	9.94	41.59	368	313	33	24	48.0	19.2
	400	6.10	14.04	10.53	44.06	393	335	35	25	49.0	19.6
	500	6.50	14.88	11.16	46.70	417	355	37	26	50.0	20.0
	600	6.80	15.80	11.85	49.59	439	377	39	27	51.0	20.4
	700	7.20	16.79	12.58	52.64	461	398	41	28	52.0	20.8
	800	7.70	17.84	13.35	55.99	481	419	43	29	53.0	21.2
	900	8.10	18.99	12.24	59.59	505	439	45	30	54.0	21.6
	1 000	8.60	20.23	15.17	63.48	524	456	47	31	55.0	22.0
500	0	5.40	11.97	8.98	37.58	317	264	30	25	50.0	20.0
	300	6.30	14.37	10.78	45.00	392	333	36	26	53.0	21.2
	400	6.60	15.27	11.45	47.91	417	355	38	27	54.0	21.6
	500	7.00	16.24	12.18	50.97	441	377	40	28	55.0	22.0
	600	7.30	17.27	12.95	54.19	463	397	42	29	56.0	22.4
	700	7.80	18.39	13.79	57.70	485	418	44	30	57.0	22.8
	800	8.20	19.61	14.71	61.55	507	438	46	31	58.0	23.2
	900	8.70	20.91	15.68	65.61	529	458	48	32	59.0	23.6
	1 000	9.30	22.33	16.75	70.09	548	476	50	33	60.0	24.0

续附表18

体重/kg	日增重/g	日粮干物质/kg	奶牛能量单位/NND	产奶净能/Mcal	产奶净能/MJ	可消化粗蛋白质/g	小肠道消化粗蛋白质/g	钙/g	磷/g	胡萝卜素/mg	维生素A/kIU
550	0	5.80	12.77	9.58	40.09	341	284	33	28	55.0	22.0
	300	6.80	15.31	11.48	48.04	417	354	39	29	58.0	23.0
	400	7.10	16.27	12.20	51.05	441	376	30	30	59.0	23.6
	500	7.50	17.29	12.97	54.27	465	397	31	31	60.0	24.0
	600	7.90	18.40	13.80	57.74	487	418	45	32	61.0	24.4
	700	8.30	19.57	14.68	61.43	510	439	47	33	62.0	24.8
	800	8.80	20.85	15.64	65.44	533	460	49	34	63.0	25.2
	900	9.30	22.25	16.69	69.84	554	480	51	35	64.0	25.6
	1 000	9.90	23.76	17.82	74.56	573	496	53	36	65.0	26.0
600	0	6.20	13.53	10.50	42.47	364	303	36	30	60.0	24.0
	300	7.20	16.39	12.29	51.43	441	374	42	31	66.0	26.4
	400	7.60	17.48	13.11	54.86	465	396	44	32	67.0	26.8
	500	8.00	18.64	13.98	58.50	489	418	46	33	68.0	27.2
	600	8.40	19.88	14.91	62.39	512	439	48	34	69.0	27.6
	700	8.90	21.23	15.92	66.61	535	459	50	35	70.0	28.0
	800	9.40	22.67	17.00	71.13	557	480	52	36	71.0	28.4
	900	9.90	24.24	18.18	76.07	580	501	54	37	72.0	28.8
	1 000	10.50	25.93	19.45	81.38	599	518	56	38	73.0	29.2

附表 19　生长公牛的营养需要

体重/kg	日增重/g	日粮干物质/kg	奶牛能量单位/NND	产奶净能/Mcal	产奶净能/MJ	可消化粗蛋白质/g	小肠道消化粗蛋白质/g	钙/g	磷/g	胡萝卜素/mg	维生素A/kIU
40	0	—	2.20	1.65	3.91	41	—	2	2	4.0	1.6
	200	—	2.63	1.97	8.25	92	—	6	4	4.1	1.6
	300	—	2.87	2.15	9.00	117	—	8	5	4.2	1.7
	400	—	3.12	2.34	9.80	141	—	11	6	4.3	1.7
	500	—	3.39	2.54	10.63	164	—	12	7	4.4	1.8
	600	—	3.68	2.76	11.55	188	—	14	8	4.5	1.8
	700	—	3.99	2.99	12.52	210	—	16	10	4.6	1.8
	800	—	4.32	3.24	13.56	231	—	18	11	4.7	1.9

续附表19

体重/kg	日增重/g	日粮干物质/kg	奶牛能量单位/NND	产奶净能/Mcal	产奶净能/MJ	可消化粗蛋白质/g	小肠道消化粗蛋白质/g	钙/g	磷/g	胡萝卜素/mg	维生素A/kIU
50	0	—	2.56	1.92	8.04	49	—	3	3	5.0	2.0
	300	—	3.24	2.43	10.17	124	—	9	5	5.3	2.1
	400	—	3.51	2.63	11.01	148	—	11	6	5.4	2.2
	500	—	3.77	2.83	11.85	172	—	13	8	5.5	2.2
	600	—	4.08	3.06	12.81	194	—	15	9	5.6	2.2
	700	—	4.40	3.30	13.81	216	—	17	10	5.7	2.3
	800	—	4.73	3.55	14.86	238	—	19	11	5.8	2.3
60	0	—	2.89	2.17	9.08	56	—	4	4	7.0	2.8
	300	—	3.60	2.70	11.30	131	—	10	6	7.9	3.2
	400	—	3.85	2.89	12.10	154	—	12	7	8.1	3.2
	500	—	4.15	3.11	13.02	178	—	14	8	8.3	3.3
	600	—	4.45	3.34	13.98	199	—	16	10	8.4	3.4
	700	—	4.77	3.58	14.98	221	—	18	11	8.5	3.4
	800	—	5.13	3.85	16.11	243	—	20	12	8.6	3.4
70	0	1.2	3.21	2.41	10.09	63	—	4	4	7.0	3.2
	300	1.6	3.93	2.95	12.35	142	—	10	6	7.9	3.6
	400	1.8	4.20	3.15	13.18	168	—	12	7	8.1	3.6
	500	1.9	4.49	3.37	14.11	193	—	14	8	8.3	3.7
	600	2.1	4.81	3.61	15.11	15	—	16	10	8.4	3.7
	700	2.3	5.15	3.86	16.16	239	—	18	11	8.5	3.8
	800	2.5	5.51	4.13	17.28	262	—	20	12	8.6	3.8
80	0	1.4	3.51	2.63	11.01	70	—	5	4	8.0	3.2
	300	1.8	4.24	3.18	13.31	149	—	11	6	9.0	3.6
	400	1.9	4.52	3.39	14.19	174	—	13	7	9.1	3.6
	500	2.1	4.81	3.61	15.11	198	—	15	8	9.2	3.7
	600	2.3	5.13	3.88	16.11	222	—	17	9	9.3	3.7
	700	2.4	5.48	4.11	17.20	245	—	19	11	9.4	3.8
	800	2.7	5.85	4.39	18.37	268	—	21	12	9.5	3.8
90	0	1.5	3.80	2.85	11.93	76	—	6	5	9.0	3.6
	300	1.9	4.56	3.42	14.31	154	—	12	7	9.5	3.8
	400	2.1	4.84	3.63	15.19	179	—	14	8	9.7	3.9
	500	2.2	5.15	3.86	16.16	203	—	16	9	9.9	4.0
	600	2.4	5.47	4.10	17.16	226	—	18	11	10.1	4.0
	700	2.6	5.83	4.37	18.49	249	—	20	12	10.3	4.1
	800	2.8	6.20	4.65	19.46	272	—	22	13	10.5	4.2

续附表19

体重/kg	日增重/g	日粮干物质/kg	奶牛能量单位/NND	产奶净能/Mcal	产奶净能/MJ	可消化粗蛋白质/g	小肠道消化粗蛋白质/g	钙/g	磷/g	胡萝卜素/mg	维生素A/kIU
100	0	1.6	4.08	3.06	12.81	82		6	5	10.0	4.0
	300	2.0	4.85	3.64	15.23	173	—	3	7	10.5	4.2
	400	2.2	5.15	3.86	16.16	202	—	4	8	10.7	4.3
	500	2.3	5.45	4.09	17.12	231	—	16	9	11.0	4.4
	600	2.5	5.79	4.34	18.16	258	—	18	11	11.2	4.4
	700	2.7	6.16	4.62	19.34	285	—	20	12	11.4	4.5
	800	2.9	6.55	4.91	20.55	311	—	22	13	11.6	4.6
125	0	1.9	4.73	3.55	14.86	97	82	8	6	12.5	5.0
	300	2.3	5.55	4.16	17.41	186	164	14	7	13.0	5.2
	400	2.5	5.87	4.40	18.41	215	190	16	8	13.2	5.3
	500	2.7	6.19	4.64	19.42	243	215	18	10	13.4	5.4
	600	2.9	6.55	4.91	20.55	268	239	20	11	13.6	5.4
	700	3.1	6.93	5.2	21.76	295	264	22	12	13.8	5.5
	800	3.3	7.33	5.5	23.02	322	288	24	13	14.0	5.6
	900	3.6	7.79	5.84	24.44	347	311	26	14	14.2	5.7
	1 000	3.8	8.28	6.21	25.99	370	332	28	16	14.4	5.8
150	0	2.2	5.35	4.01	16.78	111	94	9	8	15.0	6.0
	300	2.7	6.21	4.66	19.50	202	175	15	9	15.7	6.3
	400	2.8	6.53	4.90	20.51	226	200	17	10	16.0	6.4
	500	3.0	6.88	5.16	21.59	254	225	19	11	16.3	6.5
	600	3.2	7.25	5.44	22.77	279	248	21	12	16.6	6.6
	700	3.4	7.67	5.75	24.06	305	272	23	13	17.0	6.8
	800	3.7	8.09	6.07	25.40	331	296	25	14	17.3	6.9
	900	3.9	8.56	6.42	26.87	356	319	27	16	17.6	7.0
	1 000	4.2	9.08	6.81	28.50	378	339	29	17	18.0	7.2
175	0	2.5	5.93	4.45	18.62	125	106	11	9	17.5	7.0
	300	2.9	6.95	5.21	21.80	210	184	17	10	18.2	7.3
	400	3.2	7.32	5.49	22.98	238	210	19	11	18.5	7.4
	500	3.6	7.75	5.81	24.31	266	235	22	12	18.8	7.5
	600	3.8	8.17	6.13	25.65	290	257	23	13	19.1	7.6
	700	4.1	8.65	6.49	27.16	316	281	25	14	19.4	7.7
	800	4.4	9.17	6.88	28.79	341	304	27	15	19.7	7.8
	900	4.6	9.72	7.29	30.51	365	326	29	16	20.0	7.9
	1 000	5.0	10.32	7.74	32.39	387	346	31	17	20.3	8.0

续附表19

体重/kg	日增重/g	日粮干物质/kg	奶牛能量单位/NND	产奶净能/Mcal	产奶净能/MJ	可消化粗蛋白质/g	小肠道消化粗蛋白质/g	钙/g	磷/g	胡萝卜素/mg	维生素A/kIU
200	0	2.7	6.48	4.86	20.34	160	133	12	10	20.0	8.1
	300	3.2	7.53	5.65	23.64	244	210	18	11	21.0	8.4
	400	3.4	7.95	5.96	24.94	271	235	20	12	21.5	8.6
	500	3.6	8.37	6.28	26.28	297	259	22	13	22.0	8.8
	600	3.8	8.84	6.63	27.74	322	282	24	14	22.5	9.0
	700	4.1	9.35	7.01	29.33	348	305	26	15	23.0	9.2
	800	4.4	9.88	7.41	31.01	372	327	28	16	23.5	9.4
	900	4.6	10.47	7.85	32.90	396	349	30	17	24.0	9.6
	1 000	5.0	11.09	9.32	34.82	417	368	32	18	24.5	9.8
250	0	3.2	7.53	5.65	23.64	189	157	15	13	25.0	10.0
	300	3.8	8.69	6.52	27.28	270	231	21	14	26.5	10.6
	400	4.0	9.13	6.85	28.67	296	255	23	15	27.0	10.8
	500	4.2	9.60	7.20	30.13	323	279	25	16	27.5	11.0
	600	4.5	10.12	7.59	31.76	345	300	27	17	28.0	11.2
	700	4.7	10.67	8.00	33.48	370	323	29	18	28.5	11.4
	800	5.0	11.24	8.43	35.28	394	345	31	19	29.0	11.6
	900	5.3	11.89	8.92	37.33	417	366	33	20	29.5	11.8
	1 000	5.6	12.57	9.43	39.46	437	385	35	21	30.0	12.0
300	0	3.7	8.51	6.38	26.70	216	180	18	15	30.0	12.0
	300	4.3	9.92	7.44	31.13	295	253	24	16	31.5	12.6
	400	4.5	10.47	7.85	32.85	321	276	26	17	32.0	12.8
	500	4.8	11.03	8.27	34.61	346	299	28	18	32.5	13.0
	600	5.0	11.64	8.73	36.53	368	320	30	19	33.0	13.2
	700	5.3	12.29	9.22	38.85	392	342	32	20	33.5	13.4
	800	5.6	13.00	9.76	40.85	415	362	34	21	34.0	13.6
	900	5.9	13.77	10.33	43.23	438	383	36	22	34.5	13.8
	1 000	6.3	14.61	10.96	45.86	458	402	38	23	35.0	14.0
350	0	4.1	9.43	7.07	29.59	243	202	21	18	35.0	14.0
	300	4.8	10.93	8.20	34.31	321	273	27	19	36.8	14.7
	400	5.0	11.53	8.65	36.20	345	296	29	20	37.4	15.0
	500	5.3	12.13	9.10	38.08	369	318	31	21	38.0	15.2
	600	5.6	12.80	9.60	40.17	392	338	33	22	38.6	15.4
	700	5.9	13.51	10.13	42.39	415	360	35	23	39.2	15.7
	800	6.2	14.29	10.72	44.86	442	381	37	24	39.8	15.9
	900	6.6	15.12	11.34	47.45	460	401	39	25	40.4	16.1
	1 000	7.0	16.01	12.01	50.25	480	419	41	26	41.0	16.4

续附表19

体重/kg	日增重/g	日粮干物质/kg	奶牛能量单位/NND	产奶净能/Mcal	产奶净能/MJ	可消化粗蛋白质/g	小肠道消化粗蛋白质/g	钙/g	磷/g	胡萝卜素/mg	维生素A/kIU
400	0	4.5	10.32	7.74	32.39	268	224	24	20	40.0	16.0
	300	5.3	12.08	9.05	37.91	344	294	30	2	42.0	6.8
	400	5.5	12.76	9.57	40.05	368	316	32	22	43.0	17.2
	500	5.8	13.47	10.00	42.26	393	338	34	23	44.0	17.6
	600	6.1	14.23	10.37	44.65	415	359	36	24	45.0	18.0
	700	6.4	15.05	11.29	47.24	438	380	38	25	46.0	17.4
	800	6.8	15.93	11.95	50.00	460	400	40	26	47.0	18.8
	900	7.2	16.91	12.68	53.06	482	420	42	27	48.0	19.2
	1 000	7.6	17.95	13.46	56.32	501	437	44	28	49.0	19.6
450	0	5.0	11.60	8.37	35.03	293	244	27	23	45.0	18.0
	300	5.7	13.04	9.78	40.92	698	313	33	24	48.0	19.2
	400	6.0	13.75	10.31	43.14	393	335	35	25	49.0	19.6
	500	6.3	14.51	10.88	45.53	417	355	37	26	50.0	20.0
	600	6.7	15.33	11.50	48.10	439	377	39	27	51.0	20.4
	700	7.0	16.21	12.16	50.88	461	398	41	28	52.0	20.8
	800	7.4	17.17	12.88	53.89	484	419	43	29	53.0	21.2
	900	7.8	18.20	13.65	57.12	505	439	45	30	54.0	21.6
	1 000	8.2	19.32	14.49	60.63	524	456	47	31	55.0	22.0
500	0	5.4	11.97	8.93	37.58	317	264	30	25	50.0	20.0
	300	6.2	14.13	10.60	44.36	392	333	36	26	53.0	21.2
	400	6.5	14.93	11.20	46.87	417	355	38	27	54.0	21.6
	500	6.8	15.81	11.86	49.63	441	377	40	28	55.0	22.0
	600	7.1	16.73	12.55	52.51	463	397	42	29	56.0	22.4
	700	7.6	17.75	13.31	55.39	485	418	44	30	57.0	22.8
	800	8.0	18.85	14.14	59.17	507	438	46	31	58.0	23.2
	900	8.4	20.01	15.01	62.81	529	458	48	32	59.0	23.6
	1 000	8.9	21.29	15.97	66.82	548	476	50	33	60.0	24.0
550	0	5.8	12.77	9.58	40.09	341	284	33	28	55.0	22.0
	300	6.7	15.04	11.28	47.20	354	354	39	29	58.0	23.0
	400	6.9	15.92	11.94	49.96	376	376	41	30	59.0	23.6
	500	7.3	16.84	12.63	52.85	397	297	43	31	60.0	24.0
	600	7.7	17.84	13.38	55.99	418	418	45	32	61.0	24.4
	700	8.1	18.89	14.17	59.29	439	439	47	33	62.0	24.8
	800	8.5	20.04	15.03	62.89	460	460	49	34	63.0	25.2
	900	8.9	21.31	15.98	66.87	480	480	51	35	64.0	25.6
	1 000	9.5	22.67	17.00	71.13	496	496	53	36	65.0	26.0

续附表19

体重/kg	日增重/g	日粮干物质/kg	奶牛能量单位/NND	产奶净能/Mcal	产奶净能/MJ	可消化粗蛋白质/g	小肠道消化粗蛋白质/g	钙/g	磷/g	胡萝卜素/mg	维生素A/kIU
600	0	6.2	13.53	10.15	42.47	364	303	36	30	60.0	24.0
	300	7.1	16.11	12.08	50.55	441	374	42	31	66.0	26.4
	400	7.4	17.08	12.81	53.60	465	396	44	32	67.0	26.8
	500	7.8	18.13	13.60	56.91	489	418	46	33	68.0	27.2
	600	8.2	19.24	14.43	60.38	512	439	48	34	69.0	27.6
	700	8.6	20.45	15.34	64.19	535	459	50	35	70.0	28.0
	800	9.0	21.76	16.32	68.29	557	480	52	36	71.0	28.4
	900	9.5	23.17	17.38	72.72	58/0	501	54	37	72.0	28.8
	1 000	10.1	24.69	18.52	77.49	599	518	56	38	73.0	29.2

附表 20　种公牛的营养需要

体重/kg	日粮干物质/kg	奶牛能量单位/NND	产奶净能/Mcal	产奶净能/MJ	可消化粗蛋白质/g	钙/g	磷/g	胡萝卜素/mg	维生素A/kIU
500	7.99	13.40	10.05	42.05	423	32	24	53	21
600	9.17	15.36	11.52	48.20	485	36	27	64	26
700	10.29	17.24	12.93	54.10	544	41	31	74	30
800	11.37	19.05	14.29	59.79	602	45	34	85	34
900	12.42	20.81	15.61	65.32	657	49	37	95	38
1 000	13.44	22.52	16.89	70.64	711	53	40	106	42
1 100	14.44	24.26	18.50	75.94	764	57	43	17	47
1 200	15.42	25.83	19.37	81.05	816	61	46	127	51
1 300	16.37	27.49	20.57	86.07	866	65	49	138	55
1 400	17.31	28.90	21.74	90.97	916	69	52	148	59

附录五 中国饲料营养成分及价值表（2023 年第 34 版，节选）

饲料描述及常规成分见附表 21。

附表 21 饲料描述及常规成分 Feed description and proximate composition

序号	中国饲料号 CFN	饲料名称 Feed Name	饲料描述 Description	干物质 DM/%	粗蛋白质 CP/%	粗脂肪 EE/%	粗纤维 CF/%	无氮浸出物 NFE/%	粗灰分 Ash/%	中性洗涤纤维 NDF/%	酸性洗涤纤维 ADF/%	淀粉 Starch/%	钙 Ca/%	总磷 P/%	有效磷 AP/%
1	4-07-0278	玉米 corn grain	成熟,高蛋白,1级(CP10+)	86.0	10.3	3.9	2.3	68.2	1.3	9.1	3.3	61.7	0.01	0.36	0.12
2	4-07-0288	玉米 corn grain	成熟,高赖氨酸,优质	86.0	8.5	5.3	2.6	68.3	1.3	9.4	3.5	59.0	0.16	0.25	0.05
3	4-07-0279	玉米 corn grain	成熟 GB 1353—2018,2 级(CP9+)	86.0	9.3	3.7	2.2	69.5	1.3	9.3	2.7	65.4	0.01	0.33	0.11
4	4-07-0280	玉米 corn grain	成熟 GB 1353—2018,3 级(CP8+)	86.0	8.4	3.4	2.3	70.7	1.2	9.2	4.2	63.5	0.01	0.32	0.10
5	4-07-0272	高粱 sorghum grain	成熟 GB 8231—87	88.0	8.7	3.4	1.4	70.7	1.8	17.4	8.0	68.0	0.13	0.36	0.09
6	4-07-0270	小麦 wheat grain	混合小麦,成熟 GB 1351—2008 2级	88.0	13.1	1.5	2.3	68.9	2.2	13.3	3.9	54.6	0.05	0.36	0.18
7	4-07-0274	大麦(裸)naked barley grain	裸大麦,成熟 GB/T 11760—2008 2级	87.0	13.0	2.1	2.0	67.7	2.2	10.0	2.2	50.2	0.04	0.39	0.12
8	4-07-0277	大麦(皮)barley grain	皮大麦,成熟 GB 10367—89 1级	87.0	11.0	1.7	4.8	67.1	2.4	18.4	6.8	52.2	0.09	0.33	0.10
9	4-07-0281	黑麦 rye	籽粒,进口	88.0	9.5	1.5	2.2	73.0	1.8	12.3	4.6	56.5	0.05	0.30	0.14
10	4-07-0273	稻谷 paddy	成熟,晒干 NY/T 2级	86.0	7.0	1.8	8.8	64.8	3.6	25.1	14.3	63.0	0.03	0.36	0.15
11	4-07-0276	糙米 rough rice	除去外壳的大米 GB/T 18810—2002 1级	87.0	8.8	2.0	0.7	74.2	1.3	1.6	0.8	47.8	0.03	0.35	0.13
12	4-07-0275	碎米 broken rice	加工精米后的副产品 GB/T 5503—2009 1级	88.0	10.4	2.2	1.1	72.7	1.6	0.8	0.6	51.6	0.06	0.35	0.12
13	4-07-0479	粟(谷子)millet grain	合格,带壳,成熟	86.5	9.7	2.3	6.8	65.0	2.7	15.2	13.3	63.2	0.12	0.30	0.09

続附表21

序号	中国饲料号 CFN	饲料名称 Feed Name	饲料描述 Description	干物质 DM/%	粗蛋白质 CP/%	粗脂肪 EE/%	粗纤维 CF/%	无氮浸出物 NFE/%	粗灰分 Ash/%	中性洗涤纤维 NDF/%	酸性洗涤纤维 ADF/%	淀粉 Starch/%	钙 Ca/%	总磷 P/%	有效磷 A-P/%
14	4-04-0067	木薯干 cassava tuber flake	木薯干片 GB 10369—89 合格	87.0	2.5	0.7	2.5	79.4	1.9	8.4	6.4	71.6	0.27	0.09	0.03
15	4-04-0068	甘薯干 sweet potato tuber flake	甘薯干片 NY/T 121—1989 合格	87.0	4.0	0.8	2.8	76.4	3.0	8.1	4.1	64.5	0.19	0.02	—
16	4-08-0104	次粉 wheat middling and red dog	黑面、黄粉、下面 NY/T 211—1992 1级	87.0	14.9	2.1	2.6	65.5	2.0	20.9	5.5	37.8	0.10	0.50	0.17
17	4-08-0105	次粉 wheat middling and red dog	黑面、黄粉、下面 NY/T 211—1992 2级	87.0	12.9	1.3	2.6	68.2	2.2	31.9	10.5	36.7	0.08	0.48	0.17
18	4-08-0069	小麦麸 wheat bran	传统制粉工艺 GB 10368—1989 1级	87.0	16.2	2.8	8.9	55.0	5.2	37.0	12.0	22.6	0.14	1.11	0.38
19	4-08-0070	小麦麸 wheat bran	传统制粉工艺 GB 10368—1989 2级	87.0	14.3	4.0	6.8	57.1	4.8	41.3	11.9	19.8	0.10	0.93	0.33
20	4-08-0041	米糠 rice bran	新鲜,未脱脂 NY/T 2级	90.0	14.5	15.5	6.8	45.6	7.6	20.3	11.6	27.4	0.05	2.37	0.35
21	4-10-0025	米糠饼 rice bran meal(exp.)	未脱脂,机榨 NY/T 1级	90.0	15.0	9.2	7.6	49.3	8.9	28.3	11.9	30.9	0.14	1.73	0.25
22	4-10-0018	米糠粕 rice bran meal(sol.)	浸提或预压浸提 NY/T 1级	87.0	15.1	2.0	7.5	53.6	8.8	23.3	10.9	25.0	0.15	1.82	0.25
23	5-09-0127	大豆 soybean	黄大豆,成熟 GB 1352—86 2级	87.0	35.5	17.3	4.3	25.7	4.2	7.9	7.3	2.6	0.27	0.48	0.12
24	5-09-0128	全脂大豆 full-fat soybean	微粒化 GB/T 20411—2006	88.0	35.5	18.7	4.6	25.2	4.0	11.0	6.4	6.7	0.32	0.40	0.10
25	5-10-0241	大豆饼 soybean meal(exp.)	机榨 GB 10379—989 2级	89.0	41.8	5.8	4.8	30.7	5.9	18.1	15.5	3.6	0.31	0.50	0.13
26	5-10-0103	去皮大豆粕 soybean meal(sol.)	去皮,浸提或预压浸提 NY/T 1级	89.0	47.9	1.5	3.3	29.7	4.9	8.8	5.3	1.8	0.34	0.65	0.24
27	5-10-0102	大豆粕 soybean meal(sol.)	浸提或预压浸提 GB/T 19541—2017	89.0	44.3	1.5	5.4	30.8	6.0	13.6	9.6	3.5	0.33	0.78	0.18
28	5-10-0118	棉籽饼 cottonseed meal(exp.)	机榨 NY/T 129—1989 2级	88.0	36.3	7.4	12.5	26.1	5.7	32.1	22.9	3.0	0.21	0.83	0.21

动物营养与饲料加工

续附表21

序号	中国饲料号 CFN	饲料名称 Feed Name	饲料描述 Description	干物质 DM/%	粗蛋白质 CP/%	粗脂肪 EE/%	粗纤维 CF/%	无氮浸出物 NFE/%	粗灰分 Ash/%	中性洗涤纤维 NDF/%	酸性洗涤纤维 ADF/%	淀粉 Starch/%	钙 Ca/%	总磷 P/%	有效磷 AP/%
29	5-10-0119	棉籽粕 cottonseed meal(sol.)	浸提 GB 21264—2007 1级	90.0	47.0	0.5	10.2	26.3	6.0	22.5	15.3	1.5	0.30	1.24	0.31
30	5-10-0117	棉籽粕 cottonseed meal(sol.)	浸提 GB 21264—2007 2级	88.0	43.9	0.8	11.4	28.9	7.2	24.7	19.4	1.8	0.28	1.04	0.26
31	5-10-0220	棉籽蛋白 cottonseed protein	脱酚 低温一次浸出,分步萃取	92.0	51.1	1.0	6.9	27.3	5.7	20.0	13.7	0.9	0.29	0.89	0.22
32	5-10-0183	菜籽饼 rapeseed meal(exp.)	机榨 NY/T 1799—2009 2级	88.0	35.7	7.4	11.4	26.3	7.2	33.3	26.0	3.8	0.59	0.96	0.20
33	5-10-0121	菜籽粕 rapeseed meal(sol.)	浸提 GB/T 23736—2009 2级	88.0	38.6	1.9	11.6	29.0	6.9	20.7	16.8	6.1	0.82	1.28	0.25
34	5-10-0116	花生仁饼 peanut meal(exp.)	机榨 NY/T 132—2019 2级	88.0	44.7	7.2	5.9	25.1	5.1	14.0	8.7	6.6	0.25	0.53	0.16
35	5-10-0115	花生仁粕 peanut meal(sol.)	浸提 GB 10382—1989 2级	88.0	47.8	1.4	6.2	27.2	5.4	15.5	11.7	6.7	0.27	0.56	0.17
36	1-10-0031	向日葵仁饼 sunflower meal(exp.)	壳仁比 35:65 NY/T 128—1989 3级	88.0	29.0	2.9	20.4	31.0	4.7	41.4	29.6	2.0	0.24	0.87	0.22
37	5-10-0242	向日葵仁粕 sunflower meal(sol.)	壳仁比 16:84 GB 10377—89 T 2级	88.0	36.5	1.0	10.5	34.4	5.6	14.9	13.6	6.2	0.27	1.13	0.29
38	5-10-0243	向日葵仁粕 sunflower meal(sol.)	壳仁比 24:76 GB 10377—89 T 2级	88.0	33.6	1.0	14.8	38.8	5.3	32.8	23.5	4.4	0.26	1.03	0.26
39	5-10-0119	亚麻仁饼 linseed meal(exp.)	机榨 NY/T 216—1992 2级	88.0	32.2	7.8	7.8	34.0	6.2	29.7	27.1	11.4	0.39	0.88	0.22
40	5-10-0120	亚麻仁粕 linseed meal(sol.)	浸提或预压浸提 NY/T 216—1992 2级	88.0	34.8	1.8	8.2	36.6	6.6	21.6	14.4	13.0	0.42	0.95	0.24
41	5-10-0246	芝麻饼 sesame meal(exp.)	机榨 CP40%	92.0	39.2	10.3	7.2	24.9	10.4	18.0	13.2	1.8	2.24	1.19	0.31
42	5-11-0001	玉米蛋白粉 corn gluten meal	去胚芽、淀粉后的面筋部分 NY/T 685—2003 1级	88.0	61.6	2.6	1.0	21.0	1.7	8.7	4.6	17.2	0.01	0.55	0.18
43	5-11-0002	玉米蛋白粉 corn gluten meal	同上,中等蛋白质产品,CP50 % NY/T 685—2003 2级	88.0	57.7	1.4	1.6	25.7	1.6	8.2	5.1	16.1	0.02	0.46	0.15

续附表21

序号	中国饲料号 CFN	饲料名称 Feed Name	饲料描述 Description	干物质 DM/%	粗蛋白质 CP/%	粗脂肪 EE/%	粗纤维 CF/%	无氮浸出物 NFE/%	粗灰分 Ash/%	中性洗涤纤维 NDF/%	酸性洗涤纤维 ADF/%	淀粉 Starch/%	钙 Ca/%	总磷 P/%	有效磷 A-P/%
44	5-11-0008	玉米蛋白粉 corn gluten meal	同上,中等蛋白质产品,CP 40% NY/T 685—2003 3级	88.0	53.2	2.1	1.4	30.0	1.4	29.1	8.2	20.6	0.102	0.40	0.13
45	5-11-0003	玉米蛋白饲料 corn gluten feed	玉米去胚芽,淀粉后的皮残渣	88.0	18.3	7.5	7.8	47.0	5.4	33.6	10.5	21.5	0.15	0.70	0.17
46	4-10-0026	玉米胚芽饼 corn germ meal(exp.)	玉米湿磨后的胚芽·机榨	90.0	16.7	9.6	6.3	50.8	6.6	28.5	7.4	13.5	0.04	0.50	0.15
47	4-10-0244	玉米胚芽粕 corn germ meal(sol.)	玉米湿磨后的胚芽·浸提	90.0	20.8	2.0	6.5	54.8	5.9	38.2	10.7	14.2	0.06	0.50	0.15
48	5-11-0007	DDGS (distiller dried grains with solubles)	玉米酒糟及可溶物·脱水	88.0	26.9	10.0	8.0	38.7	4.4	38.3	12.5	4.2	0.06	0.79	0.49
49	5-11-0009	蚕豆粉浆蛋白粉 broad bean gluten meal	蚕豆去皮制粉丝后的浆液·脱水	88.0	66.3	4.7	4.1	10.3	2.6	13.7	9.7	—		0.59	0.18
50	5-11-0004	麦芽根 barley malt sprouts	大麦芽副产品·干燥	89.7	28.3	1.4	12.5	41.4	6.1	40.0	15.1	7.2	0.22	0.73	0.18
51	5-13-0044	鱼粉(CP 67%) fish meal	进口 GB/T 19164—2003·特级	88.0	67.1	7.5	1.1	0.1	12.3				3.80	2.60	2.60
52	5-13-0046	鱼粉(CP 60.2%) fish meal	沿海产的海鱼粉,脱脂·12样平均值	88.0	60.2	9.0	1.0	1.3	16.5				3.50	2.14	2.14
53	5-13-0077	鱼粉(CP 53.5%) fish meal	沿海产的海鱼粉,脱脂·11样平均值	88.0	56.5	9.6	1.3	2.1	18.5				4.98	2.50	2.50
54	5-13-0036	血粉 blood meal	鲜猪血·喷雾干燥·国产	88.0	82.8	0.4		1.6	3.2				0.29	0.31	0.29
55	5-13-0037	羽毛粉 feather meal	纯净羽毛·水解·国产	88.0	77.9	2.2	0.7	1.4	5.8				0.20	0.68	0.61
56	5-13-0038	皮革粉 leather meal	废牛皮·水解·国产	88.0	74.7	0.8	1.6		10.9				4.40	0.15	0.13
57	5-13-0047	肉骨粉 meat and bone meal	屠宰下脚,带骨干燥粉碎	93.0	50.0	8.5	2.8		31.7				9.20	4.70	4.37
58	5-13-0048	肉粉 meat meal	脱脂·国产	94.0	54.0	12.0	1.4	4.3	22.3				7.69	3.88	3.61

续附表21

序号	中国饲料号 CFN	饲料名称 Feed Name	饲料描述 Description	干物质 DM/%	粗蛋白质 CP/%	粗脂肪 EE/%	粗纤维 CF/%	无氮浸出物 NFE/%	粗灰分 Ash/%	中性洗涤纤维 NDF/%	酸性洗涤纤维 ADF/%	淀粉 Starch/%	钙 Ca/%	总磷 P/%	有效磷 A-P/%
59	1-05-0074	苜蓿草粉 (CP 19%) alfalfa meal	一茬盛花期烘干 NY/T 140—2002 1级	87.0	19.1	2.3	22.7	35.3	7.6	36.7	25.0	6.1	1.40	0.51	0.51
60	1-05-0075	苜蓿草粉 (CP 17%) alfalfa meal	一茬盛花期烘干 NY/T 140—2002 2级	87.0	17.2	2.6	25.6	33.3	8.3	39.0	28.6	3.4	1.52	0.22	0.22
61	1-05-0076	苜蓿草粉 (CP 14%~15%) alfalfa meal	NY/T 140—2002 3级	87.0	14.3	2.1	29.8	33.8	10.1	36.8	29.0	3.5	1.34	0.19	0.19
62	5-11-0005	啤酒糟 brewers dried grain	大麦酿造副产品	88.0	24.3	5.3	13.4	40.8	4.2	39.4	24.6	11.5	0.32	0.42	0.14
63	7-15-0001	啤酒酵母 brewers dried yeast	啤酒酵母菌粉 QB/T 1940—94	91.7	52.4	0.4	0.6	33.6	4.7	6.1	1.8	1.0	0.16	1.02	0.46
64	4-13-0075	乳清粉 whey, dehydrated	乳清粉 脱水,乳糖含量73%	97.2	11.5	0.8	0.1	76.8	8.0				0.62	0.69	0.52
65	5-01-0162	酪蛋白 casein	脱水,来源于牛奶	91.7	89.0	0.2		0.4	2.1				0.20	0.68	0.67
66	5-14-0503	明胶 gelatin	食用	90.0	88.6	0.5		0.59	0.31				0.49		
67	4-06-0076	牛奶乳糖 milk lactose	进口,含乳糖80%以上	96.0	3.5	0.5		82.0	10.0				0.52	0.62	0.62
68	4-06-0077	乳糖 lactose	食用	96.0	0.3			95.7							
69	4-06-0078	葡萄糖 glucose	食用	90.0	0.3			89.7							
70	4-06-0079	蔗糖 sucrose	食用	99.0	0.3			98.5	0.5						
71	4-02-0889	玉米淀粉 corn starch	食用	99.0	0.3	0.2		89.5				98.0	0.04	0.03	0.01
72	4-17-0001	牛脂 beef tallow		99.0		98.0*		0.5	0.5						
73	4-17-0002	猪油 lard		99.0		98.0*		0.5	0.5						
74	4-17-0003	家禽脂肪 poultry fat		99.0		98.0*		0.5	0.5						

续附表21

序号	中国饲料号 CFN	饲料名称 Feed Name	饲料描述 Description	干物质 DM/%	粗蛋白质 CP/%	粗脂肪 EE/%	无氮浸出物 NFE/%	粗灰分 Ash/%	中性洗涤纤维 NDF/%	酸性洗涤纤维 ADF/%	淀粉 Starch/%	钙 Ca/%	总磷 P/%	有效磷 A-P/%
75	4-17-0004	鱼油 fish oil		99.0		98.0*	0.5	0.5						
76	4-17-0005	菜籽油 rapeseed oil		99.0		98.0*	0.5	0.5						
77	4-17-0006	椰子油 coconut oil		99.0		98.0*	0.5	0.5						
78	4-07-0007	玉米油 corn oil		99.0		98.0*	0.5	0.5						
79	4-17-0008	棉籽油 cottonseed oil		99.0		98.0*	0.5	0.5						
80	4-17-0009	棕榈油 palm oil		99.0		98.0*	0.5	0.5						
81	4-17-0010	花生油 peanuts oil		99.0		98.0*	0.5	0.5						
82	4-17-0011	芝麻油 sesame oil		99.0		98.0*	0.5	0.5						
83	4-17-0012	大豆油 soybean oil	粗制	99.0		98.0*	0.5	0.5						
84	4-17-0013	葵花油 sunflower oil		99.0		98.0*	0.5	0.5						

饲料中有效能值见附表 22。

附表 22　饲料中有效能值 Effective energy

序号	中国饲料号 CFN	饲料名称 Feed Name	干物质 DM/%	粗蛋白质 CP/%	猪消化能 DE Mcal/kg	猪消化能 DE MJ/kg	猪代谢能 ME Mcal/kg	猪代谢能 ME MJ/kg	猪净能 NE Mcal/kg	猪净能 NE MJ/kg	鸡代谢能 AME Mcal/kg	鸡代谢能 AME MJ/kg	肉牛维持净能 NEm Mcal/kg	肉牛维持净能 NEm MJ/kg	肉牛增重净能 NEg Mcal/kg	肉牛增重净能 NEg MJ/kg	奶牛产奶净能 NEl Mcal/kg	奶牛产奶净能 NEl MJ/kg	羊消化能 DE Mcal/kg	羊消化能 DE MJ/kg
1	4-07-0278	玉米	86.0	10.3	3.44	14.39	3.24	13.57	2.66	11.14	3.18	13.31	2.20	9.19	1.68	7.02	1.83	7.66	3.40	14.23
2	4-07-0288	玉米	86.0	8.5	3.45	14.43	3.25	13.60	2.67	11.17	3.25	13.60	2.24	9.39	1.72	7.21	1.84	7.70	3.41	14.27
3	4-07-0279	玉米	86.0	9.3	3.41	14.27	3.21	13.43	2.64	11.04	3.24	13.56	2.21	9.25	1.69	7.09	1.84	7.70	3.41	14.27
4	4-07-0280	玉米	86.0	8.4	3.42	14.33	3.34	13.98	2.66	11.14	3.22	13.47	2.19	9.16	1.67	7.00	1.83	7.66	3.38	14.14

续附表22

序号	中国饲料号 CFN	饲料名称 Feed Name	干物质 DM/%	粗蛋白质 CP/%	猪消化能 DE Mcal/kg	猪消化能 DE MJ/kg	猪代谢能 ME Mcal/kg	猪代谢能 ME MJ/kg	猪净能 NE Mcal/kg	猪净能 NE MJ/kg	鸡代谢能 AME Mcal/kg	鸡代谢能 AME MJ/kg	肉牛维持净能 NEm Mcal/kg	肉牛维持净能 NEm MJ/kg	肉牛增重净能 NEg Mcal/kg	肉牛增重净能 NEg MJ/kg	奶牛产奶净能 NEl Mcal/kg	奶牛产奶净能 NEl MJ/kg	羊消化能 DE Mcal/kg	羊消化能 DE MJ/kg
5	4-07-0272	高粱	86.0	9.0	3.15	13.18	2.97	12.43	2.44	10.20	2.94	12.30	1.86	7.80	1.30	5.44	1.59	6.65	3.12	13.05
6	4-07-0270	小麦	88.0	13.4	3.39	14.18	3.16	13.22	2.54	10.64	3.04	12.72	2.09	8.73	1.55	6.46	1.75	7.32	3.40	14.23
7	4-07-0274	大麦（裸）	87.0	13.0	3.24	13.56	3.03	12.68	2.43	10.17	2.68	11.21	1.99	8.31	1.43	5.99	1.68	7.03	3.21	13.43
8	4-07-0277	大麦（皮）	87.0	11.0	3.02	12.64	2.83	11.84	2.27	9.48	2.70	11.30	1.90	7.95	1.35	5.64	1.62	6.78	3.16	13.22
9	4-07-0281	黑麦	88.0	11.0	3.31	13.85	3.10	12.97	2.50	10.46	2.69	11.25	1.98	8.27	1.42	5.95	1.68	7.03	3.39	14.18
10	4-07-0273	稻谷	86.0	7.0	2.69	11.25	2.54	10.63	1.91	7.99	2.63	11.00	1.80	7.54	1.28	5.33	1.53	6.40	3.02	12.64
11	4-07-0276	糙米	87.0	8.8	3.44	14.39	3.24	13.57	2.68	11.21	3.36	14.06	2.22	9.28	1.71	7.16	1.84	7.70	3.41	14.27
12	4-07-0275	碎米	88.0	10.4	3.60	15.06	3.38	14.14	2.64	11.05	3.40	14.23	2.40	10.05	1.92	8.03	1.97	8.24	3.43	14.35
13	4-07-0479	粟（谷子）	86.5	9.7	3.09	12.93	2.91	12.18	2.32	9.71	2.84	11.88	1.97	8.25	1.43	6.00	1.67	6.99	3.00	12.55
14	4-04-0067	木薯干	87.0	2.5	3.13	13.10	2.97	12.43	2.51	10.50	2.96	12.38	1.67	6.99	1.12	4.70	1.43	5.98	2.99	12.51
15	4-04-0068	甘薯干	87.0	4.0	2.82	11.80	2.68	11.21	2.26	9.46	2.34	9.79	1.85	7.76	1.33	5.57	1.57	6.57	3.27	13.68
16	4-08-0104	次粉	87.0	14.9	3.27	13.68	3.04	12.72	2.27	9.50	3.05	12.76	2.41	10.10	1.92	8.02	1.99	8.32	3.32	13.89
17	4-08-0105	次粉	87.0	12.9	3.21	13.43	2.99	12.51	2.23	9.33	2.99	12.51	2.37	9.92	1.88	7.87	1.95	8.16	3.25	13.60
18	4-08-0069	小麦麸	87.0	16.2	2.24	9.37	2.08	8.70	1.52	6.36	1.36	5.69	1.67	7.01	1.09	4.55	1.46	6.11	2.91	12.18
19	4-08-0070	小麦麸	87.0	14.3	2.23	9.33	2.07	8.66	1.52	6.36	1.35	5.65	1.66	6.95	1.07	4.50	1.45	6.08	2.89	12.10
20	4-08-0041	米糠	90.0	12.8	3.02	12.64	2.82	11.80	2.22	9.29	2.68	11.21	2.05	8.58	1.40	5.85	1.78	7.45	3.29	13.77
21	4-10-0025	米糠饼	90.0	14.7	2.99	12.51	2.78	11.63	2.12	8.87	2.43	10.17	1.72	7.20	1.11	4.65	1.50	6.28	2.85	11.92
22	4-10-0018	米糠粕	87.0	15.1	2.76	11.55	2.57	10.75	1.96	8.20	1.98	8.28	1.45	6.06	0.90	3.75	1.26	5.27	2.39	10.00

续附表22

序号	中国饲料号 CFN	饲料名称 Feed Name	干物质 DM/%	粗蛋白质 CP/%	猪消化能 DE Mcal/kg	猪消化能 DE MJ/kg	猪代谢能 ME Mcal/kg	猪代谢能 ME MJ/kg	猪净能 NE Mcal/kg	猪净能 NE MJ/kg	鸡代谢能 AME Mcal/kg	鸡代谢能 AME MJ/kg	肉牛维持净能 NEm Mcal/kg	肉牛维持净能 NEm MJ/kg	肉牛增重净能 NEg Mcal/kg	肉牛增重净能 NEg MJ/kg	奶牛产奶净能 NEl Mcal/kg	奶牛产奶净能 NEl MJ/kg	羊消化能 DE Mcal/kg	羊消化能 DE MJ/kg
23	5-09-0127	大豆	87.0	35.5	3.97	16.61	3.53	14.77	2.72	11.38	3.24	13.56	2.16	9.03	1.42	5.93	1.90	7.95	3.91	16.36
24	5-09-0128	全脂大豆	88.0	35.5	4.24	17.74	3.77	15.77	2.76	11.55	3.48	14.55	2.20	9.19	1.44	6.01	1.94	8.12	3.99	16.99
25	5-10-0241	大豆饼	89.0	41.8	3.44	14.39	3.01	12.59	2.01	8.41	2.52	10.54	2.02	8.44	1.36	5.67	1.75	7.32	3.37	14.10
26	5-10-0103	去皮大豆粕	89.0	47.9	3.60	15.06	3.11	13.01	2.09	8.74	2.53	10.58	2.07	8.68	1.45	6.06	1.78	7.45	3.42	14.31
27	5-10-0102	大豆粕	89.0	44.2	3.37	14.26	2.97	12.43	2.02	8.45	2.39	10.00	2.08	8.71	1.48	6.20	1.78	7.45	3.41	14.27
28	5-10-0118	棉籽饼	90.0	36.3	2.37	9.92	2.10	8.79	1.33	5.56	2.16	9.04	1.79	7.51	1.13	4.72	1.58	6.61	3.16	13.22
29	5-10-0119	棉籽粕	88.0	47.0	2.25	9.41	1.95	8.28	1.37	5.73	1.86	7.78	1.78	7.44	1.13	4.73	1.56	6.53	3.12	13.05
30	5-10-0117	棉籽粕	90.0	43.9	2.31	9.68	2.01	8.43	1.41	5.90	2.03	8.49	1.76	7.35	1.12	4.69	1.54	6.44	2.98	12.47
31	5-10-0220	棉籽蛋白	92.0	51.1	2.45	10.25	2.13	8.91	1.49	6.23	2.16	9.04	1.87	7.82	1.20	5.02	1.82	7.61	3.16	13.22
32	5-10-0183	菜籽饼	88.0	35.7	2.88	12.05	2.56	10.71	1.78	7.45	1.95	8.16	1.59	6.64	0.93	3.90	1.42	5.94	3.14	13.14
33	5-10-0121	菜籽粕	88.0	38.6	2.53	10.59	2.23	9.33	1.47	6.15	1.77	7.41	1.57	6.56	0.95	3.98	1.39	5.82	2.88	12.05
34	5-10-0116	花生仁饼	88.0	44.7	3.08	12.89	2.68	11.21	1.88	7.87	2.78	11.63	2.37	9.91	1.73	7.22	2.02	8.45	3.44	14.39
35	5-10-0115	花生仁粕	88.0	47.8	2.97	12.43	2.56	10.71	1.67	6.99	2.60	10.88	2.10	8.80	1.48	6.20	1.80	7.53	3.24	13.56
36	5-10-0031	向日葵仁饼	88.0	29.0	1.89	7.91	1.70	7.11	1.00	4.18	1.59	6.65	1.43	5.99	0.82	3.41	1.28	5.36	2.10	8.79
37	5-10-0242	向日葵仁粕	88.0	36.5	2.78	11.63	2.46	10.29	1.33	5.56	2.32	9.71	1.75	7.33	1.14	4.76	1.53	6.40	2.54	10.63
38	5-10-0243	向日葵仁粕	88.0	33.6	2.49	10.42	2.22	9.29	1.19	4.98	2.03	8.49	1.58	6.60	0.93	3.90	1.41	5.90	2.04	8.54
39	5-10-0119	亚麻仁饼	88.0	32.2	2.90	12.13	2.60	10.88	1.74	7.28	2.34	9.79	1.90	7.96	1.25	5.23	1.66	6.95	3.20	13.39
40	5-10-0120	亚麻仁粕	88.0	34.8	2.37	9.92	2.11	8.83	1.40	5.86	1.90	7.95	1.78	7.44	1.17	4.89	1.54	6.44	2.99	12.51

续附表22

序号	中国饲料号 CFN	饲料名称 Feed Name	干物质 DM/%	粗蛋白质 CP/%	猪消化能 DE Mcal/kg	猪消化能 DE MJ/kg	猪代谢能 ME Mcal/kg	猪代谢能 ME MJ/kg	猪净能 NE Mcal/kg	猪净能 NE MJ/kg	鸡代谢能 AME Mcal/kg	鸡代谢能 AME MJ/kg	肉牛维持净能 NEm Mcal/kg	肉牛维持净能 NEm MJ/kg	肉牛增重净能 NEg Mcal/kg	肉牛增重净能 NEg MJ/kg	奶牛产奶净能 NEl Mcal/kg	奶牛产奶净能 NEl MJ/kg	羊消化能 DE Mcal/kg	羊消化能 DE MJ/kg
41	5-10-0246	芝麻饼	92.0	39.2	3.20	13.39	2.82	11.80	1.89	7.91	2.14	8.95	1.92	8.02	1.23	5.13	1.69	7.07	3.51	14.69
42	5-11-0001	玉米蛋白粉	88.0	61.6	3.60	15.06	3.00	12.55	2.16	9.04	3.88	16.23	2.32	9.71	1.58	6.61	2.02	8.45	4.39	18.37
43	5-11-0002	玉米蛋白粉	88.0	57.7	3.73	15.61	3.19	13.35	2.24	9.37	3.41	14.27	2.14	8.96	1.40	5.85	1.89	7.91	3.56	14.90
44	5-11-0008	玉米蛋白粉	88.0	53.2	3.59	15.02	3.13	13.10	2.15	9.00	3.18	13.31	1.93	8.08	1.26	5.26	1.74	7.28	3.28	13.73
45	5-11-0003	玉米蛋白饲料	88.0	19.3	2.48	10.38	2.28	9.54	1.69	7.07	2.02	8.45	2.00	8.36	1.36	5.69	1.70	7.11	3.20	13.39
46	4-10-0026	玉米胚芽饼	90.0	16.7	3.51	14.69	3.25	13.60	2.21	9.25	2.24	9.37	2.06	8.62	1.40	5.86	1.75	7.32	3.29	13.77
47	4-10-0244	玉米胚芽粕	90.0	20.8	3.28	13.72	3.01	12.59	2.07	8.66	2.07	8.66	1.87	7.83	1.27	5.33	1.60	6.69	3.01	12.60
48	5-11-0007	玉米DDGS	88.0	26.9	3.43	14.35	3.10	12.97	2.25	9.41	2.20	9.20	1.86	7.78	1.57	6.58	2.14	8.97	3.50	14.64
49	5-11-0009	蚕豆粉浆蛋白粉	88.0	66.3	3.23	13.51	2.69	11.25	1.87	7.82	3.47	14.52	2.16	9.03	1.47	6.16	1.92	8.03	3.61	15.11
50	5-11-0004	麦芽根	89.7	28.3	2.31	9.67	2.09	8.74	1.25	5.23	1.41	5.90	1.60	6.69	1.02	4.29	1.43	5.98	2.73	11.42
51	5-13-0044	鱼粉(CP 67%)	88.0	67.0	3.22	13.47	2.67	11.16	1.93	8.08	3.10	12.97	1.72	7.20	1.10	4.60	2.33	9.75	3.09	12.93
52	5-13-0046	鱼粉(CP 60.2%)	88.0	60.2	3.00	12.55	2.52	10.54	1.80	7.53	2.82	11.80	1.86	7.77	1.19	4.98	1.63	6.82	3.07	12.85
53	5-13-0077	鱼粉(CP 53.5%)	88.0	56.5	3.09	12.93	2.63	11.00	1.85	7.74	2.90	12.13	1.85	7.72	1.21	5.05	1.61	6.74	3.14	13.14
54	5-13-0036	血粉	88.0	82.8	2.73	11.42	2.16	9.04	1.42	5.94	2.46	10.29	1.45	6.08	0.75	3.13	1.34	5.61	2.40	10.04
55	5-13-0037	羽毛粉	88.0	77.9	2.77	11.59	2.22	9.29	1.43	5.98	2.73	11.42	1.46	6.10	0.76	3.19	1.34	5.61	2.54	10.63
56	5-13-0038	皮革粉	88.0	74.7	2.75	11.51	2.23	9.33	1.32	5.52	1.48	6.19	0.67	2.81	0.37	1.55	0.74	3.10	2.64	11.05
57	5-13-0047	肉骨粉	93.0	50.0	2.83	11.84	2.43	10.17	1.61	6.74	2.38	9.96	1.65	6.91	1.08	4.53	1.43	5.98	2.77	11.59
58	5-13-0048	肉粉	94.0	54.0	2.70	11.30	2.30	9.62	1.54	6.44	2.20	9.20	1.66	6.95	1.05	4.39	1.34	5.61	2.52	10.55

续附表22

序号	中国饲料号 CFN	饲料名称 Feed Name	干物质 DM/%	粗蛋白质 CP/%	猪消化能 DE Mcal/kg	猪消化能 DE MJ/kg	猪代谢能 ME Mcal/kg	猪代谢能 ME MJ/kg	猪净能 NE Mcal/kg	猪净能 NE MJ/kg	鸡代谢能 AME Mcal/kg	鸡代谢能 AME MJ/kg	肉牛维持净能 NEm Mcal/kg	肉牛维持净能 NEm MJ/kg	肉牛增重净能 NEg Mcal/kg	肉牛增重净能 NEg MJ/kg	奶牛产奶净能 NEl Mcal/kg	奶牛产奶净能 NEl MJ/kg	羊消化能 DE Mcal/kg	羊消化能 DE MJ/kg
59	1-05-0074	苜蓿草粉(CP 19%)	87.0	19.1	1.66	6.95	1.53	6.40	0.81	3.39	0.97	4.06	1.29	5.40	0.73	3.04	1.15	4.81	2.36	9.87
60	1-05-0075	苜蓿草粉(CP 17%)	87.0	17.2	1.46	6.11	1.35	5.65	0.70	2.93	0.87	3.64	1.29	5.38	0.73	3.05	1.14	4.77	2.29	9.58
61	1-05-0076	苜蓿草粉(CP 14%~15%)	87.0	14.3	1.49	6.23	1.39	5.82	0.69	2.89	0.84	3.51	1.11	4.66	0.57	2.40	1.00	4.18	1.87	7.83
62	5-11-0005	啤酒糟	88.0	24.3	2.25	9.41	2.05	8.58	1.24	5.19	2.37	9.92	1.56	6.55	0.93	3.90	1.39	5.82	2.58	10.80
63	7-15-0001	啤酒酵母	91.7	52.4	3.54	14.81	3.02	12.64	1.95	8.16	2.52	10.54	1.90	7.93	1.22	5.10	1.67	6.99	3.21	13.43
64	4-13-0075	乳清粉	91.7	11.5	3.49	14.60	3.42	14.31	2.70	11.29	2.73	11.42	2.05	8.56	1.53	6.39	1.72	7.20	3.43	14.35
65	5-01-0162	酪蛋白	97.2	88.9	4.13	17.28	3.53	14.77	2.09	8.74	4.13	17.28	3.14	13.14	2.36	9.88	2.31	9.67	4.28	17.90
66	5-14-0503	明胶	90.0	88.6	2.80	11.72	2.19	9.16	1.43	5.98	2.36	9.87	1.80	7.53	1.36	5.70	1.56	6.53	3.36	14.06
67	4-06-0076	牛奶乳糖	96.0	3.5	3.37	14.10	3.21	13.43	2.79	11.67	2.69	11.25	2.32	9.72	1.85	7.76	1.91	7.99	3.48	14.56
68	4-06-0077	乳糖	96.0	0.3	3.53	14.77	3.39	14.18	2.93	12.26	2.70	11.30	2.31	9.67	1.84	7.70	2.06	8.62	3.92	16.41
69	4-06-0078	葡萄糖	90.0	0.3	3.36	14.06	3.22	13.47	2.79	11.67	3.08	12.89	2.66	11.13	2.13	8.92	1.76	7.36	3.28	13.73
70	4-06-0079	蔗糖	99.0		3.80	15.90	3.65	15.27	3.15	13.18	3.90	16.32	3.37	14.10	2.69	11.26	2.06	8.62	4.02	16.82
71	4-02-0889	玉米淀粉	99.0	0.3	4.00	16.74	3.84	16.07	3.28	13.72	3.16	13.22	2.73	11.43	2.20	9.12	1.87	7.82	3.50	14.65
72	4-17-0001	牛油	99.0		8.00	33.47	7.68	32.13	7.19	30.08	7.78	32.55	4.76	19.90	3.52	14.73	4.23	17.70	7.62	31.86
73	4-17-0002	猪油	99.0		8.29	34.69	7.96	33.30	7.39	30.92	9.11	38.11	5.60	23.43	4.15	17.37	4.86	20.34	8.51	35.60
74	4-17-0003	家禽脂肪	99.0		8.52	35.65	8.18	34.23	7.55	31.59	9.36	39.16	5.47	22.89	4.10	17.00	4.96	20.76	8.68	36.30
75	4-17-0004	鱼油	99.0		8.44	35.31	8.10	33.89	7.50	31.38	8.45	35.35	9.55	39.92	5.26	21.20	4.64	19.40	8.36	34.95
76	4-17-0005	菜籽油	99.0		8.76	36.65	8.41	35.19	7.72	32.32	9.21	38.53	10.14	42.30	5.68	23.77	5.01	20.97	8.92	37.33

续附表22

序号	中国饲料号CFN	饲料名称 Feed Name	干物质 DM/%	粗蛋白质 CP/%	猪消化能 DE Mcal/kg	MJ/kg	猪代谢能 ME Mcal/kg	MJ/kg	猪净能 NE Mcal/kg	MJ/kg	鸡代谢能 AME Mcal/kg	MJ/kg	肉牛维持净能 NEm Mcal/kg	MJ/kg	肉牛增重净能 NEg Mcal/kg	MJ/kg	奶牛产奶净能 NEl Mcal/kg	MJ/kg	羊消化能 DE Mcal/kg	MJ/kg
77	4-17-0006	玉米油	99.0		8.75	36.61	8.40	35.15	7.71	32.29	9.66	40.42	10.44	43.64	5.75	24.10	5.26	22.01	9.42	39.42
78	4-17-0007	椰子油	99.0		8.40	35.11	8.06	33.69	7.47	31.27	8.81	36.83	9.78	40.92	5.58	23.35	4.79	20.05	8.63	36.11
79	4-17-0008	棉籽油	99.0		8.60	35.98	8.26	34.43	7.61	31.86	9.05	37.87	10.20	42.68	5.72	23.94	4.92	20.06	8.91	37.25
80	4-17-0009	棕榈油	99.0		8.01	33.51	7.69	32.17	7.20	30.30	5.80	24.27	6.56	27.45	3.94	16.50	3.16	13.23	5.76	24.10
81	4-17-0010	花生油	99.0		8.73	36.53	8.38	35.06	7.70	32.24	9.36	39.16	10.50	43.89	5.57	23.31	5.09	21.30	9.17	38.33
82	4-17-0011	芝麻油	99.0		8.75	36.61	8.40	35.15	7.72	32.30	8.48	35.48	9.60	40.14	5.20	21.76	4.61	19.29	8.35	34.91
83	4-17-0012	大豆油	99.0		8.75	36.61	8.40	35.15	7.72	32.23	8.37	35.02	9.38	39.21	5.44	22.76	4.55	19.04	8.29	34.69
84	4-17-0013	葵花油	99.0		8.76	36.65	8.41	35.19	7.73	32.32	9.66	40.42	10.44	43.64	5.43	22.72	5.26	22.01	9.47	39.63

饲料中氨基酸含量见附表23。

附表23　饲料中氨基酸含量 Amino acids

序号	中国饲料号CFN	饲料名称 Feed Name	干物质 DM/%	粗蛋白质 CP/%	精氨酸 Arg/%	组氨酸 His/%	异亮氨酸 Ile/%	亮氨酸 Leu/%	赖氨酸 Lys/%	蛋氨酸 Met/%	胱氨酸 Cys/%	苯丙氨酸 Phe/%	酪氨酸 Tyr/%	苏氨酸 Thr/%	色氨酸 Trp/%	缬氨酸 Val/%
1	4-07-0278	玉米 corn grain	86.0	10.3	0.42	0.25	0.28	1.13	0.28	0.21	0.24	0.47	0.37	0.34	0.09	0.44
2	4-07-0288	玉米 corn grain	86.0	8.5	0.50	0.29	0.27	0.74	0.36	0.15	0.18	0.37	0.28	0.30	0.08	0.46
3	4-07-0279	玉米 corn grain	86.0	9.3	0.41	0.22	0.26	0.98	0.25	0.19	0.21	0.43	0.35	0.32	0.07	0.40
4	4-07-0280	玉米 corn grain	86.0	8.4	0.38	0.24	0.28	1.00	0.25	0.18	0.18	0.38	0.32	0.30	0.06	0.36
5	4-07-0272	高粱 sorghum grain	88.0	8.7	0.33	0.20	0.34	1.08	0.21	0.15	0.15	0.41	—	0.28	0.09	0.42
6	4-07-0270	小麦 wheat grain	88.0	13.4	0.62	0.30	0.46	0.89	0.35	0.21	0.30	0.61	0.37	0.38	0.15	0.56
7	4-07-0274	大麦（裸）naked barley grain	87.0	13.0	0.64	0.16	0.43	0.87	0.44	0.14	0.25	0.68	0.40	0.43	0.16	0.63

续附表23

序号	中国饲料号 CFN	饲料名称 Feed Name	干物质 DM/%	粗蛋白质 CP/%	精氨酸 Arg/%	组氨酸 His/%	异亮氨酸 Ile/%	亮氨酸 Leu/%	赖氨酸 Lys/%	蛋氨酸 Met/%	胱氨酸 Cys/%	苯丙氨酸 Phe/%	酪氨酸 Tyr/%	苏氨酸 Thr/%	色氨酸 Trp/%	缬氨酸 Val/%
8	4-07-0277	大麦(皮)barley grain	87.0	11.0	0.65	0.24	0.52	0.91	0.42	0.18	0.18	0.59	0.35	0.41	0.12	0.64
9	4-07-0281	黑麦 rye	88.0	9.5	0.48	0.22	0.30	0.58	0.35	0.15	0.21	0.42	0.26	0.31	0.10	0.43
10	4-07-0273	稻谷 paddy	86.0	7.0	0.5	0.13	0.29	0.52	0.26	0.17	0.14	0.36	0.33	0.22	0.09	0.42
11	4-07-0276	糙米 rough rice	87.0	8.8	0.65	0.17	0.30	0.61	0.32	0.20	0.14	0.35	0.31	0.28	0.12	0.49
12	4-07-0275	碎米 broken rice	88.0	10.4	0.78	0.27	0.39	0.74	0.42	0.22	0.17	0.49	0.39	0.38	0.12	0.57
13	4-07-0479	粟(谷子)millet grain	86.5	9.7	0.30	0.20	0.36	1.15	0.15	0.25	0.20	0.49	0.26	0.35	0.17	0.42
14	4-04-0067	木薯干 cassava tuber flake	87.0	2.5	0.40	0.05	0.11	0.15	0.13	0.05	0.04	0.10	0.04	0.10	0.03	0.13
15	4-04-0068	甘薯干 sweet potato tuber flake	87.0	4.0	0.16	0.08	0.17	0.26	0.16	0.06	0.08	0.19	0.13	0.18	0.05	0.27
16	4-08-0104	次粉 wheat middling and reddog	87.0	14.9	0.83	0.40	0.53	1.03	0.57	0.22	0.36	0.64	0.45	0.48	0.20	0.70
17	4-08-0105	次粉 wheat middling and reddog	87.0	12.9	0.81	0.31	0.46	0.93	0.49	0.15	0.31	0.60	0.43	0.47	0.17	0.65
18	4-08-0069	小麦麸 wheat bran	87.0	16.2	1.03	0.42	0.53	0.99	0.65	0.24	0.33	0.64	0.44	0.52	0.26	0.73
19	4-08-0070	小麦麸 wheat bran	87.0	14.3	0.88	0.37	0.46	0.88	0.56	0.22	0.31	0.57	0.34	0.45	0.18	0.65
20	4-08-0041	米糠 rice bran	90.0	14.5	1.20	0.44	0.71	1.13	0.84	0.28	0.21	0.71	0.56	0.54	0.16	0.91
21	4-10-0025	米糠饼 rice bran meal(exp.)	90.0	15.0	1.19	0.43	0.72	1.06	0.66	0.26	0.30	0.76	0.51	0.53	0.15	0.99
22	4-10-0018	米糠粕 rice bran meal(sol.)	87.0	15.1	1.28	0.46	0.78	1.30	0.72	0.28	0.32	0.82	0.55	0.57	0.17	1.07
23	5-09-0127	大豆 soybeans	87.0	35.5	2.57	0.59	1.28	2.72	2.20	0.56	0.70	1.42	0.64	1.41	0.45	1.50
24	5-09-0128	全脂大豆 full-fat soybeans	88.0	35.5	2.62	0.95	1.63	2.64	2.20	0.53	0.57	1.77	1.25	1.43	0.45	1.69
25	5-10-0241	大豆饼 soybean meal(exp.)	89.0	41.8	2.53	1.10	1.57	2.75	2.43	0.60	0.62	1.79	1.53	1.44	0.64	1.70
26	5-10-0103	去皮大豆粕 soybean meal(sol.)	89.0	47.9	3.43	1.22	2.10	3.57	2.99	0.68	0.73	2.33	1.57	1.85	0.65	2.26
27	5-10-0102	大豆粕 soybean meal(sol.)	89.0	44.2	3.38	1.17	1.99	3.35	2.68	0.59	0.65	2.21	1.47	1.71	0.57	2.09

续附表23

序号	中国饲料号 CFN	饲料名称 Feed Name	干物质 DM/%	粗蛋白质 CP/%	精氨酸 Arg/%	组氨酸 His/%	异亮氨酸 Ile/%	亮氨酸 Leu/%	赖氨酸 Lys/%	蛋氨酸 Met/%	胱氨酸 Cys/%	苯丙氨酸 Phe/%	酪氨酸 Tyr/%	苏氨酸 Thr/%	色氨酸 Trp/%	缬氨酸 Val/%
28	5-10-0118	棉籽饼 cottonseed meal(exp.)	88.0	36.3	3.94	0.90	1.16	2.07	1.40	0.41	0.70	1.88	0.95	1.14	0.39	1.51
29	5-10-0119	棉籽粕 cottonseed meal(sol.)	90.0	47.0	5.44	1.28	1.41	2.60	2.13	0.65	0.75	2.47	1.46	1.43	0.57	1.98
30	5-10-0117	棉籽粕 cottonseed meal(sol.)	88.0	43.9	4.69	1.20	1.30	2.49	1.99	0.59	0.69	2.30	1.06	1.26	0.51	1.93
31	5-10-0220	棉籽蛋白 cottonseed protein	92.0	51.1	6.08	1.58	1.72	3.13	2.26	0.86	1.04	2.94	1.42	1.60	—	2.48
32	5-10-0183	菜籽饼 rapeseed meal(exp.)	88.0	35.7	1.82	0.83	1.24	2.26	1.33	0.60	0.82	1.35	0.92	1.40	0.42	1.62
33	5-10-0121	菜籽粕 rapeseed meal(sol.)	88.0	38.6	1.83	0.86	1.29	2.34	1.30	0.63	0.87	1.45	0.97	1.49	0.43	1.74
34	5-10-0116	花生仁饼 peanut meal(exp.)	88.0	44.7	4.60	0.83	1.18	2.36	1.32	0.39	0.38	1.81	1.31	1.05	0.42	1.28
35	5-10-0115	花生仁粕 peanut meal(sol.)	88.0	47.8	4.88	0.88	1.25	2.50	1.40	0.41	0.40	1.92	1.39	1.11	0.45	1.36
36	5-10-0031	向日葵仁饼 sunflower meal(exp.)	88.0	29.0	2.44	0.62	1.19	1.76	0.96	0.59	0.43	1.21	0.77	0.98	0.28	1.35
37	5-10-0242	向日葵仁粕 sunflower meal(sol.)	88.0	36.5	3.17	0.81	1.51	2.25	1.22	0.72	0.62	1.56	0.99	1.25	0.47	1.72
38	5-10-0243	向日葵仁粕 sunflower meal(sol.)	88.0	33.6	2.89	0.74	1.39	2.07	1.13	0.69	0.50	1.43	0.91	1.14	0.37	1.58
39	5-10-0119	亚麻仁饼 linseed meal(exp.)	88.0	32.2	2.35	0.51	1.15	1.62	0.73	0.46	0.48	1.32	0.50	1.00	0.48	1.44
40	5-10-0120	亚麻仁粕 linseed meal(sol.)	88.0	34.8	3.59	0.64	1.33	1.85	1.16	0.55	0.55	1.51	0.93	1.10	0.70	1.51
41	5-10-0246	芝麻饼 sesame meal(exp.)	92.0	39.2	2.38	0.81	1.42	2.52	0.82	0.82	0.75	1.68	1.02	1.29	0.49	1.84
42	5-11-0001	玉米蛋白粉 corn gluten meal	88.0	61.6	1.95	1.19	2.83	10.19	1.07	1.55	0.96	3.82	3.09	2.05	0.35	2.85
43	5-11-0002	玉米蛋白粉 corn gluten meal	88.0	57.7	1.77	1.20	2.26	9.13	0.94	1.41	1.02	3.46	3.12	1.93	0.29	2.64
44	5-11-0008	玉米蛋白粉 corn gluten meal	88.0	53.2	1.57	0.94	1.96	8.50	0.85	1.25	0.78	3.13	2.44	1.66	—	2.21
45	5-11-0003	玉米蛋白饲料 corn gluten feed	88.0	18.3	0.74	0.54	0.54	1.57	0.55	0.30	0.39	0.62	0.50	0.66	0.08	0.87
46	4-10-0026	玉米胚芽饼 corn germ meal(exp.)	90.0	16.7	1.16	0.45	0.53	1.25	0.70	0.31	0.47	0.64	0.54	0.64	0.16	0.91
47	4-10-0244	玉米胚芽粕 corn germ meal(sol.)	90.0	20.8	1.51	0.62	0.77	1.54	0.75	0.21	0.28	0.93	0.66	0.68	0.18	1.66

续附表23

序号	中国饲料号 CFN	饲料名称 Feed Name	干物质 DM/%	粗蛋白质 CP/%	精氨酸 Arg/%	组氨酸 His/%	异亮氨酸 Ile/%	亮氨酸 Leu/%	赖氨酸 Lys/%	蛋氨酸 Met/%	胱氨酸 Cys/%	苯丙氨酸 Phe/%	酪氨酸 Tyr/%	苏氨酸 Thr/%	色氨酸 Trp/%	缬氨酸 Val/%
48	5-11-0007	玉米 DDGS	88.0	26.9	1.10	0.73	0.95	3.06	0.69	0.56	0.53	1.25	1.07	0.97	0.20	1.29
49	5-11-0009	蚕豆粉浆蛋白粉 broad bean gluten meal	88.0	66.3	5.96	1.66	2.90	5.88	4.44	0.60	0.57	3.34	2.21	2.31	—	3.20
50	5-11-0004	麦芽根 barley malt sprouts	89.7	28.3	1.22	0.54	1.08	1.58	1.30	0.37	0.26	0.85	0.67	0.96	0.42	1.44
51	5-13-0044	鱼粉(CP 67%)fish meal	88.0	67.0	3.93	2.01	2.61	4.94	4.97	1.86	0.60	2.61	1.97	2.74	0.77	3.11
52	5-13-0046	鱼粉(CP 60.2%)fish meal	88.0	60.2	3.57	1.71	2.68	4.80	4.72	1.64	0.52	2.35	1.96	2.57	0.70	3.17
53	5-13-0077	鱼粉(CP 53.5%)fish meal	88.0	56.5	3.42	1.36	2.43	4.54	4.09	1.47	0.52	2.34	1.80	2.65	0.63	2.93
54	5-13-0036	血粉 blood meal	88.0	82.8	2.99	4.40	0.75	8.38	6.67	0.74	0.98	5.23	2.55	2.86	1.11	6.08
55	5-13-0037	羽毛粉 feather meal	88.0	77.9	5.30	0.58	4.21	6.78	1.65	0.59	2.93	3.57	1.79	3.51	0.40	6.05
56	5-13-0038	皮革粉 leather meal	88.0	74.7	4.45	0.40	1.06	2.53	2.18	0.80	0.16	1.56	0.63	0.71	0.50	1.91
57	5-13-0047	肉骨粉 meat and bone meal	93.0	50.0	3.35	0.96	1.70	3.20	2.60	0.67	0.33	1.70	1.26	1.63	0.26	2.25
58	5-13-0048	肉粉 meat meal	94.0	54.0	3.60	1.14	1.60	3.84	3.07	0.80	0.60	2.17	1.40	1.97	0.35	2.66
59	1-05-0074	苜蓿草粉(CP 19%) alfalfa meal	87.0	19.1	0.78	0.39	0.68	1.20	0.82	0.21	0.22	0.82	0.58	0.74	0.43	0.91
60	1-05-0075	苜蓿草粉(CP 17%) alfalfa meal	87.0	17.2	0.74	0.32	0.66	1.10	0.81	0.20	0.16	0.81	0.54	0.69	0.37	0.85
61	1-05-0076	苜蓿草粉(CP 14%~15%) alfalfa meal	87.0	14.3	0.61	0.19	0.58	1.00	0.60	0.18	0.15	0.59	0.38	0.45	0.24	0.58
62	5-11-0005	啤酒糟 brewers dried grain	88.0	24.3	0.98	0.51	1.18	1.08	0.72	0.52	0.35	2.35	1.17	0.81	0.28	1.66
63	7-15-0001	啤酒酵母 brewers dried yeast	91.7	52.4	2.67	1.11	2.85	4.76	3.38	0.83	0.50	4.07	0.12	2.33	0.21	3.40
64	4-13-0075	乳清粉 whey, dehydrated	97.2	11.5	0.26	0.21	0.64	1.11	0.88	0.17	0.26	0.35	0.27	0.71	0.20	0.61
65	5-01-0162	酪蛋白 casein	91.7	88.9	3.13	2.57	4.49	8.24	6.87	2.52	0.45	4.49	4.87	3.77	1.33	5.81
66	5-14-0503	明胶 gelatin	90.0	88.6	6.60	0.66	1.42	2.91	3.62	0.76	0.12	1.74	0.43	1.82	0.05	2.26
67	4-06-0076	牛奶乳糖 milk lactose	96.0	3.5	0.25	0.09	0.09	0.16	0.14	0.03	0.04	0.09	0.02	0.09	0.09	0.09

参 考 文 献

[1] (美)伍国耀. 动物营养原理[M]. 戴兆来,李鹏等,译. 北京:科学出版社,2019.

[2] 李德发. 猪的营养[M]. 北京:中国农业科学技术出版社,2003.

[3] 冯仰廉. 反刍动物营养学[M]. 北京:科学出版社,2004.

[4] 陈代文. 动物营养与饲料学[M]. 北京:中国农业出版社,2015.

[5] 邬本成,丁子儒. 饲料原料图鉴与质量控制手册[M]. 北京:中国农业出版社,2020.

[6] 王金全. 饲料霉菌毒素污染与防控[M]. 北京:中国农业科学技术出版社,2019.

[7] 刘凤华,戴小枫. 药食同源天然植物饲料原料与应用[M]. 北京:中国农业大学出版社,2021.

[8] 李赞忠,王成琼. 食品及饲料添加剂[M]. 北京:化学工业出版社,2009.

[9] 姚军虎. 动物营养与饲料[M]. 北京:中国农业出版社,2001.

[10] 邱文然,李锋涛. 动物营养与饲料[M]. 杨凌:西北农林科技大学出版社,2021.

[11] 方希修,方明珍. 饲料加工工艺与设备[M]. 北京:中国农业大学出版社,2009,

[12] 呙于明. 家禽营养[M]. 北京:中国农业大学出版社,2004.

[13] 计成. 动物营养学[M]. 北京:高等教育出版社,2008.

[14] 王景芳,史东辉. 宠物营养与食品[M]. 北京:中国农业科学技术出版社,2008.

[15] 赵燕. 动物营养与饲料加工[M]. 成都:四川科学技术出版社,2015.

[16] 杨久仙,刘建胜. 动物营养与饲料加工[M]. 北京:中国农业出版社,2020.

[17] 蒋涛,李玉娟. 畜牧学概论[M]. 杨凌:西北农林科技大学出版社,2019.

[18] 周庆安. 饲料及饲料添加剂分析检测技术[M]. 北京:中国农业出版社,2012.

[19] 马美容,陆叙元. 动物营养与饲料加工[M]. 北京:科学出版社,2012.

[20] 何欣,杨久仙. 饲料与饲养[M]. 北京:国家开放大学出版社,2022.

[21] 王成章,王恬. 饲料学[M]. 北京:中国农业出版社,2003.

[22] 杨凤. 动物营养学[M]. 北京:中国农业出版社,2003.

[23] 周庆安. 动物营养与饲料加工实训指导书[M]. 杨凌:西北农林科技大学出版社,2016.

[24] 张丽英. 饲料分析及饲料质量检测技术[M]. 北京:中国农业大学出版社,2007.

[25] 陈桂银. 饲料分析与检测[M]. 北京:中国农业大学出版社,2008.

[26] 杨久仙,宁金友. 动物营养与饲料加工[M]. 北京:中国农业出版社,2006.

[27] 张力,杨孝列. 动物营养与饲料[M]. 北京:中国农业大学出版社,2007.

[28] 李克广,王利琴. 动物营养与饲料加工[M]. 武汉:华中科技大学出版社,2012.